전기 기능장 실기

필답형

이병우 저

다락원

전기를 효율적으로 사용하기 위해서는 각종 전기시설의 유지·보수업무도 중요합니다. 따라서, 전기를 합리적으로 사용하고 전기로 인한 재해를 방지하기 위하여 일정한 자격을 갖춘 사람으로 하여금 전기공작물의 공사, 유지 및 운용에 관한 업무를 수행하도록 하기 위해 자격제도를 제정한 것 중 하나가 전기기능장입니다.

전기기능장이 수행하는 업무로는 전기에 관한 최상급 숙련기능을 가지고 산업현장에서 작업관리, 소속기능자의 지도 및 감독, 현장훈련, 경영층과 생산계층을 유기적으로 결합시켜주는 현장의 중간관리업무 등이 있습니다.

이번에 출간하는 〈원큐패스 전기기능장 실기 필답형〉은 이와 같은 전기 분야에서 활동할 수 있는 자격제도 중 하나인 전기기능장 시험을 준비하는 수험생들에게 꼭 필요한 교재로 시중에 출판되어 있는 대다수의 방대한 교재들과는 달리 시험에 필요한 핵심적인 이론과 문제만을 수록하였습니다. 이에 본 교재가 전기기능장 실기 필답형 시험을 준비하는 수험생들에게 완벽한 교재가 되기를 바라며 〈원큐패스 전기기능장 실기 필답형〉의 특징은 다음과 같습니다.

1. 방대한 전기기능장 실기 이론 중 시험에 필요한 필수적인 내용만을 엄선하여 수록
2. 각 이론에 대한 이해도를 높이기 위해 각 파트에 출제 예상 문제 및 해설 수록
3. 출제경향을 파악할 수 있도록 과년도 기출 복원 문제 및 상세한 해설 수록

아무쪼록 〈원큐패스 전기기능장 실기 필답형〉을 통해 최선을 다한 모든 수험생들에게 꼭 합격소식이 있게 되기를 기원합니다.

시행처 한국산업인력공단

응시자격 전문계 고등학교, 전문대학 이상의 전기과, 전기제어과, 전기설비과 등 관련학과

시험과목 필기 – 전기이론, 전기기기, 전력전자, 전기설비설계 및 시공, 송 · 배전, 디지털 공학, 공업경영에 관한 사항
실기 – 전기에 관한 실무

검정방법 필기 – 객관식 4지 택일형
실기('18년도부터 적용) – 복합형(6시간 30분 정도)

시험일정

구분	필기시험	합격자 발표	실기시험	합격자 발표
전기기능장 73회 (2023년)	2월 경	–	–	–
전기기능장 74회 (2023년)	6월 경	–	–	–

– 필기 수수료 : 34,400원
– 실기 수수료 : 166,700원

합격기준 필기 · 실기 : 100점을 만점으로 하여 60점 이상
※ 시험응시에 관한 자세한 사항은 큐넷 홈페이지 공지사항에서 확인바랍니다.

목차

PART 01 자동제어 시스템

PART 02 수변전 설비

PART 03 동력 및 조명 설비

PART 04 전력변환 설비

PART 05 피뢰 및 접지 설비

PART 06 배관배선 및 견적

PART 07 과년도 기출 복원 문제

PART 01

자동제어 시스템

기본 논리회로

01 논리회로

(1) AND 게이트

① 논리변수들을 곱하는 연산이다.

② 입력이 모두 1이면, 출력은 1이고, 그 이외는 출력은 0이다.

기호 및 논리식	유접점회로	전자회로	타임챠트
A, B → Y $Y=AB$	A, B, Y	+5V, R, D_1, D_2, A, B, Y	A, B, Y

(2) OR 게이트

① 논리변수들을 합하는 연산이다.

② 입력이 하나라도 1이면, 출력은 1이고, 그 이외는 출력은 0이다.

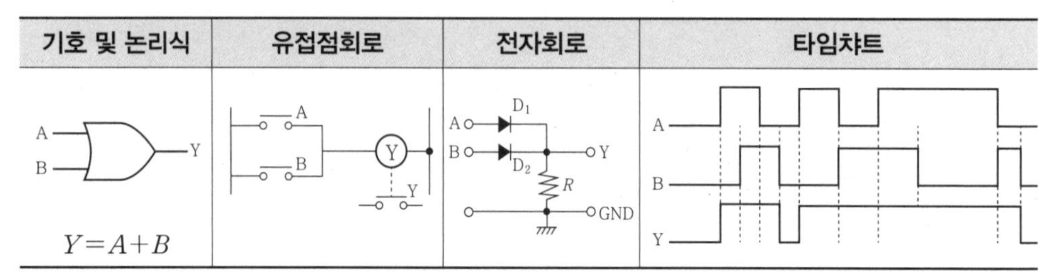

기호 및 논리식	유접점회로	전자회로	타임챠트
A, B → Y $Y=A+B$	A, B, Y	D_1, D_2, A, B, Y, R, GND	A, B, Y

(3) NOT

① 논리변수에 대하여 부정하는 연산이다.

② 입력값이 1이면, 출력은 0이고, 입력값이 0이면 출력은 1이다.

기호 및 논리식	유접점회로	전자회로	타임챠트
A → Y $Y=\overline{A}=A'$	A, X, $\overline{X}$, Y	+5V, 5[kΩ], 10[kΩ], B, Y, GND	A, B

(4) NAND 게이트

① AND에 대한 부정(보수) 연산이다.

② 입력값이 어느 것 하나라도 0이면, 출력은 1이고, 모든 입력값이 1일 때 출력은 0이다.

기호 및 논리식	유접점회로	전자회로	타임챠트
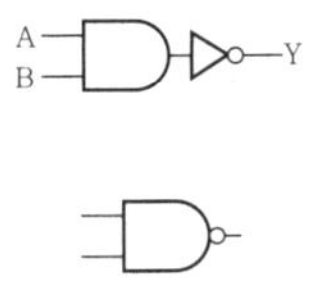 $Y=\overline{AB}$	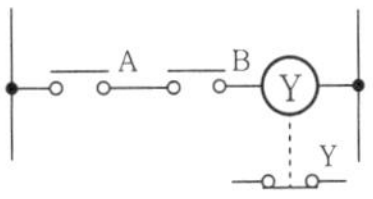	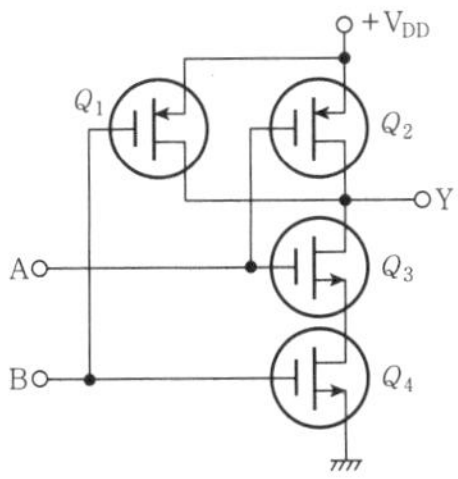	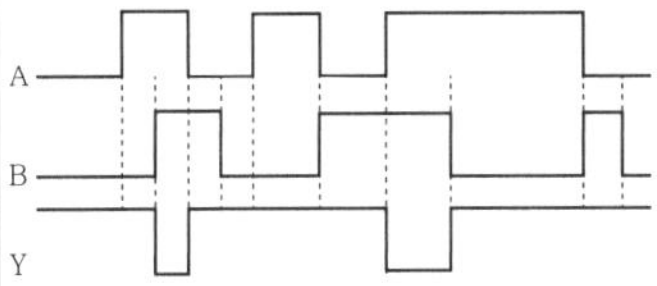

(5) NOR 게이트

① OR에 대한 부정(보수) 연산이다.

② 입력값이 어느 것 하나라도 1이면, 출력은 0이고, 모든 입력값이 0일 때 출력은 1이다.

기호 및 논리식	유접점회로	전자회로	타임챠트
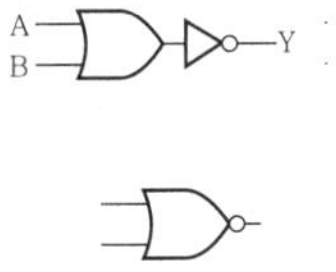 $-Y=\overline{A+B}$	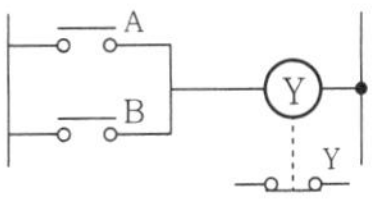	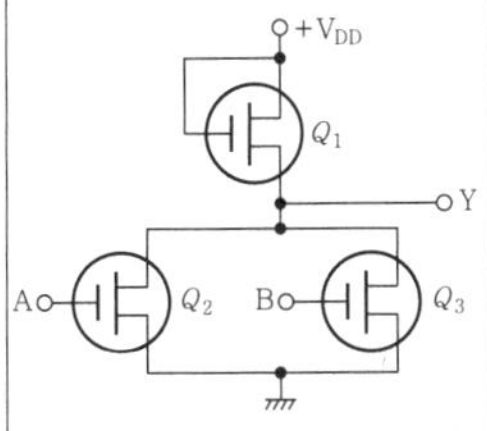	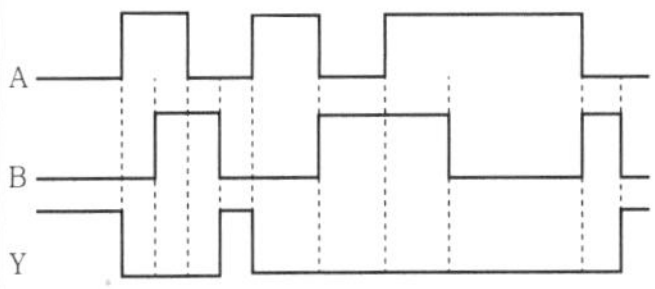

(6) X-OR 게이트

① EX-OR, 배타적 OR(exclusive-OR) 연산이라 한다.

② 두 입력 값이 같을(짝수) 때 출력은 0이고, 입력값이 서로 다를(홀수) 때 출력은 1이다.

③ 반일치 회로라고 하며, 보수회로에 응용된다.

기호 및 논리식	등가회로	유접점회로	타임차트
 $-Y=(A\oplus B)$ $=\overline{A}B+A\overline{B}$	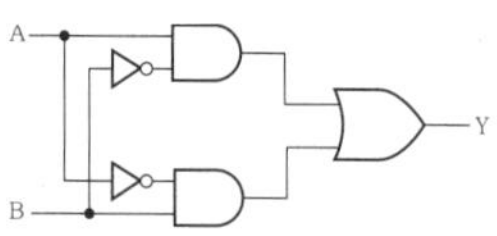	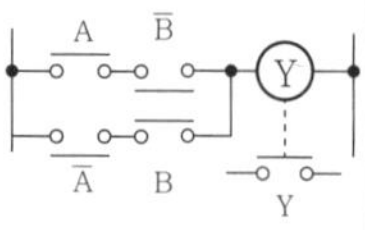	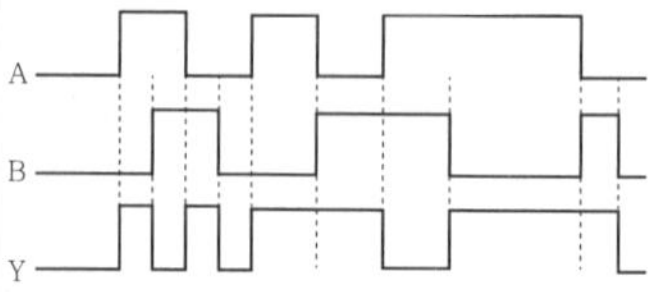

(7) X-NOR 게이트

① EX-NOR, 배타적 NOR((exclusive-NOR) 연산이라 하고, X-OR를 부정한 연산이다.

② 두 입력값이 같을(짝수) 때 출력은 1이고, 입력값이 서로 다를(홀수) 때 출력은 0이다.

③ 일치회로라고 하며, 비교회로에 응용된다

기호 및 논리식	등가회로	유접점회로	타임차트
 $-Y=\overline{(A\oplus B)}=A\odot B$ $=\overline{A}\overline{B}+AB$	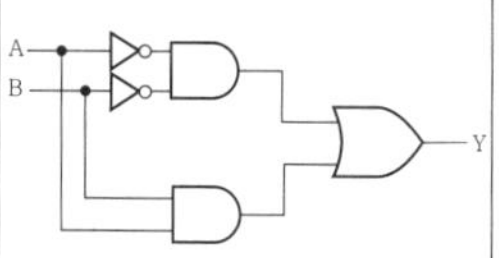	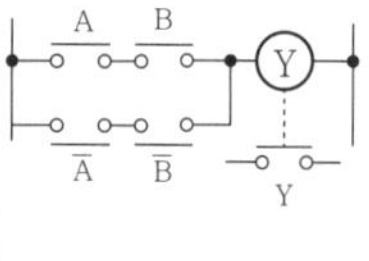	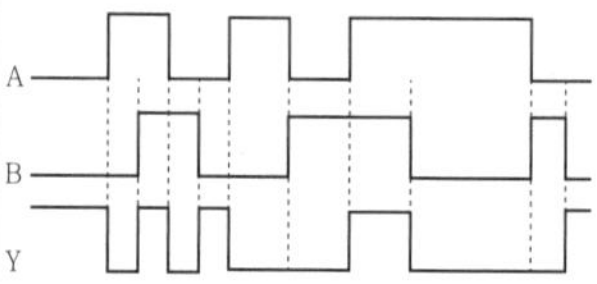

02 부울 대수(Boolean algebra)

(1) 기본법칙

1	$A+0=0+A=A$	2	$A \cdot 0=0 \cdot A=0$
3	$A+A=A$	4	$A \cdot A=A$
5	$A+1=1+A=1$	6	$A \cdot 1=1 \cdot A=A$
7	$A+\overline{A}=\overline{A}+A=1$	8	$A \cdot \overline{A}=\overline{A} \cdot A=0$
9	$\overline{\overline{A}}=A$	10	$A+AB=A$
11	$A+\overline{A}B=A+B$	12	$(A+B)(A+C)=A+B \cdot C$

(2) 교환법칙

입력단자에 입력을 서로 바꾸어 인가하여도 같은 출력을 얻을 수 있다.

$A \cdot B=B \cdot A$

$A+B=B+A$

(3) 결합법칙

결합의 순서를 바꾸어 3입력을 연결해도 같은 출력을 얻을 수 있다.

$(A \cdot B) \cdot C=A \cdot (B \cdot C)$

$(A+B)+C=A+(B+C)$

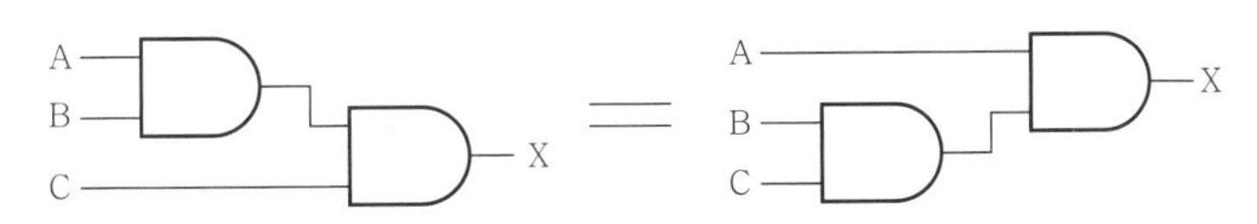

(4) 분배법칙

둘 혹은 그 이상의 입력에 출력의 기능을 분배하는 것이다.

분배법칙 1 $A \cdot (B+C)=A \cdot B+A \cdot C$

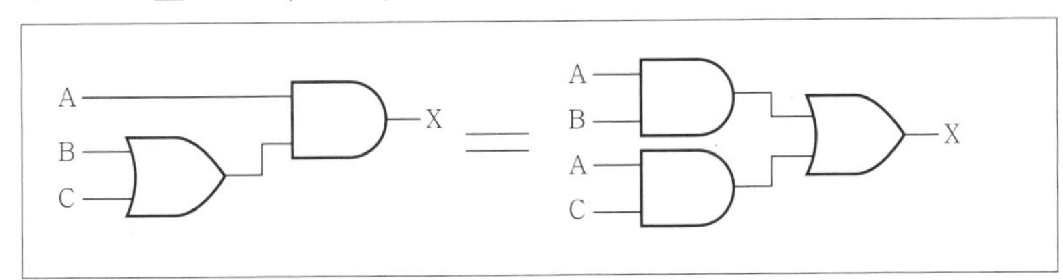

분배법칙 2 $A+(B\cdot C)=(A+B)\cdot(A+C)$

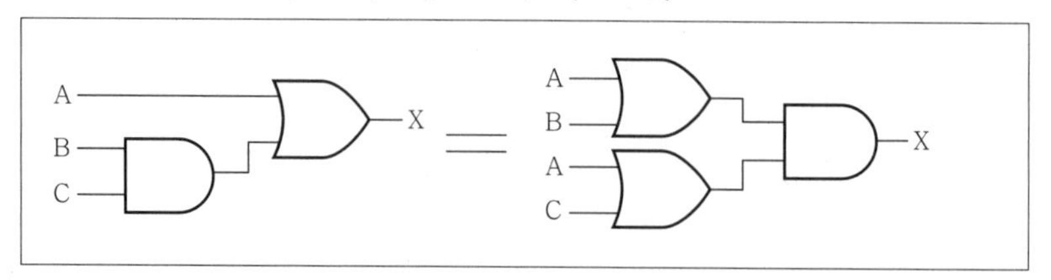

(5) 흡수법칙 및 간소화

① $A+AB=A(1+B)=A$

② $A(A+B)=AA+AB=A+AB=A(1+B)=A$

③ $(A+\overline{B})B=AB+B\overline{B}=AB$

④ $A\overline{B}+B=(A+B)(B+\overline{B})=A+B$

⑤ $A+A\overline{B}=A(1+\overline{B})=A$

⑥ $A+\overline{A}B=(A+\overline{A})(A+B)=A+B$

⑦ $A(\overline{A}+AB)=A\overline{A}+AAB=A\overline{A}+AB=AB$

⑧ $AB+A\overline{B}+\overline{A}B=A(B+\overline{B})+\overline{A}B=A+\overline{A}B=(A+\overline{A})(A+B)=A+B$

⑨ $A+AB+AC=A(1+B+C)=A$

03 드 모르간(De morgan) 정리

(1) 드모르간 정리

① **제1정리** : 논리합의 전체 부정은 각 변수의 부정을 논리곱한 것과 같다.

- $\overline{(X_1+X_2+X_3+\cdots+X_n)}=\overline{X_1}\cdot\overline{X_2}\cdot\overline{X_3}\cdot\cdots\cdot\overline{X_n}$
- $\overline{A+B}=\overline{A}\cdot\overline{B}$
- $\overline{A+B}=Y$ - $\overline{A}\cdot\overline{B}=Y$

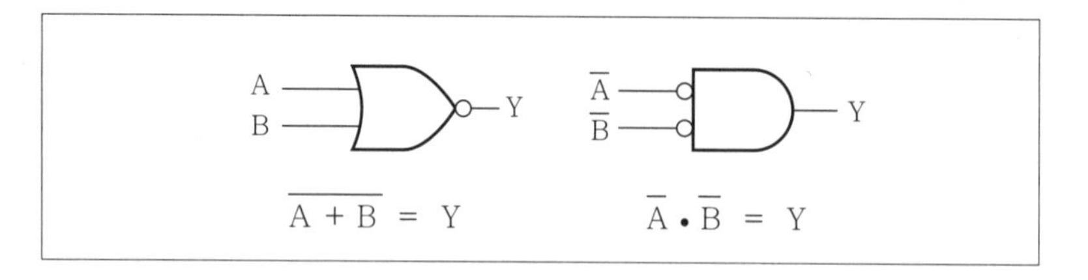

② **제2정리** : 논리곱의 전체 부정은 각 변수의 부정을 논리합한 것과 같다.

- $\overline{(X_1 \cdot X_2 \cdot X_3 \cdot \cdots \cdot X_n)} = \overline{X_1} + \overline{X_2} + \overline{X_3} + \cdots + \overline{X_n}$
- $\overline{A \cdot B} = \overline{A} + \overline{B}$
- $\overline{A \cdot B} = Y$　　　　-$\overline{A} + \overline{B} = Y$

A, B → Y　　$\overline{A}$, $\overline{B}$ → Y

$\overline{A \bullet B} = Y$　　$\overline{A} + \overline{B} = Y$

04 게이트 응용회로

(1) AND 게이트 스위치

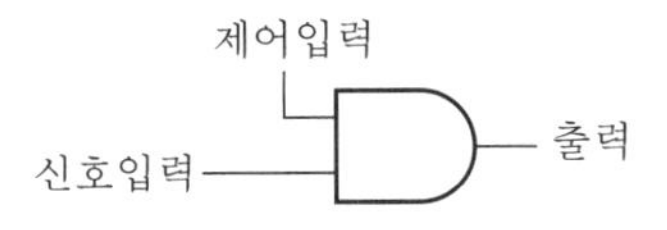

① 제어입력이 1이면, 신호입력과 같은 출력이 발생되고, 제어입력이 0이면 신호입력에 관계없이 출력은 항상 0이다.

② 제어입력은 신호 입력을 통과시키는 유무를 결정하는 스위치 역할을 한다.
즉, 제어입력이 1일 때 AND 게이트는 입력위상 불변 통과스위치이다.

(2) NAND 게이트 스위치

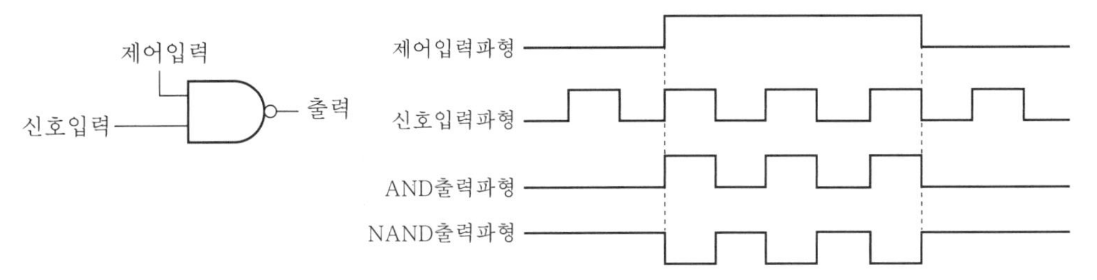

① 제어입력이 1이면, 신호 입력에 반전된 신호출력이 발생되고, 제어입력이 0이면 신호입력에 관계없이 출력은 항상 0이다.

② 제어입력은 신호입력을 통과시키는 유무를 결정하는 스위치 역할을 한다.
즉, 제어입력이 1일 때 NAND 게이트는 입력위상 반전 통과스위치이다.

(3) 금지회로(Inhibit circuit)

금지입력이 1이 되어 있는 동안은 절대로 출력이 1이 되지 않는 회로를 금지회로라 한다.

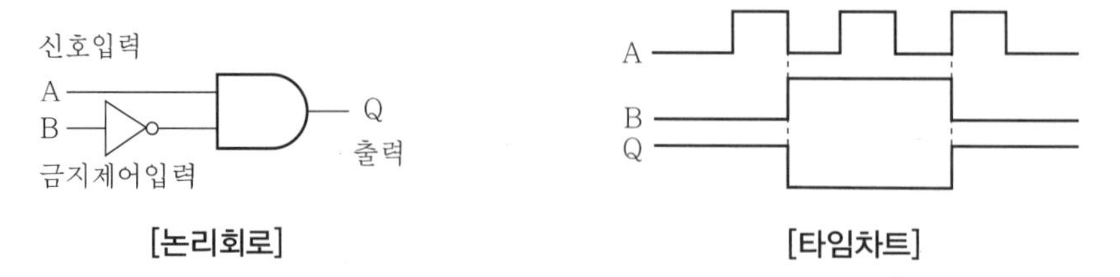

[논리회로] [타임차트]

(4) 자기유지회로

1) 자기유지회로

① 입력신호 유지회로이다.

② 초기값($A=0$, $Q=0$)이 0인 상태에서, $A=1$이면 $Q=1$의 상태로 천이하게 되고, 현재의 $A=1$을 0으로 바꾼다 해도 Q는 1을 유지하게 되는 회로를 자기유지회로라한다.

[논리 1 유지회로] [논리 0 유지회로]

2) 자기유지 해제회로

① 초기값($A=0$, $Q=0$)이 0인 상태에서, $ON=1$이면 $OR\,gate\,out=1$이고, $OFF=0$이면 $AND\ gate\,out=1$이 되고, $ON=0$이 되어도 Q는 1을 유지하게 되어 회로는 자기유지가 된다.

② 자기유지 상태에서 $OFF=1$이면 $\overline{OFF}=0$이 되고, $AND\ gate\,out=0$ $Q=0$이 되어, $Q=0$의 값이 $OR\,gate\ \ input=0$이 되어 $OR\,gate\,out=0$이 되므로 자기유지는 해제된다.

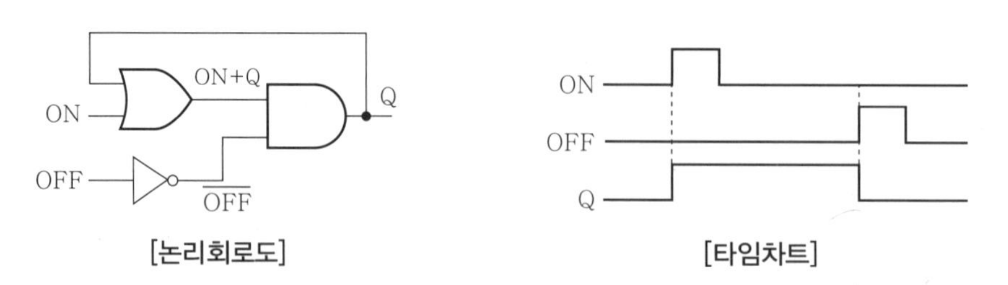

[논리회로도] [타임차트]

(5) 인터록(Interlock) 회로

2개의 입력 중 먼저 동작한 쪽이 우선하고, 이때 다른 쪽 입력에 의한 동작을 제한(금지)하는 회로를 인터록회로라 한다.

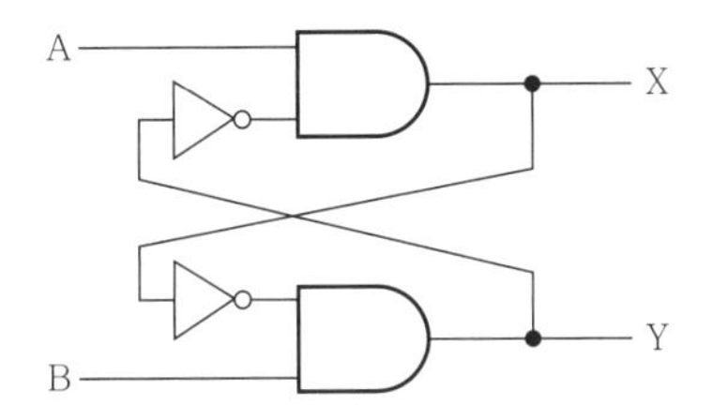

예시 인터록 회로를 이용하여 다음 조건을 만족하는 회로를 설계하시오.

- 두 신호는 자기유지 기능을 갖는다.
- 두 입력 중 먼저 들어온 신호에 인터록 기능을 가지도록 한다.
- Clear 신호에 의하여 자기유지 기능이 해제되도록 한다.

해설

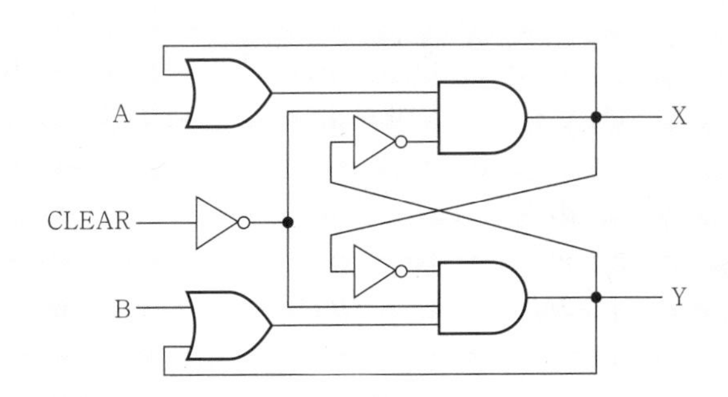

05 카르노 맵

(1) 카르노 맵

1) 2변수 카르노 맵

① 2진수에서 2개(A, B)의 입력변수는 $2^2=4$개로, 출력은 X이다.

② 각각 가로와 세로에 입력 변수를 할당하고, 가로와 세로의 배열은 임의로 해도 무방하고, 반드시 0으로 시작하지 않아도 된다.

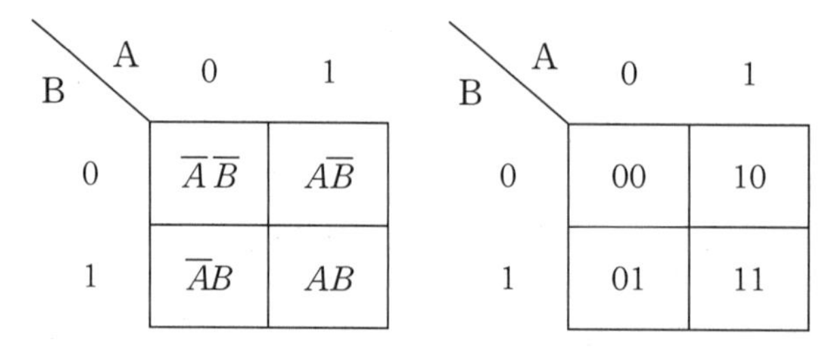

A
B
0
1
$\overline{A}\,\overline{B}$
$A\overline{B}$
$\overline{A}B$
AB
00
10
01
11

[논리식으로 표현]

2) 3변수 카르노 맵

① 2진수에서 3개(A, B, C)의 입력변수는 $2^3=8$개로, 출력은 X이다.

② 각각 가로와 세로에 입력 변수를 할당하고, 가로와 세로의 배열은 임의로 해도 무방하고, 반드시 0으로 시작하지 않아도 된다.

C \ AB	00	01	11	10
0	$\overline{A}\,\overline{B}\,\overline{C}$	$\overline{A}B\overline{C}$	$AB\overline{C}$	$A\overline{B}\,\overline{C}$
1	$\overline{A}\,\overline{B}C$	$\overline{A}BC$	ABC	$A\overline{B}C$

C \ AB	00	01	11	10
0	000	010	110	100
1	001	011	111	101

[논리식으로 표현]

3) 4변수 카르노 맵

① 2진수에서 4개(A, B, C, D)의 입력변수는 $2^4=16$개로, 출력은 X이다.

② 각각 가로와 세로에 2 입력씩 변수를 할당하고, 가로와 세로의 배열은 임의로 해도 무방하고, 반드시 0으로 시작하지 않아도 된다.

CD \ AB	00	01	11	10
00	$\overline{A}\,\overline{B}\,\overline{C}\,\overline{D}$	$\overline{A}B\overline{C}\,\overline{D}$	$AB\overline{C}\,\overline{D}$	$A\overline{B}\,\overline{C}\,\overline{D}$
01	$\overline{A}\,\overline{B}\,\overline{C}D$	$\overline{A}B\overline{C}D$	$AB\overline{C}D$	$A\overline{B}\,\overline{C}D$
11	$\overline{A}\,\overline{B}CD$	$\overline{A}BCD$	$ABCD$	$A\overline{B}CD$
10	$\overline{A}\,\overline{B}C\overline{D}$	$\overline{A}BC\overline{D}$	$ABC\overline{D}$	$A\overline{B}C\overline{D}$

[논리식으로 표현]

CD \ AB	00	01	11	10
00	0000	0100	1100	1000
01	0001	0101	1101	1001
11	0011	0111	1111	1011
10	0010	0110	1110	1010

[최소항으로 표현]

(2) 카르노 맵 간소화

1) 묶기와 간소화

① 묶기는 카르노 맵에 표시된 1을 묶는 것으로 인접한 가로, 세로 방향으로 묶는다.

② 정사각형, 직사각형 형태로 묶는다.

③ 인접하지는 않지만 맞은 편에 1이 존재하는 경우 롤링-맵(rolling map)으로 묶을 수 있다.

④ 묶기에는 페어(pair), 쿼드(quard), 옥테드(octad)를 사용한다.

2) 묶는 방법

① 진리표에서 출력이 1인 경우 최소항의 합을 모두 찾아서, 카르노 맵 상에 해당하는 자리에 1을 써넣고 나머지 자리는 0을 써 넣는다.

② 옥테드, 쿼드, 페어순으로 찾아 묶는다.

③ 단독으로 1이 존재하면 그 자신을 하나의 그룹으로 간주한다.

④ 칸의 1은 필요에 따라 여러 번 사용해도 무방하며, 가능한 큰 그룹으로 묶는다.

⑤ 각 묶음에 해당하는 최적화된 최소항의 합 형태의 논리 함수식을 세운다.

3) 페어(pair)

① 페어는 2개의 1이 가로 혹은 세로의 방향으로 인접하여 있을 경우 2개의 1을 하나의 그룹으로 묶는 것이다.

② 맞은 편에 1이 존재하는 경우 롤링-맵(rolling map)을 적용하여 묶을 수 있다.

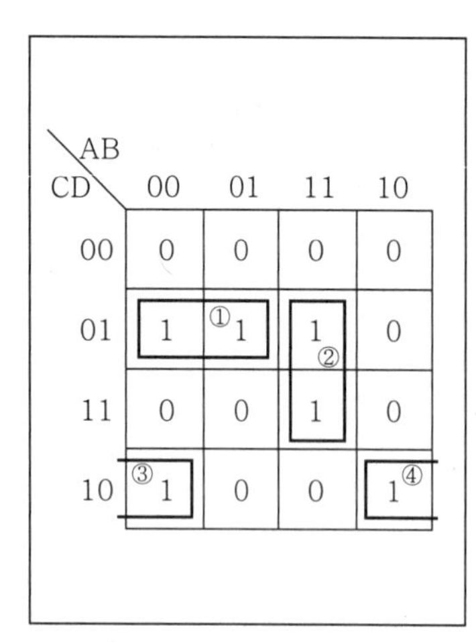

AB
CD
00 01 11 10
00 0 0 0 0
01 1 ① 1 1 ② 0
11 0 0 1 0
10 ③ 1 0 0 1 ④

① 페어에서 위로 보았을 때 AB=00, 01, 공통변수 A=0
옆으로 보았을 때 CD=01
$\therefore$ ACD=001 → $x_1=\overline{A}\,\overline{C}D$

② 페어에서 위로 보았을 때 AB=11
옆으로 보았을 때 CD=01, 11, 공통변수 D=1
$\therefore$ ABD=111 → $x_2=ABD$

③ ④롤링 맵으로 위로 보았을 때 AB=00, 10,
공통변수 B=0, 옆으로 보았을 때 CD=10
$\therefore$ BCD=010 → $x_3=\overline{B}C\overline{D}$
$\therefore$ 전체 간소화 논리식 $X=\overline{A}\,\overline{C}D+ABD+\overline{B}C\overline{D}$

4) 쿼드(quard)

① 쿼드는 4개의 1이 가로, 세로, 사각형으로 인접하여 있을 경우 하나의 그룹으로 묶는 것이다.

② 맞은 편에 1이 존재하는 경우 롤링-맵(rolling map)을 적용하여 쿼드로 묶을 수 있다.

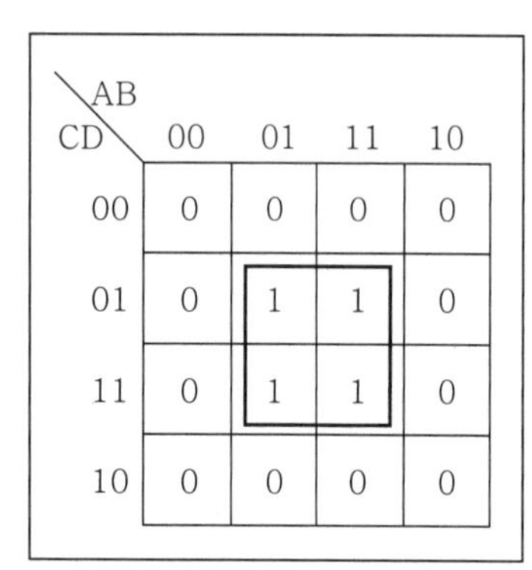

AB
CD
00 01 11 10
00 0 0 0 0
01 0 1 1 0
11 0 1 1 0
10 0 0 0 0

① 쿼드에서 위로 보았을 때 AB=01, 11, 공통변수 B=1
옆으로 보았을 때 CD=01, 11, 공통변수 D=1
$\therefore$ BD=11 → $x_1=BD$
$\therefore$ 전체 간소화 논리식 $X=BD$

5) 옥테드(octad)

① 옥테드는 8개의 1이 사각형으로 인접하여 있을 경우 하나의 그룹으로 묶는 것이다.

② 맞은 편에 1이 존재하는 경우 롤링-맵(rolling map)을 적용하여 옥테드로 묶을 수 있다.

CD \ AB	00	01	11	10
00	0	1	1	0
01	0	1	1	0
11	0	1	1	0
10	0	1	1	0

① 옥테드에서 위로 보았을 때 AB=01, 11, 공통변수 B=1
옆으로 보았을 때 CD=00, 01, 11, 10, 공통변수 없음
∴B=1 → $x_1=B$
∴전체 간소화 논리식 $X=B$

Chapter 2

조합 및 순서 논리회로

01 가산기

(1) 반 가산기(HA : Half-Adder)

① 1비트로 구성된 2개의 2진수를 덧셈할 때 사용한다.

② 2개의 2진수 입력(A, B)과 2개의 2진수 출력(S, C)회로를 갖는다.

③ 출력 합(S-sum)은 2개의 입력중 하나만 1일 때(서로 다를 때) 1이 된다.

④ 출력 자리올림수(C-carry)는 입력(A, B)이 모두 1인 경우에만 1이 된다.

⑤ **논리식**

- 합 : $S=\overline{A}B+A\overline{B}=A\oplus B$
- 자리올림수 : $C=AB$

논리 회로도	논리 기호	진리표
A, B → S=A⊕B, C=AB	A, B → HA → S, C	

입력		출력	
A	B	C	S
0	0	0	0
0	1	0	1
1	0	0	1
1	1	1	0

(2) 전 가산기(FA : Full-Adder)

① 반가산기 2개와 OR게이트 1개로 구성되어 있다.

② 1비트로 구성된 2개의 2진수와 1비트의 자리올림수를 더할 때 사용한다.

③ 출력 합(S)은 3개의 입력중 1이 홀수개 경우만 1이 된다.

④ 출력 자리올림수(C)는 3개의 입력(A,B,C)중 2개 이상이 1인 경우만 1이 된다.

⑤ **논리식**

- 합 : $S_n=\overline{A}\overline{B}C+\overline{A}B\overline{C}+A\overline{B}\overline{C}+ABC=A\oplus B\oplus C$
- 자리올림수 : $C_n=\overline{A}BC+A\overline{B}C+AB\overline{C}+ABC=AB+(A\oplus B)C$

논리 회로도	논리 기호	진리표

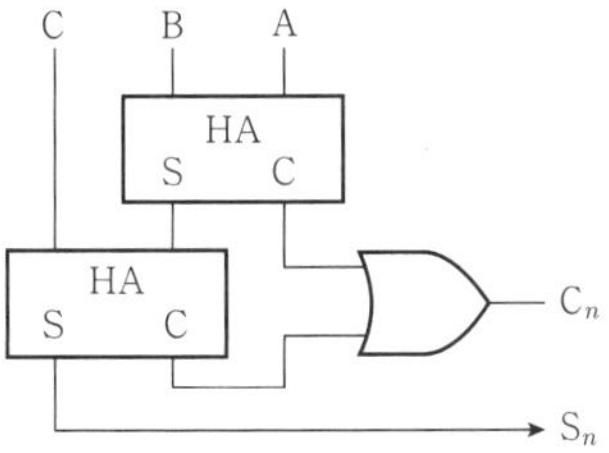

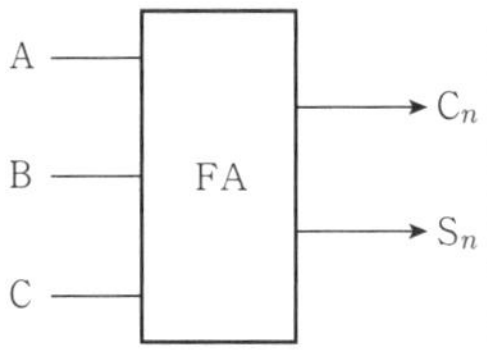

입력			출력	
A	B	C	C_n	S_n
0	0	0	0	0
0	0	1	0	1
0	1	0	0	1
0	1	1	1	0
1	0	0	0	1
1	0	1	1	0
1	1	0	1	0
1	1	1	1	1

02 감산기

(1) 반 감산기(HS : Half-Subtracter)

① 1비트로 구성된 2개의 2진수를 뺄셈할 때 사용(2진수 1자리의 감산에만 사용)한다.

② 2개의 2진수 입력(A,B)과 2개의 2진수 출력(D,b)은 차비트 D(difference bit)와 b(borrow)로 표기되는 뺄셈회로를 갖는다.

③ **논리식**

- 차 : $D=\overline{A}B+A\overline{B}=A\oplus B$
- 자리빌림수 : $b=\overline{A}B$

논리 회로도	논리 기호	진리표

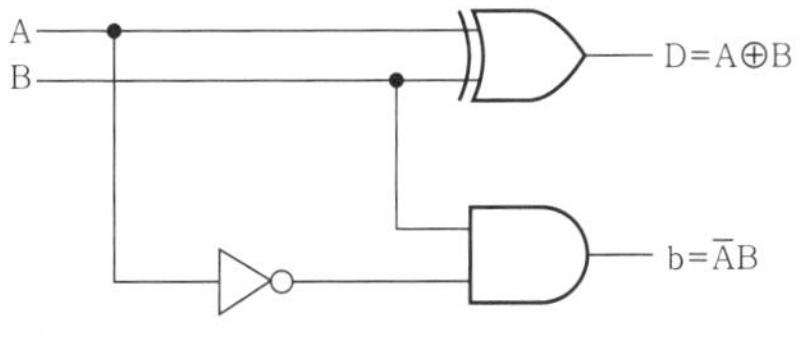

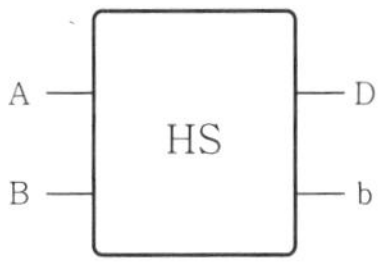

입력		출력	
A	B	b	$D(S)$
0	0	0	0
0	1	1	1
1	0	0	1
1	1	0	0

(2) 전 감산기(FS : Full-Subtracter)

① 전감산기는 반감산기 2개와 OR게이트 1개로 구성되어 있다.

② 3개의 입력(A, B, C)과 2개의 출력(D, b) 뺄셈회로를 갖는다.

③ **논리식**

- 차 : $D=\overline{A}\,\overline{B}C+\overline{A}B\overline{C}+A\overline{B}\,\overline{C}+ABC=A\oplus B\oplus C$
- 자리빌림수 : $b=\overline{A}\,\overline{B}C+\overline{A}B\overline{C}+\overline{A}BC+ABC=\overline{A}B+(\overline{A\oplus B})C$

논리 회로도	논리 기호	진리표
HS, HS, A, B, C, D, b	A, B, C, FS, D, b	(아래 표)

입력			출력	
A	B	C	b	$D(S)$
0	0	0	0	0
0	0	1	1	1
0	1	0	1	1
0	1	1	1	0
1	0	0	0	1
1	0	1	0	0
1	1	0	0	0
1	1	1	1	1

03 플립플롭회로

(1) RS 래치

1) NOR 게이트를 이용한 RS 래치회로

① 입력단자로 R(Reset)과 S(Set) 2개의 단자를 가지고 있다.

② 출력이 한번 결정되면 입력이 0이 되어도 출력이 유지되므로 "래치(Latch)회로"라 한다.

③ 입력신호 R, S는 "액티브 하이(Active high)"를 사용한다.

논리 회로도	논리 기호	진리표
R, S, Q, $\overline{Q}$	입력, R, S, Q, $\overline{Q}$, 출력	(아래 표)

입력		출력	
R	S	Q	비고
0	0	불변	유지
0	1	1	
1	0	0	
1	1	부정	금지

※ 불변 : 변화없음, 부정 : 불확실한 출력

2) NAND 게이트를 이용한 RS 래치회로

① 입력신호 $\overline{R}$, $\overline{S}$는 "액티브 로우(active low)"를 사용한다.

② R-S 래치와는 같은 출력을 내지만 입력은 반대이다.

논리 회로도	논리 기호	진리표
	입력 $\overline{S}$ $\overline{R}$ / 출력 Q $\overline{Q}$	

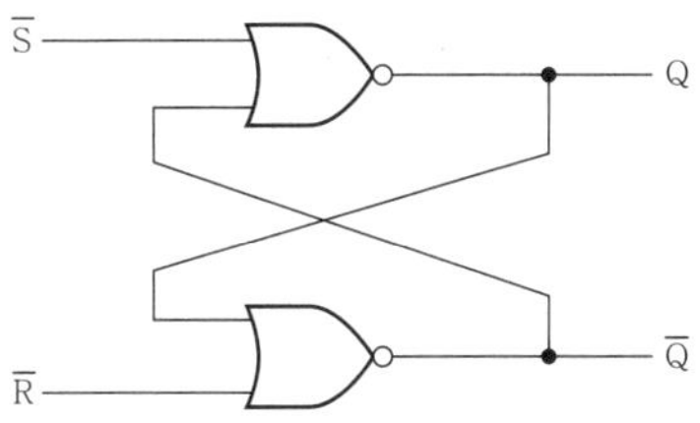

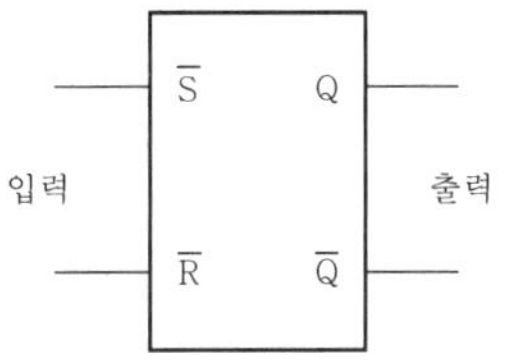

입력		출력	
$\overline{R}$	$\overline{S}$	Q	비고
0	0	부정	금지
0	1	0	
1	0	1	
1	1	불변	유지

(2) RS 플립플롭

① 입력이 변해도 클럭이 변하지 않으면 출력도 변하지 않는 회로로, 클럭이 변할 때만 동작하는 회로 연산이다.

② CP입력(클럭 또는 트리거 펄스)이 0에서 1로 변하는 것을 "상승에지", 1에서 0으로 변하는 것을 "하강에지"라 한다.

③ 상승에지(1-high레벨)일 때 RS-래치와 같은 동작을 하고, 하강에지(0-low레벨) 일때는 입력상태에 관계없이 전 상태를 유지한다.

④ 3개의 입력(R-Reset, S-Set, CP-Clock pulse)을 가지는 FF이다.

⑤ 일명 "RST-FF(R-Reset, S-Set, T-Trigger)"라고도 한다.

논리 회로도	논리 기호	진리표
	플립플롭이 상승에지에서 동작한다.	

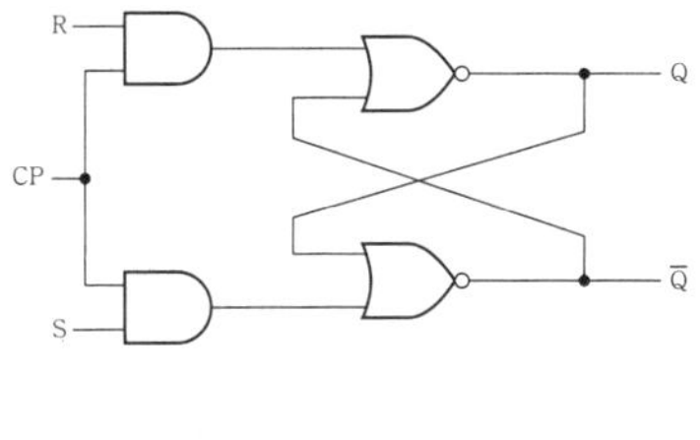

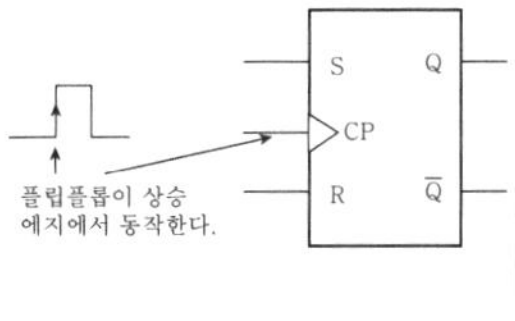

입력			출력
CP	R	S	Q
0	×	×	불변
1	0	0	불변
1	1	0	0
1	0	1	1
1	1	1	부정

(3) JK 플립플롭

① RS 플립플롭의 결점인 R=S=1일 때 출력이 정의되지 않는 점을 개선한 연산이다.

② J-K 입력이 모두 1인 경우에 출력이 토글(반전)된다.

③ CP=1일 때 출력측 상태가 변화하면 Feedback 되어 입력측이 변화하여 오동작을 유발하는 레이싱(Racing) 현상이 발생한다.

논리 회로도	논리 기호	진리표

J	K	CP	Q
0	0	↑	Q_0(불변)
1	0	↑	1
0	1	↑	0
1	1	↑	$\overline{Q}_0$(반전)

(4) D 플립플롭

① 입력상태를 일정시간 만큼 출력에 늦게(D-Delay or data) 전달하는데 사용하는 연산이다.

② RS-FF 변형(입력값이 항상 보수가 되도록 변형)으로 S(기호: D)는 입력 그대로, R은 인버터(Inverter-NOT gate)를 통해 연결한 것이다.

③ S=0, R=1인 상태와 S=1, R=0인 2가지 상태 값만 나타낸다.

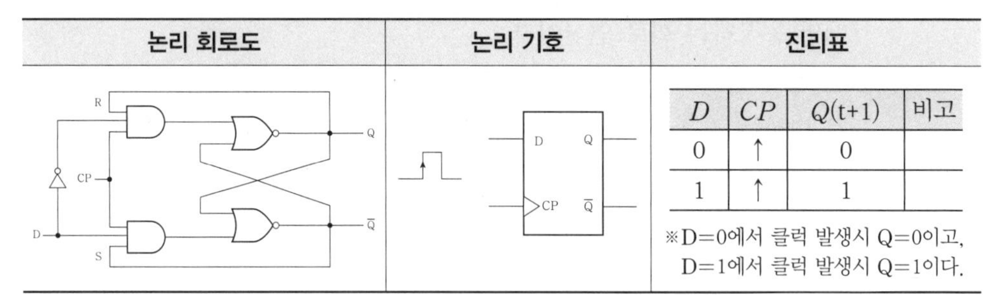

논리 회로도	논리 기호	진리표

D	CP	Q(t+1)	비고
0	↑	0	
1	↑	1	

※D=0에서 클럭 발생시 Q=0이고, D=1에서 클럭 발생시 Q=1이다.

(5) T 플립플롭

① 토글(Toggle) 또는 보수(Complement) 플립플롭이다.

② JK-FF의 J와 K를 묶어 하나의 입력(T)으로 한다.

③ 클럭 펄스가 발생할 때마다 출력이 반전(토글 또는 보수)하므로 토글(toggle) 또는 계수기(Counter)에 사용한다.

논리 회로도	논리 기호	진리표

T	CP	Q(t+1)	비고
0	↑	0(불변)	
1	↑	1(반전)	

※T=1일 때 JK플립플롭에서 J=K=1이 되어 클럭시 출력은 반전된다.

Chapter 3

출제 예상 문제

01

다음은 논리회로의 진리표이다. 진리표와 같은 타임챠트 중 B값과 Y값을 완성하시오.

A	B	Y
0	0	0
0	1	0
1	0	0
1	1	1

A 0 0 1 1

B

Y

정답

A 0 0 1 1

B 0 1 0 1

Y 0 0 0 1

해설

$Y = AB = A \cdot B$로 출력이 되는 AND 회로이므로, 입력이 모두 1이면, 출력은 1이어야 한다.

02

다음은 논리회로의 진리표이다. 각항마다 맞는 답을 쓰시오.

A	B	Y
0	0	1
0	1	0
1	0	0
1	1	0

① 진리표의 연산 명칭을 쓰시오.

② 진리표에 맞는 타임챠트 중 B값과 Y값을 완성하시오.

A 0 0 1 1

B

Y

정답

① NOR 연산

②

A 0 0 1 1

B 0 1 0 1

Y 1 0 0 0

해설

① OR에 대한 부정(보수) 연산인 NOR 연산이다.

② 입력값이 어느 것 하나라도 1이면, 출력은 0이고, 모든 입력값이 0일 때 출력은 1이다.

03 다음 논리도에서 단자 A에 "000", 단자 B에 "101"이 입력 된다고 할 때 그 출력(Y)은?

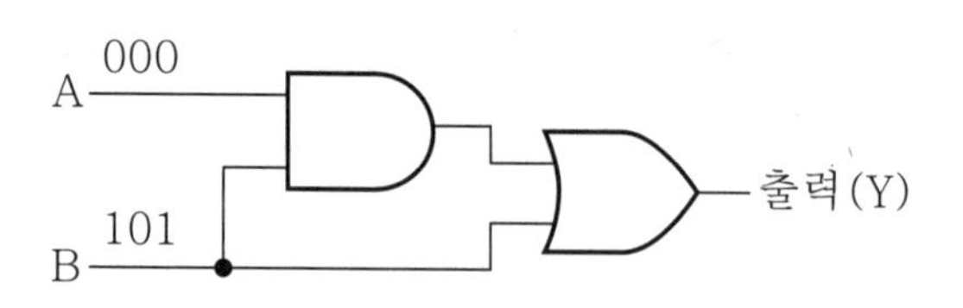

정답

101

해설

$Y = AB + B = (A+1)B = B$이므로 $Y = (000) \cdot (101) + 101 = 101$이다.

04 그림과 같은 다이오드의 게이트 출력식과 출력값은?

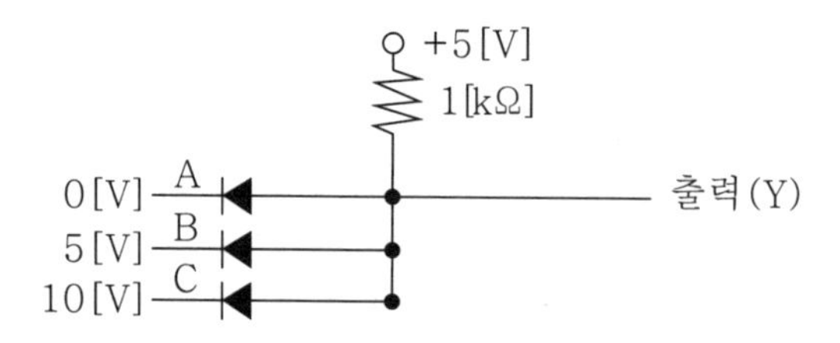

정답

① 출력식 $Y = ABC$ ② 0[V]

해설

AND 게이트 전자 소자회로로 입력이 모두 1일 때 출력이 1이어야 하므로, 입력이 0, 5, 10이므로 출력은 0이다.

05 그림과 같은 회로는 어떤 논리 동작을 하는 회로인가?

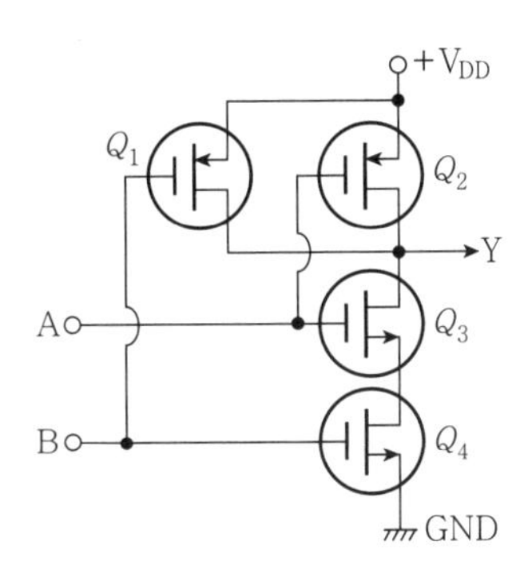

정답

NAND 논리회로

해설

입력 A,B가 하나라도 0이면 출력이 1이고, 2개의 입력이 모두 1인 경우 출력이 0이 되는 NAND 게이트 전자 소자회로이다.

06 카르노도가 아래와 같을 때 간략화된 ①논리식을 쓰고, ②출력 X에 대한 유접점 회로도를 그리시오.

CD \ AB	00	01	11	10
00	0	0	0	0
01	1	1	1	0
11	0	0	1	0
10	1	0	0	1

정답

① 논리식 $X=\overline{A}\,\overline{C}D+ABD+\overline{B}C\overline{D}$

② 유접점 회로도

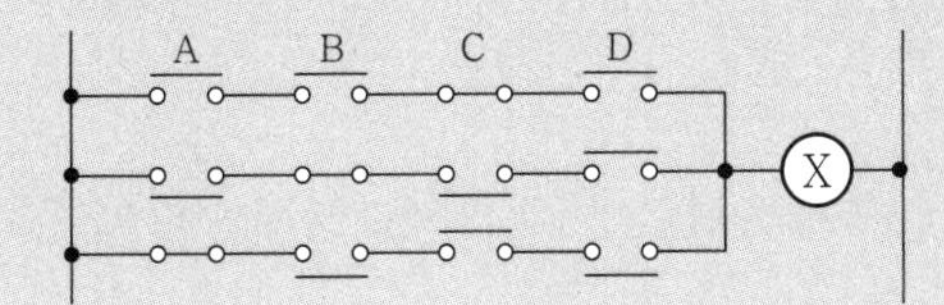

해설

CD \ AB	00	01	11	10
00	0	0	0	0
01	1	①1	1 ②	0
11	0	0	1	0
10	③1	0	0	1④

① 페어에서 위로 보았을 때 AB=00, 01, 공통변수 A=0
옆으로 보았을 때 CD=01 ∴ACD=001 → $x_1 = \overline{A}\overline{C}D$
② 페어에서 위로 보았을 때 AB=11
옆으로 보았을 때 CD=01, 11, 공통변수 D=1
∴ABD=111 → $x_2 = ABD$
③ ④롤링 맵으로 위로 보았을 때 AB=00, 10, 공통변수
B=0
옆으로 보았을 때 CD=10
∴BCD=010 → $x_3 = \overline{B}C\overline{D}$
∴전체 간소화 논리식 $X = \overline{A}\overline{C}D + ABD + \overline{B}C\overline{D}$

07

다음 진리표에 해당하는 ①논리회로 명칭 ②논리식을 쓰고, ③등가 논리기호를 나타내시오.

입력		출력
A	B	Y
0	0	0
0	1	1
1	0	1
1	1	0

정답

① EX-OR 연산회로
② 논리식 $Y = (A \oplus B) = \overline{A}B + A\overline{B}$
③ 논리기호

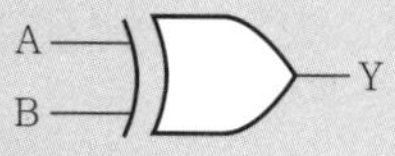

A
B
Y

해설

EX-OR 게이트로 두 입력값이 같을(짝수) 때 출력은 0이고, 입력값이 서로 다를(홀수) 때 출력은 1이다.

08 EX-OR 게이트의 논리식은 $Y=(A\oplus B)=\overline{A}B+A\overline{B}$이다. 다음 사항들을 표시하시오.

① 등가논리회로를 표시하시오.

② 유접점 시퀀스 회로를 표시하시오.

③ 출력 Y에 대한 타임챠트를 표시하시오.

정답

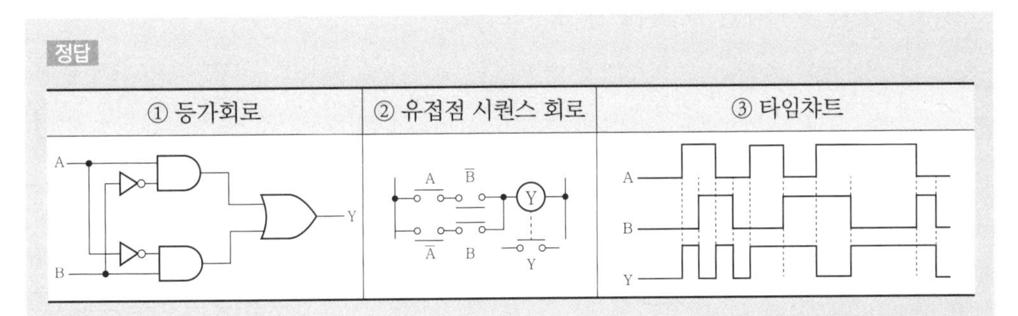

① 등가회로
② 유접점 시퀀스 회로
③ 타임챠트
A
B
Y

해설 EX-OR 게이트

① 배타적 OR(exclusive-OR) 연산이라 한다.

② 두 입력값이 같을(짝수) 때 출력은 0이고, 입력값이 서로 다를(홀수) 때 출력은 1이다.

③ 반일치 회로라고 하며, 보수회로에 응용된다.

09 다음 진리표에 해당하는 ①논리회로 명칭 ②논리식 ③등가 논리기호를 나타내시오.

입력		출력
A	B	Y
0	0	1
0	1	0
1	0	0
1	1	1

정답

① EX-NOR 연산회로

② 논리식 $Y=(\overline{A\oplus B})=\mathrm{A}\odot\mathrm{B}=\overline{AB}+AB$

③ 논리기호

A B Y

해설

EX-NOR 연산회로 두 입력값이 같을(짝수) 때 출력은 1이고, 입력값이 서로 다를(홀수) 때 출력은 0이다.

10 EX-NOR 게이트의 논리식은 $Y=\overline{(A\oplus B)}=A\odot B=\overline{A}\,\overline{B}+AB$이다. 다음 사항들을 답하시오.

① 등가논리회로를 표시하시오.

② 유접점 시퀀스 회로를 표시하시오.

③ 출력 Y에 대한 타임차트를 표시하시오.

정답

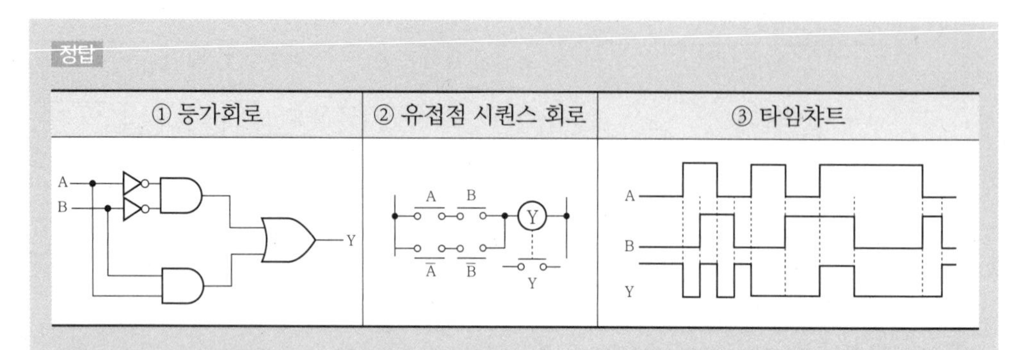

① 등가회로
② 유접점 시퀀스 회로
③ 타임차트
A
B
Y

해설 EX-NOR 게이트

① EX-NOR, 배타적 NOR, exclusive-NOR 연산이라 하고, EX-OR를 부정한 연산이다.

② 두 입력값이 같을(짝수) 때 출력은 1이고, 입력값이 서로 다를(홀수) 때 출력은 0이다.

③ 일치 회로라고 하며, 비교 회로에 응용된다.

11 다음 그림을 보고 출력 X에 대한 논리회로 명칭을 쓰시오.

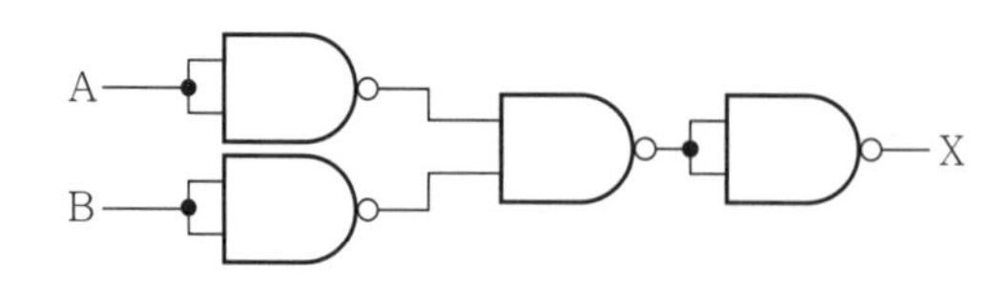

정답

NOR 회로

해설

$X=\overline{\overline{\overline{A}\cdot\overline{B}}}=\overline{A}\cdot\overline{B}=\overline{A+B}$이므로 NOR 회로이다.

12 다음 그림을 보고 출력 X에 대한 논리회로 명칭을 쓰시오.

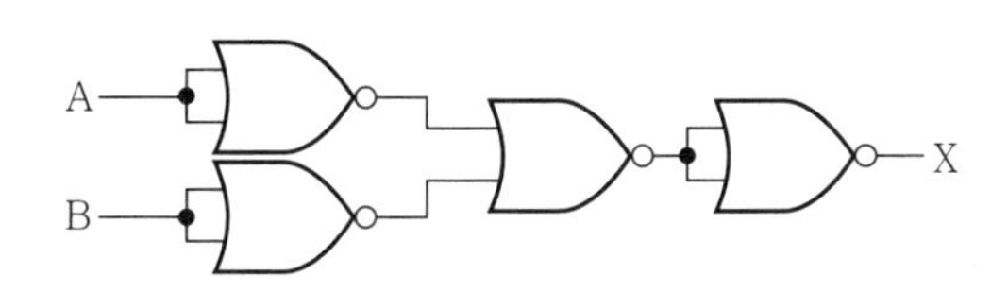

정답

NAND 회로

해설

$X=\overline{\overline{\overline{A}+\overline{B}}}=\overline{A}+\overline{B}=\overline{AB}$이므로 NAND 회로이다.

13 다음과 같은 타임 챠트의 기능을 갖는 논리게이트 논리기호를 그리시오.

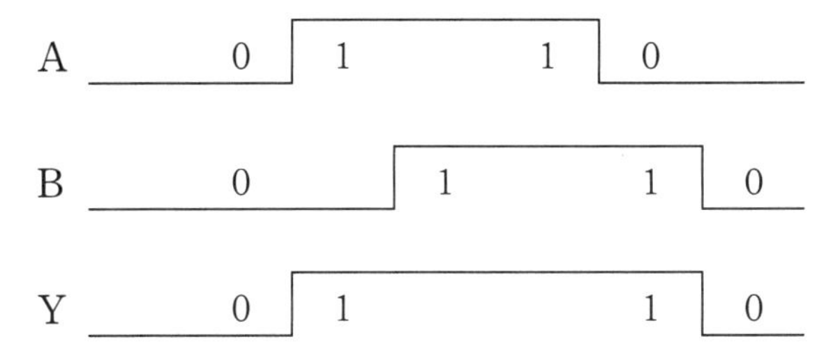

정답

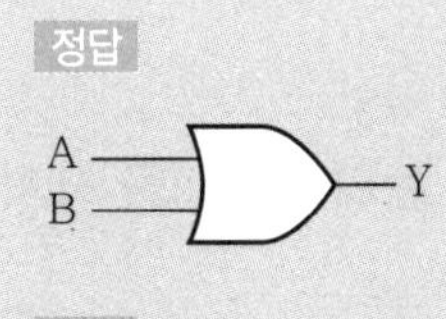

해설

입력 A, B중 하나가 1이면 출력이 1이되는 OR 회로이다.

14 다음 그림을 보고 논리식을 쓰시오.

A B C D X

정답

$X=(A+B)(\overline{C}+D)$

15 그림과 같은 회로의 명칭은?

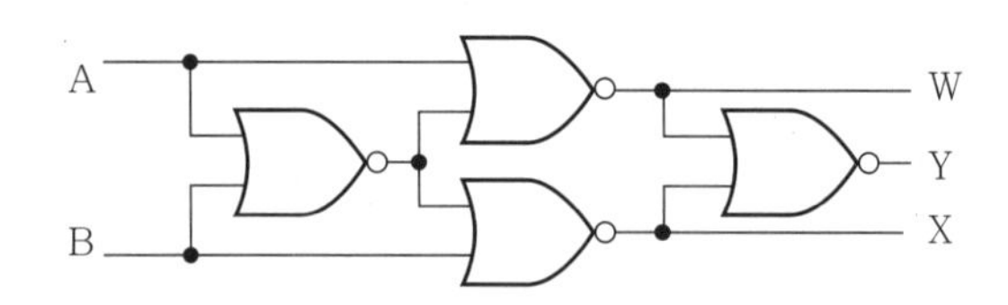

정답

비교회로

해설

$W = \overline{\overline{A+B}+A} = (\overline{\overline{A}} \cdot \overline{\overline{B}})\overline{A} = (A \cdot B)\overline{A} = A\overline{A} + \overline{A}B = \overline{A}B$

$X = \overline{\overline{A+B}+B} = (\overline{\overline{A}} \cdot \overline{\overline{B}})\overline{B} = (A \cdot B)\overline{B} = A\overline{B} + B\overline{B} = A\overline{B}$

$Y = \overline{W+X} = \overline{\overline{A}B + A\overline{B}} = \overline{\overline{A}B} \cdot \overline{A\overline{B}} = (A+\overline{B}) \cdot (\overline{A}+B) = AB + \overline{AB}$

16 그림과 같은 유접점회로를 논리게이트로 표현한 논리기호와 논리식의 답을 쓰시오.

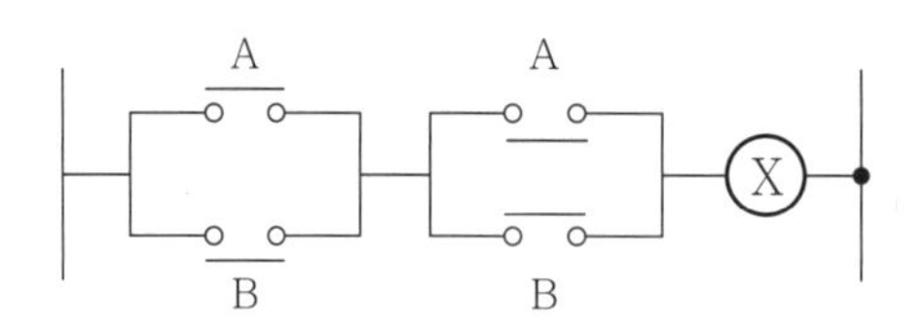

정답

① 논리기호

A
B
X

② $X = (A+\overline{B})(\overline{A}+B) = A\overline{A} + AB + \overline{A}\overline{B} + B\overline{B} = \overline{A}\overline{B} + AB = A \odot B$

해설

$X = (A \odot B) = \overline{AB} + AB$이므로 EX-NOR 회로이다.

17 그림과 같은 회로는 무슨 논리 동작에 해당되는지 논리회로 명칭을 쓰시오.

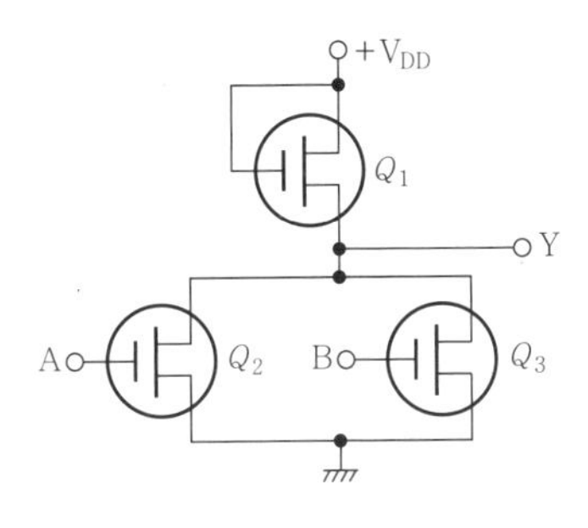

정답

NOR 연산회로

해설

입력 A, B 중 하나라도 1이면 출력은 0이고, 두 입력이 모두 0인 경우 출력이 1인 NOR 게이트 전자회로이다.

18 그림과 같은 유접점 스위치 회로의 논리식을 쓰시오.

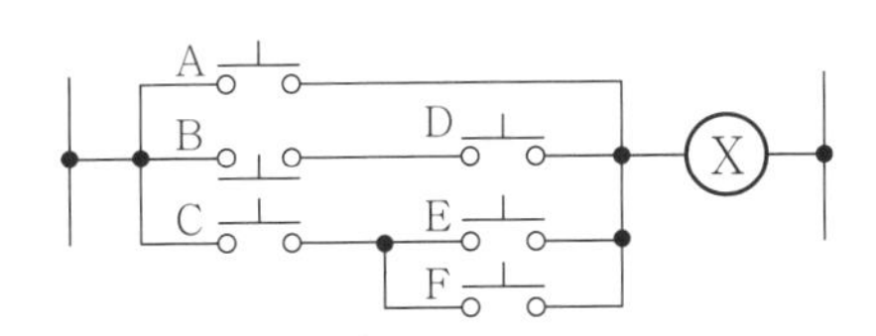

정답

$X = A + \overline{B}D + C(E + F)$

19 그림과 같은 유접점 스위치 회로의 논리식을 쓰시오.

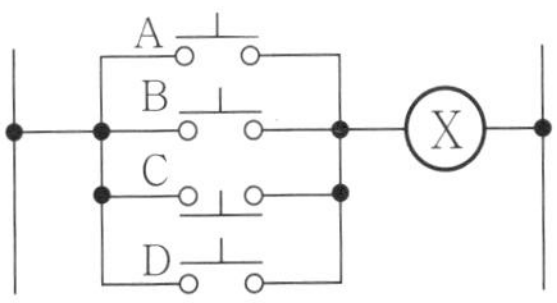

정답

$X = A + B + \overline{C} + D$

20 그림과 같은 플립플롭회로의 명칭을 쓰시오.

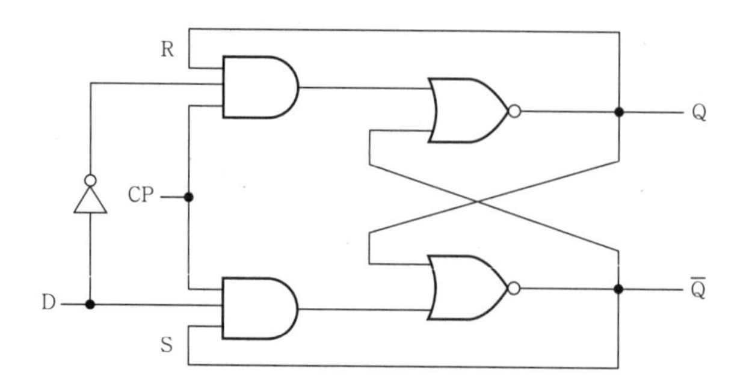

정답

D플립플롭

해설

① 입력상태를 일정시간 만큼 출력에 늦게(D-Delay or Data) 전달하는데 사용하는 연산이다.
② RS-FF 변형(입력값이 항상 보수가 되도록 변형)으로 S(기호: D)는 입력 그대로, R은 인버터(Inverter-NOT gate)를 통해 연결한 것이다.
③ S=0, R=1인 상태와 S=1, R=0인 2가지 상태 값만 나타낸다.

21 그림과 같은 플립플롭회로의 명칭을 쓰시오.

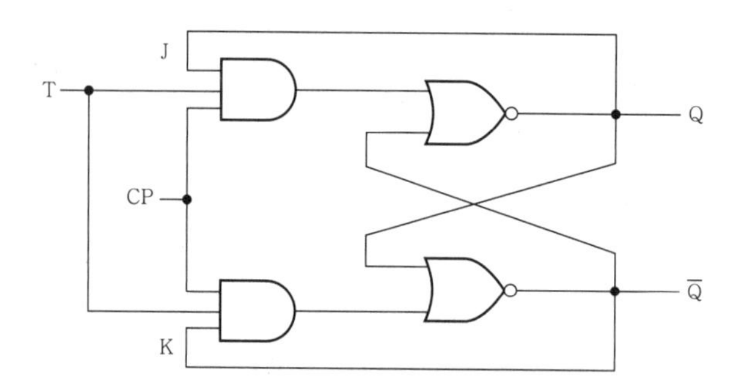

정답

T플립플롭

해설

① 토글(Toggle) 또는 보수(Complement) 플립플롭이다.
② JK-FF의 J와 K를 묶어 하나의 입력(T)으로 한다.
③ 클럭펄스가 발생할 때마다 출력이 반전(토글 또는 보수)하므로 토글(toggle) 또는 계수기(Counter)에 사용한다.

22 반가산기의 논리회로와 진리표에 대한 물음에 답하시오.

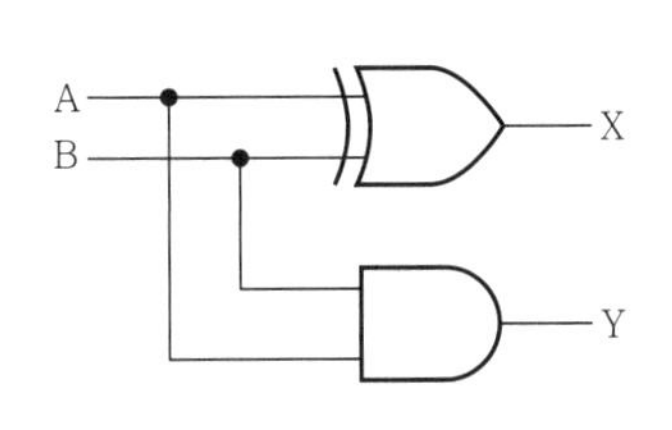

입력		출력	
A	B	$X(S)$	$Y(C)$
0	0	0	0
0	1	1	0
1	0	1	0
1	1	0	1

① 출력(Y, X) 논리식을 쓰시오.

② 그림의 논리회로에 대한 AND, OR, NOT의 논리를 이용하여 논리회로(무접점) 형태로 나타내시오.

③ 유접점 회로도를 작성하시오.

정답

① $X = \overline{A}B + A\overline{B} = A \oplus B$, $Y = AB$

② ③

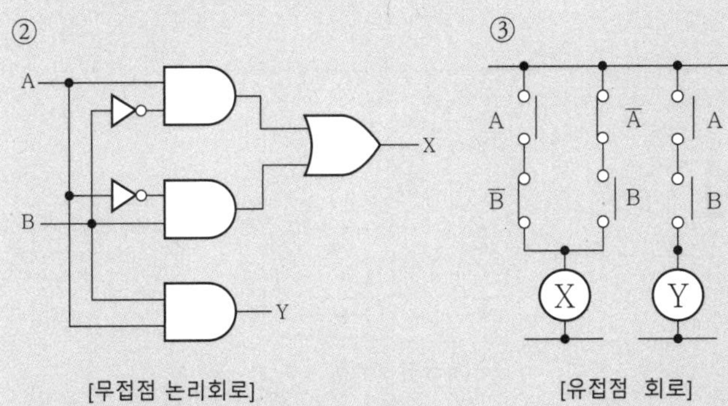

[무접점 논리회로] [유접점 회로]

해설 반 가산기(HA : Half-Adder)

① 1비트로 구성된 2개의 2진수를 덧셈할 때 사용한다.

② 하위자리에서 발생한 자리올림수를 포함하지 않고 덧셈을 수행한다.

③ 2개의 2진수 입력(A,B)과 2개의 2진수 출력(S,C)회로를 갖는다.

④ 출력 합(S-sum)은 2개의 입력 중 하나만 1일 때 1이 된다.

⑤ 출력 자리올림수(C-Carry)는 입력(A, B)이 모두 1인 경우에만 1이 된다.

⑥ 논리식 합 : $S = \overline{A}B + A\overline{B} = A \oplus B$

자리올림수 : $C = AB$

23 반감산기의 논리회로와 진리표에 대한 물음에 답하시오.

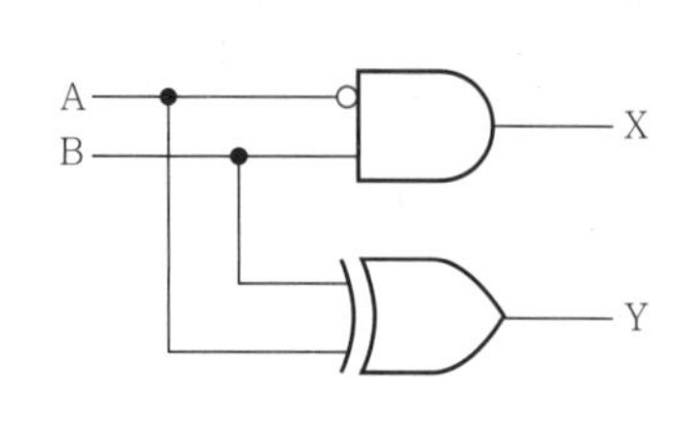

입력		출력	
A	B	$X(B)$	$Y(D)$
0	0	0	0
0	1	1	1
1	0	0	1
1	1	0	0

① 논리식을 쓰시오.

② 그림의 논리 논리회로를 AND, OR, NOT의 논리를 이용하여 논리회로(무접점) 형태로 나타내시오.

③ 유접점 회로도를 작성하시오.

정답

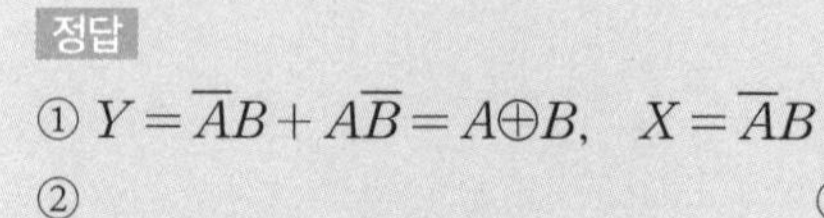

① $Y=\overline{A}B+A\overline{B}=A\oplus B,\quad X=\overline{A}B$

②

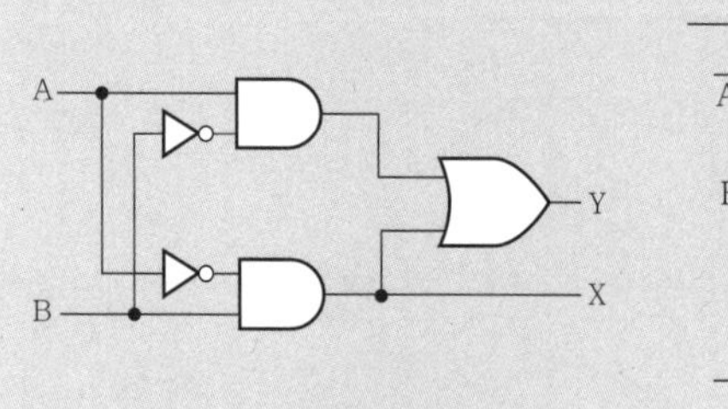

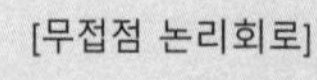

[무접점 논리회로]

③

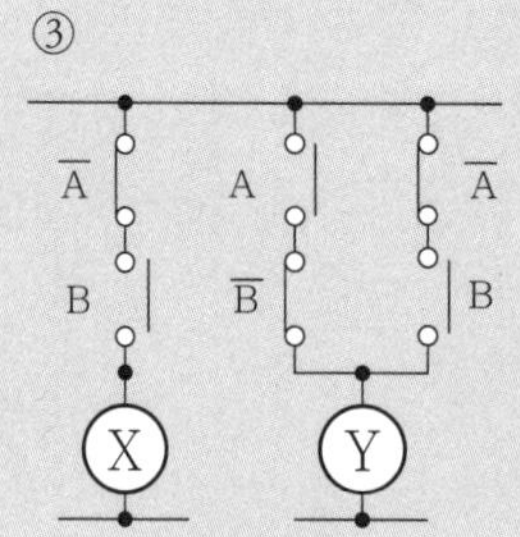

[유접점 회로]

해설 반 감산기(HS : Half-Subtracter)

① 1비트로 구성된 2개의 2진수를 뺄셈할 때 사용(2진수 1자리의 감산에만 사용)한다.

② 뺄셈할 때 하위자리에서 빌려준 자리빌림수를 포함하지 않아, 2개의 입력 변수를 갖는다.

③ 2개의 2진수 입력(A,B)과 2개의 2진수 출력(D,B) 뺄셈회로를 갖는다.

④ 출력 변수는 차(D-Difference)와 자리빌림수(B-Borrow)가 있다.

⑤ 논리식

- 차 : $D=\overline{A}B+A\overline{B}=A\oplus B$
- 자리빌림수 : $b=\overline{A}B$

24 다음과 같은 논리식으로 각항에 적합한 답안을 쓰시오.

$X = [A \cdot (\overline{B}+C) + \overline{A} \cdot B] \cdot C$

① 논리식에 적합한 논리 회로도를 그리시오.

② 유접점 시퀀스 회로도를 그리시오.

정답

① (무접점) 논리 회로도

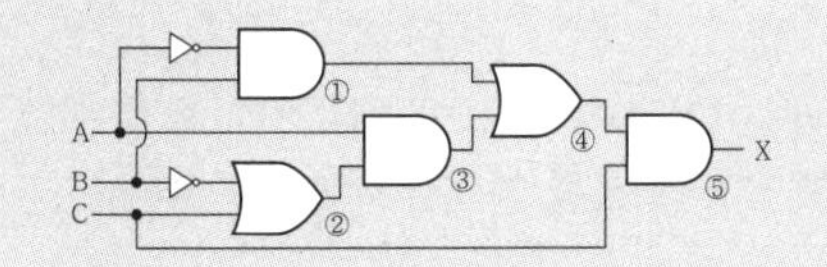

② 유접점 시퀀스 회로도

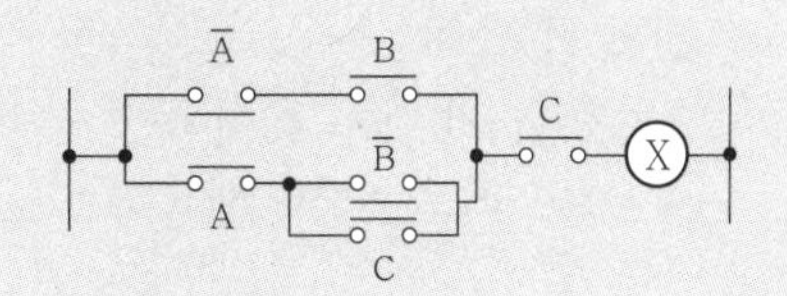

해설

논리회로의 작성은 ① $\overline{A}B$, ② $\overline{B}+C$, ③ $A(\overline{B}+C)$, ④ $A(\overline{B}+C)+\overline{A}B$, ⑤ $[A(\overline{B}+C)+\overline{A}B]C$ 순으로 먼저 유접점화하여 도식한다.

25 다음과 같은 논리회로(무접점)를 각항에 적합한 답안을 쓰시오.

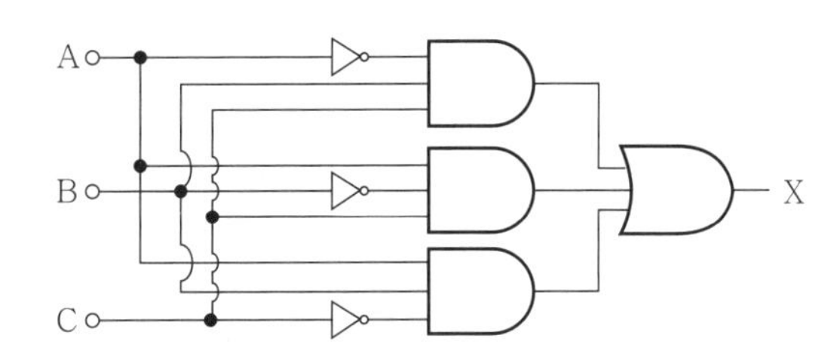

① 논리회로에 적합한 논리식을 쓰시오.

② 유접점 시퀀스 회로도를 그리시오.

정답

① (무접점) 논리식 $X = \overline{A}BC + A\overline{B}C + AB\overline{C}$

② 유접점 시퀀스 회로도

26

유접점 시퀀스 회로에서 푸쉬 버튼에서 손을 떼어도 유지되는 자기유지회로를 무접점화하여 OR형(논리1 유지회로)과 AND형(논리0 유지회로) 자기유지회로를 그리시오.

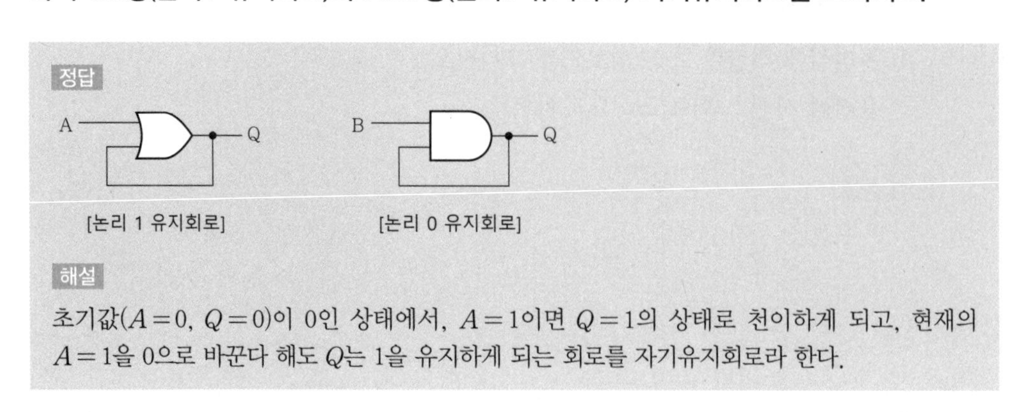

[논리 1 유지회로] [논리 0 유지회로]

해설

초기값($A=0$, $Q=0$)이 0인 상태에서, $A=1$이면 $Q=1$의 상태로 천이하게 되고, 현재의 $A=1$을 0으로 바꾼다 해도 Q는 1을 유지하게 되는 회로를 자기유지회로라 한다.

27

유접점 시퀀스 회로에서 자기유지회로를 해제하는 회로를 논리회로와 타임챠트를 그리시오.

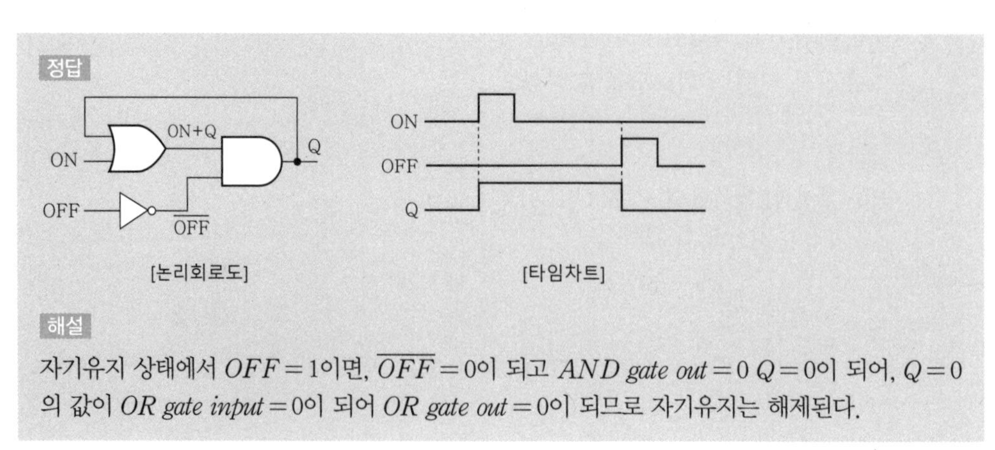

[논리회로도] [타임차트]

해설

자기유지 상태에서 $OFF=1$이면, $\overline{OFF}=0$이 되고 $AND\ gate\ out=0$ $Q=0$이 되어, $Q=0$의 값이 $OR\ gate\ input=0$이 되어 $OR\ gate\ out=0$이 되므로 자기유지는 해제된다.

28 그림과 같은 인터록 기본회로를 응용하여 다음 항들을 만족하는 논리회로를 완성하시오.

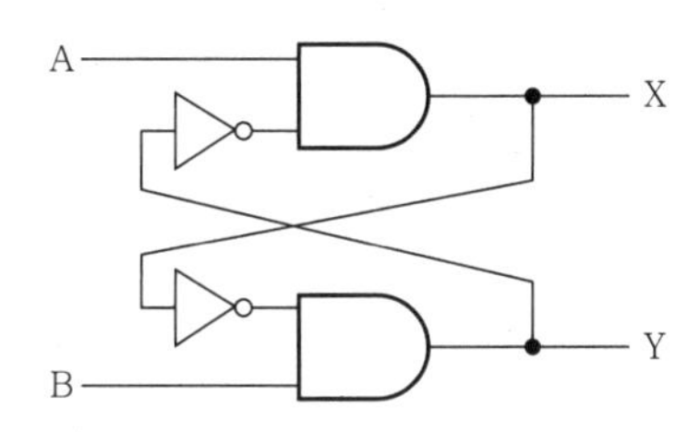

① 2개 입력은 자기유지 기능을 갖는다.

② 입력 2개 중 먼저 들어온 입력에 대하여 인터록 기능을 갖도록 한다.

③ Clear 신호에 대하여 자기유지 기능이 해제되도록 한다.

정답

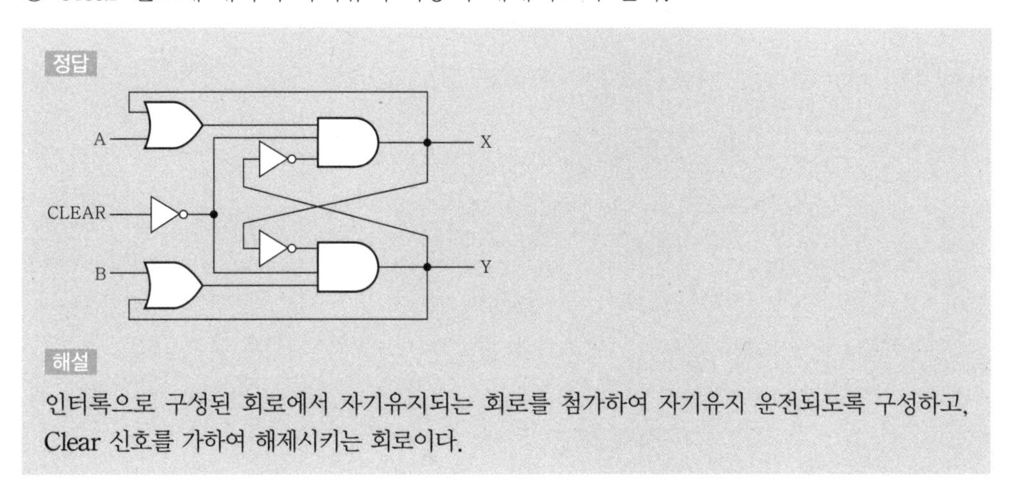

해설

인터록으로 구성된 회로에서 자기유지되는 회로를 첨가하여 자기유지 운전되도록 구성하고, Clear 신호를 가하여 해제시키는 회로이다.

PART 02

수변전 설비

전압 및 전선 표시

01 전압의 식별

(1) 전압의 구분

종별	교류	직류
저압	1[kV] 이하	1.5[kV] 이하
고압	1[kV] 초과 7[kV] 이하	1.5[kV] 초과 7[kV] 이하
특고압	7[kV] 초과	

(2) 전압의 종별(Voltage band)

1) 전압의 종별 및 적용범위

종별	적용범위
Ⅰ	① 전압 값의 특정 조건에 따라 감전 예방을 실시하는 경우의 설비 ② 전기통신, 신호, 수준, 제어 및 경보설비 등 기능상의 이유로 전압을 제한하는 설비
Ⅱ	① 가정용, 상업용 및 공업용 설비에 공급하는 전압을 포함한다. ② 이 종별은 공공 배전계통의 전압을 포함한다.

2) 교류 전압 종별

종별	접지계통		비 접지 또는 비 유효접지 계통[a]
	대 지	선 간	선 간
Ⅰ	$U \leq 50$	$U \leq 50$	$U \leq 50$
Ⅱ	$50 < U \leq 600$	$50 < U \leq 1,000$	$50 < U \leq 1,000$

U : 설비의 공칭전압 [V]

a : 중성선이 있는 경우, 1 상과 중성선에서 공급되는 전기기기는 그 절연이 선간전압에 상당하는 것을 선정할 것.

3) 직류 전압 종별

종별	접지계통		비 접지 또는 비 유효접지 계통[a]
	대 지	선 간	선 간
Ⅰ	$U \leq 120$	$U \leq 120$	$U \leq 120$
Ⅱ	$120 < U \leq 900$	$120 < U \leq 1,500$	$120 < U \leq 1,500$

U : 설비의 공칭전압 [V]
a : 중성선이 있는 경우 , 1 상과 중성선에서 공급되는 전기기기는 그 절연이 선간전압에 상당하는 것을 선정할 것 .
※ 리플프리 (Ripple free) 란 직류성분이 10%(실효값) 이하의 정현파 리플 전압으로 정의하며 , 정현파 리플전압을 포함한 직류를 말한다 .

4) 고압 및 특고압 계통의 상용주파 과전압

고압 및 특고압 계통의 지락 사고로 인해 저압계통에 가해지는 상용주파 과전압은 표에서 정한 값을 초과해서는 안 된다.

고압 계통에서 지락고장시간(초)	저압설비의 허용 상용주파 과전압[V]	적 용
> 5	U_0+250	중성점 비접지나 소호리액터 접지된 고압계통과 같이 긴 차단시간을 갖는 고압계통
≤ 5	$U_0+1,200$	저저항 접지된 고압계통과 같이 짧은 차단시간을 갖는 고압계통

U_0 : 중성선 도체가 없는 계통에서 선간전압
※ 스트레스 전압이란 지락 고장 중에 접지부분 또는 기기나 장치의 외함과 기기나 장치의 다른 부분사이에 나타나는 전압

(3) 상 및 전선의 표식

① 전선의 색상

상	L_1	L_2	L_3	N	PE
색상	갈색	흑색	회색	청색	녹색-노랑

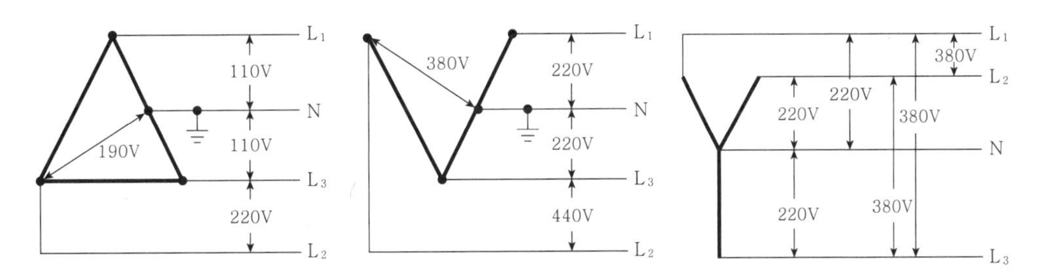

② 나도체 등

나도체 등은 전선 종단부에 색상이 반영구적으로 유지될 수 있는 도색, 밴드, 색 테이프 등의 방법으로 표시하여야 한다.

Chapter 2

변압기 설비

01 변압기 용량 및 보호

(1) 부하 용량 산정

① 건물의 용도, 규모 등에 따라 각 부하의 소요전력(밀도)를 추정하여 산정한다.

② 부하 설비용량[VA]=부하밀도[VA/m²]×연면적[m²]

(2) 변압기 용량 산정

1) 부하 설비용량이 산정되면 수용률, 부등률, 부하율을 고려하여 적정 변압기 용량을 산정한다.

2) 수용률

① 설비의 전 용량에 대하여 실제 사용되고 있는 부하의 최대 수용전력 비율을 말한다.

② 전력기기가 동시에 사용되는 정도의 척도로 항상 1보다 작다.

③ $\text{수용률}=\dfrac{\text{최대 수용전력(1시간 평균)}}{\text{총 설비용량}}\times 100[\%]$

3) 부등률

① 한 계통내의 각 개 부하의 최대 수용전력의 합계와 그 계통의 합성 최대 수용전력과의 비를 말한다.

② 항상 1보다 큰 값이며, 클수록 설비의 이용도가 높다.

③ $\text{부등률}=\dfrac{\text{각각의 최대수용전력의합}}{\text{합성최대 수용전력}}\geq 1$

4) 부하율

① 일정한 기간의 평균부하 전력의 최대 부하전력에 대한 비율을 말한다.

② 부하율이 클수록 설비가 효율적으로 사용되고 있다.

③ $\text{부하율}=\dfrac{\text{부하의 평균전력(1시간 평균)}}{\text{최대 수용전력(1시간 평균)}}\times 100[\%]$

$=\dfrac{\text{부하의 평균전력}}{\text{총 설비용량}}\times\dfrac{\text{부등률}}{\text{수용률}}$

5) 수용률, 부등률, 부하율의 관계

① $\text{최대 부하}=\text{부하 설비의 합계}\times\dfrac{\text{수용률}}{\text{부등률}}$

② $\text{합성 최대 수용전력}=\dfrac{\text{최대 수용전력의 합}}{\text{부등률}}=\dfrac{\text{수용 설비용량의 합}\times\text{수용률}}{\text{부등률}}$

(3) 변압기 용량 선정

① 각 부하별로 최대 수용전력을 산출하고 이에 부하역률과 부하 증가를 고려하여 변압기 총 용량을 결정한다.

$$변압기\ 용량 = \frac{총부하설비용량 \times 수용률}{부등률} \times 여유율$$

② 장래의 부하 증가에 대한 여유율을 일반적으로 10[%]정도 여유있게 한다.

(4) 변압기 보호

1) 변압기의 고장의 종류

① 내부고장 : 권선의 상간, 층간단락, 권선과 철심간의 지락, 고저압 권선의 혼촉 및 단선

② 외부고장 : 뇌서지에 의한 붓싱 절연 파손, 개폐서지 침입

③ 보조기 고장 : 냉각 휀, 송유펌프 등의 고장

※ 가장 빈도가 큰 것은 권선의 층간단락 및 지락이다.

2) 변압기 보호장치의 종류

① 전기적 보호장치 : 비율차동계전기, OCR, OCGR, 전력퓨즈, LA, SA

② 기계적 보호장치 : 브흐홀츠 계전기, 충격압력계전기, 방압장치, 온도계, 유면계 등

3) 특별고압용 변압기의 보호장치 설치기준

뱅크용량	보호장치
뱅크용량 5,000[kVA] 이상 10,000[kVA] 미만	과전류 : 자동차단장치 내부고장 : 경보장치
뱅크용량 10,000[kVA] 이상	과전류 및 내부고장 : 자동차단장치 온도상승 : 경보장치
송유풍냉식, 송유자냉식	송유펌프 및 송풍기 고장 → 경보장치
수냉식	냉각수 단수 → 경보장치

02 변압기 등가회로

(1) 등가회로

변압기의 실제회로는 1차와 2차가 분리된 2개의 회로로 구성되지만 전자유도 작용에 의하여 1차와 2차를 하나의 전기회로로 변환 계산한다.

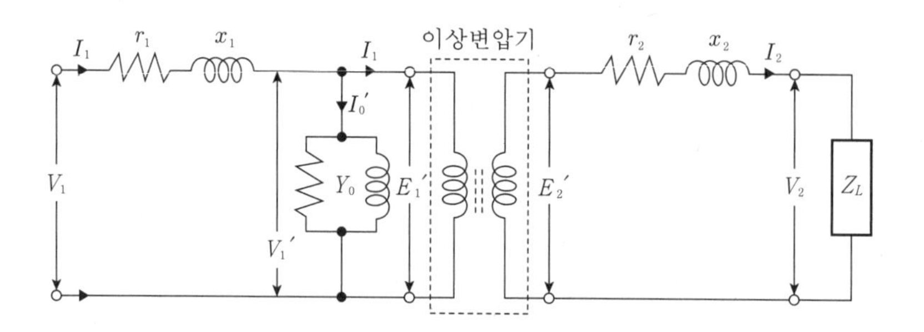

1) 1차 측에서 본 등가회로(2차를 1차로 환산)

① 권수비 : $a=\frac{N_1}{N_2}=\frac{E_1}{E_2}=\frac{I_2}{I_1}=\sqrt{\frac{Z_1}{Z_2}}$ $\therefore E_1I_1=E_2I_2$

② 2차 측 임피던스 $Z_2(Z_L)$를 a^2배하여 1차 측으로 환산

③ 2차 측 전압 a배, 전류 $\frac{1}{a}$배, 임피던스 a^2배로 환산

2) 2차 측에서 본 등가회로(1차를 2차로 환산)

① 1차 측 전압 $\frac{1}{a}$배, 전류 a배, 임피던스 $\frac{1}{a^2}$배, 어드미턴스 a^2배로 환산

3) 변압기 여자전류

① 여자전류(무부하전류) $I_o=\sqrt{I_u^2+I_w^2}$[A]

② 자화전류 $I_u=\sqrt{I_o^2-I_w^2}$[A]

③ 철손 전류 $I_w=\frac{P_i}{V_i}$[A]

(2) 변압기 정격

① 지정된 조건 하에서 변압기를 사용할 수 있는 한도

② 정격 2차 전압, 주파수, 정격 역률일 때 피상전력 [VA], [kVA]로 표기

③ 정격용량 [VA]=정격 2차 전압×정격 2차 전류

(3) 단락전류 : 단락사고 시 흐르는 고장전류

단락전류 $I_S = \frac{100}{\%Z} \times I_n$

여기서, I_n : 정격전류

(4) 임피던스 전압 및 임피던스 와트(단락시험)

1) 임피던스 전압(V_S)

① 변압기 2차 측을 단락하고, 1차 측에 정격전류가 흐를때 1차 측 전압

② 정격전류가 흐를 때 변압기 내의 전압강하

③ 변압기 임피던스와 정격전류의 곱

2) 임피던스 와트(P_S)

① 변압기 2차 측을 단락하고, 1차 측에 정격전류가 흐를 때 1차 측 유효전력

② 임피던스 전압 상태에서의 전력(동손)으로 부하손 측정

③ 부하손=동손, 정격시 동손

(5) 철손 : 무부하시험

03 변압기의 결선 및 병렬 운전

(1) 변압기의 극성 : 권선을 감는 방향에 따라 구분하며 우리나라는 감극성이 표준이다.

1) 감극성

① 유도기전력 E_1, E_2의 방향이 동일 방향으로 접속되는 것

② $V = V_1 - V_2$

2) 가극성

① 유도기전력 E_1, E_2의 방향이 반대 방향으로 접속되는 것

② $V = V_1 + V_2$

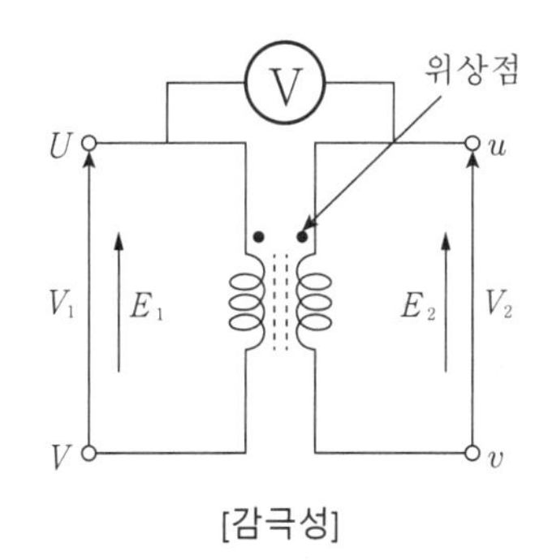

[감극성]

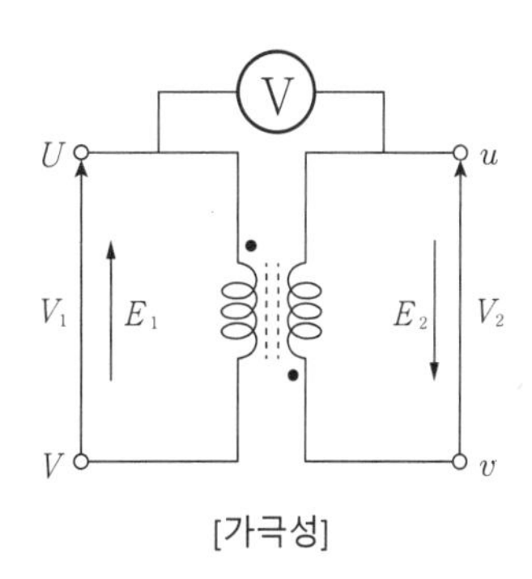

[가극성]

(2) 변압기의 결선

1) 단상변압기를 3상 변압기로 사용 조건

① 용량, 주파수, 전압 등 정격이 같아야 한다.

② 권선의 저항, 누설 리액턴스, 여자전류 등이 같아야 한다.

2) Δ-Δ 결선

① **형태 및 용도**

㉠ 선간전압과 상전압이 같아 고압인 경우 절연이 어렵다.

㉡ 60[kV] 이하의 저전압, 대전류인 배전용 변압기에 주로 사용한다.

② **장점**

㉠ 상전류는 선전류의 $\frac{1}{\sqrt{3}}$이다.

㉡ 제3 고조파 전류가 내부에서 순환되어 유도장해가 발생하지 않는다.

㉢ 1상이 고장이 발생하면 V결선(정격출력 57.7[%])으로 사용할 수 있다.

③ **단점**

㉠ 중성점을 접지할 수 없어 지락사고시 보호가 곤란하다.

㉡ 상부하 불평형일 때 순환전류가 흐른다.

3) Y-Y 결선

① **형태 및 용도**

- 3권선 변압기에서 Y-Y-△ 송전 전용으로 주로 사용한다.

② **장점**

- 상전압이 선전압의 $\frac{1}{\sqrt{3}}$로 절연이 용이하고 고전압에 유리하다.
- 중성점을 접지할 수 있어 이상전압을 방지(보호계전 용이)할 수 있다.

③ **단점**

- 선로에 제3 고조파 전류가 흘러서 유도장해로 통신선에 영향을 준다.

4) Δ-Y 결선

① 2차 측 선간전압이 변압기 권선 전압의 $\sqrt{3}$배로 승압에 유리하다.

② 승압용 변압기로 발전소용, 송전단 변전소용으로 사용한다.

5) Y-Δ 결선

① 2차 측 선간전압이 변압기 권선 전압의 $\frac{1}{\sqrt{3}}$배로 강압에 유리하다.

② 강압용 변압기로 수전단 변전소용으로 사용한다.

③ 1, 2차 선간전압 사이에 30° 위상차가 있다.

6) V–V 결선($P_V = \sqrt{3}P$)

① 단상 △－△ 결선에서 1대 고장시 고장 기를 제거후 V－V결선 사용한다.

② △－△ 결선 출력에 비하여 $\frac{P_V}{P_{\triangle}} = \frac{\sqrt{3}P}{3P} = 57.7[\%]$로 줄어든다.

③ 변압기 이용률은 $\frac{P_V}{2P} = \frac{\sqrt{3}P}{2P} = 86.6[\%]$로 줄어든다.

④ 설치방법이 간단하고, 소용량으로 가격이 저렴하다.

⑤ 부하상태에 따라 2차 단자전압이 불평형이 될 수 있다.

예시 500[kVA] 단상변압기 4대를 사용하여 과부하가 되지 않게 사용할 수 있는 3상 전력의 최대값은 약 몇[kVA] 인가?

해설 - 3상 Y, △결선 $P_Y - \triangle = 3P = 3대 \times 500 = 1,500[kVA]$ -3대
- 3상 V결선 $P_V = \sqrt{3}P = \sqrt{3} \times 500 = 866[kVA]$ -2대
- 3상 V결선 2대×2조 $P_{V2} = 2\sqrt{3}P = 2\sqrt{3} \times 500 = 1,000\sqrt{3}[kVA]$ -4대

7) 역 V결선

① 2대의 변압기로 3상 전원에서 1상을 얻는다.

② 2차 전압은 $\sqrt{3}$배이다.

(3) 상수 변환 결선

1) 3상 교류를 2상 교류로 변환

① 스코트 결선 (T결선) : 전기철도, 전기로 등에 주로 사용

- 3상 전원에서 2상의 전원을 얻는데 사용한다.
- 단상측 2회로의 부하 크기나 역률이 같으면 1차 측의 전류는 평형이 된다.
- T좌 변압기의 1차 권선 0.866점과 주좌변압기 중앙점에 탭을 내어 3상을 공급하면 2차 측 단자에 평형 2상 전압을 얻는다.

② 우드브리지 결선

③ 메이어 결선

2) 3상 교류를 6상 교류로 변환 : 대용량 직류 변환에 주로 사용

① 포크 결선(수은정류기)

② 대각 결선

③ 2차 2중 Y결선 및 △결선

(4) 변압기 병렬운전

1) 병렬운전 조건

① 극성이 같을 것

- 극성이 다르면 매우 큰 순환전류가 흘러 권선이 소손된다.

② 각 변압기 권수비가 같고, 1, 2차 정격 전압이 같을 것

- 권수비, 정격 전압이 다르면 순환전류가 흘러 권선이 과열, 소손된다.

③ 각 변압기의 내부저항과 리액턴스 비가 같을 것

- 다르면 전류의 위상차로 변압기 동손이 증가한다.

④ 각 변압기의 %임피던스 강하가 같을 것

- 다르면 부하의 분담이 부적당하게 되어 이용률이 저하된다.

⑤ 각 변위와 상회전 방향이 같을 것

2) 병렬운전 결선

병렬운전 가능		병렬운전 불가능	
△-△와 △-△	△-Y와 Y-△	△-△와 △-Y	Y-Y와 △-Y
△-△와 Y-Y	Y-△와 Y-△	△-△와 Y-△	Y-Y와 Y-△
△-Y와 △-Y	Y-Y와 Y-Y		

3) 부하분담

① 부하분담은 %임피던스 강하와 반비례 관계로 각 변압기 용량과는 관계없다.

② $P_A = \dfrac{\%Z_B}{\%Z_A + \%Z_B} \times P[\text{kVA}]$

(5) 병렬운전 조건이 맞지 않을 때 현상

1) 변압비가 다른 변압기의 병렬운전

변압비가 다르면 변압기간 순환전류가 흐르게 되어 권선이 과열된다.

- $\%I = \dfrac{\%e}{\%IZ_1 + \text{k}\%IZ_2} \times 100[\%]$

여기서, $\%I$: 정격전류에 대한 순환전류의 비[%]

$\%IZ_1$: 제1 변압기의 %IZ강하

$\%IZ_2$: 제2 변압기의 %IZ강하

$\%e$: 두 변압기의 전압차의 비

k : 두 변압기 용량의 비(kVA1/kVA2)

2) 임피던스 전압이 다른 변압기의 병렬운전

① 병렬 운전시 부하분담

- 2대의 변압기 TR1, TR2 임피던스를 Z_1, Z_2, 부하를 P라 하면

TR1의 부하분담 $= \frac{Z_2}{Z_1+Z_2} \times P$, TR2의 부하분담 $= \frac{Z_1}{Z_1+Z_2} \times P$

- 임피던스 전압이 작은 변압기의 부하분담이 커지게 되어 임피던스 전압의 차가 큰 변압기는 병렬운전을 피해야 한다.(임피던스 강하가 다른 경우도 동일함)

② 과부하운전을 하지 않기 위한 부하 제한

- 임피던스 전압이 $Z_1 > Z_2$인 동일 변압기 용량 K[kVA] 2대에 부하 P[kVA]를 접속할 때 임피던스 전압이 작은 변압기의 부하분담은

$P_2 = \frac{Z_1}{Z_1+Z_2} P$가 된다.

- 임피던스 전압이 작은 변압기의 부하분담(P_2)이 그 변압기의 용량(K)이 되게끔 부하 P를 낮게 해야한다.

참고 발전기의 병렬운전 조건

1. 동기발전기

(1) 병렬운전

① 2대 이상의 동기발전기가 같은 부하에 전력 공급하는 것을 병렬운전이라 한다.

② 2대 이상 병렬운전 시 위상과 주파수 측정은 동기 검전기(Synchro scope)를 사용한다.

(2) 병렬운전 조건

① 기전력의 크기가 같을 것
- 다르면 무효순환전류가 흘러 권선 가열

② 기전력의 위상이 같을 것
- 다르면 유효순환전류(동기화)가 발생

③ 기전력의 파형이 같을 것
- 다르면 고조파 무효순환전류 흐름

④ 기전력의 주파수가 같을 것
- 다르면 출력이 요동(난조 발생)치고 권선 가열

⑤ 기전력의 상 회전 방향이 같을 것

(3) 부하분담

① 분담을 높이려는 발전기(A)의 조속기를 높여 속도를 올리면, A기의 기전력이 타 발전기(B)보다 높게 되어 부하 분담이 증가하고 B기는 감소한다.

② 무부하시 A기의 여자를 B기 보다 강하게 한다면

- A : I는 유기 기전력보다 90° 지상 무효순환전류로 감자작용으로 기전력을 감소시킨다.
- B : I는 유기 기전력보다 90° 진상 무효순환전류로 자화작용으로 기전력을 증가시킨다.

2. 직류발전기

(1) 전압조정

유도기전력 $E=\frac{P}{a}Z\phi\frac{N}{60}$ [V]

P : 극수, Z : 도체수, ϕ : 계자자속[Wb], N : 회전속도[rpm], a : 병렬회로수

계자권선(F)와 계자저항기(Rf)를 접속하고, 저항을 가감하여 자속(ϕ)를 조정하여 단자전압을 조정한다.

(2) 병렬운전시 부하분담

부하분담을 증가시키려면 계자를 강하게 하여 전압을 상승시켜야 한다.

(3) 직류발전기의 병렬운전 조건

① 단자전압이 같을 것

② 각 발전기의 극성이 같을 것

③ 외부 특성곡선이 일치 할 것

④ 외부 특성곡선이 수하특성 일 것

- 타여자, 분권발전기 : 수하특성이다.
- 직권, 복권 발전기 : 수하특성이 아니므로 직권계자 균압선을 설치

⑤ 균압선을 설치할 것(2대의 병렬발전기에 부하의 균등배분)

(4) 병렬운전 시 부하분담 운전

① 계자권선(F)에 계자저항(Rf)을 직렬로 연결하여 계자저항(Rf)을 가감한다.

② 계자저항 가감으로 자속을 조정하면 단자 전압이 조정된다.

③ 부하분담을 증가시키려는 계자를 강하게 하여 전압을 상승시키면 된다.

04 변압기의 손실 및 효율

(1) 변압기의 손실

1) 무부하손 : 무부하 시험으로 측정 ($P_i=P_h+P_e$)

① 무부하 손실 : 철손(무부하손의 대부분 손실), 유전체손

② 히스테리시스 손(철손의 약 80[%])

$P_h=k_h f B_m^{1.6\sim2.0}$[W/kg]

여기서, k_h : 히스테리시스상수, f : 주파수, B_m : 최대자속밀도

③ 와류손(맴돌이전류손)

$P_e = k_e(tfB_m)^2$[W/kg]

여기서, k_e : 와류손 상수, t : 강판두께

④ 변압기는 정지기로 발전기, 전동기와 같은 회전에서 발생하는 기계손이 없는 장점이 있다.

2) **부하손** : 단락 시험으로 측정

① 부하손실 : 표유부하손, 동손(부하손의 대부분 손실)

② 동손 $P_C = (r_1 + a^2 r_2)I_1^2 = I^2 R$[W]

(2) 변압기의 효율

1) 규약 효율

$$\eta = \frac{\text{출력[kW]}}{\text{출력[kW]} + \text{손실[kW]}} \times 100[\%]$$

2) 전부하 효율

$$\eta = \frac{V_{2n} I_{2n} cos\theta}{V_{2n} I_{2n} cos\theta + P_i + Pc} \times 100[\%]$$

3) 임의의 ($\frac{1}{m}$)부하 효율

$$\eta = \frac{\frac{1}{m} V_{2n} I_{2n} cos\theta}{\frac{1}{m} V_{2n} I_{2n} cos\theta + P_i + (\frac{1}{m})^2 Pc} \times 100[\%]$$

4) 최대 효율 조건

① 전부하시 : 철손(P_i) = 동손(P_c), 즉, 무부하손 = 철손

- 정격부하의 70[%] 부근이고, 이때 $P_i : P_c = 1 : 2$ 이다.

② $\frac{1}{m}$부하시 : $\frac{1}{m} = \sqrt{\frac{P_i}{P_c}}$

예시 정격출력 20[kVA], 정격에서 철손 150[W], 동손 200[W]의 단상변압기에 뒤진 역률 0.8인, 부하를 걸었을 경우 효율이 최대이다. 이때 부하율은 약 몇 [%]인가?

해설 - 최대 효율 조건은 $P_i = (\frac{1}{m})^2 P_c$이므로

$$\frac{1}{m} = \sqrt{\frac{P_i}{P_c}} \times 100 = \sqrt{\frac{150}{200}} \times 100 = 86.6 \fallingdotseq 87[\%]$$

5) **전일효율** : 1일 중 변압기 출력과 입력 전력량의 비율

① 전일효율 $\eta_d = \frac{1일중\ 출력량[kWh]}{1일중\ 입력량[kWh]} \times 100[\%] = \frac{1일중\ 출력량}{1일중\ 출력량+손실량} \times 100[\%]$

$= \frac{V_2 I_2 cos\theta \times T}{V_2 I_2 cos\theta \times T + 24P_i + T \times P_c} \times 100[\%]$

② 전부하 시간이 짧을수록 철손($24P_i = T \times P_c$)은 작아야 한다.

(3) 전압변동률

1) **전부하 시와 무부하 시의 2차 단자전압의 변동 정도를 나타낸다.**

2) **2차전압을 기준한 전압변동률(ε)**

$$\varepsilon = \frac{무부하\ 2차\ 전압-정격\ 2차\ 전압}{정격\ 2차\ 전압} \times 100[\%] = \frac{V_{20} - V_{2n}}{V_{2n}} \times 100[\%]$$

(4) %저항강하(p)와 %리액턴스강하(q)를 이용한 전압변동률(ε)

1) **%저항강하(p)** : 정격전류가 흐를 때 권선저항에 의한 전압강하 비율을 퍼센트로 나타낸 것

2) **%리액턴스강하(q)** : 정격전류가 흐를 때 리액턴스에 의한 전압강하 비율을 퍼센트로 나타낸 것

① 진상인 경우 $\varepsilon = pcos\theta + qsin\theta[\%]$

② 지상인 경우 $\varepsilon = pcos\theta - qsin\theta[\%]$

③ %임피던스 강하(전압변동률의 최대값) $\%Z = \varepsilon_{max} = \sqrt{p^2 + q^2}$

05 기타 변압기

(1) 단권변압기

1) **형태와 용도**

① 1차·2차 권선이 절연되지 않고 일부는 공통회로로 사용된다.

② 권선 하나의 도중에 탭을 사용하며, 경제적이고 특성도 좋다.

③ 권수비 a가 1에 가까울수록 특성이 좋다.

④ 전기철도 전차선 전원, 가정용 전압조정기 등에 다양하게 사용한다.

2) **보통변압기와 단권변압기 비교**

① 권선이 가늘어도 되며, 자로가 단축되어 재료를 절약된다.

② 동손이 감소되어 효율이 좋다.

③ 공통권선을 사용하여 누설자속이 없어 전압변동률이 작다.

④ 고압측 전압이 높아지면 저압측도 고전압을 받게 되는 위험이 있다.

3) 자기용량과 부하용량의 비

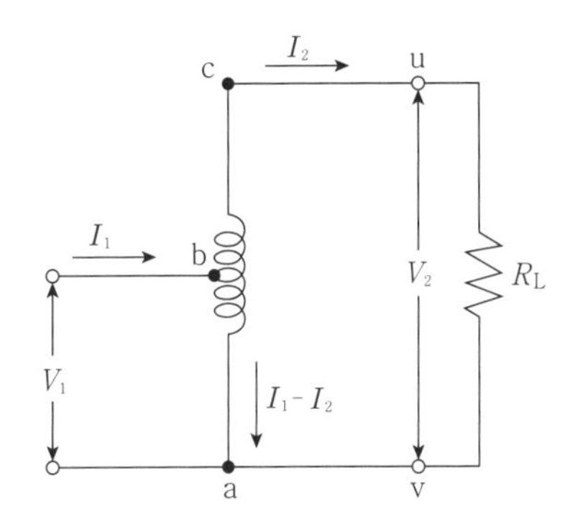

여기서, 권선수 $N_1 = a-b$간, $N_2 = a-c$이다.

① 권수비 $a = \dfrac{V_1}{V_2} = \dfrac{N_1}{N_1+N_2}$

② 단권변압기 용량(자기용량) $= (V_2 - V_1)I_2 = (1-a)V_2I_2$

※ $\begin{pmatrix}\text{변압기용량}\\\text{(자기용량)}\end{pmatrix} = \dfrac{(V_2-V_1)}{V_1} \times$ 부하용량

③ 부하용량(2차출력) $= V_2I_2$

$\therefore \dfrac{\text{자기용량}}{\text{부하용량}} = \dfrac{(V_2-V_1)I_2}{V_1I_2} = \dfrac{V_2-V_1}{V_2}$

예시 자기용량이 10[kVA] 단권변압기를 이용해서 배전전압 3,000[V]를 3,300[V]로 승압하고 있다. 부하역률이 80[%]일 때 공급할 수 있는 부하용량은 약 몇 [kW]인가? (단, 단권변압기의 손실은 무시한다.)

해설 - 단권변압기 부하용량 $= \dfrac{V_h}{V_h - V_l} \times$ 자기용량 이므로,

- 부하용량 $P_a = \dfrac{3{,}300}{3{,}300-3{,}000} \times 10 = 110$[kVA]이고,

- 유효전력 $P = P_a cos\theta = 110 \times 0.8 = 88$[kW]이다.

(2) 3권선 변압기 : 1대의 변압기 철심에 3개의 권선이 감긴 변압기

① 3차 권선에 콘덴서를 접속하여 1차 측 역률을 개선하는 선로 조상기로 사용

② 3차 권선으로 발전소나 구내전력 공급에 사용

③ 2개의 권선을 다른 계통으로 전력을 받아 남은 권선을 2차로 전력공급

06 변압기의 절연

(1) 기준충격절연강도

① 유효접지계에서는 1선 지락시 건전상의 전압상승이 최대 선간전압의 80[%] 이하로 억제되기 때문에 정격전압이 낮고 충격전압 보호능력이 높은 피뢰기를 사용할 수 있다. 따라서 계통에 연결되는 BIL(Basic Impulse Insulation Level - 충격절연강도)을 비유효 접지계통보다 낮출 수 있다.

② BIL이 낮아지면 중량이 가벼워지고 가격도 저하한다. 또한 변압기인 경우에는 임피던스가 줄어서 계통 안정도의 향상에도 기여한다.

③ 기준 BIL은 대략 다음 식으로 주어진다.

BIL = 5E + 50[kV],

여기서, E = 최저전압[kV]

계통전압[kV]	기준충격절연강도 [kV]	현재 사용 BIL[kV]	신형피뢰기에 의한 가능한 보호 BIL[kV]
154	750	650 (1단 저감)	550 (2단 저감)
345	1,550	1,050 (1단 저감)	950 (2단 저감)

(2) 절연의 종류

1) 전절연

① 비유효 접지계통에 접속되는 권선에 채용하는 방식이다.

② 계통의 공칭전압을 1.1로 나눈 값과 절연계급의 수치가 일치하는 경우의 절연이다.

2) 저감절연

① 유효접지계통에서는 1선 접지사고 시 건전상의 대지전압이 비접지계통 또는 비유효접지계통에 비하여 낮으므로 정격전압이 낮은 피뢰기를 채용할 수 있다.

② 절연계급의 수치가 공칭회로 전압을 1.1로 나눈 값보다 낮은 경우의 절연이다.

3) 단절연

① 유효접지계통에 접속되는 권선의 중성점 단자의 절연강도는 일반적으로 전력선측보다 낮게 잡아도 충분하다.

② 유효접지계통의 중성점 절연강도는 선로단자의 $\frac{1}{3}$ 정도되는 절연이다.

4) 균등절연

① 중성점 단자의 절연강도가 선로단자와 같은 경우이다.

② △ 결선 시의 권선절연을 균등절연이라 하며 단절연에 상반되는 개념이다.

07 변압기 점검과 시험

(1) 절연물의 열화 진단

1) 절연저항 측정

① 1,000[V], 2,000[V] 전자식 절연 저항계로 권선과 권선간, 권선과 외함간 절연저항을 측정하는 방법이다.

2) 유전정접 시험(tanδ)

① 유전손실을 측정하는 방법으로, 사용하고 있는 절연물의 온도, 습도, 상태 등에 관계되는 고유한 값을 측정하는 시험이다.

② 세어링 브리지를 이용한 측정기, 전자식 탄델타(tanδ)미터 등을 사용한다.

3) 변압기 유 절연내력 시험

① 변압기 유 중에 설치된 전극에 상용주파수 전압을 절연이 파괴될 때 까지 상승시켜 절연파괴 전압 측정한다.

4) 유중가스분석 시험

① 변압기 유 중의 용해가스를 추출 분석하여 내부 이상 유무을 진단하는 방법이다.

② 변압기를 정지시키지 않고 내부 이상 유무도 점검 가능하다.

(2) 변압기의 시험

<table>
<tr><td>변압기
극성시험</td><td colspan="2">- 감극성 표준으로 한다.
- 감극성 표준은 변압기 1차와 2차간의 혼촉 발생으로 인한 전압상승 방지를 위함이다.
- 감극성 $V=V_1-V_2$, 가극성 $V=V_1+V_2$</td></tr>
<tr><td rowspan="3">변압기
온도시험</td><td>실
부하법</td><td>- 변압기에 전부하를 걸어서 온도가 올라가는 상태를 시험하는 방법이다.
- 전력이 많이 소비되어, 소형기에서만 적용한다.</td></tr>
<tr><td>반환
부하법</td><td>- 온도가 원인이 되는 철손과 동손(구리손)만 공급하여 시험하는 방법이다.
- 전력을 소비하지 않는다.</td></tr>
<tr><td>등가
부하법</td><td>- 변압기의 권선 하나를 단락하고 시험하는 방법으로 단락시험법이다.
- 전손실에 해당하는 부하손실을 공급해서 온도상승을 측정한다.</td></tr>
<tr><td>변압기
절연내력 시험</td><td colspan="2">- 변압기 유의 절연파괴 전압 시험
• 가압시험 : 충전 부분의 절연강도 측정시험
• 유도시험 : 층간 절연내력 측정시험
• 충격전압 시험 : 번개 등의 충격전압에 대한 절연내력 시험</td></tr>
<tr><td>변압기
등가회로 시험</td><td colspan="2">- 동손측정 : 단락시험, 저항측정시험
- 철손측정 : 무부하 시험(철손, 여자전류, 무부하손)</td></tr>
</table>

Chapter 3 수변전 시스템

01 수변전실 등의 시설(내선규정 제3220절)

(1) 수변전실 또는 큐비클의 구조

① 기초는 기기의 설치에 충분한 강도를 가질 것

② 수전실은 불연재료로 만들어진 벽, 기둥, 바닥 및 천장으로 구획되고, 창 및 출입구는 방화문을 시설할 것

③ 조수류(鳥獸類) 등이 침입할 우려가 없도록 조치를 강구할 것

④ 환기가 가능한 구조일 것

⑤ 눈, 비의 침입을 방지하는 구조의 것

⑥ 조명은 감시 조작을 안전하고 확실하게 하기 위하여 필요한 조명 설비를 시설하여야 하며, 정전시의 안전 조작을 위한 비상조명 설비를 설치하는 것이 바람직하다.

⑦ 자물쇠로 잠글 수 있는 구조일 것

⑧ 수전실 또는 큐비클 등에는 적당한 위험 표시를 설치하여야 한다.

(2) 배전반 등의 최소 유지거리

(단위 : [m])

구분	앞면 또는 조작·계측면	뒷면 또는 점검면	열 상호간 (점검하는 면)	기타의 면
특고압 배전반	1.7	0.8	1.4	-
고압 배전반	1.5	0.6	1.2	-
저압 배전반	1.5	0.6	1.2	-
변압기 등	0.6	0.6	1.2	0.3

(3) 큐비클 이격거리

FD	큐비클 앞면으로 저고압용 1.5[m] 이상, 특고압용 1.7[m] 이상
SD	큐비클 옆면으로 최소 0.6[m] 이상이어야 하고, 0.8[m] 이상이 통행에 편리하다.
BD	큐비클 뒷면(뒷면을 나사 등으로 고정된 구조)으로 저고압용 0.6[m] 이상, 보수 및 통로용으로 0.8[m] 이상
DD	큐비클 뒷면에 개폐문이 있는 것으로 개폐문에 0.3[m]을 더한 값 이상 이어야 하며, 어떤 경우도 1.2[m] 이상이어야 한다.
FF	큐비클 뒷면(뒷면 개방 불가한 구조) 저고압용 0.3[m] 이상, 특고압용 0.6[m] 이상
SO	큐비클 옆면 개폐문 개방하는 경우 DD와 같이 적용
NF	큐비클 뒷면 개폐문 개방이 불가한 구조로 FF와 같으나 소방활동 및 도장을 위해 0.3[m] 이상

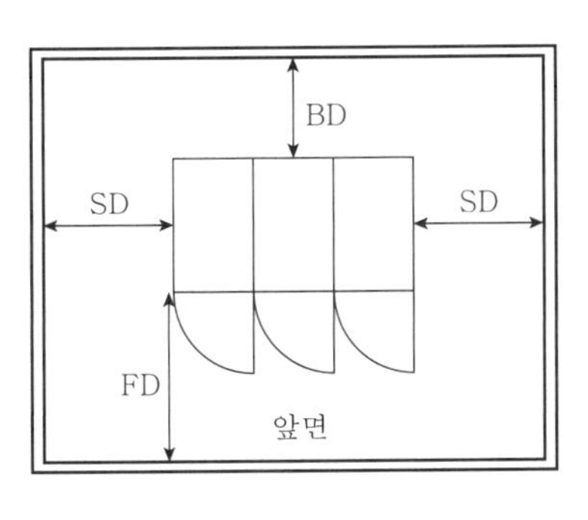

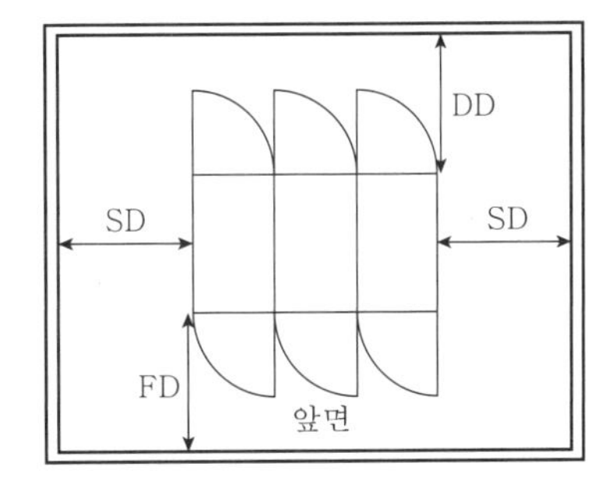

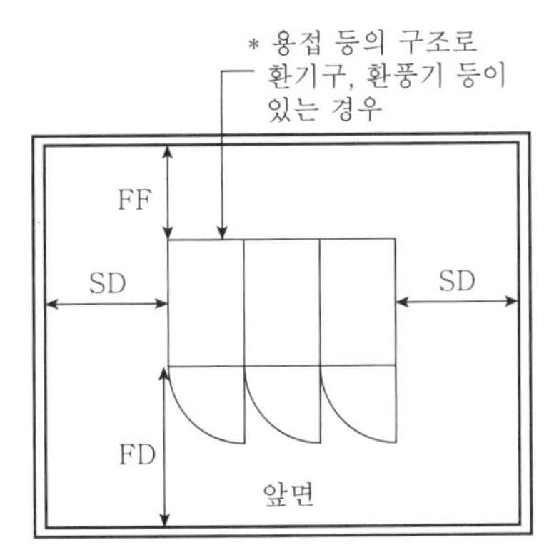

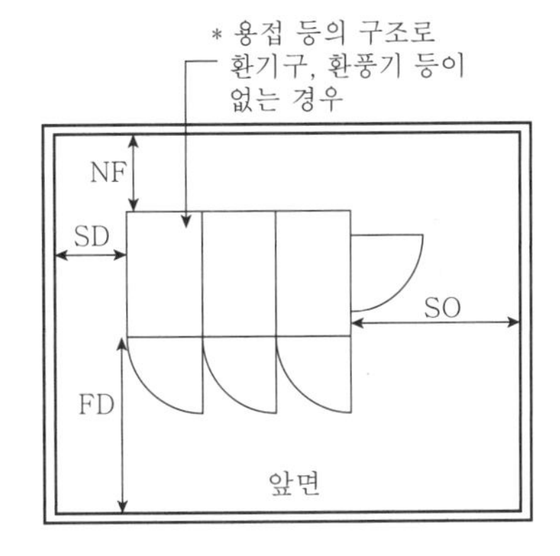

(4) 특고압 수변전 설비 결선도

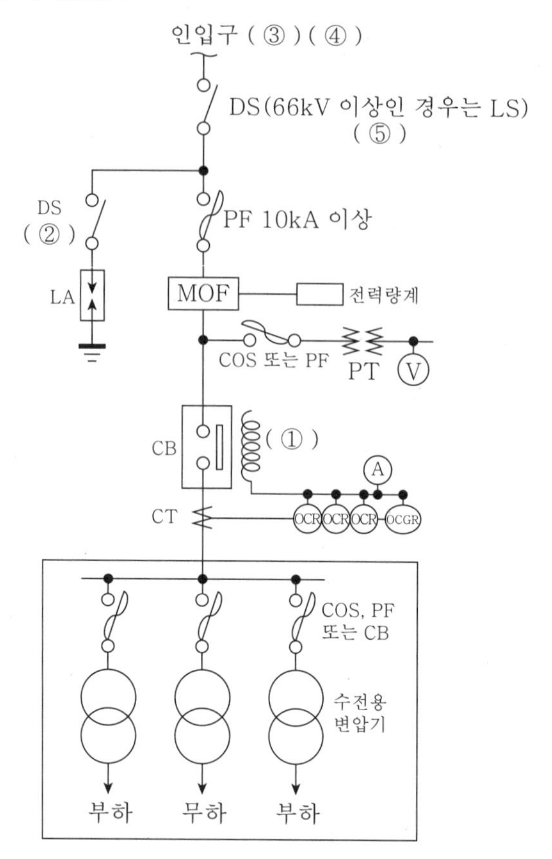

① 차단기 트립 전원은 직류(DC) 또는 콘덴서방식(CTD)이 바람직하며 66[kV] 이상의 수전설비에서는 직류(DC) 이어야 한다.

② LA용 DS는 생략할 수 있으며, 22.9[kV−Y]용의 LA는 Disconnector(또는 Isolator) 붙임형을 사용하여야 한다.

③ 인입선을 지중선으로 시설하는 경우에 공동주택 등 고장 시 정전피해가 큰 경우는 예비 지중선을 포함하여 2회선으로 시설하는 것이 바람직하다.

④ 지중 인입선의 경우에 22.9[kV−Y] 계통은 CNCV-W 케이블(수밀형) 또는 TR CNCV-W(트리억제형)을 사용하여야 한다. 다만, 전력구·공동구·덕트·건물구내 등 화재의 우려가 있는 장소에서는 FR CNCV-W(난연)케이블을 사용하는 것이 바람직하다.

⑤ DS 대신 자동고장구분 개폐기(7,000[kVA] 초과시에는 Sectionalizer)를 사용할 수 있으며 66[kV] 이상의 경우는 LS를 사용하여야 한다.

02 수변전 기기 등

(1) 케이블 헤드(CH : cable Head)

① 케이블의 단말처리 및 접지를 용이하게 한다.

② 케이블의 열화를 방지하게 한다.

(2) 선로 및 인입부 개폐기

1) 고장구간 자동 개폐기(ASS : Automatic Section Switch)

① 22.9[kV－Y] 전기사업자 배전계통에서 부하용량 4,000[kVA] 이하의 분기점 또는 7,000[kVA] 이하의 수전실 인입구에 설치

② 과부하 또는 고장전류 발생 시 전기사업자측 공급 선로의 타보호기기(Recloser, CB 등)와 보호 협조로 고장구간을 자동개방하여 사고 파급 방지

③ 전부하 상태에서 자동 또는 수동 투입 및 개방 가능

④ 과부하 보호 기능

⑤ 낙뢰가 빈번한 지역, 공단 선로, 수용가 선로 등에 사용 가능

⑥ 최근의 소규모 설비(간이 수전설비)에서는 ASS 사용이 일반적이다.

2) 자동부하 전환 개폐기(ALTS : Automatic Load Transfer Switch)

① 이중전원을 확보한 수용가에서 주전원 정전시 예비전원으로 자동 전환하여 무정전 전원 확보

② 자동 또는 수동 전환이 가능하여 배전반내에서 원방조작 가능

③ 3상 일괄 조작방식으로 옥내외 설치 가능

④ 22.9[kV－Y] 계통에서 지중 배전선로에 주로 사용되는 개폐기

3) 부하 개폐기(LBS : Load Break Switch)

① 수용가 수변전 설비 인입구 개폐기로 통상의 사용상태에서 개폐가 가능한 장비이다.

② 고장전류는 차단할 수 없다.

③ 전로가 단락상태가 되어 이상전류가 투입되면 규정시간 통전할 수 있는 개폐기

④ 현장에서는 LBS 후단에 전력퓨즈(PF-한류형)와 조합 부착하여 사용한다.

4) 라인스위치(LS : Line Switch)

① 정격전압에서 전로의 충전전류 개폐 가능

② 3상을 동시에 개폐(원방 수동 및 동력 조작)

③ 부하전류를 개폐하면 안된다.

(3) 단로기(DS : Disconnector Switch)

① 차단기와 조합으로 점검, 수리 시 활선으로부터 확실하게 분리하고 개방 목적으로 사용한다.

② 무부하 상태에서만 전로를 개폐할 수 있다.

③ 각 상별로 개폐 가능

(4) 피뢰기(LA : Lightning Arresters)

① 가공전선로로부터 수전하는 자가용 변전실 인입개폐기와 PF사이에 설치한다.

② 인입구 유입 낙뢰나 혼촉사고에 등에 의한 이상전압 발생시 선로와 기기를 보호한다.

③ 피뢰기는 저항형, 밸브형, 방출형, 산화아연형 등이 있으나, 주로 산화아연형(ZnO)을 사용한다.

④ 정격전압은 직접접지 계통 0.8~1.0배, 기타 접지계통 1.4~1.6배가 정격이다.

⑤ **피뢰기의 정격전압 및 공칭방전 전류**

㉠ 피뢰기 정격전압 : 동작 책무를 반복 수행할 수 있는 주파수의 상용주파전압 최고한도

㉡ 피뢰기 제한전압 : 충격전압의 파고치로 피뢰기 방전 중 단자 간에 걸리는 전압

- 보호여유도 $= \dfrac{\text{절연강도} - \text{제한전압}}{\text{제한전압}} \times 100[\%]$

전력계통		정격전압[kV]	
공칭전압[kV]	중성점 접지방식	송전선로	배전선로
345	유효접지	288	
154	유효접지	144	
66	소호리액터 접지 또는 비접지	72	
22	소호리액터 접지 또는 비접지	24	
22.9	중성점 다중접지	21	18

공칭방전 전류	설치장소	적용조건
10,000[A]	변전소	- 154[kV] 계통 이상 - 66[kV] 및 그 이하 계통에서 뱅크용량 3,000[kVA]를 초과하거나 특히 중요한 곳 - 장거리 송전선 케이블(전압 피더 인출용 단거리 케이블은 제외) 및 정전축전기 Bank를 개폐하는 곳 - 배전선로 인출측(배전간선 인출용 장거리 케이블은 제외)
5,000[A]	변전소	- 66[kV] 및 그 이하 계통에서 뱅크용량 3,000[kVA] 이하인 곳
2,500[A]	선로	- 배전선로

⑥ 구성요소

- 특성요소(속류 제한)와 직렬 갭(속류 차단)
- 성능을 유지하기 위한 기밀구조와 애관으로 구성
- 최근의 산화아연형(ZnO) 피뢰기는 직렬 갭이 필요하지 않고 특성요소와 애관만으로 구성

⑦ 피뢰기 구비조건

- 충격방전개시 전압이 낮을 것
- 제한전압이 낮을 것
- 뇌전류 방전 능력이 클 것
- 속류차단을 확실하게 할 수 있을 것
- 반복동작에 견디고, 구조가 견고하며 특성변화가 없을 것

⑧ 피뢰기 설치장소

- 발전소, 변전소 또는 이에 준하는 장소의 가공전선 인입구 및 인출구
- 가공선로에 접속하는 배전용 변압기의 고압 및 특별고압 측
- 고압 또는 특별고압 가공전선로로 공급받는 수용장소의 인입구
- 가공전선로와 지중전선로가 접속되는 곳

⑨ 피뢰기 및 수전설비의 절연 레벨

- 서지전압(전류) 발생시 수변전기기를 보호하기 위하여 피뢰기가 가장 먼저 동작되어야 한다.
- 절연레벨 : 선로애자 〉 결합콘덴서 〉 기기 붓싱 〉 변압기 〉 피뢰기

(5) 차단기(CB)

1) 차단기의 정격

① 고압(VCB, ACB 등)차단기, 컷아웃스위치, 배선용차단기 등의 차단 용량은 정격 차단(단락)전류를 기준으로 선정한다.

② 정격전압 = 공칭전압 × $\frac{1.2}{1.1}$

③ 정격전류 : 부하전류 이상의 것을 선정하되 여유를 고려하여 충분하도록 한다.

구분	정격전류[A]	비고
7.2(3.6)[kV]	400, 630, 1,250, 1,600, 2,500	
24[kV]	630, 1,250	

④ 차단용량[MVA] = $\sqrt{3}$ × 정격전압[kV] × 정격차단전류[kA]

2) 차단기의 종류

① 유입차단기(OCB), 자기차단기(MBB), 공기차단기(ABB), 진공차단기(VCB), 가스차단기(GCB), 기중차단기(ACB) 등이 있다.

② 일반적으로 변압기 1차는 진공차단기(VCB), 2차는 기중차단기(ACB)를 널리 사용한다.

3) 진공차단기(VCB)

① 진공상태에서 높은 절연내력과 아크 생성물의 급속한 확산을 이용하여 소호하는 방식이다.

② 소호장치의 구조가 간단하여 소형으로 제작 가능하다.

③ 차단기 전체가 다른 차단기에 비해 소형 경량이다.

④ 절연유를 사용하지 않으므로 화재의 위험이 없다.

⑤ 동작시 높은 서지 전압을 발생하는 단점이 있다.

4) 기중차단기(ACB)

① 교류 600[V] 이하 또는 직류에서 많이 사용한다.

② 자연공기 내에서 회로를 개방하는 자연 소호 방식의 차단기이다.

(6) 전력용 퓨즈(PF : Power Fuse)

1) 퓨즈의 정격

① 정격전압 = 공칭전압 × $\frac{1.2}{1.1}$

② 정격전류 = $\frac{[kVA]}{\sqrt{3} \times 22.9[kV]}$ × 180~250[%]

③ 정격 용량

정격전압	FRAME	용량[A]	퓨즈링크[AT]
22.9[kV]	200[AF] 12.5[kA]	0-200	1, 2, 3, 5, 7, 10, 15, 20, 25, 30, 40, 50, 65, 80, 100, 125, 150
	400[AF] 25[kA]	201-400	200, 250, 300, 350, 400

2) 차단기의 대용으로 사용하고 단락보호용으로 사용한다.

3) 전력퓨즈는 차단기에 비하여 부피가 작고, 가볍고, 가격이 싸다.

4) 차단 용량이 크고, 고속 차단할 수 있으며, 보수가 간단하나 재사용은 않된다.

5) 3상 회로에서 1선 용단시 결상 운전된다.

6) 한류형 퓨즈

① 차단시간은 0.5[Hz]에 동작한다.

② 높은 아크저항을 발생하여 사고전류를 강제적으로 억제시켜 차단한다.

③ 장점 : 소형이며, 차단 용량이 크다, 한류효과가 커서 후비보호용에 적합하다.

④ 단점 : 차단시 과전압이 발생되고 최소 차단전류가 존재한다.

7) 비한류형 퓨즈

① 차단시간은 0.65[Hz]에 동작한다.

② 아크열에 의하여 생성되는 소호성 가스가 분출구를 통하여 방출하며 전류의 영점에서 극간의 절연내력을 높여 차단한다.

③ 장점 : 차단시 과전압이 발생되지 않고, 용단하면서 확실히 차단(과부하 보호 기능)한다.

④ 단점 : 대형이면서 한류효과가 작다.

(7) 컷아웃 스위치(COS : Cut Out Switch)

1) COS의 정격

① 정격전압 = 최대 선간공칭전압 $\times \frac{1.2}{1.1}$

② 정격전류 = $\frac{[kVA]}{\sqrt{3}\times 22.9[kV]} \times 150[\%]$

③ 정격 용량

정격전압	FRAME	용량[A]	퓨즈링크[AT]
22.9[kV]	100[AF] 10[kA]	0-80	1, 3, 5, 6, 8, 10, 12, 15, 20, 25, 30, 40, 50, 80

2) 변압기 및 주요기기 1차 측에 시설하여 단락보호

3) 소형 단극으로, 전력내력이 높고 개폐기 내부에 퓨즈를 삽입할 수 있는 구조이다.

(8) 변압기(TR)

1) 변압기의 종류

① 유입변압기(A종절연), 건식변압기(H종절연), 몰드변압기(B종절연), 아몰퍼스변압기, 가스절연변압기 등이 있다.

② 일반적으로 유입변압기와 몰드변압기, 아몰퍼스 변압기를 가장 많이 사용한다.

2) 유입변압기

① 철심에 감은 코일을 절연유 탱크에 넣어 절연(A종)한 것

② 100[kVA]부터 1,500[MVA] 의 대용량까지 제작된다.

③ 신뢰성이 높고, 가격이 싸고, 용량과 전압의 제한이 적어 널리 사용된다.

3) 몰드변압기

① 고압 및 저압권선을 모두 에폭시로 몰드한 고체 절연 방식이다.

② 난연성, 절연의 신뢰성, 보수 및 점검이 용이, 에너지 절약 특성으로 많이 사용한다.

③ VCB와 조합시는 VCB 개폐서지 대책으로 서지옵서버(SA)를 설치해야 한다.

④ **몰드 변압기의 특징**

- 난연성 : 에폭시 수지에 무기물의 충전제 혼입으로 자기 소화성이 있어 외부 불꽃에 착화하지 않는다.
- 절연의 신뢰성 향상 : 내(耐) 코로나 특성, 임펄스 특성이 좋다.
- 소형, 경량 : 철심의 콤팩트화로 면적이 축소된다.
- 에너지 절감 : 무부하 손실 경감으로 에너지가 절약되고 운전 경비가 절약된다.
- 유지보수 및 점검 용이
  - 절연유 여과 및 교체가 없다.
  - 장기간 운전 휴지후 재사용시 건조 작업이 간단하다.
  - 먼지, 습기에 의한 절연내력의 영향이 없다.
- 단시간 과부하 내량이 크다.
- 소음이 적고 무공해 운전이다.
- 서지에 대한 내(耐) 충격전압이 낮아 대책이 필요하다.

4) 아몰퍼스 변압기의 특징

① 철심의 자성소재에 아몰퍼스 금속을 적용한 것이다.

② 아몰퍼스 합금은 원자 배열에 규칙성이 없고, 자속을 통과할 때 에너지 손실이 적다.

③ 판 두께는 약 0.03[mm]로 현행 규소강판(0.35[mm])에 비해 와류손이 $\frac{1}{10}$, 무부하손이 70~80[%]로 감소한다.

④ 규소강판 철심에 비해 철손이 $\frac{1}{3}$ ~ $\frac{1}{4}$로 저감된다.

(9) 서지흡수기(SA : Surge Arresters)

1) 진공차단기 또는 구내에서 발생하는 개폐서지, 순간과도전압 등 이상전압이 2차 기기(충격전압이 낮은 건식, 몰드 변압기 등)에 악 영향을 주는 것을 방지하는 목적으로 사용한다.

① 유입식 변압기 내 충격전압 : 150[kV]

② 몰드식 변압기 내 충격전압 : 95[kV]

2) 보호하고자 하는 기기 전단에 설치한다.

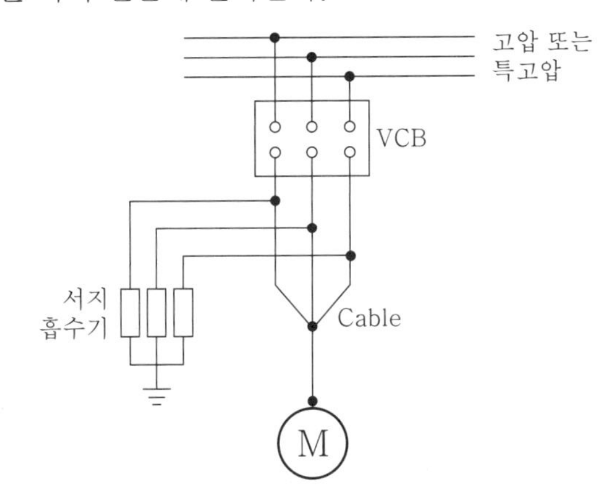

3) 적용범위

차단기 종류		VCB				
전압 등급		3[kV]	6[kV]	10[kV]	20[kV]	30[kV]
전동기		적용	적용	적용	-	-
변압기	유입식	×	×	×	×	×
	몰드식	적용	적용	적용	적용	적용
	건식	적용	적용	적용	적용	적용
콘덴서		×	×	×	×	×
변압기와 유도기기와의 혼용 사용시		적용	적용	-	-	-

(10) 전력용 콘덴서(SC : Static Condenser)

1) 진상 무효전력을 공급하여 부하의 역률을 개선하기 위한 설비이다.

① 역률 개선으로 전압강하의 저감, 선로손실의 저감, 동손 감소, 설비여력 증가 등 효과가 있다.

2) 부하에 가깝게 분산배치가 가장 효과적이다.

3) 수전변압기 용량에 따른 콘덴서 용량

변압기 용량(kVA)	콘덴서 용량[kVA]
500[kVA] 이하	변압기 용량×5[%]
500[kVA]~2,000[kVA] 이하	변압기 용량×4[%]
2,000[kVA] 초과	변압기 용량×3[%]

4) 콘덴서 용량

$$Q[\text{kVA}] = P(\text{k}W) \times (\tan\theta_1 - \tan\theta_2)$$
$$= P(\text{k}W) \times \left(\sqrt{\frac{1}{cos^2\theta_1} - 1} - \sqrt{\frac{1}{cos^2\theta_2} - 1}\right)$$

① 단상인 경우 $C = \frac{Q}{2\pi f V^2} \times 10^9 [\mu\text{F}]$

② 3상 △결선인 경우 $C_\triangle = \frac{Q_\triangle}{3 \times 2\pi f V^2} \times 10^9 [\mu\text{F}]$

③ 3상 Y결선인 경우 $C_Y = \frac{Q_Y}{2\pi f V^2} \times 10^9 [\mu\text{F}]$

5) 직렬리액터

① 콘덴서를 설치하면 고조파 전류가 흐름으로 파형을 개선하기 위해 직렬리액터를 설치한다.

② **설치용량**

- 3상 회로에 포함된 제5고조파를 기준으로 직렬리액터의 용량을 산출한다.
- 제5고조파에 대해 유도성으로 하기 위하여

$$5\omega\text{L} > \frac{1}{5\omega C}, \quad \omega\text{L} > \frac{1}{5^2\omega C} = 0.04\frac{1}{\omega C}$$

- 콘덴서 리액턴스의 4[%] 이상의 직렬리액터가 필요하나 실제 약 6[%]를 표준으로 설치한다. 단, 제3고조파가 많을 때는 13[%]의 리액터를 설치한다.

③ **직렬리액터의 정격**

$$-정격전압\ V_L = \frac{회로전압}{\sqrt{3}} \times \frac{직렬리액터용량}{콘덴서용량}[V]$$

-리액터 용량 6[%]시 6.6[kV] 경우 229[V]이다.

④ **최대 허용전류** : 정격전류의 120[%]

6) 방전코일

① 콘덴서 회로 개방시 잔류 전하로 일어나는 위험 방지를 위하여 설치한다.

② 재 투입시 콘덴서에 걸리는 과전압 방지

③ **방전시간**

- 고압 : 5초 이내로 50[V] 이하로 방전
- 저압 : 3분내 75[V] 이하로 방전

7) 콘센서 과보상시 문제점

① 앞선 역률이 발생한다.

② 전력손실이 발생한다.

③ 모선전압이 상승한다.

④ 고조파 왜곡이 증대된다.

⑤ 설비용량의 감소로 과부하 우려가 있다.

(11) ATS(자동절체 스위치)

① 일반 수용가에서는 상용전원과 비상용전원의 자동절환용으로 사용한다.

② 600[V] ATS 규격 : 200, 400, 600, 800, 1,000, 1,200, 1,600, 2,000, 2,500[A] 등

③ 2,000[A] 이상은 고가이고, 대용량이 되면 신뢰도가 문제될 수 있으므로 부하를 나누어 설치가 바람직하다.

④ 3상 4선식에서는 N상 선 투입, N상 후 절체형을 설치한다.

수변전 계측보호

01 수변전 설비 계통도

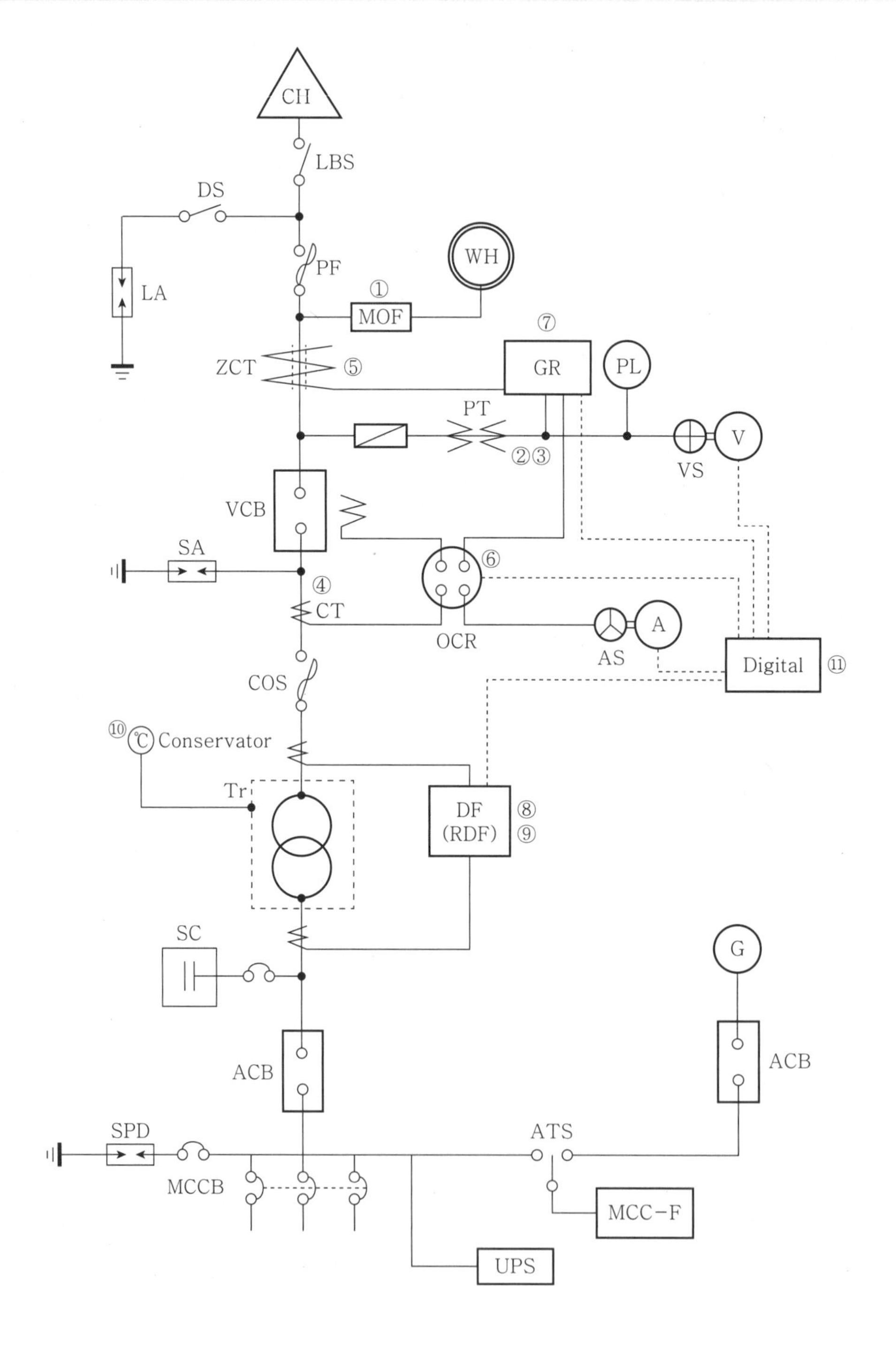

02 수변전 계측기 등

(1) 계기용 변성기(MOF)

① 전기사용량을 계량하기 위함이다.

② 고압의 전압과 전류를 저압의 전압(PT), 전류(CT)로 변성하는 장치로 최근에는 주로 몰드형을 사용한다.

③ **계기용 변성기(MOF)의 계급**

호 칭	계 급	비오차[%]	주요 용도
표준용	0.1	±0.1	시험용 표준기
	0.2	±0.2	특별정밀계측용
일반계기용	0.5	±0.5	정밀계측용
	1.0	±1.0	보통계측용, 배전반용
	3.0	±3.0	배전반용
계전기용	5P	±1.0	
	10P	±3.0	

④ **MOF 과전류강도**

CT 1차 정격전류[A]	과전류강도[In]	보증하는 과전류
60[A] 초과	40	정격 1차 전류의 40배
60[A] 이하	75	정격 1차 전류의 75배
15[A] 이하	150	정격 1차 전류의 150배
5[A] 이하	300	정격 1차 전류의 300배

㉠ MOF의 과전류강도는 기기 설치점에서 단락전류에 의하여 계산 적용하되, 22.9[kV] 급으로서 60[A] 이하의 MOF 최소 과전류강도는 전기사업자 규격에 의한 75배로 하고, 계산한 값이 75 배 이상인 경우에는 150배를 적용하며, 60[A] 초과 시 MOF의 과전류강도는 40배로 한다.

㉡ MOF 전단에 한류형 퓨즈를 설치하였을 때는 그 퓨즈로 제한되는 단락전류를 기준으로 과전류강도를 계산하여, 상기와 같이 적용한다.

㉢ 수요자 또는 설계자의 요구에 의하여 MOF 또는 CT 과전류 강도를 150배 이상 요구한 경우는 그 값을 적용한다.

참고 **MOF 과전류강도 검토 조건(내선규정 제3220-6절)**

1. 임피던스(%Z 값)

① 변압기 전원측(발전소, 송전선로계통) 임피던스는 무시

② 변압기 154/22.9[kV－Y] 정격용량 45, 60[MVA] 적용
$\%Z = j14.5[\%]$, 100[MVA] 기준 : $\%Z = j32.2[\%]$

③ 가공전선로 : 22.9[kV－Y] 가공선로(ACSR 160[mm^2], 완금 2,400[mm] 사용)
100[MVA] 기준 : $\%Z = 3.47 + j7.46[\%/km]$

④ 지중전선로 : 22[kV] CV325[mm^2], △배열 시 기준
100[MVA] 기준 : $\%Z = 1.08 + j2.67[\%/km]$

⑤ 지중전선로 : 22.9[kV－Y] $CNCV$ 325[mm^2]
100[MVA] 기준 : $\%Z = 1.7906 + j2.8451[\%/km]$

⑥ MOF : CT는 정격부담(25VA)의 25[%] 부하에서 Z값 및 R값을 실측하여 X 값을 계산하였으며, 과전류강도는 75배임.

㉠ 5/5[A] : 100[MVA] 기준 : $\%Z = 4.97 + j22.35$

㉡ 10/5[A] : 100[MVA] 기준 : $\%Z = 2.87 + j7.45$

㉢ 15/5[A] 이상은 임피던스를 고려하지 않음

⑦ 계기용 CT의 자체 임피던스는 무시함

2. CT 열적 과전류강도 검토

① PF 용단시간 : 0.025 초

② PF 용단시간 0.025 초를 고려한 단시간 과전류 강도

$$S = \frac{S_n}{\sqrt{t}},\ S_n = S\sqrt{t} = S\sqrt{0.025} = 0.158\ S$$

여기서, S : 통전시간 t초에 있어서 정격 과전류강도
S_n : 정격 과전류강도
t : 용단시간

③ 최대 비대칭 단락전류(실효 값) = 대칭단락전류(실효 값) × α계수

여기서, α는 최대 비대칭전류 실효값 계수로서 $\frac{X}{R}$값에 의하여 결정된다.

(내선규정 표300-16-3 단락회로의 $\frac{X}{R}$을 기준으로 한 비대칭 계수 참조)

3. 단락전류 계산식

$$I_S = \frac{100}{\%Z}\ I_n[A]$$

4. 22.9[kV-Y]에서 1[Ω]는 100[MVA] 기준으로 환산하면 19.1[%]이다.

5. 22.9[kV-Y]에서 기준전력을 100[MVA]로 하였을 경우 기준전류는 2,521[A]이다.

예시 22.9[kV－Y] 가공배전선로 ACSR 160[mm^2], 완금 2,400[mm]에서 변전소로부터 3[km] 떨어진 지점의 3상 수용가 구내에 설치하는 계기용 변성기(MOF 5/5[A]) 과전류강도를 구하시오.

해설 ① 100[MVA] 기준 %임피던스 합계를 구한다.

$$\%Z = (\text{공급변압기} + \text{가공전선로} + MOF)$$
$$= j32.2 + (3.47 + j7.46) \times 3 + (4.97 + j22.35)$$
$$= 15.38 + j76.93 = 78.45$$

② $\dfrac{X}{R}$값에 의한 α계수(최대 비대칭전류 실효값 계수)를 구한다.

$\dfrac{X}{R} = \dfrac{76.93}{15.38} = 5.002$이므로 [표300-16-3]에서 $\alpha = 1.262$

③ 대칭 단락전류(실효 값)을 구한다.

$$I_S = \frac{100 I_n}{\%Z} = \frac{100 \times 2{,}521}{78.45} = 3{,}215[\text{A}]$$

④ 최대 비대칭 단락전류(실효값[kA])를 구한다.

최대 비대칭 단락전류(실효값) = 대칭 단락전류(실효값) × α계수

$= 3{,}215 \times 1.262 \times 10^{-3} \fallingdotseq 4.1[\text{kA}]$

⑤ 최대 비대칭 단락 전류값(Imax)을 기준으로 PF 동작시간(0.025초)의 단시간 과전류값(Ipf)을 구한다.

단시간 과전류값(Ipf) = 최대 비대칭 단락전류(실효 값) × $\sqrt{t}$

$= 4.1[\text{kA}] \times \sqrt{0.025}$

$= 4.1 \times 0.158 = 0.648[\text{kA}] = 648[\text{A}]$

⑥ MOF 5/5[A]의 과전류강도(배수)를 구한다.

정격 과전류강도 $S_n = \dfrac{\text{PF단시간 과전류값}}{\text{정격 1차 전류}} = \dfrac{648}{5} = 129.56 \fallingdotseq 130$배

※ 따라서, MOF 5/5[A]의 과전류강도는 130배 이상인 150배의 정격 과전류강도를 선정하여야 한다.

(2) 계기용 변압기(PT)

1) 용도

① 고압회로의 전압을 저압으로 변성하기 위한 것으로, 2차 측은 110[V]가 표준이다.

② 1차 측 퓨즈는 PT의 자체 고장 및 2차 측의 오결선, 과부하에 의한 2차 측 단락 사고 발생시 1차 측 기기의 파괴, 손상을 막는 역할을 한다.

③ 고압 이상에서는 PT용으로 PF, COS를 사용할 때 퓨즈 용량은 1[A]의 퓨즈를 주로 사용한다.

④ 배전반의 전압계, 전력계, 주파수계, 역률계, 표시등 및 부족전압 트립코일 전원으로 사용한다.

2) 권선형태에 따른 분류

① **권선형** : 1차 및 2차 모두가 권선으로 제작되어 권수비에 따라 변압비가 결정된다.

② **CCPD형** : 고압 측을 권선 대신 Capacitance을 이용하여 1차 전압을 분압시킨 후 사용하기 적당한 전압 TAP을 만들어, 이 전압을 권선형 PT로 필요한 2차 전압을 얻은 방식이다.

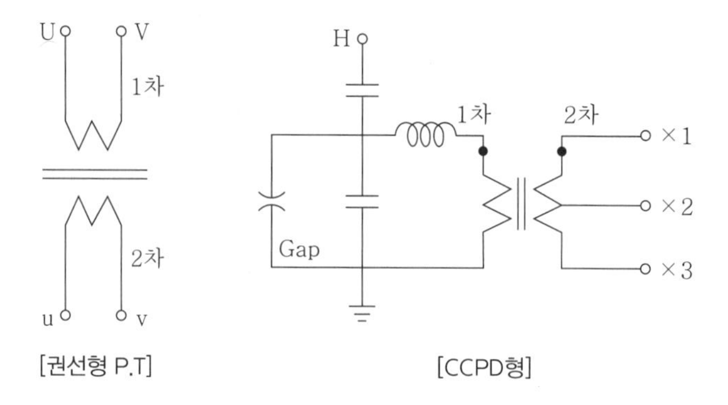

[권선형 P.T] [CCPD형]

3) 비오차 및 위상각

① **변압비** : 1차 전압에 대한 2차 전압의 크기의 비이다.

② **비오차** : 공칭변압비와 측정변압비 사이에서 얻어진 백분율 오차이다.

$$\text{비오차} = \frac{\text{공칭변압비} - \text{측정변압비}}{\text{측정변압비}} \times 100\%$$

③ **위상각** : 1차 전압백터에 대해 180도 회전시킨 2차 전압 또는 3차 전압의 백터가 이루는 각을 분(分)으로 나타낸 것

4) 2차 부담

① 2차 회로에서 오차범위를 유지할 수 있는 부하 임피던스를 [VA]로 표시한다.

$$VA = \frac{V_2^2}{Z_b}$$

여기서, VA : 부담, V_2 : 정격 2차 전압

Z_b : 계전기, 계측기, 2차 케이블을 포함한 총 부하(Ω)

(3) 접지형 계기용변압기(GPT)

1) 용도

① 3차 권선용 PT를 사용하여 계기 및 계전기에 필요한 전압으로 강하시킨다.

- 1차 : Y접속하여 중성점을 접지
- 2차 : Y접속하여 계기 등에 전압을 공급
- 3차 : 오픈 델타(Open delta) 접속하여 영상전압을 검출한다.

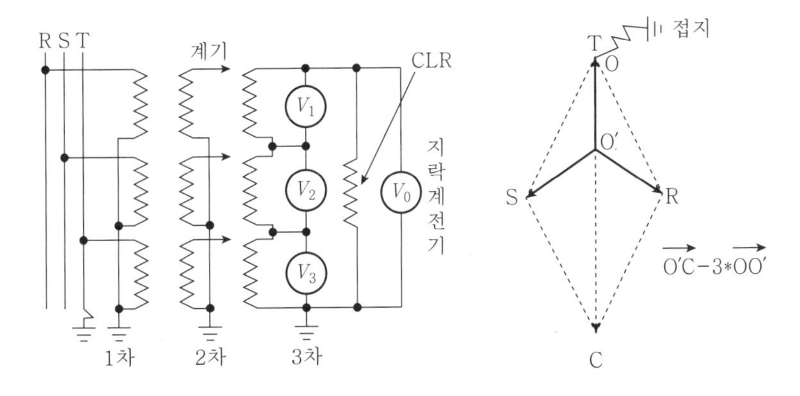

2) 계통의 영상전압 검출은 3상용과 단상용이 있으며, 단상용 3개로 3상용을 구성한다.

① 6,600[V]회로에서 정격 1차 전압은 $\frac{6,600}{\sqrt{3}}$, 정격 2차 전압은 $\frac{110}{\sqrt{3}}$,

정격 3차 전압은 $\frac{190}{3}$[V]이다.

② 1선이 완전 지락상태일 때 오픈델타 개방전압은 최대 190[V]이다.

3) CLR 설치 목적 및 역할

① 영상전압 및 영상전류를 검출하여 계전기에 유효 전압, 전류 공급

② 지락전류를 제한

③ 개방 △결선으로 제3고조파 유출 방지

④ 중성점 이상 전위 진동 및 중성점 불안정 현상 방지

(4) 계기용변류기(CT)

1) 용도

① 고압회로의 대전류를 소전류로 변성하기 위하여 사용한다.

② 배전반의 전류계 및 트립 코일의 전원으로 사용되며, 2차 측은 5[A]가 표준이다.

③ 운전 중 2차 측을 개방하면 포화자속으로 고전압이 유기되어 절연 파괴 우려가 있다.

④ 철손의 급격한 증가로 소손의 우려가 있다.

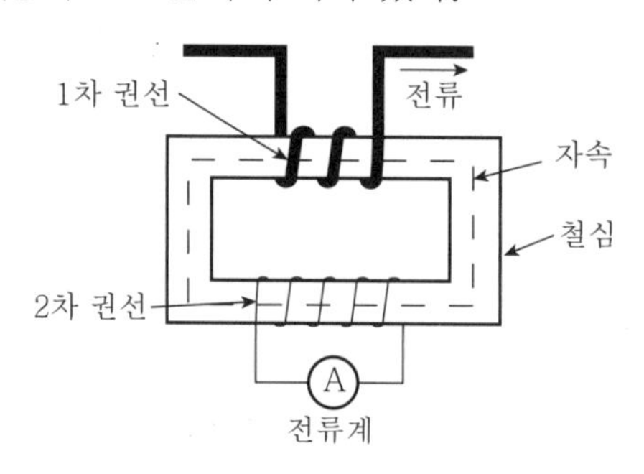

2) 비오차(계급)와 위상각(정상시에서 중요한 특성이 비오차와 위상각이다.)

① 비오차는 공칭전류비와 실제전류비와의 차이를 나타내는 것으로

$$\varepsilon = \frac{\text{공칭전류비}(Kn) - \text{실제전류비}(K)}{\text{실제전류비}(K)} \times 100\%$$

② 위상각은 1차와 2차 전류 간의 위상차를 나타내는 것으로 1차 전류 백터와 2차 전류를 180도 회전시킨 백터와의 위상차이다.

③ 실제의 CT는 비오차와 위상각은 여자전류의 크기에 의해 정해지므로 오차가 적은 CT는 여자전류가 작아야 한다. 즉 여자임피던스가 커야 한다.

3) 정격전류

① **정격 1차 전류** : 회로의 최대 부하전류에 여유를 주어 결정한다.

- 수전회로, 변압기회로 : 최대 부하전류의 125[%]~150[%]
- 전동기회로 : 최대 부하전류의 200[%]~250[%]

② **정격 2차 전류** : 접속되는 부하의 정격입력 전류를 고려하여 결정한다.

- 일반계기, 계전기 : 5[A], 디지털계전기 : 1[A], 원방계측 회로 : 0.1[A], 1[A]

4) 정격부담

① CT의 2차 단자에 접속되는 부하를 말한다.

② 정격주파수에서 2차 정격전류가 흘렀을 때 소비되는 피상전력[VA]과 그 부하의 역률로 나타낸다.

즉, $VA = I^2 Z$ (I : 정격 2차 전류, Z : 2차 회로 임피던스)

5) 과전류 정수(포화특성)

① **과전류 정수**

- 마이너스 오차(비오차)가 1P, 3P에 관계없이 -10[%]일 때의 1차 전류와 정격 1차 전류의 비를 말하며 "n"으로 표시한다.
- 표준 과전류 정수는 n〉5, n〉10, n〉20이 표준이다.

② 과전류 정수는 고장전류에 대해 CT가 포화하지 않도록 선정한다.

$$n \geq \frac{\text{최대 사고전류}}{\text{정격 1차 전류}}$$

6) 과전류강도(정격내전류)

① **과전류강도**

- CT는 주회로에 직렬로 접속되어 있으므로 고장이 발생하면 고장전류에 대하여 열적, 기계적으로 견디어야 한다.
- 따라서, 변류기의 정격 1차 전류값의 몇 배의 고장전류에 견딜 수 있는가를 정한 것이 과전류강도이고, 열적 과전류강도와 기계적 과전류강도가 있다.

참고

1. 정격과전류강도

계기용 변성기(MOF)의 계급 참조

2. 정격과전류

최고전압[kV]	정격과전류[kA]
6.9	8, 12.5, 20, 31.5, 40
23	12.5, 20, 25, 40, 50, 63

(5) 영상변류기(ZCT)

1) 용도

① 지락계전기와 조합하여 전원의 가장 가까운 위치에 설치한다.

② 고압전로에 지락이 발생시 영상전류를 검출하여 차단기를 동작시켜 사고를 예방한다.

③ 3상 선로의 불평형, 왕복선의 전류차, 접지선의 전류 등을 검출한다.

2) 정격전류

정격 표준은 영상 1차 전류는 200[mA], 영상 2차 전류 1.5[mA] 기준으로 한다.

3) 영상 2차 전류의 허용오차

① 주회로 전류에 비해 매우 적은 영상전류를 변성하는 영상변류기는 영상 2차 전류의 오차를 적게 하기 위하여 여자 임피던스가 큰 것이 바람직하다. 여자 임피던스를 크게 하려면 철심을 크게 해야 한다.

② 영상변류기의 허용오차

계급	정격 여자임피던스(Zo)		영상 2차 전류	용도
H급	Zo〉40[W]	Zo〉20[W]	1.2~1.8[mA] 이하	정밀도가 요구되는 곳
L급	Zo〉10[W]	Zo〉5[W]	1.0~2.0[mA] 이하	과전류배수가 큰 곳

4) 잔류전류

① 잔류전류는 1차 측에 영상전류가 흐르지 않는데도 2차 측에 나타나는 전류로 계전기 오동작의 원인이 되므로 잔류전류의 한도를 정하고 있다.

② 잔류전류 한도

정격 1차 전류	잔류전류의 한도
400[A] 이상	영상 1차전류 100[mA]에 있어서 영상 2차 전류치
400[A] 이하	영상 1차전류 100[mA]에 있어서 영상 2차 전류치의 80[%]

③ 발생원인 : 철심 불균일, 1차·2차 권선의 전자적 결합의 불균일

④ 감소대책 : 3심 케이블을 사용, 단심케이블을 정삼각형으로 배치 등

(6) 과전류계전기(OCR)

1) 용도

① 변류기 2차 측에 접속되어 측정전류가 정정 값 이상일 때 동작하는 계전기이다.

② 과전류계전기로 트립코일(TC)를 여자시키고, 단락 및 과부하용으로 사용한다.

③ 소용량의 변압기, 비율차동계전기를 채용한 변압기의 후비보호로 사용한다.

2) 계전기의 정정

① 변압기 1차 측에 순시요소부 반한시특성의 과전류계전기를 설치

② 한시요소 : 변압기 정격전류의 150[%] 정도

③ 순시요소 : 변압기 2차 측 단락전류의 150[%] 또는 정격 1차 전류의 10배 중 큰 값

3) 탭과 레버

① 탭(Tap) : 최소 동작전류 정정

② 레버(Lever) : 동작시간 정정

예시 22.9[kV] 수전설비에 50[A]의 부하전류가 흐른다. 이 계통에서 변류기(CT) 60/5[A], 과전류차단기(OCR)를 시설하여 150[%]의 과부하에서 차단기가 동작되게 하려면 과전류차단기 전류 탭의 설정값은?

해설 - 부하 전류값 $50[A] \times 150[\%] = 75[A]$

- 변류기 탭 설정값 $75[A] \times \frac{5}{60} = 6.25[A]$

(7) 지락계전기(GR), 방향성 지락계전기(SGR)

1) 용도

① 영상변류기(ZCT)가 검출한 영상전류가 정정 값 이상일 때 동작한다.

② 영상전류와 영상전압의 상호 간의 위상으로 동작하는 방향성 지락계전기(SGR)도 있다.

2) 직접접지 계통

① 변압기 1차 측에 지락과전류계전기로 내부 지락고장을 검출하고 대용량은 비율차동계전기로 보호한다.

② 지락과전류계전기 정정은 부하전류의 30[%]로 설정한다.

3) 비접지계통은 지락방향계전기를 사용한다.

(8) 차동계전기(Df)

① 변압기의 1, 2차에 CT를 설치하고, 전류 차동회로에 과전류 계전기를 삽입한 것이다.

② 변압기 내부 고장시 1, 2차 전류의 차이가 발생하여 동작하는 방식이다.

(9) 비율차동계전기(RDf)

1) 용도

① 차동계전기의 오동작 방지용이다.

② 차동계전기에 억제 코일을 삽입하여 통과 전류 억제력을 발생시키고, 차전류로 동작력을 발생시킨다.

③ 3,000[kVA] 이상의 변압기 주보호용에 사용한다.

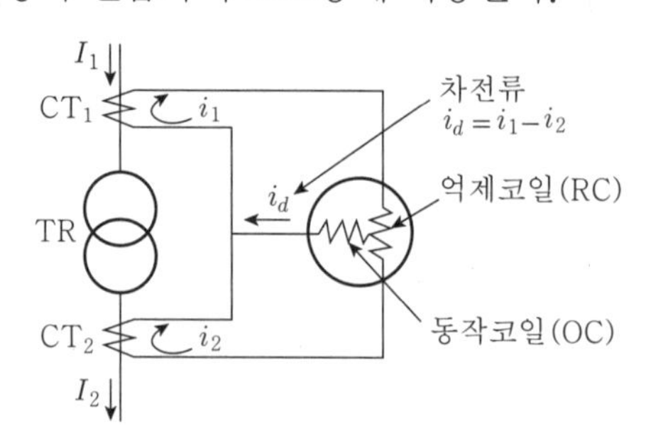

2) 접속 및 정정

① 변압기의 여자돌입전류에 의한 오동작 방지 대책이 필요하다.

- 방지대책으로 감도저하방식, 고조파억제방식, 비대칭파 저지법이 있다.

② 위상각 보정

- Y-△ 접속 변압기의 경우 1차와 2차 전류는 위상각이 30도(지연) 차이가 나므로 변류기는 동위상이 되도록 접속하여야 한다.
  - 변압기 Y접속 → 변류기 △접속
  - 변압기 △접속 → 변류기 Y접속

③ 전류값 보정

- 변압기의 변압비와 변류비가 일치하지 않아 2차 전류 정합을 위해 보상변류기(CCT) 또는 계전기의 전류 보정탭을 사용하여야 한다.

(10) 변압기의 기계적 보호장치

1) 부흐홀츠 계전기(Buchholz Relay)

① 변압기 내부 고장시 절연유의 온도 상승으로 발생하는 유증기를 검출하여 동작한다.

② 기계적 고장 검출기로 변압기 탱크와 컨서베이터 중간에 설치한다.

③ 컨서베이터 역할

- 탱크와 콘서베이터 간 호흡작용을 목적으로 한다.
- 공기가 변압기 탱크에 유입하지 않으므로 오일의 열화를 방지한다.

④ 제1단 접점은 기름의 열분해의 의한 가스가 축적되는 것을 검출해서 동작하는 접점으로 경보용으로 사용된다.

⑤ 제2단 접점은 내부고장 시 가스 및 기름이 급격히 분출하면 동작하는 접점으로 차단기 트립용으로 사용된다.

2) 충격압력계전기

① 변압기 내부고장에 의해 가스압력이 급격히 상승한 경우 마이크로 스위치가 동작하게 되어 있고 변압기 상부에 설치한다.

3) 방압안전장치

① 변압기 내부압력이 일정치를 초과하면 방압막이 동작하여 내부압력을 외부로 방출하고 접점을 동작시켜 개폐기를 트립하게 하며 변압기 커버에 설치한다.

4) 온도계

① 변압기가 일정 온도 이상일 경우 동작한다.

② 다이얼 온도계를 사용하여 변압기의 과부하에 의한 과온을 검출한다.

(11) 디지털계전기

① Data 통신이 가능하고, 다양한 보호기능을 구현한다.

② 다양한 계측, 표시기능과 자가진단 기능 등 신뢰성이 향상된다.

③ 고장 분석이 용이하고 사고 대응에 유리하다.

Chapter 5 고장전류 및 차단기 정격

01 단락(고장)전류

(1) 단락전류 계산 목적

① 차단기의 차단용량 결정

② 전력기기의 기계적 강도 및 열적강도 결정

③ 보호계전기의 정정 및 보호 협조 검토

④ 계통구성

⑤ 케이블의 사이즈 검토

⑥ 통신 유도장해 및 유효접지 조건의 검토

⑦ 순시 전압강하의 검토

(2) $\%Z$와 $\%IZ$의 정의

전력계통의 단락전류 계산에는 오옴법, 단위법, %임피던스 계산법이 있으나, 규모가 작은 건축전기설비는 일반적으로 $\%Z$법이 사용되고 있다.

1) %임피던스 전압 및 %임피던스

① 변압기에 2차 측을 단락하고 1차 측에 저전압을 인가하여 2차 측이 정격전류일 때의 1차 측의 전압을 임피던스 전압이라 하고 정격전압과의 백분율로 나타낸 것이다. 즉, $\%IZ$를 %임피던스 전압이라 한다.

② 그림과 같이 회로의 임피던스(Z)에 정격전류(I_n)가 흘렀을 때 임피던스에 의한 전압강하(I_nZ)와 회로전압(E)과의 백분율로 나타낸 것을 말한다.

$$\%Z = \frac{I_n \cdot Z}{E} \times 100[\%]$$

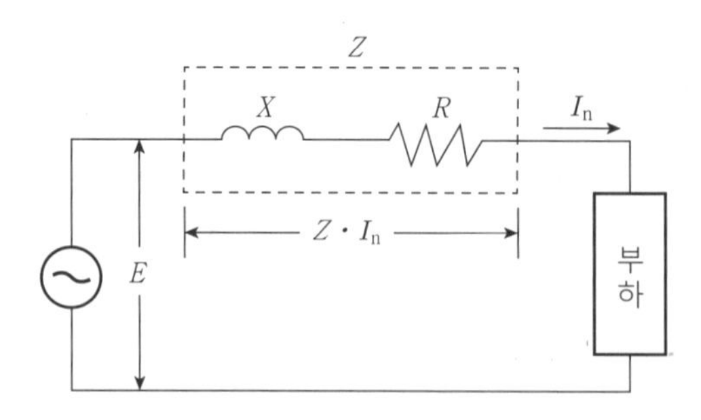

(3) %임피던스에 의한 산출법

1) 전력계통의 파악

① 단선 결선도의 계통구성, 변압기 운전방법, 발전기, 전동기 등의 계통운영 방법, 결선을 파악한다.

2) 각 부분의 임피던스 결정(기준용량으로 환산)

① 전원 측(한전) 임피던스(%Z_S)

- 한전에서 발전소 및 변전소에 대하여 정기적으로 계산하여 제시하고 있으므로 한전에 협조를 구한다.
- 154[kV] 변전소의 변압기 표준용량은 60[MVA](%Z : 14.5[%])이며, 한전에서 제시되는 기준용량은 100[MVA]를 기준으로 한다.
- 수전측 기준으로 하는 경우 수전 측 최대 변압기 용량으로 한다.
- 22.9[kV] 수용가는 500[MVA] (X/R비 : 10)정도로 하면 실용적으로 문제가 없다.
- 기준용량의 임피던스로 환산하면

$$\%Z_S = \frac{\text{기준용량(MVA)}}{\text{제시된 단락용량(MVA)}} \times 100[\%]$$

② 변압기 임피던스(%Z_T)

- 변압기 임피던스는 일반적으로 %임피던스로 표시된다. 불분명할 경우 계통의 공칭전압별 표준 %임피던스를 적용한다.
  ※ 표준 %임피던스 : 154[kV] (60[MVA]) 14.5[%], 22.9[kV] 6[%], 6.6[kV] 3[%](한전기준)
- 기준용량 환산

$$\%Z_T = \%Z_a \times \frac{P_n}{P_a}[\%]$$

③ 케이블 임피던스(%Z_L)

- 일반적으로 케이블은 [Ω/km]로 주어지므로 전체 선로의 %Z를 계산한다.
- 기준용량 환산

$$\%Z_L = \frac{Pn[\text{kVA}]}{10V[\text{kV}]^2} \cdot Z[\%]$$

④ 회전기의 임피던스(%Xm)

- 전동기 용량은 [kVA]로 환산하고, 과도리액턴스는 동기발전기 9[%], 동기전동기 10[%], 유도전동기 25[%]를 적용한다.

3) 임피던스도의 작성

① 각 기기나 선로의 임피던스에 따라 임피던스도를 작성한다.

② 발전기, 전동기 등 단락전류 공급원은 무한대 모선에 연결한 것으로 한다.

③ 고장점까지의 사이에 있는 임피던스는 직렬, 병렬에 주의하여 임피던스도를 작성한다.

4) 임피던스의 합성

① 사고점에서 전원측으로 본 임피던스를 합성한다.

5) 단락전류 산출

① 3상 대칭단락전류(실효값)

$I_s = \frac{100}{\%Z} \times \frac{P_n}{\sqrt{3} \times V}$[A], (22.9[kV]계통 100[MVA]의 경우 2,521[A])

② 3상 비대칭단락전류 $= I_s \times \alpha$(비대칭계수)

6) 차단기 용량 선정

① 차단기 용량은 3상 대칭 단락전류을 적용하고 장래 증설을 감안 150[%]~ 200[%] 정도 여유를 둔다.

② 차단기는 표준용량으로 선정한다.

- 차단용량[MVA] $= \sqrt{3} \times$ 정격전압[kV] $\times$ 정격차단전류[kA]
- 정격차단전류 7.2[kV] : 12.5, 20, 31.5, 40[kA]

24[kV] : 12.5, 20, 25, 40[kA]

(4) 산출 예시

1) 계통구성도

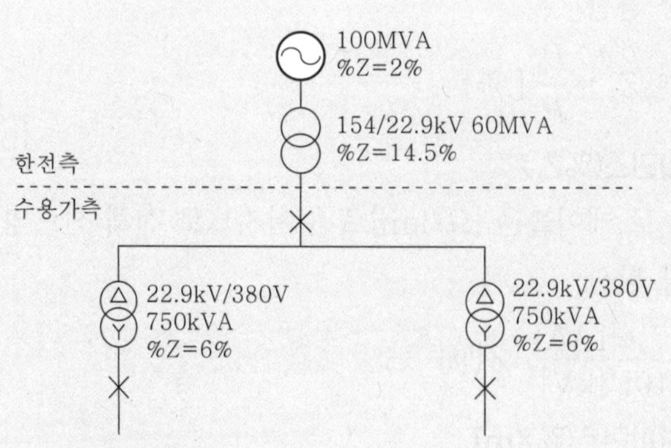

2) 선로 및 기기의 임피던스 조사

① 계통임피던스($\%Z_S$) : 2[%](100[MVA] 기준)

② 변압기 임피던스 : 154[kV] 60[MVA] 14.5[%], 22.9[kV] 750[kVA] 6[%]

③ 한전선로 임피던스 : 생략

3) 기준 MVA로 %Z 환산

① 변압기 154[kV] 60[MVA] 14.5[%]일 때 $\%Z_{T1}=\frac{100}{60}\times 14.5=24.2[\%]$

② 변압기 22.9[kV] 750[kVA] 6[%]일 때 $\%Z_{T2}=\frac{100\times 10^3}{750}\times 6=800[\%]$

4) 임피던스의 합성

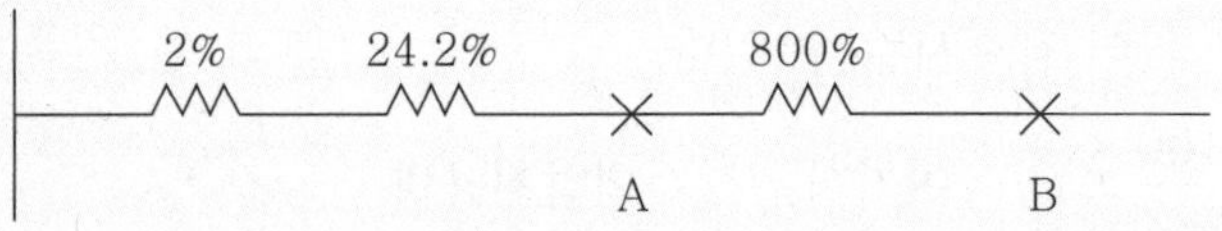

2% 24.2% 800%
A B

① A점의 합성임피던스 : 2+24.2=26.2[%]

② B점의 합성임피던스 : 2+24.2+800=826.2[%]

5) 단락전류 계산

① A점의 단락전류

$$I_{SA}=\frac{100}{\%Z}\times I_n=\frac{100}{26.2}\times\frac{100\times 10^3}{\sqrt{3}\times 22.9}=9.7[\text{kA}]$$

② B점의 단락전류

$$I_{SB}=\frac{100}{\%Z}\times I_n=\frac{100}{826.2}\times\frac{100\times 10^3}{\sqrt{3}\times 0.38}=18.4[\text{kA}]$$

6) 적용 차단기 선정

① A점의 차단기 : 특고압 차단기로서 표준 규격인 12.5[kA] 520[MVA]를 선정

② B점의 차단기 : 저압 차단기로서 표준 규격인 600[V] 50[kA]를 선정
(저압 차단기 표준 규격 35, 42, 50, 65, 70, 85[kA])

02 단락전류 억제 대책

(1) 단락전류 억제 필요성

① 수전설비 변압기의 증설, 배전선의 증설 등으로 계통의 단락용량이 증가하면 단락, 지락전류가 증가하여 사고 시 손상이 크고 통신선 유도장해는 물론 2차적 재해를 유발하게 된다.

② 배전전압에 비해 변압기 용량이 너무 크면 2차 측 단락전류가 커서 CB, CT 등 직렬기기의 선정이 어렵게 되므로 단락전류의 경감 대책을 강구하여야 한다.

③ 단락전류는 $I_{SA}=\frac{100}{\%Z}\times\frac{P_n}{\sqrt{3}\cdot V}$[A]이므로, $\%Z$, V를 크게 하거나 P_n를 적게 하여야 한다.

(2) 단락전류 억제 대책

1) 배전전압을 1단계 상승

① 단락전류가 매우 클 때 2차 변전소 배전전압을 3.3[kV] → 6.6[kV], 6.6[kV] → 22[kV]로 승압한다.

2) 주 변압기를 분할

① 변압기 2차 측 단락전류는 변압기 용량에 비례하므로 변압기 용량을 분할하면 단락용량을 많이 감소시킬 수 있다.

$$P_s = \frac{100}{\%Z} \times P_n$$ 여기서, P_n : 변압기용량

3) 한류퓨즈에 의한 Back Up 차단방식

① 한류퓨즈는 고장전류를 차단할 때 고장전류가 파고치에 이르기 전에 차단하여 통과전류를 크게 제한하기 때문에 한류효과가 커서 회로에 연결된 직렬기기의 열적, 기계적 강도를 줄일 수 있다.

② 한류퓨즈는 차단시 과전압 발생, 소전류 차단 곤란 등의 결점이 있다.

4) 변압기의 임피던스(%Z) 제어

① 변압기의 임피던스를 높여서 단락전류를 억제하면, 전압변동률은 증가한다.
- 상위 차단기 적용 가격보다 변압기 임피던스 상승 가격이 경제적일 때 적용
- 용량이 큰 플랜트 공장 등에 주로 적용

5) 한류리액터 설치

① 모선 또는 선로 도중에 리액턴스를 설치하여 단락전류를 억제한다.

② 전압변동, 전력손실 및 무효전력의 증가 등의 문제가 발생할 수 있다.

③ 고압회로보다 저압회로에 채용이 바람직하다.

6) Cas-cade 보호방식 채용

① 분기회로 차단기(CB2) 설치점의 단락용량이 분기 차단기의 차단용량을 초과할 경우 주 회로 차단기(CB1)와 협조하여 후비보호하는 방식이다.(10[kA] 이상 일 때)

② 캐스케이드 방식 보호조건
- 통과에너지 I^2t가 CB2의 허용값 이하일 것
- 통과전류 파고값 I_P가 CB2의 허용값 이하일 것
- 아크 에너지가 CB2의 허용값 이하일 것

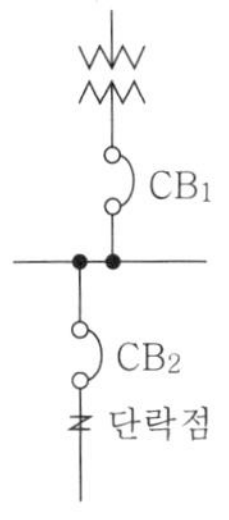

[캐스 케이드 방식]

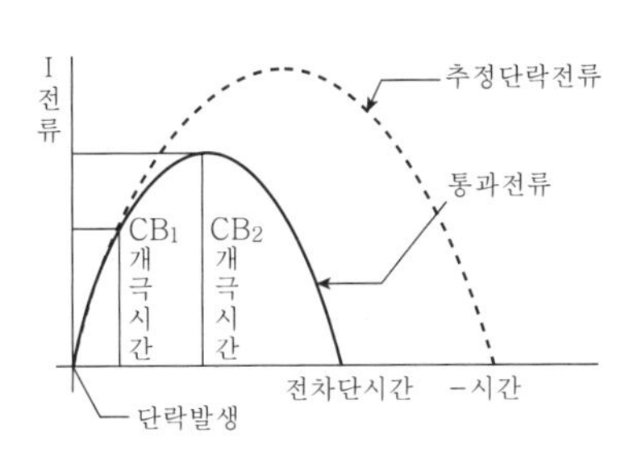

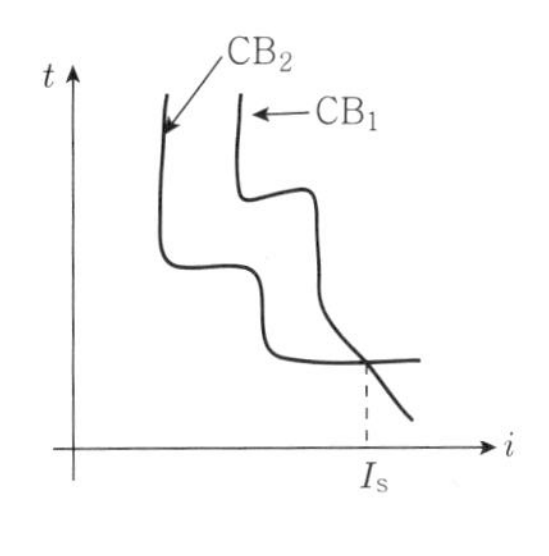

[캐스 케이드 차단시간]

7) 계통분리

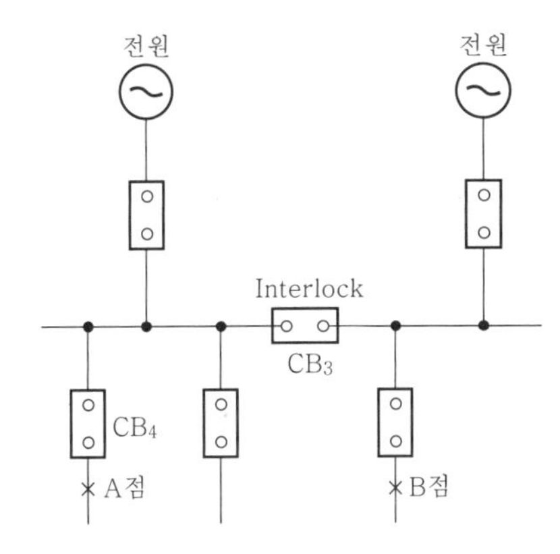

① A점 사고시 신속히 CB3를 차단하여 계통을 분리한 후 CB4를 차단

② 변압기 또는 발전기 병렬 운전시 배전선에 단락용량이 큰 경우 채용한다.

③ **장점 및 단점**

장점	- 설치비가 저렴하고 연락차단기 단락용량이 적어도 된다.
단점	- 모선연결 차단기 차단 후 재병렬 투입 필요 - 보호계전기의 동작협조, 인터록 등 회로 복잡 - 계통분리가 끝날 때까지 과대한 단락전류가 흘러 직렬기기 손상을 준다.

8) 계통연계기 설치

① 일종의 가변 임피던스 소자(L,C)를 계통에 직렬로 삽입하여 단락전류 억제

② **원리**

- 평상시는 L과 C가 직렬공진이 되어 두 임피던스의 상쇄로 저임피던스가 된다.
- 사고시는 L과 C가 병렬공진이 되어 전체로는 고임피던스가 되어 단락전류를 억제한다.

③ **특징**

- 응답속도가 빠르고($\frac{1}{2}$Cycle), 정전이 적어 공급 신뢰도가 높다.
- 대용량 설비에 적용

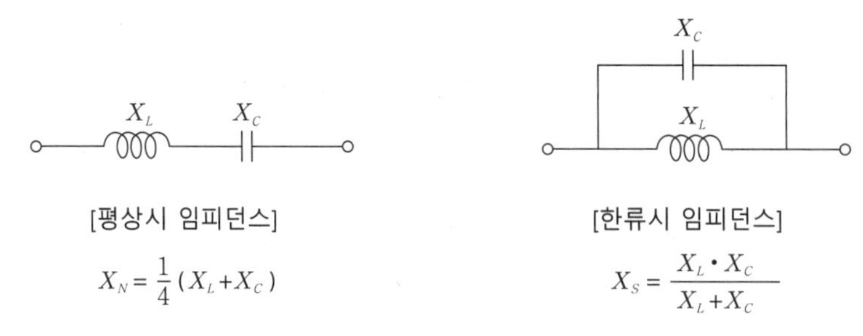

[평상시 임피던스]

$X_N = \frac{1}{4}(X_L + X_C)$

[한류시 임피던스]

$X_S = \frac{X_L \cdot X_C}{X_L + X_C}$

9) 저항에 의한 한류방식

① 초전도 소자를 상전도로 하여 억제하는 방법과 극저온 소자의 발열에 의한 저항값 증가로 단락전류를 억제하는 방법이 있다.

03 차단기 정격

(1) 차단기의 조작방식

1) 투입방식

① 수동 조작방식

② 전동 조작방식

③ 스프링 투입 조작방식

④ 공기 투입 조작방식 등

2) 트립방식

① **직류전압 트립방식**

- 직류전원의 전압을 트립코일에 인가하여 트립시키는 전압 트립방식을 많이 사용한다.
- 직류전원이 없는 경우에는 과전류 트립, 콘덴서 트립, 부족전압 트립방식을 이용한다.

② **과전류 트립방식**

- CT 2차 전류가 정해진 값보다 초과하였을 때 트립 동작을 하는 방식이다.
- 상시여자식, 순시여자식으로 구분한다.

③ **콘덴서 트립방식**

- 별도의 정류장치와 콘덴서를 부설하여 충전하고 콘덴서의 충전에너지로 트립하는 방식이다.
- 1차 측이 무전압이 되어도 콘덴서의 단자전압은 일정 시간 전압유지 필요하다.

④ **부족전압 트립방식**

- PT의 2차 전압을 감지하여 정해진 값 이하로 떨어질 때 트립하는 방식이다.

(2) 차단기의 정격

1) 정격전압

① 차단기의 정격전압이란 규정한 조건에 따라 그 차단기에 부과될 수 있는 사용 회로 전압의 상한치를 말한다.

② 차단기의 정격전압 = 공칭전압 $\times \dfrac{1.2}{1.1}$[kV]

공칭전압/정격전압[kV] : 3.3/3.6, 6.6/7.2, 22/24, 22.9/25.8, 154/170

2) 정격전류

① 정격전압, 정격주파수에서 차단기 각 부분의 온도 상승 한도를 초과하지 않고 연속적으로 흘릴 수 있는 전류의 상한치를 말한다.

- 일반회로용 : 전부하 전류의 120[%]
- 전동기회로용 : 전부하 전류의 300[%]
- 콘덴서용 : 콘덴서군 전류의 150[%]

3) 정격차단전류

① 모든 정격 및 규정된 조건에서 표준동작책무를 행하는 경우 차단기가 차단할 수 있는 차단전류의 한도를 말하며 교류분(실효치)으로 표시한다.

② 정격차단전류는 3상 단락전류에 여유분을 고려하여 결정한다.

정격차단전류 $I_s = \dfrac{100}{\%Z} \times I_n$[kA]

4) 정격차단용량

① 차단기의 용량이란 일반적으로 그 차단기가 설치된 바로 2차 측에서 3상 단락 사고가 난 경우 이를 차단할 수 있는 용량 한도를 말하며 다음 식으로 계산한다.

차단용량 [MVA] $= \sqrt{3} \times$ 정격전압[kV] $\times$ 정격차단전류[kA]

② 기준용량과 %Z가 주어진 경우

차단용량 [MVA] $= \dfrac{100}{\%Z} \times$ 기준용량[MVA]

③ 기기의 정격용량과 %Z가 주어진 경우

차단용량 [MVA] $= \dfrac{100}{\%Z} \times$ 정격용량[MVA]

5) 정격투입전류

① 모든 정격 및 규정 된 회로조건에서 규정된 표준 책무에 따라 투입할 수 있는 전류의 한도를 말하며 정격차단전류의 2.5배로 한다.

② 선로가 수목 접촉 등의 고장으로 고장 회복이 되지 않은 상태에서 차단기가 투입되어 송전하는 경우가 많다.

㉠ 이 경우 접촉자는 접촉 즉시 고장전류가 흘러, 이 전류에 의한 전자 반발력을 이겨 투입 완료되어야 하므로 큰 힘이 필요하다.

㉡ 따라서 투입할 수 있는 전류의 최대치를 정격 투입전류라 한다.

6) 정격차단시간

① 정격조건하에서 표준동작책무를 행하는 경우 정격 차단전류를 차단하는 시간을 말하며 개극시간과 차단시간을 합한 값이다.

② 개극시간은 폐로되어 있는 차단기의 트립장치가 여자하여 접촉자가 개리하기 시작할 때 까지의 시간이다.

③ 차단시간은 접촉자가 개리한 후에 소호가 완료 될 때까지의 시간이다.

④ VCB와 GCB의 경우는 대략 3~8[Hz]이다.

7) 차단기의 동작책무

① 차단기의 정격 차단용량이란 항상 일정한 책무하에서 값으로 표시하고 있다.

② 동작책무란 1회, 2회 이상의 투입(C), 차단(O) 또는 투입 즉시 차단(CO)을 일정한 시간 간격으로 행해지는 일련의 동작을 말하고,

③ 차단기의 표준동작책무는 차단기의 차단성능, 투입성능 등을 정한 동작책무를 말한다.

④ 차단기의 표준동작책무

㉠ 일반용 : CO-15초-CO---7.2[kV]급 차단기에 적용

㉡ 고속도 재투입용 : O-0.3초-CO-3분-CO---25.8[kV]급 이상 차단기에 적용

8) 차단기의 정격

정격전압[kV]	정격차단전류[kA]	차단시간[Hz]	투입전류[kA]	차단용량[MVA]
7.2	12.5	8	31.5	160
	25	8	63	-
	31.5	8	80	390
	40	8	100	500
25.8	12.5	5	31.5	520
	25	5	53	1,000
	40	5	100	1,700

Chapter 6

비상 발전기 설비

01 비상용 예비전원 설비

(1) 비상용 예비전원 설비의 조건

① 상용전원의 고장 또는 화재 등으로 정전 시 수용장소에 전력을 공급하도록 한다.

② 화재조건에서 운전이 요구되는 비상용 예비전원 설비는 다음의 2가지 조건이 추가적으로 충족되어야 한다.

㉠ 비상용 예비전원은 충분한 시간 동안 전력 공급이 지속되도록 선정하여야 한다.

㉡ 모든 비상용 예비전원의 기기는 충분한 시간의 내화 보호 성능을 갖도록 선정하여야 한다.

(2) 비상용 예비전원 설비의 전원 공급방법

① 수동 전원공급

② 자동 전원공급

(3) 자동 전원공급 절환 시간

구분	전기 설비
무순단	과도시간 내에 전압 또는 주파수 변동 등 정해진 조건에서 연속적인 전원공급이 가능한 것
순단	0.15초 이내 자동 전원공급이 가능한 것
단시간 차단	0.5초 이내 자동 전원공급이 가능한 것
보통 차단	5초 이내 자동 전원공급이 가능한 것
중간 차단	15초 이내 자동 전원공급이 가능한 것
장시간 차단	자동 전원공급이 15초 이후에 가능한 것

02 발전기 용량 산정법

(1) 일반부하의 경우 – 1)과 2) 중 큰 값을 산정

1) 부하의 합계로부터 계산하는 방법

발전기 용량 [kVA] = 부하 설비 합계 × 수용률

- 동력 부하 수용률 : 최대 입력 전동기 1대 100[%], 나머지는 80[%]
- 전등 부하 수용률 : 비상전등 100[%]로 적용

2) 허용 전압강하를 고려한 용량

발전기 용량 $P[\mathrm{kVA}] > (\frac{1}{\mathrm{e}} - 1) \times xd \times$ 시동 kVA

여기서, xd : 발전기 과도리액턴스 0.2~0.25

e : 허용전압강하 : 0.2~0.25

시동[kVA] = $\sqrt{3}$ × 정격전압 × 시동전류

(2) 소방용 부하의 경우(PG1 - PG4 중 큰 값을 산정)

1) 정격 운전상태에서 부하 설비 기동에 필요한 발전기 용량(PG_1)

$$PG_1 = \frac{\Sigma P_L}{\eta_L \times Pf_L} \times \alpha[\mathrm{kVA}]$$

여기서, ΣP_L : 부하의 출력합계[kW]

η_L : 부하의 종합효율[0.85]

Pf_L : 부하의 역률[0.8]

α : 부하율·수용률 감안한 계수

2) 최대 시동 kVA 값을 가진 전동기 기동시 허용 전압강하를 고려한 용량(PG_2)

$$PG_2 = P_m \times \beta \times C \times xd \times \frac{1 - \triangle V}{\triangle V}[\mathrm{kVA}]$$

여기서, P_m : 시동값이 최대인 전동기의 출력 [kW]

β : 전동기 1[kW]에 대한 시동 kVA(불분명시 7.2)

C : 기동방식에 따른 계수

(직입기동 1.0, Y-△기동 0.67, 리액터 0.6, 기동보상기 0.42)

xd : 발전기 과도 리액턴스(0.2~0.25)

$\triangle V$: P_m 전동기 투입시의 전압강하율(0.2~0.25)

(※ $P_m \times \beta \times C$는 시동 kVA 값이 된다.)

3) 용량이 최대인 전동기가 마지막으로 기동할 때 필요한 발전기 용량(PG_3)

$$PG_3 = \left(\frac{\Sigma P_L - P_m}{\eta_L} + (P_m \times \beta \times C \times Pf_m) \right) \times \frac{1}{cos\phi}[\mathrm{kVA}]$$

여기서, P_m : 시동값이 최대인 전동기 또는 전동기군의 출력 [kW]

η_L : 부하의 종합효율

Pf_m : P_m 전동기 기동시의 역률(불분명시 0.4)

$cos\phi$: 발전기 역률(불분명시 0.8)

참고 **비상발전기 용량 계산 [예시]**

1. 비상발전기 용량 계산 시 소방전용 부하와 정전시 공급할 부하를 대상으로 발전 용량을 구분 산출한다.

구분	전기 설비
화재시 부하설비	옥내소화전설비 펌프, 스프링클러설비 펌프, 전실 급기팬, 전실 배기팬, 비상콘센트, 방화셔터, 비상용엘리베이터, 비상조명등, 유도등 등
정전시 부하설비	일반용 엘리베이터, 각종 급수펌프, 각종 배수펌프, 오수펌프, 정화조 펌프, 급배기팬(주차장용 등), 정류기반, 무정전전원장치, 전열 및 기타

2. 비상부하 일람표를 보고 다음의 발전용량을 구한다.

   ① 화재 시 발전 용량
   ② 정전 시 발전 용량
   ③ 소방부하겸용 발전 용량

비상부하 일람표						
부하명	용량	부하 [VA]	수용률 [%]	화재시	정전시	화재시 + 정전시
소방용 주 펌프	3ϕ90[kVA]-2(1-예비)	90,000	100	90,000	-	90,000
전실 제연팬	3ϕ30[kVA]	30,000	100	30,000	-	30,000
스프링클러	3ϕ60[kVA]-2(1-예비)	60,000	100	60,000	-	60,000
급수 가압펌프	3ϕ33.0[kVA]	33,000	50	-	16,500	16,500
배수 펌프	3ϕ10[kVA]×3대	30,000	50	-	15,000	15,000
급, 배기팬	3ϕ3.5[kVA]×10대	35,000	50	-	17,500	17,500
정화조 동력	3ϕ11[kVA]×2대	22,000	50	-	11,000	11,000
승강기	3ϕ30[kVA]×2대	60,000	91	-	22,000	22,000
전등 및 전열	88,206[kVA]	40,000	50	20,000	20,000	20,000
계		400,000	-	200,000	102,000	282,000

(1) 화재시 용량

① 정격 운전상태에서 부하설비 가동에 필요(정상시 부하용량에 의한)한 발전기 용량(PG_1)

- $PG_1 = \frac{\Sigma P_L}{\eta_L \times Pf_L} \times \alpha[kVA] = \frac{200}{0.85 \times 0.8} \times 1.0 = 294[kVA]$

② 최대 시동 kVA 값을 가진 전동기 기동시 허용전압강하(과도시 최대전압강하에 의한)를 고려한 용량(PG_2)

- $PG_2 = P_m \times \beta \times C \times xd \times \frac{1-\triangle V}{\triangle V}[kVA]$

$= 90 \times 7.2 \times 0.67 \times 0.25 \times \frac{1-0.25}{0.25} = 325[kVA]$

③ 용량이 최대인 전동기가 마지막으로 기동할 때 필요(과도시 최대 단시간 내량에 의한)한 발전기 용량(PG_3)

- $PG_3 = \left(\frac{\Sigma P_L - P_m}{\eta_L} + (P_m \times \beta \times C \times Pf_m)\right) \times \frac{1}{cos\phi}[kVA]$

$= \left(\frac{200-90}{0.85} + (90 \times 7.2 \times 0.67 \times 0.4)\right) \times \frac{1}{0.8} = 378[kVA]$

(2) 정전시 용량

① 정격 운전상태에서 부하설비 가동에 필요(정상시 부하용량에 의한)한 발전기 용량(PG_1)

- $PG_1 = \frac{\Sigma P_L}{\eta_L \times Pf_L} \times \alpha[kVA] = \frac{102}{0.85 \times 0.8} \times 1.0 = 150[kVA]$

② 최대 시동 kVA 값을 가진 전동기 기동시 허용전압강하(과도시 최대전압강하에 의한)를 고려한 용량(PG_2)

- $PG_2 = P_m \times \beta \times C \times xd \times \frac{1-\triangle V}{\triangle V}[kVA]$

$= 22 \times 7.2 \times 0.67 \times 0.25 \times \frac{1-0.25}{0.25} = 80[kVA]$

③ 용량이 최대인 전동기가 마지막으로 기동할 때 필요(과도시 최대 단시간 내량에 의한)한 발전기 용량(PG_3)

- $PG_3 = \left(\frac{\Sigma P_L - P_m}{\eta_L} + (P_m \times \beta \times C \times Pf_m)\right) \times \frac{1}{cos\phi}[kVA]$

$= \left(\frac{102-22}{0.85} + (22 \times 7.2 \times 0.67 \times 0.4)\right) \times \frac{1}{0.8} = 170[kVA]$

(3) 소방부하 겸용 발전(화재시+정전시 합산부하) 용량

① 정격 운전상태에서 부하설비 가동에 필요(정상시 부하용량에 의한)한 발전기 용량(PG_1)

$$- PG_1 = \frac{\Sigma P_L}{\eta_L \times Pf_L} \times \alpha[kVA] = \frac{282}{0.85 \times 0.8} \times 1.0 = 414[kVA]$$

② 최대 시동 kVA 값을 가진 전동기 기동시 허용전압강하(과도시 최대전압강하에 의한)를 고려한 용량(PG_2)

$$- PG_2 = P_m \times \beta \times C \times xd \times \frac{1-\triangle V}{\triangle V}[kVA]$$

$$= 90 \times 7.2 \times 0.67 \times 0.25 \times \frac{1-0.25}{0.25} = 325[kVA]$$

③ 용량이 최대인 전동기가 마지막으로 기동할 때 필요(과도시 최대 단시간 내량에 의한)한 발전기 용량(PG_3)

$$- PG_3 = \left(\frac{\Sigma P_L - P_m}{\eta_L} + (P_m \times \beta \times C \times Pf_m) \right) \times \frac{1}{cos\phi}[kVA]$$

$$= \left(\frac{282-90}{0.85} + (90 \times 7.2 \times 0.67 \times 0.4) \right) \times \frac{1}{0.8} = 499\,[kVA]$$

(4) 소방전원보존형(화재시 부하 적용) 발전용량 채택

① 화재시 산출 값 중 가장 큰 값인 378[kVA]를 적용하고, 역률을 고려한다.

② 발전기 용량 $PG = 378 \times 0.8 = 302[kW]$

(5) 정전대비 발전용량 채택

① 정전용량 산출 값 중 가장 큰 값인 170[kVA]를 적용하고, 역률을 고려한다.

② 발전기 용량 $PG = 170 \times 0.8 = 136[kW]$

(6) 소방부하 겸용(화재시+정전시 합산부하) 발전용량 채택

① 화재시+정전시 합산부하 산출 값 중 가장 큰 값인 499[kVA]를 적용하고, 역률을 고려한다.

② 발전기 용량 $PG = 499 \times 0.8 = 399[kW]$

03 발전실의 급, 배기 시설 [내선규정제4168-8절 표400-6)

(1) 개요

발전기실의 필요한 환기량은 연소에 필요한 공기량, 실온 상승을 억제하는데 필요한 공기량 및 운전원에게 필요한 환기량으로 결정된다.

(2) 환기량의 산정 방법(디젤엔진의 경우)

① 급기량 $Qi = Q_1 + Q_2$

② 배기량 $Q_o \geq Q_1$

③ 실내온도 상승 억제에 필요한 공기량 Q_1

$$Q_1 = \frac{10{,}200 \times f \times E \times b \times G \times cos\phi_g \times (\frac{1}{n_g} - 1) \times 860}{60 \times C \times p(t_1 - t_2)} [\text{m}^3/\text{h}]$$

④ 연소에 필요한 공기량 Q_2

$$Q_2 = \frac{14 \times b \times \lambda \times E}{60 \times p} [\text{m}^3/\text{h}]$$

여기서, f : 엔진의 열방산 손실률(0.02)

E[PS] : 엔진의 연속 정격출력

b[kg/PSh] : 연료의 소비율

G[kVA] : 발전기의 정격출력

$cos\theta_g$: 발전기의 정격역률(0.8)

n_g : 발전기의 정격효율

(62.5[kVA] 미만 : 0.8, 62.5~300[kVA] 미만 : 0.85, 300[kVA] 이상 : 0.9)

C[kcal/kg℃] : 전압비열(건조공기 760[mmHg], 20[℃]일 때 0.24[kcal/kg℃])

p[kg/m^2] : 공기의 비중(760[mmHg], 20[℃]일 때 1.205[kg/m^3])

t_1[℃] : 실내 최고 허용온도(40[℃])

t_2[℃] : 외기 온도(일일 최고온도의 월별 평균값의 최고값 × 0.9)

λ : 공기과잉률(무과급엔진 1.5, 과급엔진 2.0)

⑤ 강제 환기방식에서 $Q = AV$[m^3/min]이므로 급기구 면적($a \times b =$ m^2)에 속도 (m/min)을 곱한 결과이다.

⑥ 환기량이 400[m^3/min]으로 산출된 경우, 강제 배기팬에 의한 공기속도(초당)로 급기구를 계산하면 $\frac{400[\text{m}^3/\text{min}]}{60[\text{m/sec}]} = 6.67[\text{m}^2]$이므로, 급기구 면적 ($a \times b$)로 급기구 크기를 계산할 수 있다.

절연 및 고조파 대책

01 전로의 절연

(1) 전로 절연의 목적

① 지락전류에 의한 통신선의 유도장해 방지

② 누설전류에 의한 화재 및 감전사고 등 위험 방지

③ 전력 손실 방지

(2) 대지로부터 절연 원칙의 예외

① 각종 접지공사의 접지점

② 전로의 중성점을 접지하는 경우 접지점

③ 계기용 변성기 2차 측 전로에 접지공사를 하는 경우 접지점

④ 25[kV] 이하인 특고압 가공전선로의 시설에 다중 접지를 하는 경우의 접지점

⑤ 전로의 일부를 대지로부터 절연하지 아니하고 전기를 사용하는 부득이한 장소

- 시험용 변압기, 전력선 반송용 결합 리액터, 전기울타리용 전원장치, 엑스선 발생장치, 단선식 전기철도의 귀선

⑥ 대지로부터 절연하는 것이 기술상 곤란한 것(전기욕기·전기로·전기보일러·전해조 등) 등

(3) 저압전로의 절연저항$\left(=\frac{\text{정격전압}}{\text{누설전류}}\right)$

① 사용전압이 저압인 전로에서 정전이 어려운 경우 등 절연저항 측정이 곤란한 경우에는 누설전류를 1[mA] 이하로 유지하여야 한다.

② 전선과 대지 사이의 절연저항은 사용전압에 대한 누설전류가 최대 공급전류의 $\frac{1}{2,000}$을 초과하지 않도록 하여야 한다.

전로의 사용전압[V]	DC 시험전압[V]	절연저항[MΩ]
SELV 및 PELV	250	0.5
FELV, 500[V] 이하	500	1.0
500[V] 초과	1,000	1.0

[주] 특별저압(extra low voltage : 2차 전압이 AC 50, DC 120 이하)
- SELV(비접지회로 구성) 및 PELV(접지회로)은 1차와 2차가 전기적으로 절연(안전 절연변압기)된 회로
- FELV는 1차와 2차가 전기적으로 절연(기본 절연변압기)되지 않은 회로

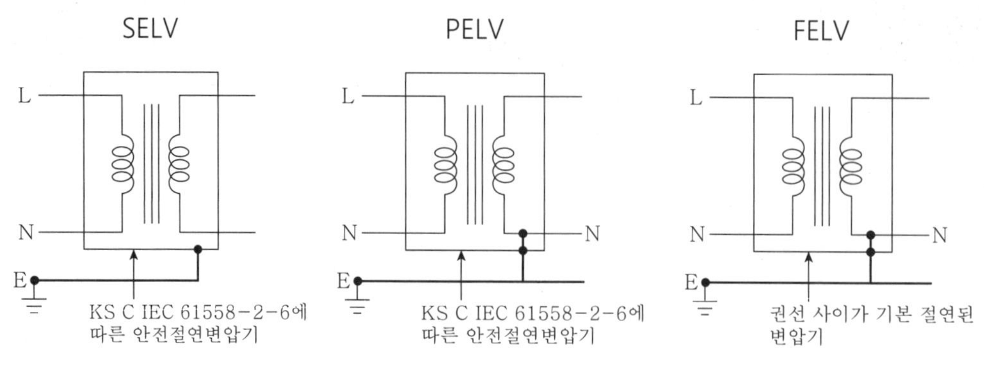

예시 22,900/220[V]의 15[kVA] 변압기로 공급되는 저압 가공 전선로의 전선에서 대지로 누설되는 전류의 최고한도는?

해설 - 누설전류 $\leq \dfrac{\text{최대 공급전류}}{2{,}000}$(1가닥) 이하여야 한다.

- 최대 공급전류 $I = \dfrac{P}{V} = \dfrac{15{,}000}{220} \fallingdotseq 68.2[\text{A}]$

- 허용 공급전류 $\leq \dfrac{\text{최대공급전류}}{2{,}000} = \dfrac{68.2}{2{,}000} \fallingdotseq 34[\text{mA}]$

(4) 고압 및 특고압 절연내력

① 고압의 전로 및 전기기기 성능은 시험전압 10분간 견딜 수 있어야 한다.

② **시험전압 인가 장소**

㉠ 회전기 : 권선과 대지 사이

㉡ 변압기 : 권선과 다른 권선 사이, 권선과 철심 사이, 권선과 외함 사이

㉢ 기타 전기계기구 : 충전부와 대지 사이

③ **고압 및 특별고압의 전로, 변압기, 차단기, 기타의 기구 등**

전로의 종류		시험 전압
1. 최대 사용전압 7[kV] 이하		최대 사용전압의 1.5배
2. 중성점 접지식 전로(중성선 다중접지 하는 것)	7[kV] 초과 25[kV] 이하	최대 사용전압의 0.92배
3. 중성점 접지식 전로(2란의 것 제외)	7[kV] 초과 60[kV] 이하	최대 사용전압의 1.25배
4. 비접지식	60[kV] 초과	최대 사용전압의 1.25배
5. 중성점 접지식	60[kV] 초과	최대 사용전압의 1.1배

6. 중성점 직접 접지식	60[kV] 초과 170[kV] 이하	최대 사용전압의 0.72배
	170[kV] 초과	최대 사용전압의 0.64배
7. 60[kV]를 초과하는 정류기 접속 전로	170 [kV] 초과	교류측 최대 사용전압의 1.1배

④ **회전기 및 정류기, 연료전지 등**

종류			시험전압	시험전압 인가장소
회전기	발전기 전동기 조상기 등	7[kV] 이하	최대 사용전압×1.5 (최저 50[V])	권선과 대지 간
		7[kV] 이상	최대 사용전압×1.25 (최저 10,500[V])	
	회전변류기		직류 측 최대 사용전압×1(최저 500[V])	
정류기	60[kV] 이하		직류 측 최대 사용전압×1배의 교류전압 (최저 500[V])	충전부와 외함 간
	60[kV] 초과		직류 측 최대 사용전압×1.1배의 교류전압 또는 직류 측의 최대 사용전압 1.1배의 직류전압	교류 측 및 직류 고전압측 단자와 대지 간
연료전지 및 태양전지 모듈			최대 사용전압×1.5배의 직류전압 최대 사용전압×1배의 교류전압	충전부분과 대지 간

예시 2개의 단상변압기(200/6,000[V])를 최대 사용전압 6,600[V]의 고압전동기의 권선과 대지 사이에 절연내력시험을 하는 경우 입력전압[V]과 시험전압(E)은 각각 얼마로 하면 되는가?

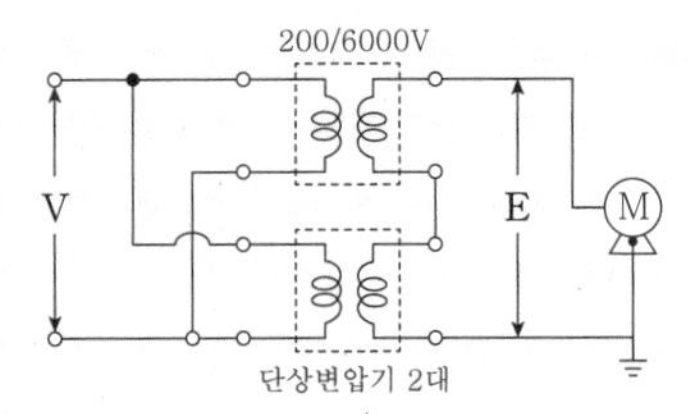

해설 - 전동기의 권선과 대지전압 사이의 절연내력시험전압 6,600×1.5배 = 9,900[V]

- $V = V_1 = aV_2$
- $V = \frac{200}{6,000}(a) \times 9,900 \times \frac{1}{2}$(변압기 2대 중 1대) = 165[V]

02 고조파 발생 및 대책

(1) 고조파(高調波, Harmonics)의 개요

1) 고조파의 파형

기본파에 대하여 그의 정수배의 주파수 성분을 말하며, 제 n차 고조파는 크기는 $\frac{1}{n}$, 주파수는 n배가 된다. 이러한 고조파 전류는 전원 측으로 유출되어 각종 기기의 과열, 오동작 등의 장해를 일으킨다.

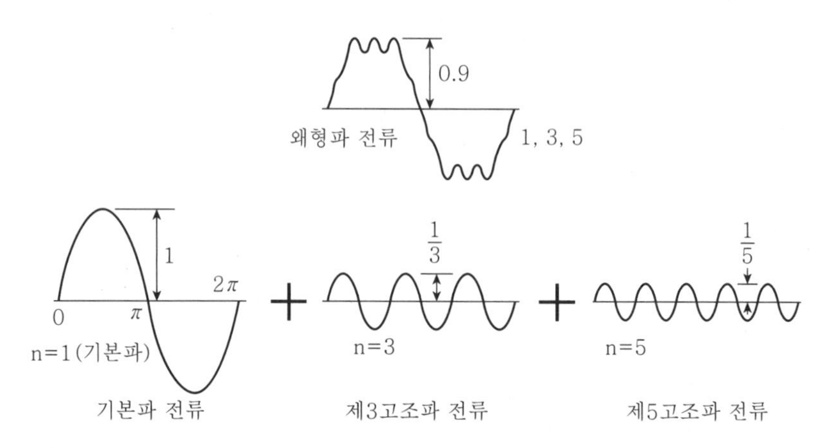

2) 고조파의 발생형태

전원계통은 정현파 전류를 보내고자 하는 데 비해 부하가 방형파 전류를 필요로 할 경우, 정현파와 방형파의 차에 해당되는 전류는 전원 측으로 흘러들어 전원 측 정현파와 합성되어 고조파 전류의 형태를 이루게 된다.

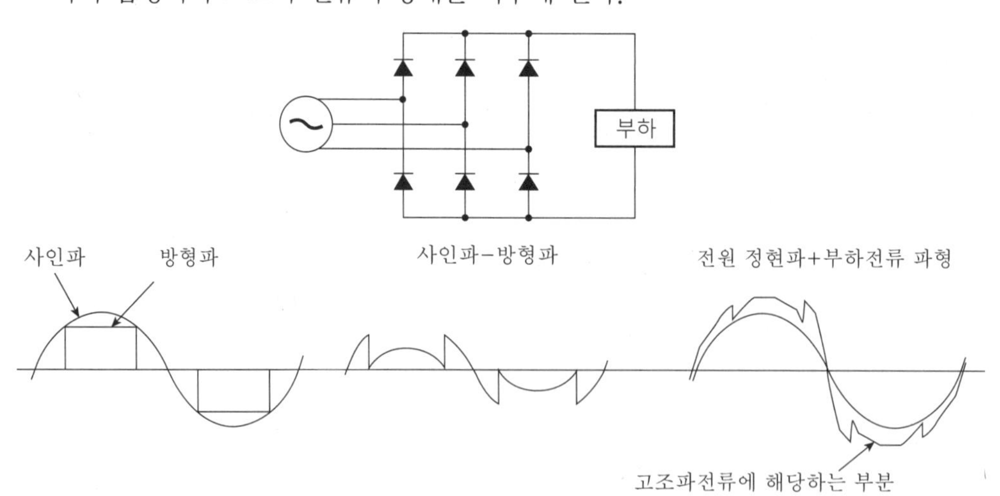

3) 고조파 발생원

고조파 전류의 발생원은 대부분 전력전자소자(Power Electronics : Diode, SCR 등)를 사용하는 기기에서 주로 발생된다.

① 사이리스터 등을 사용한 전력변환장치(인버터, 컨버터, UPS, VVVF 등)
② 전기로, 아크로 등 비선형부하를 가진 기기
③ 변압기, 회전기 등 철심의 자기포화특성에 의한 것
④ 형광등, 전자기기 등
⑤ 과도현상에 의한 것 등

(2) 고조파 전류의 계산

1) 고조파 차수 : n = mP±1(m = 1,2,3.., P : 변환기의 출력펄스)

2) 고조파의 크기 : $I_n = K_n \cdot \frac{I_1}{n}$ 여기서, K_n : 고조파 저감계수, I_1 : 기본파 전류

합성전류 = $\sqrt{I_1^2 + \Sigma I_n^2}$ [A]

3) 왜형률 및 함유율

왜형파의 질을 나타내는 수치로는 통상, 종합 전압 왜형률 및 고조파 함유율로 나타낸다.

㉠ 종합 왜형률 $= \frac{\sqrt{\Sigma V_n^2}}{V_1} \times 100[\%]$, (n≥2)

여기서, V_n : 제n차 고조파 전압의 실효치, V_1 : 기본파 전압의 실효치

㉡ 고조파 함유율 $= \frac{I_n}{I_1} \times 100(\%)$ 또는 $\frac{V_n}{V_1} \times 100(\%)$

단, 함유율은 어떤 차수의 고조파 성분 실효치의 기본파 성분 실효치에 대한 비율로 표시한다.

(3) 고조파의 분류패턴

1) 임피던스 분담에 의한 분류

① 전력변환장치 등의 고조파 발생기기는 전류원으로 볼 수가 있고 발생한 고조파 전류는 임피던스 분담에 의해 전원측과 콘덴서 회로에 분류하게 된다.
- 전원 임피던스 〉 콘덴서 임피던스 : 고조파 전류는 콘덴서로 유입
- 전원 임피던스 〈 콘덴서 임피던스 : 고조파 전류는 전원측으로 유입

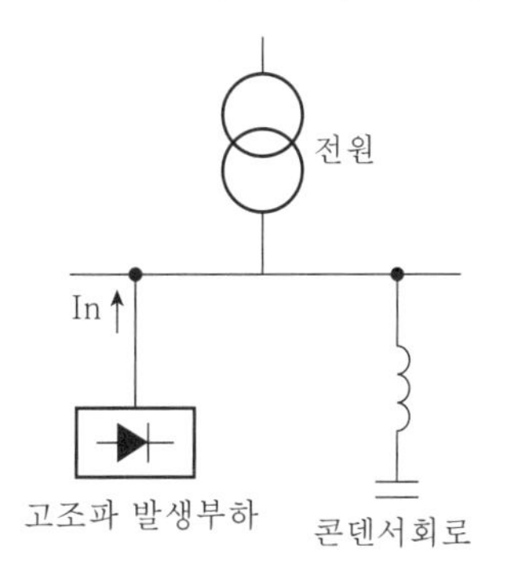

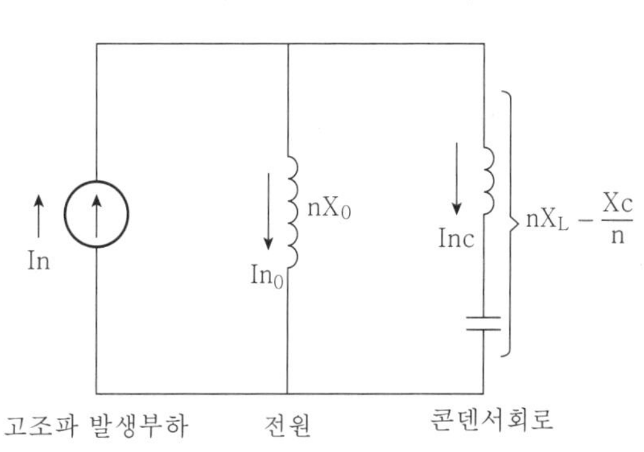

2) 병렬공진 현상

① n차 고조파의 경우 유도성 리액턴스는 nX_L, 용량성 리액턴스는 $-\frac{X_C}{n}$배로 된다.

- 따라서, 전원측에 흐르는 고조파 전류 I_{n0} 및 콘덴서 회로에 흐르는 고조파 전류 I_{nC}를 구하면 다음 식과 같이 된다.

$$I_{n0}=\frac{nX_L-\frac{X_c}{n}}{nX_0+(nX_L-\frac{X_c}{n})}\times I_n,\quad I_{nc}=\frac{nX_0}{nX_0+(nX_L-\frac{X_c}{n})}\times I_n$$

여기서, X_0 : 전원의 기본파 리액턴스, X_L : 직렬 리액턴스의 기본파 리액턴스
X_C : 콘덴서의 기본파 리액턴스

② $nX_L-\frac{X_C}{n} \rangle 0$의 경우(비확대회로)

- 콘덴서 회로는 유도성 리액턴스가 되고 고조파 전류는 확대되지 않는다.

③ $nX_L-\frac{X_C}{n}=0$의 경우(직렬공진회로)

- 콘덴서 회로는 직렬 공진이 되고 n차 고조파 전류는 전부 콘덴서 회로로 유입되며, 전원 측에는 유출하지 않는다. 즉, 필터회로가 된다.

④ $nX_L-\frac{X_C}{n}\langle 0$의 경우(전원측 확대)

- 콘덴서 회로는 용량성으로서 $nX_0+(nX_L-\frac{X_C}{n})$는 음(-)이 되어, 이 전류가 전원계통에 유입된다,
- $I_{n0}>I_n$이 되고 n차 고조파 전류는 확대된다.

⑤ $nX_0+(nX_L-\frac{X_C}{n})=0$의 경우(전원측, 콘덴서측 확대)

- 병렬 공진이 되어 고조파 전류는 전원 측 및 콘덴서 측으로 이상 확대가 되어, 전압 파형도 현저하게 일그러져 이런 현상은 피해야 한다.

(4) 고조파 영향

1) 기기에 악영향

① 콘덴서, 직렬리액터(과열, 단자전압 상승, 손실증가)

㉠ 실효 전류치의 증가로 과열

- 제5고조파가 유출되면 X_C는 1/5로 줄고 X_L은 5배가 되어 고조파 전류는 임피던스가 낮은 콘덴서로 유입되어 과열된다.

㉡ 단자전압의 상승 : 전류증가로 인해 단자전압이 상승하여 콘덴서 내부 소자 절연이 파괴된다.

㉢ 실효용량의 증가 : 유전체 손실 증가로 온도상승 및 열화가 촉진된다.

② **변압기(온도상승, 손실증가, 용량감소)**

- 권선의 온도상승 : 기본파 전류에 고조파 전류의 중첩으로 등가 전류 증가로 온도상승
- 동손 증가 : 기본파 전류에 고조파 전류가 증가하면 코일의 표피효과로 동손 증가
- 철손 증가 : 고조파 전류에 의해 히스테리시스 손 및 와전류 손이 증가
- 변압기 출력감소 : 손실증가로 출력이 감소된다.

③ **발전기 과열(출력감소)**

- 발전기에 고조파 전류로 인해 역상전류가 흐르면, 역상 회전자계의 자속이 댐퍼권선과 쇄교하여 댐퍼권선의 손실이 증가하고 출력을 저하시킨다.(역상전류의 허용치 : 교류발전기 15[%] 이하)

④ **중성선의 영향**

케이블의 과열	- 교류도체 저항 증가, 전류 증가 → 케이블의 과열 - 교류저항 R = 직류도체 저항 × (1 + 표피효과계수 + 근접효과계수)
중성점 전위상승	- 제3고조파 발생시 중선선과 대지 간의 전위차는 중성선 리액턴스의 3배의 곱이 되어 전위차가 커진다. - 전위차 $V_{N-G} = I_n \times (R + j3wL)$

⑤ **계측기, 계전기 등의 오차 발생**

- PT, CT에 전압, 전류의 유효자속이 기본파에 고조파 성분이 중첩되어 비선형 특성을 가지게 되어 측정오차가 발생한다.

⑥ **차단기 등 오동작 발생**

- MCCB의 과열 및 오동작, 누전차단기 오동작(대지 정전용량 증가($\frac{X_C}{n}$)로 누설 전류 증가)
- PF의 용단 등의 발생

⑦ **소음 진동**

- 변압기, 전동기에 고조파가 흐르면 여자전압 파형의 왜곡으로 진동음 증가

⑧ **역률저하**

- 고조파 전압, 전류에 의한 왜곡 전력이 무효분으로 작용하여 역률이 저하된다.

2) 공진의 발생

① 계통의 리액턴스와 콘덴서의 리액턴스가 직렬 공진하면 고조파 흡수로 필터 역할을 한다.

② 병렬 공진이 발생하면 고조파 전류가 이상 확대되어 콘덴서, 변압기, 전동기 등에 과대한 전류가 흘러서 과열, 소손이 발생하고 특정 고조파 전압이 현저히 왜곡된다.

3) 통신선 유도장해

① 고조파 전류에 의해 통신선에 정전유도, 전자유도를 일으키고 정전유도는 이격시키면 되나, 전자유도는 전선관 배선, 트위스트 케이블 사용 등 대책을 세워야 한다.

(5) 고조파 대책

1) 고조파 억제

고조파 발생억제, 임피던스의 분류, 기기의 내량 강화로 구분된다. 일반적으로 고조파 대책은 다음과 같이 고려할 수 있다.

① **고조파 발생 억제** : 리액터의(ACL, DCL)의 설치, 정류회로의 다상화, PWM 컨버터

② **임피던스 분류** : 필터 설치, 계통 분리, 단락용량의 증대, 위상변위장치, UHF (Unuversal Hammonic Filter)설치, 콘덴서 설치

③ **고조파 내량 강화** : 변압기, 발전기, 콘덴서, 케이블 용량 증가, 특수 내량품 설치

2) 고조파 억제 대책

① 정류기의 다펄스화

㉠ 정류기 출력펄스가 P일 때 발생 고조파 차수는 n = mP±1 (m = 1,2,3..)이므로, 정류펄스가 크면 고조파 차수는 높아져 동시에 고조파 전류의 크기도 감소된다.

㉡ 발생 고조파의 크기 $I_n = k_n \cdot \frac{I_1}{n}$이므로, n이 높으면 I_n이 작아진다.
(k_n : 고조파 저감계수)

② 리액터(ACL, DCL) 설치

㉠ 인버터 전원 측에 ACL 설치 및 DC 측에 DCL을 설치하면 콘덴서의 충전전류 피크 값을 완화하여 고조파를 개선하게 된다.(3상 전파의 경우 50[%] 저감가능)

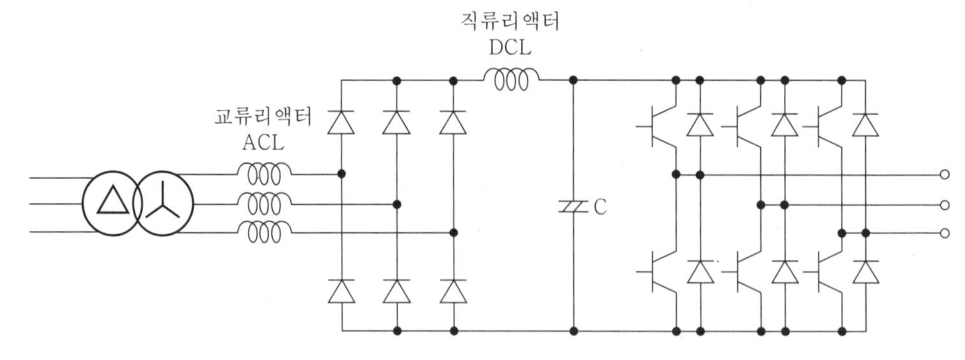

③ PWM 제어 방식의 채용

㉠ IGBT 등 고속 스위칭 소자를 이용하여 반 주기내 펄스를 여러 개로 분할해서 펄스폭을 제어하여 정현파 성분을 지닌 펄스열(전류파형)을 얻을 수 있어 저차의 고조파를 대폭 저감시킬 수 있다.

㉡ 케리어 주파수가 높을수록 저감효과가 커진다.

㉢ 컨버터 측을 PWM 제어함으로써 전원 전류를 인버터 출력전류 파형과 동일한 정현파로 제어할 수 있다.

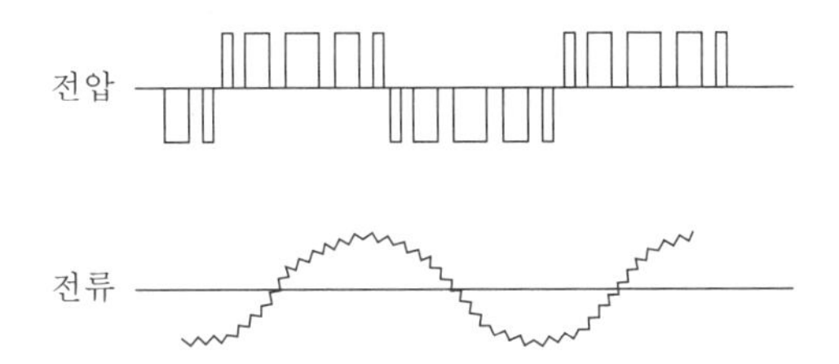

3) 임피던스의 분류

① Filter 설치

수동 Filter(Passive Filter)	필터의 기본회로는 L과 C의 공진현상을 이용하여 특정 차수에 대하여 저 임피던스 분로를 만들어 고조파를 흡수하는 것이다.
능동 Filter(Active Filter)	LC 필터는 공진특성을 이용하지만 Active Filter는 인버터 응용기술에 의하여 발생한 고조파의 역위상 고조파를 흘려서 고조파를 상쇄하는 이상적인 Filter이다.

② UHF(Unuversal Hammonic Filter)의 설치

- 필터의 일종으로 수동필터보다 개선 효과가 크고 설치가 간단하며, 수동 Filter의 단점인 공진, LC 값 고정 등의 문제점이 없어 앞으로 확산될 것으로 보인다.

③ 위상 변위 장치

- 계통의 위상을 30도 차이가 나게 하여 5, 7차 고조파를 서로 상쇄할 수 있다.

④ 영상전류 제거 장치(NCE)의 설치

- 동심 철심에 2개의 권선을 감고 서로 반대 방향으로 결선된 구조로 일종의 Zig-Zag 결선이다.
- 영상분 전류는 서로 상쇄되고 영상 임피던스를 적게 하여 영상분 전류가 잘 흐르게 한 것이다.

⑤ 전원 단락용량의 증가

- 고조파 발생량은 고조파 전압 V_n에 비례한다. 즉 $V_n = nX_L I_n$이다.
- 전원의 단락용량을 크게 하면(X_L이 작아짐) 고조파는 역비례하여 작아진다.

⑥ 역률 개선 콘덴서 설치

- 역률 개선 콘덴서는 리액터와 콘덴서가 직렬로 접속되어 있기 때문에 수동 필터특성을 가진다.

⑦ 공급 배전선의 전용화

- 고조파 부하를 일반 부하와 분리하여 전용화한다.

4) 기기의 내량 강화

① **변압기 용량**

- 계통에서 고조파 부하가 많을 경우 고조파 전류 중첩, 표피효과에 의한 저항 증가에 따라 I^2R이 크게 증가하므로 용량을 크게 하거나(2~2.5배) 발주시 "K-Factor"를 고려한다.

② **발전기 용량**

- 발전기에 고조파 전류가 흐르면 댐퍼 권선 등의 손실 증가로 출력이 감소하므로 등가 역상전류에 대한 내량을 고려하여 용량을 산정한다.

③ **콘덴서, 직렬리액터**

- 콘덴서는 허용 최대 사용전류가 정격전류의 135[%]가 되로록 하고, 리액터도 콘덴서와 동일하게 한다.

03 대칭 좌표법과 불평형률

(1) 대칭 좌표법

① 대규모의 계통이나 3상 불평형 고장을 해석하는데 사용되는 계산법이다.

② 3상의 불평형 전압, 전류를 영상, 정상, 역상의 대칭분으로 분해하고 대칭분을 계산한 다음에 이것을 합성해서 3상의 불평형 전압, 전류를 구하는 것이다.

③ 각상의 전류를 대칭분으로 분해하면 다음과 같다.

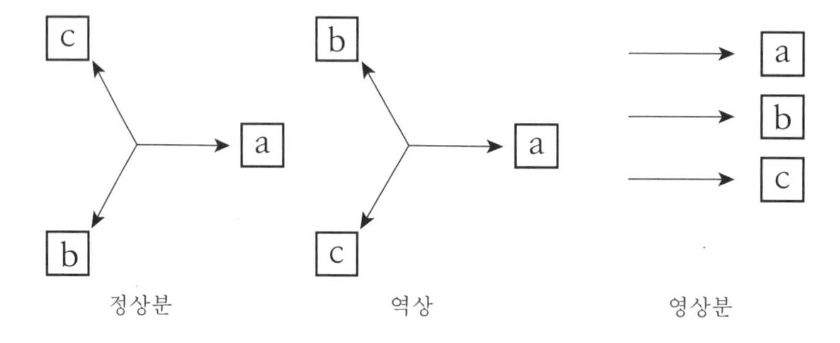

참고 대칭 좌표법

하나의 벡터는 여러 개의 벡터로 분해, 합성 가능하다는 조건을 이용하여 불평형 전압, 전류를 3조의 영상분, 정상분, 역상분의 대칭 성분으로 분해하여 고장전류를 해석하는 방법이다.

(2) 대칭분 전류

불평형 3상 전류 I_a, I_b, I_c를 I_a 기준의 대칭분으로 표시하면,

$$I_0 = \frac{1}{3}(I_a + I_b + I_c)$$

$$I_1 = \frac{1}{3}(I_a + aI_b + a^2 I_c)$$

$$I_2 = \frac{1}{3}(I_a + a^2 I_b + aI_c)$$

여기서, 백터연산자 $a = -\frac{1}{2} + j\frac{\sqrt{3}}{2}$ $a^2 = -\frac{1}{2} - j\frac{\sqrt{3}}{2}$

$$a^3 = 1,\ 1 + a + a^2 = 0,\ a = \varepsilon^{j120},\ a^2 = \varepsilon^{j240}$$

(3) 각상의 전류(불평형전류)

① 대칭분을 합성해서 3상의 전류를 구하면,

$$I_a = I_0 + I_1 + I_2$$

$$I_b = I_0 + a^2 I_1 + aI_2$$

$$I_c = I_0 + aI_1 + a^2 I_2$$

② 불평형 3상 전류 I_a, I_b, I_c는 각각 3개의 성분 I_0, I_1, I_2로 구성되고, 이를 영상, 정상, 역상전류라 한다. 따라서 3상 전류가 불평형이라도 각각은 3개의 평형된 대칭 성분으로 이루어지고 있는데 바탕을 두고 있는 것이 대칭좌표법의 기본이다.

영상전류 (I_0)	크기와 위상이 같은 전류로 지락고장 시 접지계전기를 동작시키는 전류이고, 통신선에 유도장해를 일으킨다.
정상전류 (I_1)	전원과 상회전이 동일하고, 전동기의 회전 토크를 발생하고, 120도의 위상차와 크기는 동일하다.
역상전류 (I_2)	정상분과 상회전이 반대(전동기의 제동작용)이다.

③ **불평형률**

- 역상분과 정상분의 비로서 불평형률 $= \frac{I_2}{I_1} \times 100(\%)$이다.

Chapter 8 출제 예상 문제

01

특고압에서 차단기와 비교하여 PF의 기능적인 측면에 대한 장점을 3가지를 쓰시오.

정답

① 소형으로는 큰 차단용량을 가짐
② 고속도 차단한다.
③ 후비보호에 완벽하다.

해설

① 장점 및 단점

장점	단점
① 소형, 경량, 가격이 저렴하다 ② Relay 및 변성기가 필요없다. ③ 한류형 Fuse는 무음, 무방출 ④ 소형으로는 큰 차단용량을 가짐 ⑤ 고속도 차단한다. ⑥ 현저한 한류특성을 가짐 ⑦ 후비보호에 완벽하다. ⑧ 보수가 간단하다.	① 과전류에도 용단가능 ② 재투입 불가 ③ 동작시간-전류특성 조정 불가 ④ 비보호 영역을 가지고 있다. ⑤ 사고시 결상의 우려가 있다. ⑥ 한류형은 차단시 과전압 발생 ⑦ 지락보호 불가(고임피던스 접지계통) ⑧ 최소차단전류가 있다.

② 관련지식

특성	한류형퓨즈	비한류형 퓨즈	차단기
최대통과 전류	단락전류 파고치의 10[%]	단락전류 파고치의 80[%]	단락전류 파고치(최대단락전류 실효치의 $2\sqrt{2}$배)
전차단 시간	0.5 Cycle	0.65 Cycle	3~8 Cycle
차단I^2t	크게 증가하지 않음	단락전류와 같이 증가	단락전류와 같이 증가
소전류 차단기능	-용단시간이 긴 소전류 영역에서 용단은 해도 차단되지 않고(아크가 끊어지지 않음) 큰 고장전류에 차단 용이 -과부하 보호에 사용곤란	-정격차단전류 이하에서 동작하면 반드시 차단 된다. -과부하 보호 가능	-정격차단전류 이하에서 동작하면 반드시 차단 된다. -과부하 보호가능

02 분로리액터, 소호리액터, 직렬리액터, 한류리액터 설치 목적을 설명하시오.

정답

① 분로(병렬)리액터 : 페란티 현상 방지
② 직렬리액터 : 제5고조파의 제거
③ 소호리액터 : 지락전류의 제한
④ 한류리액터 : 단락전류의 제한

해설

① 한류리액터 설치
- 모선 또는 선로 도중에 리액턴스를 설치하여 단락전류를 억제한다.

② 전력콘덴서 직렬리액터
- 일반 전력회로에 가장 많이 포함된 제5고조파에 동조하는 리액터를 설치하여 파형의 왜곡을 개선한다.
- 콘덴서 리액턴스의 4[%]이상의 직렬리액터가 필요하나 실제 약 6[%]를 표준으로 설치한다. 단 제3고조파가 많을 때는 13[%]의 리액터를 설치한다.

③ 소호리액터 접지방식
- 변압기 중성점에 선로의 대지 정전용량과 공진할 수 있는 용량의 리액터를 통해서 접지하는 방식으로 고장이 발생해도 송전을 계속할 수 있는 것이 특징이다.

④ 분로(병렬)리액터
- 동기조상기 또는 SVC(정지형 무효전력장치)와 병렬 연결하여 무부하시 충전용량을 조정한다.

03 22.9[kV－Y], 500[kVA]의 변압기 2차 측 모선에 연결되어 있는 배선용차단기의 차단전류를 구하시오. 단, 변압기의 $\%Z=5[\%]$, 2차 전압은 380[V], 선로임피던스는 무시하며, 차단전류는 2.5[kA], 5[kA], 10[kA], 20[kA], 30[kA] 중에서 고르시오.

정답

① 차단전류 $I_s=\frac{100}{\%Z}\times I_n=\frac{100}{5}\times\left(\frac{500\times10^3}{\sqrt{3}\times380}\right)\times10^{-3}=15.19[\text{kA}]$

② 표준규격 선정 : 20[kA]

04

수용가 인입구 전압이 22.9[kV], 주차단기 차단용량이 250[MVA]이다. 10[MVA], 22.9/3.3[kV] 변압기 임피던스가 5.5[%]일 때 변압기 2차 측에 필요한 차단기 용량을 다음 표에서 선정하시오.

차단기 정격 용량[MVA]					
50	75	100	150	250	300

정답

① $\%Z = \frac{100}{250} \times 10 = 4[\%]$

② $P_s = \frac{100}{4+5.5} \times 10 = 105.26[\text{MVA}]$

③ 차단용량은 단락용량보다 커야하므로 표준규격에서 직상값 150[MVA]로 선정한다.

해설

① 10[MVA], 22.9/3.3[kV]를 기준 base로 전원 측 임피던스를 구한다.

$\%Z = \frac{100}{P_s} \times P_n = \frac{100}{250} \times 10 = 4[\%]$

② 차단기 용량은 단락용량을 기준으로 정한다.

단락용량 $P_s = \frac{100}{\%Z} \times P_n = \frac{100}{4+5.5} \times 10 = 105.26[\text{MVA}]$

05 그림은 22.9[kV－Y] 간이 수전설비 결선도이다. 다음 물음에 답하시오

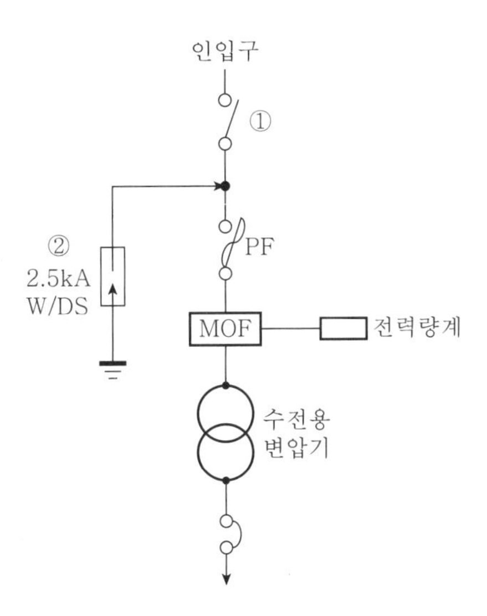

① 명칭을 쓰시오.

② 2.5[kA] W/DS로 표기되어 있다. 명칭은 무엇이고 W/DS는 무슨 뜻인가?

③ 전력구, 공동구, 덕트, 침수 등 화재의 우려가 있는 장소에서 주로 사용하는 인입구 전선 명칭은?

④ 간이 수전설비를 사용하는 수용가의 용량은 주로 몇[kVA] 이하 인가?

⑤ PF의 역할을 쓰시오.

정답

① ASS(자동고장 구분 개폐기)
② 피뢰기(LA), Disconnector(또는 Isolator) 붙임형
③ FR-CNCO-W 케이블
④ 1,000[kVA] 이하
⑤ 회로 및 기기 단락보호

해설

① 자동고장 구분 개폐기(ASS)
- 수용가 구내에서 지락, 단락 사고시 계통을 분리하여 사고 확산 방지가 목적이다.
- 구내 설비의 피해를 최소화한다.
- 최근의 소규모 설비(간이 수전설비)에서는 ASS 사용이 일반적이다.

② 피뢰기
- 서지전압(전류) 발생시 수변전기기를 보호하기 위하여 피뢰기가 가장 먼저 동작되어야 한다.
- 절연레벨 : 선로애자 > 결합콘덴서 > 기기 붓싱 > 변압기 > 피뢰기

③ 전력용 퓨즈(PF)
- 전력퓨즈는 차단기에 비하여 부피가 작고, 가볍고, 가격이 싸다.
- 차단용량이 크고, 고속 차단할 수 있으며, 보수가 간단하나 재사용은 않된다.

06

부하의 수용률이 그림과 같은 경우 이곳에 공급할 변압기 용량을 표준 용량으로 결정하시오. 단, 부등률은 1.1, 종합역률 80[%] 이하로 한다.

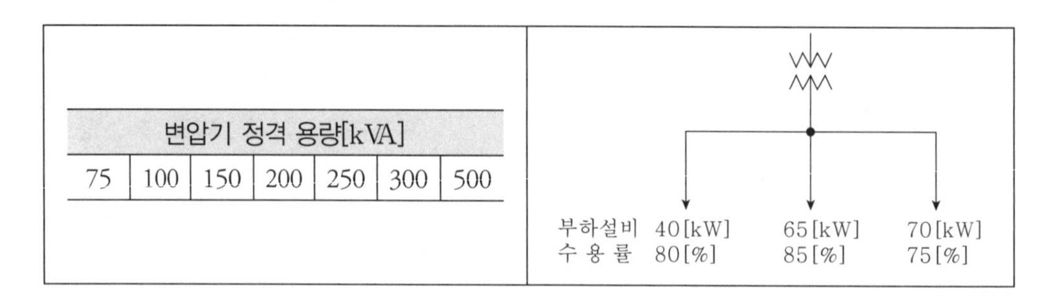

변압기 정격 용량[kVA]						
75	100	150	200	250	300	500

정답

① $변압기용량 = \frac{(40 \times 0.8 + 65 \times 0.85 + 70 \times 0.75)}{1.1 \times 0.8} \times 1.1 = 174[kVA]$

② 174[kVA] 산출 값의 직상 값인 200[kVA]로 선정

해설

① 변압기 용량 선정 방법

- 각 부하별로 최대 수용전력을 산출하고 이에 부하역률과 부하 증가를 고려하여 변압기 총 용량을 결정한다.

$$변압기용량 = \frac{총\ 부하설비\ 용량 \times 수용률}{부등률} \times 여유율$$

- 장래의 부하 증가에 대한 여유율을 일반적으로 10[%]정도로 한다.

07

22.9[kV], 1,500[kW] 수용가의 전기설비이다. CT 50/5 이고, 150[%]의 과부하에서 동작하게 셋팅하였고, 유도형 OCR의 탭전류는 3-4-5-6-8[A]이다. 다음 물음에 답하시오.

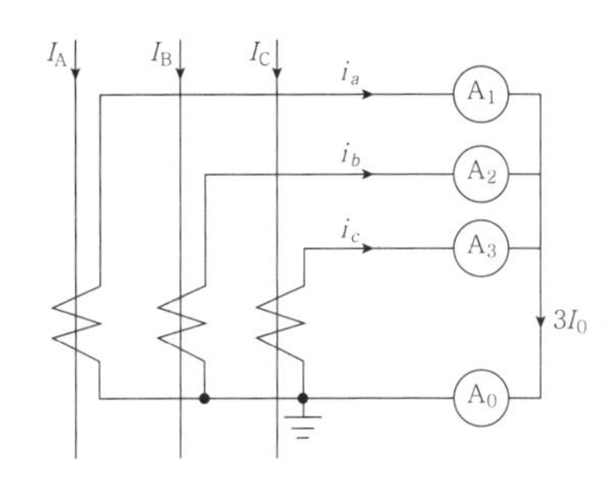

① A_1 계전기의 명칭은?

② A_1 계전기의 적당한 탭값은?

③ A_0 설치하는 목적을 쓰시오.

④ 영상전류 검출방법중 그림은 무슨 방법에 속하는가?

정답

① OCR(과전류계전기)

② $I = \frac{1,500}{\sqrt{3} \times 22.9} \times \frac{5}{50} \times 1.5 = 5.67[A]$이므로 6[A]로 선정

③ 지락전류 검출

④ Y잔류회로(Y결선에서 CT잔류회로 이용) 검출법

해설

① $\text{계전기탭값} = \text{부하전류} \times \frac{1}{\text{변류비}} \times \text{여유율} = \frac{1,500}{\sqrt{3} \times 22.9} \times \frac{5}{50} \times 1.5 = 5.67[A]$

08

변압기의 과부하 운전조건 3가지를 쓰시오.

정답

① 주위온도가 저하된 경우

② 냉각방식이 변화된 경우

③ 온도상승 시험값이 규정 값보다 낮은 경우

해설

④ 부하율이 저하된 경우

⑤ 단시간 운전하는 경우

09 전기설비기술기준에 의한 피뢰기 설치장소 4개소를 쓰시오.

정답

① 발전소·변전소 또는 이에 준하는 장소의 가공전선 인입구 및 인출구
② 가공전선로(25[kV] 이하의 중성점 다중접지식 특고압 가공전선로를 제외한다.)에 접속하는 배전용 변압기의 고압측 및 특고압측
③ 고압 또는 특고압의 가공전선로로부터 공급을 받는 수용 장소의 인입구
④ 가공전선로와 지중전선로가 접속되는 곳

해설 [전기설비기술기준 제34조]

① 피뢰기는 낙뢰에 대한 예방이므로 가공전선로에 필요한 설비로서, 발전소 송전단에서는 가공전선의 시작점, 변전소에서는 특고압의 인입측과 인출측, 수용가에선 수전점 인입부에 반드시 설치하여야 한다.

10 수전설비의 고장전류를 계산하는 목적 3가지만 쓰시오.

정답

① 차단기(특고압, 저압 차단기 및 퓨즈 등)의 차단 용량 결정
② 전기설비의 기계적 및 열적 강도 결정
③ 보호계전 방식 및 계전기 동작 정정 값 선정

해설

④ 유효접지의 검토
⑤ 통신 유도장해 측면의 검토
⑥ 효율적인 계통구성 등

11 다음은 CLR에 대한 그림이다.

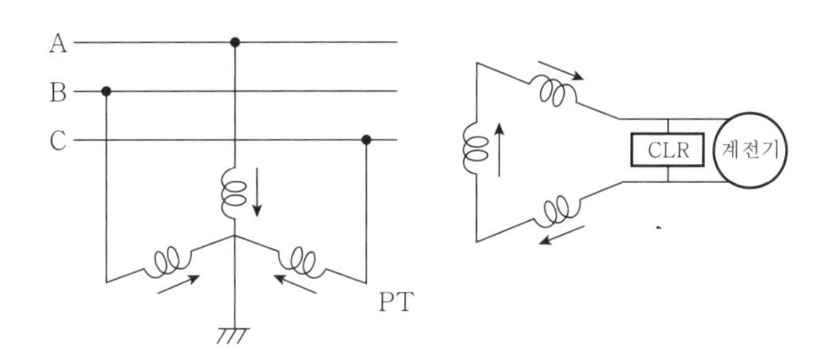

① 이 계전기의 구체적인 명칭과 목적은?

② CLR이 하는 역할은?

정답

① 명칭 : SGR(방향성 선택 지락계전기), 목적 : 영상(지락) 전압 및 전류 검출

② CLR의 역할

- 계전기 동작에 필요한 유효 전압, 전류 공급
- 제3고조파 억제

해설

① 비접지 계통의 지락보호에는 방향지락계전기, 지락과전압계전기가 사용되고 있다.

② 한류저항기(CLR)은 GPT의 2차, 3차측에 설치하여 SGR, OVGR의 동작에 필요한 영상 전압 및 지락유효전류를 검출하기 위하여 사용된다.

12 비접지 계통에서 사용하는 한류저항기에 대한 물음에 답하시오.

① CLR의 설치 위치를 설명하시오.

② CLR의 시설 목적 및 역할 3가지를 설명하시오.

정답

① GPT 2차·3차 권선 중 개방 △권선에 병렬로 설치

② CLR 설치 목적 및 역할

- 영상전압 및 영상전류 검출하여 계전기에 유효 전압 및 전류 공급
- 지락전류를 제한
- 개방 △결선의 제3고조파 유출 방지
- 중성점 이상 전위 진동 및 중성점 불안정 현상 방지

13

100/5[A]인 변류기를 사용하여 변류기 2차 측 전류를 측정한 결과 4.9[A]가 측정되었다. 이때 비오차를 산출하시오.

정답

$$\text{비오차} = \frac{\text{공칭 변류비} - \text{실제 변류비}}{\text{실제 변류비}} \times 100 = \frac{\frac{100}{5} - \frac{100}{4.9}}{\frac{100}{4.9}} \times 100 = -2[\%]$$

해설

① 비오차(Error ratio) : 공칭 변류비(K_n)와 실제 변류비(K)의 차를 실제 변류비(K)로 나누어 백분율로 표시한 값을 말한다.

㉠ $\text{비오차} = \frac{\text{공칭 변(압)류비} - \text{실제 (압)변류비}}{\text{실제변(압)류비}} \times 100[\%]$

㉡ $\text{변(압)류비} = \frac{\text{정격1차전(압)류}}{\text{정격2차전(압)류}}$

② 오차와 참값

㉠ 오차 = 측정값(M)-참값(T)

㉡ $\text{오차율} = \frac{\text{오차}}{\text{참값}} = \frac{M-T}{T}$

㉢ 보정값 = 참값(T)-측정값(M)

㉣ $\text{보정률} = \frac{\text{보정값}}{\text{측정값}} = \frac{T-M}{M}$

14

13.2/22.9[kV], 수전용량 1,000[kW], 역률 90[%]일 때, 인입구 MOF의 적당한 변성비와 변류비를 산출하여 표준규격으로 선정하시오.

① 변성(PT)비 산출식과 선정값

② 변류(CT)비 산출식과 선정값

정답

① PT비 $\frac{22,900}{\sqrt{3}}/110 = \frac{13,200}{110} = 120$, 따라서 13,200/110으로 선정 (배율 120)

② CT비 $\frac{1,000}{\sqrt{3} \times 22.9 \times 0.9} = 28.01[A]$, 따라서 40/5[A]로 선정 (배율 8)

15

수용가에서 전력용 콘덴서를 이용하면 전력요금 저감 및 선로손실 감소및 전압강하 감소의 효과가 있다. 무부하시 역률이 과보상되는 문제점과 진상 및 지상시 나타나는 전압과 전류의 위상에 대해 쓰시오.

정답

① 무부하시 과보상의 문제점
- 모선의 전압이 과대 상승한다.
- 고조파에 의한 왜곡 현상이 발생하고, 전력손실이 증가한다.
- 보호계전기가 오동작하는 문제가 있다.

② 진상 및 지상시 위상
- 진상역률 : 용량성 리액턴스로 작용하여 전류가 전압보다 앞서게 될 때 전류의 위상각이 전압의 위상각보다 크다
- 지상역률 : 유도성 리액턴스로 작용하여 전류가 전압보다 위상이 뒤지게 되어 전류의 위상각이 전압의 위상각보다 작다.

해설

① 저 역률시 문제점
- 전기설비 용량(변압기 용량)이 작아진다.
- 전압강하가 생긴다.
- 변압기의 동손이 증가한다.
- 전력손실이 커진다.
- 전기요금이 증가한다.

16

500[kVA] 단상변압기 4대를 사용하여 과부하가 되지 않게 사용할 수 있는 3상 전력의 최대값은 약 몇[kVA] 인가?

정답

① 3상 V결선 2대×2조 $P_{V_2} = 2\sqrt{3}P = 2\sqrt{3} \times 500 = 1{,}000\sqrt{3}$[kVA]

해설

① 3상 Y, △결선 $P_{Y-\triangle} = 3P =$ 3대 $\times 500 = 1{,}500$[kVA] -3대
② 3상 V결선 $P_V = \sqrt{3}P = \sqrt{3} \times 500 = 866$[kVA] -2대
③ 3상 V결선 2대×2조 $P_{V_2} = 2\sqrt{3}P = 2\sqrt{3} \times 500 = 1{,}000\sqrt{3}$[kVA] -4대

17 정격출력 20[kVA], 정격에서 철손 150[W], 동손 200[W]의 단상 변압기에 뒤진 역률 0.8인, 부하를 걸었을 경우 효율이 최대이다. 이때 부하율은 약 몇 [%]인가?

정답

$\frac{1}{m}=\sqrt{\frac{P_i}{P_c}}\times 100=\sqrt{\frac{150}{200}}\times 100=86.6 \fallingdotseq 87[\%]$

해설

① 최대 효율조건은 $P_i=(\frac{1}{m})^2 P_c$이므로 $\frac{1}{m}=\sqrt{\frac{P_i}{P_c}}\times 100=\sqrt{\frac{150}{200}}\times 100=86.6 \fallingdotseq 87[\%]$

18 자기용량이 10[kVA] 단권변압기를 이용해서 배전전압 3,000[V]를 3,300[V]로 승압하고 있다. 부하역률이 80[%]일 때 공급할 수 있는 부하용량은 약 몇 [kW]인가? (단, 단권변압기의 손실은 무시한다.)

정답

- 피상전력 $P_a=\frac{3{,}300}{3{,}300-3{,}000}\times 10=110[kVA]$
- 유효전력 $P=P_a cos\theta=110\times 0.8=88[kW]$

해설

① 단권변압기 부하용량 $=\frac{V_h}{V_h-V_\ell}\times$ 자기용량 이므로,

부하용량(피상전력) $=\frac{3{,}300}{3{,}300-3{,}000}\times 10=110[kVA]$

② 유효전력 $P=P_a cos\theta=110\times 0.8=88[kW]$

19

전압비가 3,300/220[V]인 단권변압기 2개를 V결선으로 해서 부하에 전력을 공급한다. 공급할 수 있는 최대 용량은 자기용량의 몇 배인가?

정답

① 부하용량$=\frac{\sqrt{3}}{2}\times\frac{3{,}520}{3{,}520-3{,}300}\times$자기용량$=13.86\times$자기용량이므로,

최대 용량은 13.86배이다.

해설

① 자기용량$=\frac{2}{\sqrt{3}}\times\frac{V_h-V_\ell}{V_h}\times$부하용량

② 부하용량$=\frac{\sqrt{3}}{2}\times\frac{V_h}{V_h-V_\ell}\times$자기용량$=\frac{\sqrt{3}}{2}\times\frac{3{,}520}{3{,}520-3{,}300}\times$자기용량$=13.86\times$자기용량

20

22.9[kV] 수전설비에 50[A]의 부하전류가 흐른다. 이 계통에서 변류기(CT) 60/5[A], 과전류차단기(OCR)를 시설하여 150[%]의 과부하에서 차단기가 동작되게 하려면 과전류차단기 전류 탭의 설정값은?

정답

① 부하 전류값 50[A]$\times$150[%]$=$75[A]

② 변류기 탭 설정값 75[A]$\times\frac{5}{60}=$6.25[A]

21

전기기기에 [kA] 명기는 용량을 나타낸다. 단락전류를 계산하는 목적을 5가지만 쓰시오.

정답

① 차단기의 차단용량 결정
② 전력기기의 기계적 강도 및 열적강도 결정
③ 보호계전기의 정정 및 보호 협조 검토
④ 계통구성
⑤ 케이블의 사이즈 검토

해설

⑥ 통신 유도장해 및 유효접지 조건의 검토
⑦ 순시 전압강하의 검토

22

22.9[kV−Y] 가공배전선로(ACSR 160[mm²], 완금 2,400[mm])에서 변전소로부터 3[km] 떨어진 지점의 3상 수용가 구내에 설치하는 계기용 변성기(MOF 5/5[A])의 대칭 단락전류(실효 값)와 과전류강도를 구하시오.(단, 기준 %임피던스 등 주어진 조건을 기준한다.)

조건 1 100[MVA] 기준 $\%Z = 15.38 + j76.93 = 78.45$이고, 정격전류는 2,521[A]이다.

조건 2 최대 비대칭 단락전류(실효 값)은 4.1[kA]이고, PF동작시간은 0.025초이다.

정답

① 대칭 단락전류(실효 값) $I_S = \dfrac{100 \times 2{,}521}{78.45} = 3{,}215[\text{A}]$

② 정격과전류 강도

㉠ 단시간과전류 값(Ipf) $= 4.1[\text{kA}] \times \sqrt{0.025} = 4.1 \times 0.158 = 0.648[\text{kA}] = 648[\text{A}]$

㉡ 정격과전류강도 $S_n = \dfrac{648}{5} = 129.56 \fallingdotseq 130$배이므로

㉢ 표준규격인 150배를 선정한다.

해설

① 대칭 단락전류(실효 값)은 $I_S = \dfrac{100 I_n}{\%Z} = \dfrac{100 \times 2{,}521}{78.45} = 3{,}215[\text{A}]$이다.

② 단시간과전류 값(Ipf)은 PF 동작시간(0.025초)을 기준으로 구하면,

통전시간 초에 있어서 정격과전류강도 $S = \dfrac{S_n}{\sqrt{t}}$, $S_n = S\sqrt{t}$으로,

단시간과전류 값(Ipf) = 최대 비대칭 단락전류(실효 값) $\times \sqrt{t} = 4.1[\text{kA}] \times \sqrt{0.025}$

$= 0.648[\text{kA}] = 648[\text{A}]$

③ 정격과전류강도 $S_n = \dfrac{\text{PF단시간과전류값}}{\text{정격 1차 전류}} = \dfrac{648}{5} = 129.56 \fallingdotseq 130$배

④ MOF 5/5[A]의 과전류강도는 130배 이상인 150배의 정격과전류강도를 선정한다.

23 다음 계통 구성도를 보고 100[MVA]를 기준으로 고장점 A,B의 %Z 환산 임피던스를 산출하시오.

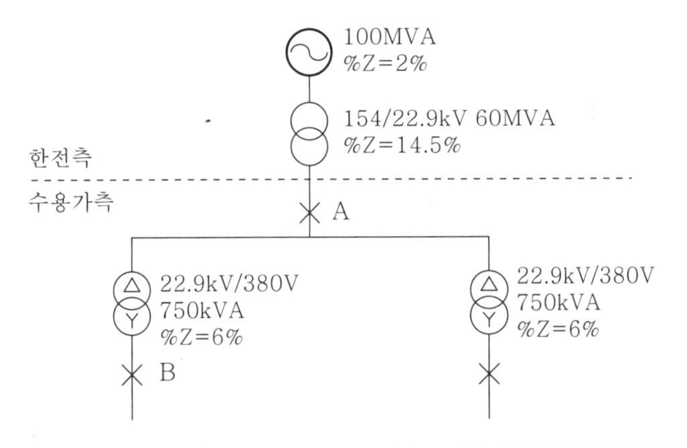

정답

① 기준 [MVA]로 %Z 환산

㉠ 변압기 154[kV] 60[MVA] 14.5[%]일 때 $\%Z_{T1} = \frac{100}{60} \times 14.5 = 24.2[\%]$

㉡ 변압기 22.9[kV] 750[kVA] 6[%]일 때 $\%Z_{T2} = \frac{100 \times 10^3}{750} \times 6 = 800[\%]$

② 임피던스 맵

㉠ A점의 합성임피던스 : 2+24.2=26.2[%]

㉡ B점의 합성임피던스 : 2+24.2+800=826.2[%]

해설

① 선로 및 기기의 임피던스 조사

㉠ 계통임피던스(%Z_S) : 2[%](100[MVA]기준)

㉡ 변압기 임피던스 : 154[kV] 60[MVA] 14.5[%], 22.9[kV] 750[MVA] 6[%]

24

다음 임피던스 맵을 보고 A, B 지점의 차단기 정격용량(kA)을 선정하시오. 단, 100[MVA] 기준이고, A와 B는 22.9[kV]/380[V] 변압기 전,후 차단기이다.

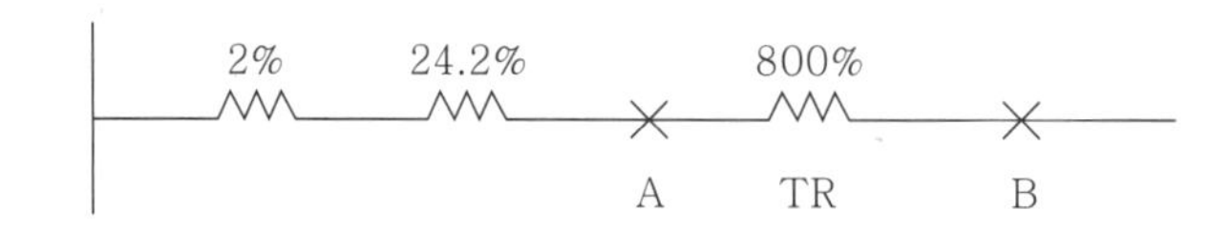

정답

① A점의 단락전류 $I_{SA} = \frac{100}{\%Z} \times I_n = \frac{100}{26.2} \times \frac{100 \times 10^3}{\sqrt{3} \times 22.9} ≒ 9.7[kA]$

② B점의 단락전류 $I_{SB} = \frac{100}{\%Z} \times I_n = \frac{100}{826.2} \times \frac{100 \times 10^3}{\sqrt{3} \times 0.38} ≒ 18.4[kA]$

③ 적용 차단기 선정
- ㉠ A점의 차단기 : 특고압 차단기로서 표준규격인 12.5[kA] 520[MVA]를 선정
- ㉡ B점의 차단기 : 저압 차단기로서 표준규격인 600[V] 50[kA]를 선정

25

차단기의 투입방식과 트립방식 각각 3가지를 쓰시오.

정답

① 투입방식 : 수동 조작방식, 전동 조작방식, 스프링 투입조작
② 트립방식 : 직류전압 트립방식, 과전류 트립방식, 콘덴서 트립방식

해설

(1) 투입방식
- ① 수동 조작방식 ② 전동 조작방식
- ③ 스프링 투입조작 ④ 공기 투입조작 등

(2) 트립방식
- ① 직류전압 트립방식
  - 직류전원의 전압을 트립코일에 인가하여 트립시키는 전압 트립방식을 많이 사용한다.
  - 직류전원이 없는 경우에는 과전류 트립, 콘덴서 트립, 부족전압 트립방식을 이용한다.
- ② 과전류 트립방식
  - CT 2차 전류가 정해진 값보다 초과하였을 때 트립 동작을 하는 방식이다.
  - 상시여자식, 순시여자식으로 구분한다.
- ③ 콘덴서 트립방식
  - 별도의 정류장치와 콘덴서를 부설하여 충전하고 콘덴서의 충전에너지로 트립하는 방식이다.
  - 1차 측이 무전압이 되어도 콘덴서의 단자전압은 일정 시간 전압유지 필요
- ④ 부족전압 트립방식
  - PT의 2차 전압을 감지하여 정해진 값 이하로 떨어졌을 때에 트립하는 방식이다.

26 차단기 정격선정에 있어서 검토되는 정격 단시간전류와 정격 차단시간의 뜻을 간단하게 쓰시오.

정답

① 정격 단시간전류 : 정격 단시간 전류란 그 전류를 1초간 흘려도 차단기에는 이상이 없는 전류의 한도를 말한다.

② 정격 차단시간 : 정격조건하에서 표준동작책무를 행하는 경우 정격 차단전류를 차단하는 시간을 말하며 개극시간과 차단시간을 합한 값이다.

해설

① 정격 단시간전류
- 정격 단시간 전류란 그 전류를 1초간 흘려도 차단기에는 이상이 없는 전류의 한도를 말한다.
- 대체로 단시간 정격은 차단전류와 같으며 그 값은 실효치이다.

② 정격 차단시간
- 정격 조건하에서 표준동작책무를 행하는 경우 정격 차단전류를 차단하는 시간을 말하며 개극시간과 차단시간을 합한 값이다.
- 개극시간은 폐로되어 있는 차단기의 트립장치가 여자하여 접촉자가 개리하기 시작할 때까지의 시간이다.
- 차단시간은 접촉자가 개리한 후에 소호가 완료 될 때까지의 시간이다.
- VCB와 GCB의 경우는 대략 3~8사이클이다.

27 차단기의 공칭전압이 6.6[kV]이고, 3상 정격차단전류가 20[kA]인 수용가의 차단기 차단용량[MVA]을 산정하시오.

정답

차단용량 $= \sqrt{3} \times$ 정격전압 $\times$ 정격차단전류

$= \sqrt{3} \times 7.2 \times 20 = 249.42$[MVA]

해설

① 정격전압 $=$ 공칭전압 $\times \dfrac{1.2}{1.1} = 6.6 \times \dfrac{1.2}{1.1} = 7.2$[kV]

28

6.6[kV], 가공전선로의 $\%Z$는 60.5[%], 수전점의 3상 단락전류가 7[kA]인 경우 기준 용량과 수전용 차단기의 차단용량을 선정하시오.

정답

① 기준용량

- 정격전류 $I_n = \dfrac{\%Z}{100} \times I_s = \dfrac{60.5}{100} \times 7{,}000 = 4{,}235[A]$
- 기준용량 $P = \sqrt{3} V_n I_n = \sqrt{3} \times 6{,}600 \times 4{,}235 \times 10^{-6} = 48.41[MVA]$

② 차단용량

- 용량산출 $P = \sqrt{3} V_n I_s = \sqrt{3} \times 6{,}600 \times 7{,}000 \times 10^{-6} \times \dfrac{1.2}{1.1} = 87.3[MVA]$
- 용량 산출 값이 87.3[MVA]이므로 100[MVA]로 선정

해설

① 기준용량은 단락전류 $I_s = \dfrac{100}{\%Z} \times I_n$, $I_n = \dfrac{\%Z}{100} \times I_s$이다.

29

주변압기 용량이 1,300[kVA]. $\%Z$는 3[%], 전압 22.9[kV]/3.3[kV] 3상 3선식 전로의 2차 측에 설치하는 단로기의 단락 강도[kA]를 산출하시오.

정답

① 2차 정격전류 $I_{2n} = \dfrac{P_n}{\sqrt{3} V_{2n}} = \dfrac{1{,}300}{\sqrt{3} \times 3.3} = 227.44[A]$

② 단락강도 $I_s = \dfrac{100}{\%Z} \times I_n = \dfrac{100}{3} \times 227.44 \times 10^{-3} = 7.58[kA]$

30

상용전원이 중단될 경우 의료행위에 중대한 지장을 초래할 우려가 있는 저압설비 및 의료용 전기기기 비상전원의 절환시간이다. (　　)안에 맞는 답을 쓰시오.

구분	비상전원 시설		
저압설비 및 의료용 전기기기	절환시간 (①) 초 이하	절환시간 (②)초 초과 (③)초 이하	절환시간 (④)초 초과
	생명 유지 장치 또는 그룹1 및 그룹2의 의료장소의 수술등, 내시경, 수술실 테이블, 기타 필수 조명	생명 유지 장치 또는 그룹2의 의료장소에 최소 50%의 조명, 그룹1의 의료장소에 최소 1개의 조명	병원 기능을 유지하기 위한 기본작업에 필요한 조명 또는 그 밖의 병원 기능을 유지하기 위하여 중요한 기기 및 설비

정답

① 0.5　② 0.5　③ 15　④ 15

31

비상용 예비전원설비의 전원은 수동 및 자동전원공급이 있다. 자동으로 전원을 공급하는 시설에서 용도별 절환시간을 (　　)안에 쓰시오.

① 무순단 : 과도시간 내에 전압 또는 주파수 변동 등 정해진 조건에서 연속적인 전원공급이 가능한 것
② 순단 : (①)초 이내 자동 전원공급이 가능한 것
③ 단시간 차단 : (②)초 이내 자동 전원공급이 가능한 것
④ 보통 차단 : (③)초 이내 자동 전원공급이 가능한 것
⑤ 중간 차단 : (④)초 이내 자동 전원공급이 가능한 것
⑥ 장시간 차단 : 자동 전원공급이 (⑤)초 이후에 가능한 것

정답

① 0.15　② 0.5　③ 5　④ 15　⑤ 15

32 다음은 발전기에 대한 질문이다. 각 항에 맞는 답을 적으시오.

① 단순 부하인 경우 부하 입력이 500[kW], 역률 0.8, 효율 0.8일 때 비상용일 경우 발전기의 출력을 산정하시오.

② 발전기 병렬 운전조건을 쓰시오.

정답

① 소요출력 $P = \dfrac{\Sigma W_\ell}{cos\theta \times \eta} = \dfrac{500}{0.8 \times 0.8} = 781.25[kVA]$

② 병렬 운전조건

- 기전력의 크기가 같을 것
- 기전력의 주파수가 같을 것
- 기전력의 위상이 같을 것
- 기전력의 파형이 같을 것

33 3상 3선식 22[kV] 수용가 수전점의 CT 100/5[A], PT 22,000/110[V] 각각을 사용하여 측정한 전력이 300[W]라면 수전전력은 몇 [kW]인지 산출하시오.

정답

① 수전전력 = 측정전력(전력계의 지시값) × CT비 × PT비

$= 300 \times \dfrac{100}{5} \times \dfrac{22,000}{110} \times 10^{-3} = 1,200[kW]$

34

변류비 60/5인 CT 2대를 그림과 같이 접속할 때 전류계에 $5\sqrt{3}$[A]가 흐른다면 CT 2차 측에 흐르는 전류를 산출하시오

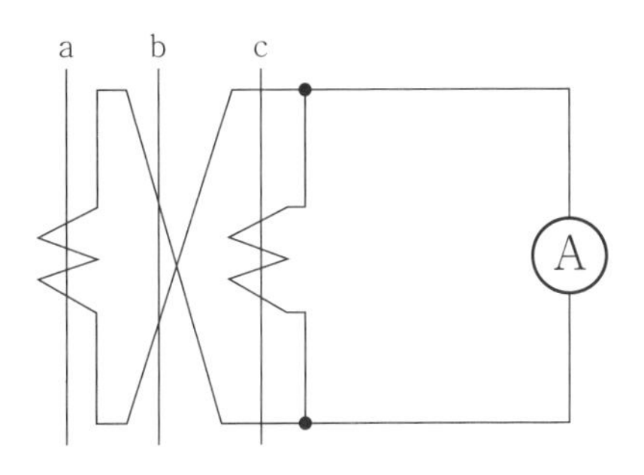

정답

① 전류값 $= 5\sqrt{3} \times \frac{1}{\sqrt{3}} \times \frac{60}{5} = 60$[A]

해설

② CT 1차 측 전류 = 전류계 지시치 $\times \frac{1}{\sqrt{3}} \times$ 변류비

35

다음 그림과 같이 200/5[A] CT 1차 측에 150[A]의 평형 3상 전류가 흐를 때 전류계 A_3에 흐르는 전류는 몇 [A]인지 산출하시오.

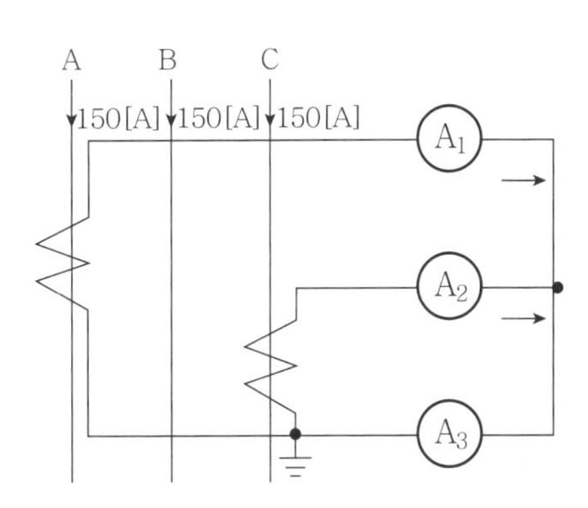

정답

① 2차 측 전류 $= 150 \times \frac{5}{200} = 3.75$[A]

② A_3에 흐르는 전류 $A_3 = |A_1 + A_2| = \sqrt{A_1^2 + A_2^2 + 2A_1A_2\cos\theta}$

$= \sqrt{3.75^2 + 3.75^2 + 2 \times 3.75 \times 3.75 \times \cos 120} = 3.75$[A]

36

고압 진상용 콘덴서의 내부고장 보호방식으로 NCS방식과 NVS방식이 있다. 다음 질문에 따라 답을 쓰시오.

① NCS와 NVS의 기능을 설명하시오.

② 그림1의 ㉠, 그림2의 ㉡에 맞는 결선도를 제시하시오.

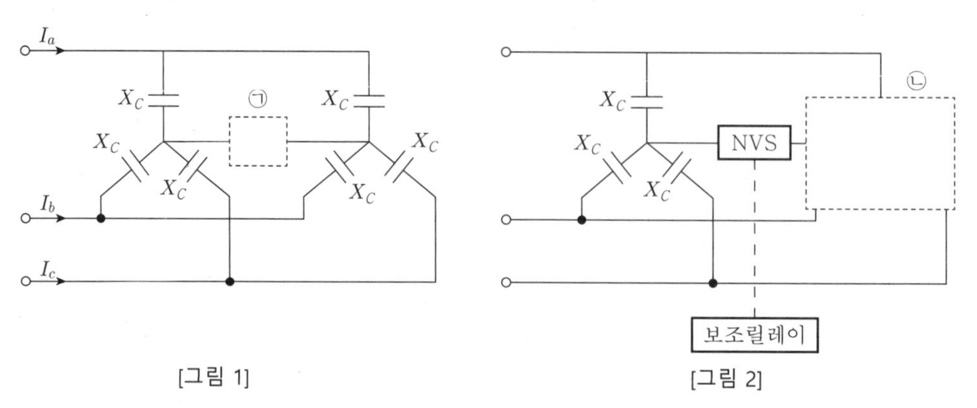

[그림 1] [그림 2]

정답

① NCS : 중성점 전류 검출방식, NVS : 중성점 전압 검출방식

②

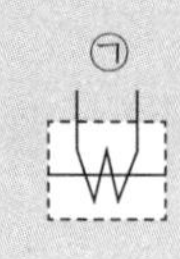

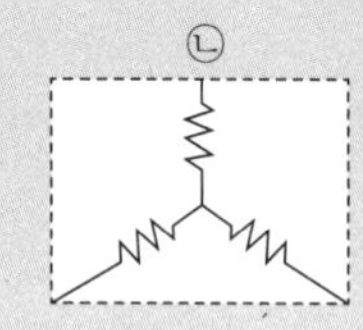

37

역률 80[%], 500[kVA]의 부하를 가지는 변압기에 150[kVA]의 콘덴서를 설치해서 역률을 개선하고자 한다. 변압기에 걸리는 부하는 몇[kVA]인지 산출하시오.

정답

① 개선전 유효전력 $P = 500[kVA] \times 0.8 = 400[kW]$

② 개선전 무효전력 $Q_1 = 500[kVA] \times \sqrt{1-0.8^2} = 300[kVar]$

③ 개선후 무효전력 $Q_2 = 300 - 150 = 150[kVar]$

④ 변압기에 걸리는 부하 $W = \sqrt{P^2+Q^2} = \sqrt{400^2+150^2} = 427.2[kVA]$

38 다음은 수용률, 부하율, 부등률을 나타낸 것이다. (   )안에 적당한 내용을 쓰시오.

① $\text{수용률} = \dfrac{(\text{가})}{\text{총 설비용량}} \times 100[\%]$

② $\text{부하율} = \dfrac{\text{부하의 평균전력}}{(\text{나})} \times 100[\%]$

③ $\text{부등률} = \dfrac{(\text{다})}{\text{합성 최대 수용전력}} = \dfrac{\Sigma(\text{설비용량} \times \text{수용률})}{\text{합성 최대 수용전력}} \geq 1$

정답

① 최대 수용전력　　② 최대 수용전력　　③ 각각 최대 수용전력의 합

해설

① 수용률
- 설비의 전 용량에 대하여 실제 사용되고 있는 부하의 최대 수용전력 비율을 말한다.
- 전력기기가 동시에 사용되는 정도의 척도로 항상 1보다 작다.

② 부하율
- 일정한 기간의 평균부하 전력의 최대 부하전력에 대한 비율을 말한다.
- 부하율이 클수록 설비가 효율적으로 사용되고 있다.

③ 부등률
- 한 계통 내의 각 개 부하의 최대 수용전력의 합계와 그 계통의 합성 최대 수용전력과의 비를 말한다.
- 항상 1보다 큰 값이며, 클수록 설비의 이용도가 높다.

39 변압기의 단락시험에 임피던스 전압(V_S)과 임피던스와트(P_S)를 정의를 쓰시오.

정답

① 임피던스 전압(V_S) : 변압기 2차를 단락하고, 1차 측에 정격전류가 흐를 때 1차 측 전압
② 임피던스 와트(P_S) : 변압기 2차를 단락하고, 1차 측에 정격전류가 흐를 때 1차 측 유효전력

해설

① 임피던스 전압(V_S)
- 변압기 2차를 단락하고, 고압측에 정격전류가 흐를 때 1차 측 전압
- 정격전류가 흐를 때 변압기 내의 전압강하
- 변압기 임피던스와 정격전류의 곱

② 임피던스 와트(P_S)
- 변압기 2차를 단락하고, 1차 측에 정격전류가 흐를 때 1차 측 유효전력
- 임피던스 전압상태에서의 전력(동손)으로 부하손 측정
- 부하손 = 동손, 정격시 동손

40 변압기의 병렬운전 조건 5가지를 쓰시오.

정답

① 극성이 같을 것
② 각 변압기 권수비가 같고, 1·2차 정격전압이 같을 것
③ 각 변압기의 내부저항과 리액턴스 비가 같을 것
④ 각 변압기의 %임피던스 강하가 같을 것
⑤ 각 변위와 상회전 방향이 같을 것

해설

① 극성이 같을 것
 - 극성이 다르면 매우 큰 순환전류가 흘러 권선이 소손된다.
② 각 변압기 권수비가 같고, 1, 2차 정격 전압이 같을 것
 - 권수비, 정격전압이 다르면 순환전류가 흘러 권선이 과열, 소손된다.
③ 각 변압기의 내부저항과 리액턴스 비가 같을 것
 - 다르면 전류의 위상차로 변압기 동손이 증가한다.
④ 각 변압기의 %임피던스 강하가 같을 것
 - 다르면 부하의 분담이 부적당하게 되어 이용률이 저하된다.
⑤ 각 변위와 상회전 방향이 같을 것

41 변압기의 병렬운전시 극성 및 각변위가 다를 때 나타나는 문제점을 쓰시오.

정답

① 극성을 반대로 되면 2차 권선에 기전력의 합이 가해져 큰 순환전류가 흘러 권선 소손 우려
② 각변위가 다르면 변압기간 순환전류가 흘러 권선의 온도상승으로 소손 우려

해설

① 각변위
 - 각 변위는 유기전압 백터에서 고압 측과 저압 측의 위상차를 말한다.
 - 유기전압 벡터도의 중성점과 선로 간을 연결한 두 직선 사이의 각도차로서 고압을 기준(12시)으로 해서 저압이 시계방향이면 지연, 반시계 방향이면 앞섬이 된다.

42 부하율에 대해서 설명하고, 부하율이 작다고 하는 것은 무엇을 나타내는지 2가지만 쓰시오.

정답

① 부하율

- 일정한 기간의 평균부하 전력의 최대 부하전력에 대한 비율을 말한다.
- $\text{부하율} = \dfrac{\text{부하의 평균전력}}{\text{최대 수용전력}} \times 100[\%]$

② 부하율의 작다는 의미

- 부하율이 클수록 설비가 효율적으로 사용되고 있는 것으로 작다는 것은 공급 설비를 유용하게 사용하지 못한다는 증거이다.
- 부하의 평균 수용전력과 최대 수용전력과의 차가 커지게 되므로 부하설비의 가동률이 저하된 것이다.

43 변압기의 권선 상호 간, 권선의 층간을 절연하게 되는 절연재의 등급별 온도에 관한 물음에 적당한 답을 쓰시오.

절연의 종류	Y	A	E	B	F	H	C
허용 최고 온도(℃)	90	①	120	②	155	180	180이상

① A종에 해당되는 변압기의 종류와 온도는?

② B종에 해당되는 변압기의 종류와 온도는?

정답

① 유입변압기, 105(℃)

② 몰드변압기, 130(℃)

해설

① 절연물의 최고 허용 온도

절연의 종류	Y	A	E	B	F	H	C
허용 최고 온도(℃)	90	105	120	130	155	180	180이상

② 절연유 구비조건

- 절연내력이 클 것
- 인화점이 높고, 응고점이 높을 것
- 화학작용을 일으키지 않을 것
- 점도가 낮고, 비열이 커서 냉각 효과가 클 것
- 고온에서도 산화하지 않을 것

44 어느 수용가의 총설비 부하용량은 전등변압기 600[kW], 동력변압기 1,000[kW]라고 한다. 수용가의 수용률은 50[%]이고, 수용설비 간 부등률은 전등 1.2, 동력 1.5, 전등과 동력간은 1.4일 때 여기에 공급되는 시설용량과 선정변압기는 몇 [kVA]인가? 단, 부하전력 손실은 5[%]이며, 역률은 1로 한다.

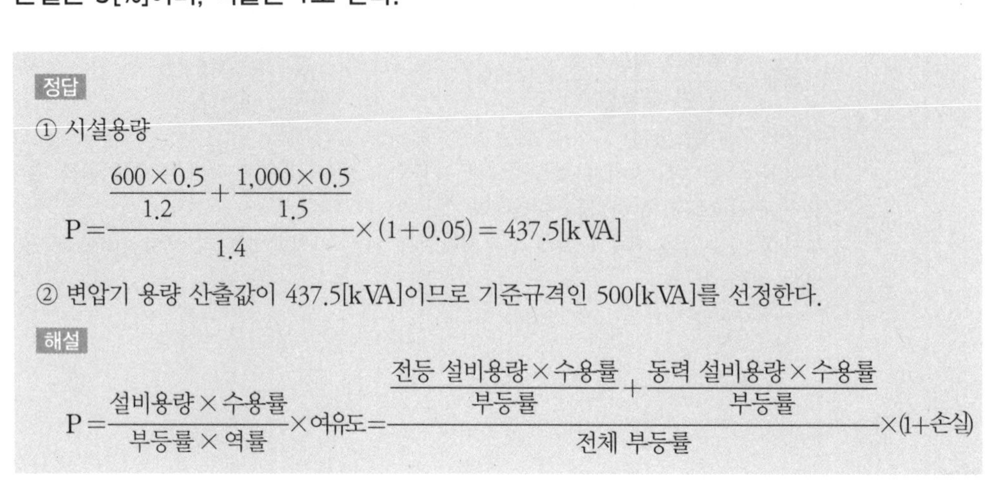

정답

① 시설용량

$$P = \frac{\frac{600 \times 0.5}{1.2} + \frac{1{,}000 \times 0.5}{1.5}}{1.4} \times (1 + 0.05) = 437.5[\mathrm{kVA}]$$

② 변압기 용량 산출값이 437.5[kVA]이므로 기준규격인 500[kVA]를 선정한다.

해설

$$P = \frac{\text{설비용량} \times \text{수용률}}{\text{부등률} \times \text{역률}} \times \text{여유도} = \frac{\frac{\text{전등 설비용량} \times \text{수용률}}{\text{부등률}} + \frac{\text{동력 설비용량} \times \text{수용률}}{\text{부등률}}}{\text{전체 부등률}} \times (1 + \text{손실})$$

45 변압기 열화방지 대책으로 변압기 몸체에 설치된 보호기기를 2개 이상 쓰시오.

정답

① 컨서베이터 ② 브리더

해설

① 컨서베이터(Conservator)
- 변압기 외함 상단에 설치한다.
- 질소를 봉입하여 변압기유의 공기접촉으로 인한 열화를 방지한다.

② 브리더
- 변압기의 호흡작용을 위함이다.
- 흡습제인 실리카겔을 충전하여 공기 중의 습기를 흡수한다.

③ 온도계

46 다음은 특별고압용 변압기 보호장치 설치기준이다. 고장내용에 맞는 뱅크 용량 및 형식을 쓰시오.

뱅크용량 (①)	과전류 : 자동차단장치 내부고장 : 경보장치
뱅크용량 (②)	과전류 및 내부고장 : 자동차단장치 온도상승 : 경보장치
(③), 송유자냉식	송유펌프 및 송풍기 고장 : 경보장치
(④)	냉각수 단수 : 경보장치

정답

① 5,000[kVA] 이상 10,000[kVA] 미만 ② 10,000[kVA] 이상 ③ 송유풍냉식 ④ 수냉식

해설

① 특별고압용 변압기의 보호장치 설치기준

뱅크용량 5,000[kVA] 이상 10,000[kVA] 미만	과전류 : 자동차단장치 내부고장 : 경보장치
뱅크용량 10,000[kVA] 이상	과전류 및 내부고장 : 자동차단장치 온도상승 : 경보장치
송유풍냉식, 송유자냉식	송유펌프 및 송풍기 고장 : 경보장치
수냉식	냉각수 단수 : 경보장치

47 변압기 결선 방법 중 Δ－Δ 결선의 장점과 단점 2가지씩 쓰시오.

정답

① 장점
- 제3고조파 전류가 내부에서 순환되어 외부로 유출되지 않아 유도장해가 발생하지 않는다.
- 단상변압기 결합인 경우 1상이 고장이 발생하면 V결선(정격출력 57.7[%])으로 사용할 수 있다.

② 단점
- 중성점을 접지할 수 없어 지락사고시 보호가 곤란하다.
- 상부하 불평형일 때 순환전류가 흐른다.

해설

① △－△ 결선

㉠ 선간전압과 상전압이 같아 고압인 경우 절연이 어렵다.

㉡ 60[kV] 이하의 저전압, 대전류인 배전용 변압기에 주로 사용한다.

㉢ 상전류는 선전류의 $\frac{1}{\sqrt{3}}$이다.

② $Y-Y$ 결선

㉠ 장점

- 상전압이 선전압의 $\frac{1}{\sqrt{3}}$로 절연이 용이하고 고전압에 유리하다.
- 중성점을 접지할 수 있어 이상전압을 방지(보호계전 용이)할 수 있다.

㉡ 단점

- 선로에 제3고조파 흘러서 유도장해로 통신선에 영향을 준다.

48 변압기의 열화 진단법 3가지와 그 진단법에 대한 방법을 쓰시오.

정답

① 절연저항 측정

- 1,000[V], 2,000[V] 전자식 절연 저항계로 권선과 권선간, 권선과 외함간 절연저항을 측정하는 방법이다.

② 유전정접 시험(tanδ)

- 유전손실을 측정하는 방법으로, 사용하고 있는 절연물의 온도, 습도, 상태 등에 관계되는 고유한 값을 측정하는 시험이다.

③ 변압기 유 절연내력 시험

- 변압기 유 중에 설치된 전극에 상용주파수 전압을 절연이 파괴될 때 까지 상승시켜 절연 파괴 전압 측정한다.

해설

① 절연저항 측정 : 가장 기본적인 시험법이다.

② 유전정접 시험(tanδ)

- 세어링 브리지를 이용한 측정기, 전자식 탄델타(tanδ)미터 등을 사용한다.

③ 변압기 유 절연내력 시험

- 변압기 유 중에 설치된 전극에 상용주파수 전압을 절연이 파괴될 때 까지 상승시켜 절연 파괴 전압 측정한다.

④ 유중가스분석 시험

- 변압기 유 중의 용해가스를 추출 분석하여 내부 이상 유무을 진단하는 방법이다.
- 변압기를 정지시키지 않고 내부 이상 유무도 점검 가능하다.

49 수전설비 인입구 유입 낙뢰나 혼촉사고에 등에 의한 이상전압 발생시 선로와 기기를 보호하기 위한 피뢰기의 종류 4가지 쓰고, 최근 가장 많이 사용되는 피뢰기 명칭을 쓰시오.

정답

① 피뢰기의 종류(타입) : 저항형, 밸브형, 방출형, 산화아연형
② 최근 가장 많이 사용하는 피뢰기 : 산화아연형(ZnO)

해설

① 구성요소
- 특성요소(속류 제한)와 직렬 갭(속류 차단)
- 성능을 유지하기 위한 기밀구조와 애관으로 구성
- 최근의 산화아연형(ZnO) 피뢰기는 직렬 갭이 필요하지 않고 특성요소와 애관만으로 구성

② 산화아연형(ZnO) 피뢰기는 속류차단 특성에서 다른 피뢰기보다 가장 양호하다.

50 피뢰기의 구비조건 4가지를 쓰시오.

정답

① 충격 방전개시 전압이 낮을 것
② 제한전압이 낮을 것
③ 뇌전류 방전능력이 클 것
④ 속류차단을 확실하게 할 수 있을 것

해설

⑤ 반복동작에 견디고, 구조가 간단하며 특성변화가 없을 것

51 부하 1은 역률이 60[%], 유효전력은 180[kW], 부하 2는 유효전력 120[kW], 무효전력 160[kVAr]이며, 배전 전력손실은 40[kW]이다. 다음 물음에 답하시오.

① 부하 1과 부하 2의 합성 용량을 산출하시오.
② 부하 1과 부하 2의 합성 역률을 산출하시오.
③ 합성 역률을 90[%]로 개선하는데 필요한 콘덴서 용량을 산출하시오.
④ 역률 개선 시 배전의 전력손실은 몇 [kW]인지 산출하시오.

정답

① 유효전력 $P = P_1 + P_2 = 180 + 120 = 300[kW]$

무효전력 $P_r = P_{r1} + P_{r2} = \frac{P_1}{\cos\theta_1} \times \sin\theta_1 + P_{r2} = \frac{180}{0.6} \times 0.8 + 160 = 400[kVar]$

합성 용량 $P_T = \sqrt{P^2 + P_r^2} = \sqrt{300^2 + 400^2} = 500[kVA]$

② 합성 역률 $cos\theta = \frac{P}{P_T} \times 100 = \frac{300}{500} \times 100 = 60[\%]$

③ 콘덴서 용량 $Q_T = P(\tan\theta_1 - \tan\theta_2) = (180 + 120) \times (\frac{0.8}{0.6} - \frac{\sqrt{1-0.9^2}}{0.9}) = 254.7[kVA]$

④ 전력손실 $P_\ell \propto \frac{1}{\cos\theta^2}$

$P_\ell' \propto (\frac{0.6}{0.9})^2 \times P_\ell = (\frac{0.6}{0.9})^2 \times 40 = 17.78[kW]$

52

다음은 피뢰기의 공칭방전 전류와 설치장소들에 대한 적용 조건이다. (   )안에 적당한 답을 쓰시오.

공칭방전 전류	설치장소	적용조건
(①)[A]	변전소	-154[kV]계통 이상 -66[kV] 및 그 이하 계통에서 뱅크용량(②)[kVA]를 초과하거나 특히 중요한 곳 -장거리 송전선 케이블(전압 피더 인출용 단거리 케이블은 제외)
5,000[A]	변전소	-66[kV] 및 그 이하 계통에서 뱅크용량 3,000[kVA] 이하인 곳
(③)[A]	선로	-(④)

정답

① 10,000 ② 3,000 ③ 2,500 ④ 배전선로

53 다음은 서지흡수기(SA)에 대한 물음 답하시오.

① 서지흡수기(SPS-KOEMA 0261-6276)의 공식 명칭은 쓰시오.

② SA를 설치하여야 하는 곳은 ○, 설치가 필요 없는 곳은 ×를 하시오.

차단기 종류		VCB
전압 등급		3[kV]
전동기		
변압기	유입식	
	몰드식	
	건식	
콘덴서		
변압기와 유도기기와의 혼용 사용시		

③ SA의 공칭방전 전류[A]를 쓰시오.

④ SA의 뇌전류 임펄스 값을 쓰시오.

⑤ SA가 필요한 개폐서지를 발생하는 기기 2가지를 쓰시오.

정답

① 갭리스형 금속산화물 서지흡수기

② SA를 설치하는 곳

차단기 종류		VCB
전압 등급		3[kV]
전동기		○
변압기	유입식	×
	몰드식	○
	건식	○
콘덴서		×
변압기와 유도기기와의 혼용 사용시		○

③ 100[A]

④ 8/20[μs]

⑤ VCB, VCS

해설

① 진공차단기 또는 진공개폐기 등 구내에서 발생하는 개폐서지, 순간 과도전압 등 이상전압이 2차 기기(충격전압이 낮은 건식, 몰드 변압기 등)에 악영향을 주는 것을 방지하는 목적으로 사용한다.

② 적용범위

차단기 종류		VCB				
전압 등급		3[kV]	6[kV]	10[kV]	20[kV]	30[kV]
전동기		적용	적용	적용	-	-
변압기	유입식	×	×	×	×	×
	몰드식	적용	적용	적용	적용	적용
	건식	적용	적용	적용	적용	적용
콘덴서		×	×	×	×	×
변압기와 유도기기와의 혼용 사용시		적용	적용	-	-	-

③ 참고규격 : 한국전기산업진흥회 SPS-KOEMA 0261-6276

54 변압기의 손실과 효율에 대하여 다음 각 물음에 답하시오.

① 변압기의 손실에 대하여 설명하시오.

㉠ 무부하손 :

㉡ 부하손 :

② 변압기의 효율을 구하는 공식을 쓰시오.

③ 최고 효율조건을 쓰시오.

정답

① ㉠ 무부하손 : 부하의 유무에 관계없이 발생하는 손실로 히스테리시스손과 와류손 등이다.

㉡ 부하손 : 부하전류에 의한 저항손으로, 동손과 표유부하손 등이다.

② 변압기 효율 $= \dfrac{\text{출력}}{\text{출력} + \text{손실}} \times 100[\%]$

③ 최고 효율조건은 철손과 동손이 같을 때이다.

해설

① 규약효율

$$\eta = \frac{출력[kW]}{출력[kW]+손실[kW]} \times 100[\%]$$

② 전부하 효율

$$\eta = \frac{V_{2n}I_{2n}cos\theta}{V_{2n}I_{2n}cos\theta + P_i + P_c} \times 100[\%]$$

③ 최대 효율조건

㉠ 전부하시 : 철손(P_i) = 동손(P_c), 즉, 무부하손 = 철손

- 정격부하의 70[%] 부근이고, 이때 $P_i : P_c = 1 : 2$ 이다.

㉡ $\frac{1}{m}$ 부하시 : $\frac{1}{m} = \sqrt{\frac{P_i}{P_c}}$

55

변류기(CT) 2대를 V결선하여 OCR 3대를 그림과 같이 연결하여 사용할 경우의 다음 각 물음에 답하시오.

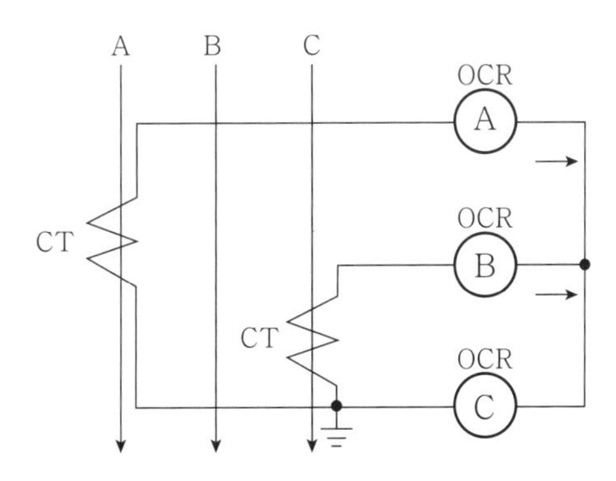

① 우리나라에서 주로 사용하는 변류기(CT)의 극성은?

② 변류기(CT) 2차 측에 접속하는 외부 부하 임피던스를 무엇이라 하는가?

③ OCR-C에 흐르는 전류는 어떤 상의 전류인가?

④ 이 선로의 배전방식 및 접지방식은 어떤 방식인가?

⑤ OCR은 주로 어떤 사고가 발생할 때 동작하는가?

⑥ CT비가 50/5이고, 변류기 2차 측 전류를 측정하였더니 5[A]였다면 수전전력은 몇 [kW]인가? 단, 22.9[kV] 수전으로 역률은 90[%]이다.

정답

① 감극성 ② 부담 ③ b상 전류 ④ 3상 3선 비접지방식 ⑤ 단락사고

⑥ $P = \sqrt{3}VIcos\theta = \sqrt{3} \times 22,900 \times 5 \times \frac{50}{5} \times 0.9 \times 10^{-3} = 1,784.87[kW]$

56 다음 그림을 보고 물음에 답하시오.

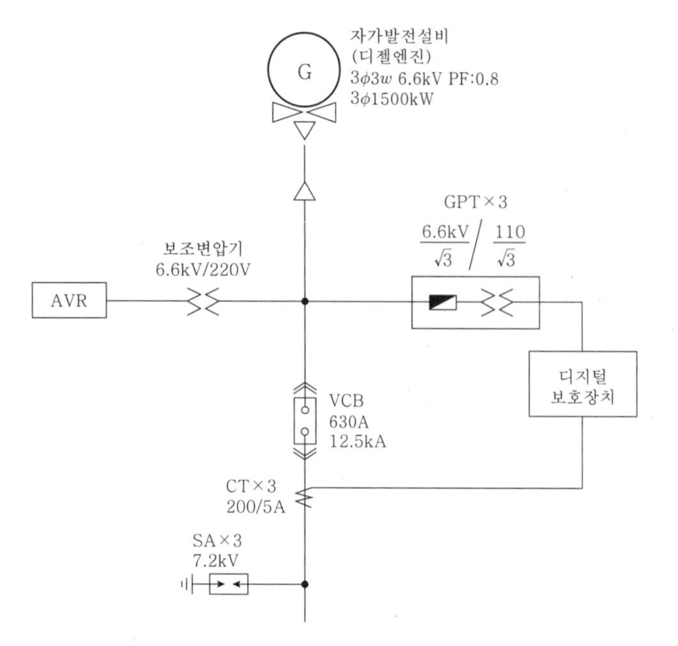

① VCB 정격전압을 산정하시오.

② GPT의 명칭과 설치목적을 쓰시오.

③ GPT의 3차 전압을 식으로 쓰시오.

④ 발전기의 정격출력[kVA]을 산정하시오.

⑤ SA의 명칭을 쓰시오.

⑥ SA의 공칭 방전 전류를 쓰시오.

정답

① VCB 정격전압 $=$ 공칭전압 $\times \dfrac{1.2}{1.1} = 6.6 \times \dfrac{1.2}{1.1} = 7.2$[kV]

② GPT의 명칭 : 접지형 계기용변압기, 설치목적 : 비접지계통에서 영상전압검출

③ GPT의 3차 전압 : 1상 전압 $\dfrac{110}{\sqrt{3}} \times 3$상 $\fallingdotseq 190$[V]

④ 정격출력 $= \dfrac{\text{유효전력}}{\text{역률}} = \dfrac{1,500}{0.8} = 1,875$[kVA]

⑤ 갭리스형 금속산화물 서지흡수기

⑥ 100[A]

해설

① GPT 1차는 Y접속하여 중성점을 접지하고, 2차는 Y로 접속하여 일반 PT처럼 계기 등에 접속하며, 3차는 오픈델타(Open Delta)접속하여 영상전압을 검출한다.

② GPT 완전 1선 지락시 오픈델타의 개방단자에 나타나는 정격 영상(3차 전압)은 190[V]이다.

57 다음의 그림을 보고 답을 작성하시오.

① 그림으로 보아 a의 1차 전류는 몇 [A]가 적당한지 쓰시오.

② b의 명칭과 용도를 쓰시오.

③ VVCF 명칭을 쓰시오.

④ c의 콘덴서로 개선 후의 역률을 95[%]로 개선하고자 할 경우 필요한 콘덴서의 용량 [kVA]을 산정하시오.

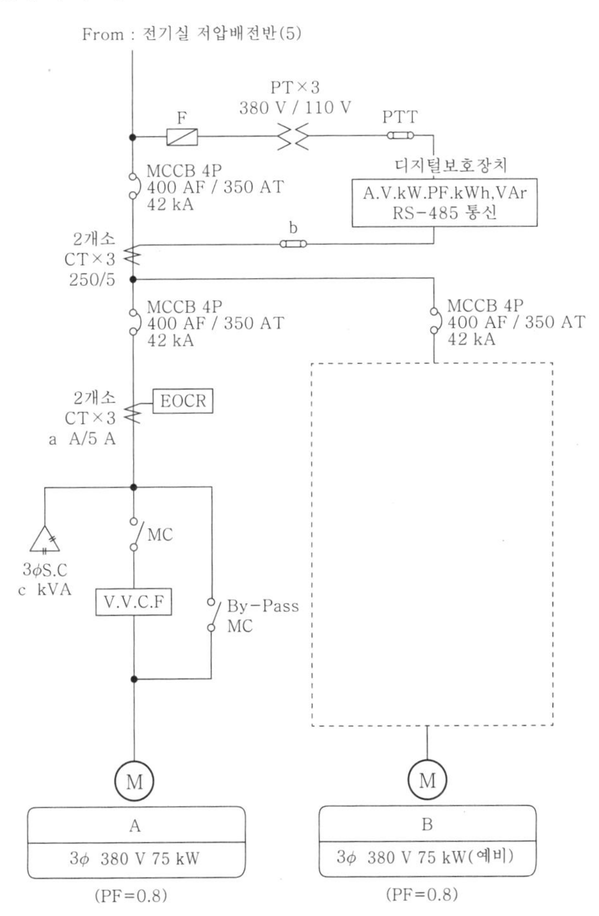

정답

① 1차 전류 $I = \dfrac{P}{\sqrt{3}V} = \dfrac{75,000}{\sqrt{3} \times 380} \times 200 \sim 250(\%) = 250[A]$

② 명칭 : CTT, 용도 : 전류계용 전환개폐기 접속용

③ 가변전압 일정주파수 제어장치(Variable Voltage Constant Frequency control device)

④ $Q = P(\tan\theta_1 - \tan\theta_2) = 75 \times (\dfrac{0.6}{0.8} - \dfrac{\sqrt{1-0.95^2}}{0.95}) = 31.60[kVA]$

58 다음의 물음에 답하시오.

> 22.9[kV−Y], 1,000[kVA] 이하의 수전인 경우 차단기의 트립전원은 (①) 또는 (②) 방식이 바람직하며, 66[kV] 이상의 수전설비에서는 (③) 이어야 한다. 지중인입선의 경우에 (④) 케이블 또는 (⑤)케이블을 사용하여야 한다. 다만, 전력구·공동구·덕트·건물구내 등 화재의 우려가 있는 장소에서는 (⑤)케이블을 사용하는 것이 바람직하다.

① ①~③의 (　　)안의 적당한 답을 쓰시오.

② ④~⑥의 (　　)에 해당하는 케이블의 명칭과 형식을 쓰시오.

정답

① 직류(DC)
② 콘덴서(CTD)
③ 직류(DC)
④ CNCV-W(수밀형)
⑤ TR-CNCV-W(트리억제형)
⑥ FR-CNCO-W(난연형)

59 단로기(DS)와 라인스위치(LS)의 개폐에 관한 특성 3가지씩 쓰시오.

정답

① 단로기
- 차단기와 조합하여 사용하며, 전류가 통하고 있지 않은 상태에서 개폐가능
- 각 상별로 개폐가능
- 부하전류를 개폐할 수 없음

② 라인스위치
- 정격전압에서 전로의 충전전류 개폐가능
- 3상을 동시 개폐(원방수동 및 동력조작)
- 부하전류를 개폐할 수 없음

60

전력퓨즈(PF)와 컷아웃스위치(COS)의 개폐 및 용도에 관해 3가지씩 쓰시오.

정답

① 전력퓨즈
- 차단기의 대용으로 사용
- 전로의 단락보호용으로 사용
- 타보호기기와 협조 가능

② 컷아웃스위치
- 변압기 및 주요기기 1차 측에 시설하여 단락보호용으로 사용
- 단상 분기선에 사용하여 과전류보호
- 3상 회로에서 1선 용단시 결상운전 우려

해설

① 전력퓨즈도 3상 회로에서 1선 용단시 결상운전의 염려가 있다.

61

유도전동기 부하인 유도전동기 기동용량이 1,000[kVA], 기동시 전압강하는 20[%]이며, 발전기의 과도리액턴스가 25[%]이다. 이 전동기를 운전할 수 있는 자가발전기의 최소 용량은 몇 [kVA]인지 산출하시오.

정답

① $Pg = (\frac{1}{e} - 1) \times xd \times \text{기동용량} = (\frac{1}{0.2} - 1) \times 0.25 \times 1,000 = 1,000[\text{kVA}]$

62 고조파 장해 방지대책 5가지를 쓰시오.

정답

① △결선의 변압 방식을 채택한다.
② 고조파 저감 필터를 채택한다.
③ 전력콘덴서는 리액터를 설치한다.
④ 전력변환기를 다펄스화한다.
⑤ PWM 방식의 인버터를 채택한다.

해설

구분	내용
수용가 측	- △결선의 변압 방식을 채택한다. - 고조파 저감 필터를 채택한다. - 전력콘덴서는 리액터를 설치한다. - 전력변환기를 다펄스화한다. - PWM 방식의 인버터를 채택한다.
계통 측	- 계통을 분리한다. - 단락용량을 증대한다. - 고조파 필터를 설치한다. - 고조파 부하용 변압기 및 배전선을 분리하여 전용화한다.
발생기기 측	- 전력변환기를 다펄스화 한다. - 리액터를 설치한다. - 고조파 저감 필터를 설치한다.

63 3상 4선식 선로의 전류가 39[A]이고, 제3고조파 성분이 40[%]일 경우, 중성선 전류를 산출하고, 다음 표에 의한 전선의 굵기를 선택하시오.

전선의 굵기[mm^2]	전류[A]
6	41
10	57
16	76

정답

① 중성선전류

- 각 상의 제3고조파 성분의 전류 : $I_N = 3IK_m = 3\times(39\times0.4) = 46.8$[A]
- 중성선에 흐르는 제3고조파 전류 : $I_{N3} = \frac{46.8}{0.86} = 54.41$[A]

② 전선의 굵기 10[mm^2]

해설 내선규정 [제5300-4절5③ 부속서 D]

① 보정계수

상전류의 제3고조파 성분[%]	보정계수	
	상전류를 고려한 규격 결정	중성전류를 고려한 규격 결정
0~15	1.0	-
15~33	0.86	-
33~45	-	0.86
〉45	-	1.0

② 중성선 전류 $I_N = 3IK_m = 3\times(39\times0.4) = 46.8$[A]

64 고압계통의 상용주파 스트레스 전압에 대한 물음에 답하시오.

① 스트레스 접압에 대한 용어의 정의를 쓰시오.

② 고압 및 특고압 계통의 지락사고로 인해 저압계통에 가해지는 상용주파 과전압을 초과해서는 안 되는 다음 표의 ( )안의 값은?

고압계통에서 지락고장시간(초)	저압설비의 허용 상용주파 과전압(V)
>5	U_o+(㉠)
≦5	U_o+(㉡)

정답

① 스트레스 전압이란 지락고장 중에 접지부분 또는 기기나 장치의 외함과 기기나 장치의 다른 부분 사이에 나타나는 전압을 말한다.

② ㉠ 250 ② 1,200

해설 [한국전기설비규정 용어의 정의]

① 고압 및 특고압과 저압 전기설비의 접지극이 서로 근접 시설되어 있는 변전소 또는 이와 유사한 곳에 적용한 공통접지를 적용한 경우이다.

② 공통접지를 하는 경우 고압 및 특별고압 계통의 지락사고로 인해 저압계통에 가해지는 상용주파 과전압은 아래 값을 초과해서는 안 된다.

고압계통에서 지락고장시간(초)	저압설비의 허용 상용주파 과전압(V)
>5	U_o+250
≦5	U_o+1,200
중성선 도체가 없는 계통에서 U_o는 선간전압을 말한다.	

65 전기사업법에 따른 전기안전관리자의 직무내용 5가지를 쓰시오.

정답

① 전기설비의 공사·유지 및 운용에 관한 업무 및 이에 종사하는 사람에 대한 안전교육
② 전기설비의 안전관리를 위한 확인·점검 및 이에 대한 업무의 감독
③ 전기설비의 운전·조작 또는 이에 대한 업무의 감독
④ 산업통상자원부령으로 정하는 바에 따라 전기설비의 안전관리에 관한 기록의 작성·보존 및 비치
⑤ 공사계획의 인가 신청 또는 신고에 필요한 서류의 검토

해설 [전기사업법 시행규칙제44조 전기안전관리자의 직무범위]

⑥ 비상용 예비발전설비의 설치·변경공사로서 총공사비가 1억원 미만인 공사, 전기수용설비의 증설 또는 변경공사로서 총공사비가 5천만원 미만인 공사의 감리업무
⑦ 전기설비의 일상점검, 정기점검, 정밀점검의 절차, 방법 및 기준에 대한 안전관리규정의 작성
⑧ 전기재해의 발생을 예방하거나 그 피해를 줄이기 위하여 필요한 응급조치

66 전기기기에서 발생한 고조파 전류는 전원 측으로 유출되어 변압기에서도 과열이나 손실 등이 발생한다. 변압기에서 발생하는 주요 문제점 4가지를 쓰시오.

정답

① 권선의 온도상승
② 동손 증가
③ 철손 증가
④ 변압기 출력감소

해설

① 변압기의 온도상승, 손실증가, 용량감소 요인이 된다.
② 권선의 온도상승 : 기본파 전류에 고조파 전류의 중첩으로 등가 전류 증가로 온도가 상승한다.
③ 동손 증가 : 기본파 전류에 고조파 전류가 증가하면 코일의 표피효과로 동손이 증가한다.
④ 철손 증가 : 고조파 전류에 의해 히스테리시스 손 및 와전류 손이 증가한다.
⑤ 변압기 출력감소 : 손실증가로 출력이 감소된다.

67

교류전압의 종별에서 종별 II는 공공 배전계통의 접지계통과 비접지계통의 전압을 포함하는 범위이다. (　　)안에 적당한 값을 쓰시오.

종별	접지계통		비 접지 또는 비 유효접지 계통(주)
	대 지	선 간	선 간
II	$50 < U \leq 600$	(①)	(②)

U : (③) [V]

주) 중성선이 있는 경우, 1상과 중성선에서 공급되는 전기기기는 그 절연이 선간전압에 상당하는 것을 선정할 것.

정답

① $50 < U \leq 1,000$　② $50 < U \leq 1,000$　③ 설비의 공칭전압

해설

① 전압의 종별 및 적용범위

종별	적용범위
I	① 전압값의 특정 조건에 따라 감전 예방을 실시하는 경우의 설비 ② 전기통신, 신호, 수준, 제어 및 경보설비 등 기능상의 이유로 전압을 제한하는 설비
II	① 가정용, 상업용 및 공업용 설비에 공급하는 전압을 포함한다. ② 이 종별은 공공 배전계통의 전압을 포함한다.

② 교류 전압 종별

종별	접지계통		비 접지 또는 비 유효접지 계통(주)
	대 지	선 간	선 간
I	$U \leq 50$	$U \leq 50$	$U \leq 50$
II	$50 < U \leq 600$	$50 < U \leq 1,000$	$50 < U \leq 1,000$

U : 설비의 공칭전압 [V]

주) 중성선이 있는 경우, 1상과 중성선에서 공급되는 전기기기는 그 절연이 선간전압에 상당하는 것을 선정할 것.

68 3상 3선식 및 3상 4선식에서 각상(L_1~N)의 전선의 색상을 표기하시오.

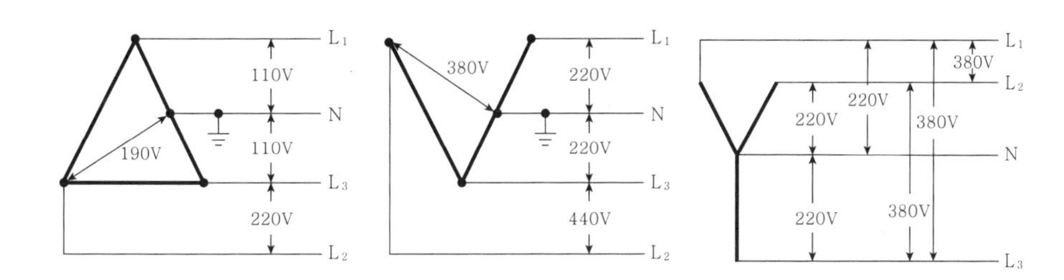

① L_1 :　　② L_2 :　　③ L_3 :　　④ N :　　⑤ PE :

정답

① L_1 : 갈색 ② L_2 : 흑색 ③ L_3 : 회색 ④ N : 청색 ⑤ PE : 녹색-노랑

해설

① 전선의 색상

상	L_1	L_2	L_3	N	PE
색상	갈색	흑색	회색	청색	녹색-노랑

② 나도체 등은 전선 종단부에 색상이 반영구적으로 유지될 수 있는 도색, 밴드, 색 테이프 등의 방법으로 표시하여야 한다.

69 다음의 절연저항에 의한 절연저항 값 및 누설전류의 값으로 ( )안 적당한 값을 쓰시오.

① 사용전압이 저압인 전로에서 정전이 어려운 경우 등 절연저항 측정이 곤란한 경우에는 누설전류를 (①) 이하로 유지하여야 한다.

② 전선과 대지 사이의 절연저항은 사용전압에 대한 누설전류가 최대 공급전류의 (②)을 초과하지 않도록 하여야 한다.

전로의 사용전압 [V]	DC 시험전압 [V]	절연저항[MΩ]
SELV 및 PELV	250	(③)
FELV, 500[V] 이하	500	(④)
500[V] 초과	1,000	(⑤)

정답

① 1[mA] ② $\frac{1}{2,000}$ ③ 0.5 ④ 1.0 ⑤ 1.0

해설

① 사용전압이 저압인 전로에서 정전이 어려운 경우 등 절연저항 측정이 곤란한 경우에는 누설전류를 1[mA] 이하로 유지하여야 한다.

② 전선과 대지 사이의 절연저항은 사용전압에 대한 누설전류가 최대 공급전류의 $\frac{1}{2,000}$을 초과하지 않도록 하여야 한다.

전로의 사용전압[V]	DC 시험전압[V]	절연저항[MΩ]
SELV 및 PELV	250	0.5
FELV, 500[V] 이하	500	1.0
500[V] 초과	1,000	1.0

70 감전보호 및 전로의 절연에서 사용하는 안전전압과 절연회로 구성에 대해 쓰시오.

특별저압 명칭	2차 AC 안전전압	2차 DC 안전전압	구성회로 설명
SELV	(①)[V] 이하	(②)[V] 이하	비접지회로로 구성되고 1차와 2차가 전기적으로 절연(안전변압기)된 회로
PELV			③
FELV			④

정답

① 50
② 120
③ 접지회로로 1차와 2차가 전기적으로 절연(안전 절연변압기)된 회로
④ 1차와 2차가 전기적으로 절연(기본 절연변압기)되지 않은 회로

71 22,900/220[V]의 15[kVA] 변압기로 공급되는 저압 가공 전선로의 전선에서 대지로 누설되는 전류의 최고 한도는?

정답

① 최대 공급전류 $I=\frac{P}{V}=\frac{15,000}{220}≒68.2$[A]

허용 누설전류$=\frac{68.2}{2,000}≒34$[mA]

해설

① 누설전류 $\le \frac{\text{최대 공급전류}}{2,000}$(1가닥) 이하여야 한다.

② 최대 공급전류 $I=\frac{P}{V}=\frac{15,000}{220}≒68.2$[A] 이므로,

허용 누설전류 $\le \frac{\text{최대 공급전류}}{2,000}=\frac{68.2}{2,000}≒34$[mA]이다.

72 2개의 단상 변압기(200/6,000[V])를 최대 사용 전압 6,600[V]의 고압전동기의 권선과 대지 사이에 절연내력시험을 하는 경우 입력전압[V]와 시험전압[E]은 각각 얼마로 하면 되는가?

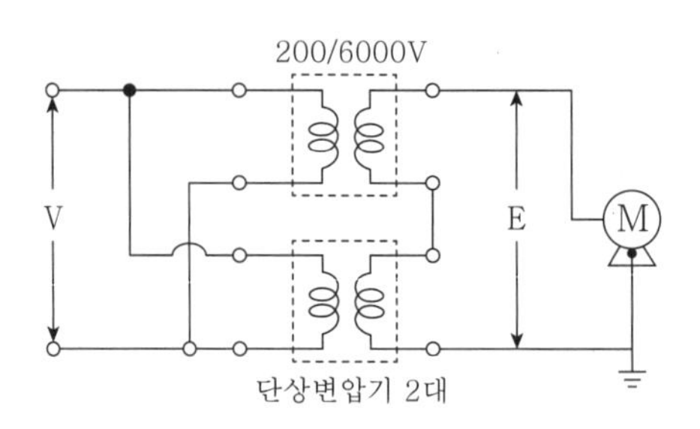

정답

① $V=\frac{200}{6,000}\times 9,900\times\frac{1}{2}$(변압기 2대 중 1대)$=165$[V]

해설

① 전동기의 권선과 대지전압 사이의 절연내력시험전압 6,600×1.5배=9,900[V]

② 권선비 $V=V_1=aV_2$이므로,

$V=\frac{200}{6,000}(a)\times 9,900\times\frac{1}{2}$(변압기 2대 중 1대)$=165$[V]이다.

73 고압 및 특고압 절연내력 시험을 하고자 한다. 각 기기별 시험전압 인가 장소를 쓰시오.

① 회전기 : (①)

② 변압기 : (②) (③) (④)

③ 기타 전기계기구 : (⑤)

정답

① 권선과 대지 사이

② 권선과 다른 권선 사이 ③ 권선과 철심 사이 ④ 권선과 외함 사이

⑤ 충전부와 대지 사이

해설

① 시험전압 인가 장소

㉠ 회전기 : 권선과 대지 사이

㉡ 변압기 : 권선과 다른 권선 사이, 권선과 철심 사이, 권선과 외함 사이

㉢ 기타 전기계기구 : 충전부와 대지 사이

② 고압의 전로 및 전기기기 성능은 시험전압을 10분간 견딜 수 있어야 한다.

74 고압 및 특별고압의 전로, 변압기, 차단기, 기타의 기구 등의 절연내력을 시험하고자 한다. 다음 시험표의 빈칸에 적합한 값을 쓰시오.

전 로 의 종 류		시 험 전 압
1. 최대 사용전압 7[kV] 이하		최대 사용전압의 (①) 배
2. 중성점 접지식 전로 (중성선 다중접지 하는 것)	7[kV]초과 25[kV] 이하	최대 사용전압의 (②) 배
3. 중성점 접지식 전로 (2란의 것 제외)	7[kV]초과 60[kV] 이하	최대 사용전압의 (③) 배
4. 비접지식	60[kV] 초과	최대 사용전압의 1.25배
5. 중성점 접지식	60[kV] 초과	최대 사용전압의 (④) 배
6. 중성점 직접 접지식	60[kV] 초과 170[kV] 이하	최대 사용전압의 (⑤) 배
	170[kV] 초과	최대 사용전압의 0.64배

정답

① 1.5　② 0.92　③ 1.25　④ 1.1　⑤ 0.72

해설

전 로 의 종 류		시 험 전 압
1. 최대 사용전압 7[kV] 이하		최대 사용전압의 1.5배
2. 중성점 접지식 전로 (중성선 다중접지 하는 것)	7[kV] 초과 25[kV] 이하	최대 사용전압의 0.92배
3. 중성점 접지식 전로 (2란의 것 제외)	7[kV] 초과 60[kV] 이하	최대 사용전압의 1.25배
4. 비접지식	60[kV] 초과	최대 사용전압의 1.25배
5. 중성점 접지식	60[kV] 초과	최대 사용전압의 1.1배
6. 중성점 직접 접지식	60[kV] 초과 170[kV] 이하	최대 사용전압의 0.72배
	170[kV] 초과	최대 사용전압의 0.64배
7. 60[kV]를 초과하는 정류기 접속 전로	170[kV] 초과	교류측 최대 사용전압의 1.1배

75

최대 사용전압이 22,900[V]인 중성점 다중접지 방식의 절연내력 시험전압은 몇 [V]이어야 하며, 시험전압을 몇 분간 가하여야 하는가?

정답

① 절연내력 시험전압 = 최대 사용전압 × 0.92 = 22,900 × 0.92 = 21,068[V]
② 인가시간 : 10분

76

다음 (　　) 빈칸에 적당한 답안을 쓰시오.

대칭 좌표법이란 하나의 벡터를 여러 개의 벡터로 분해, 합성 가능하다는 조건을 이용하여 불평형 전압, 전류를 3조의 (①), (②), (③)의 대칭 성분으로 분해하여 (④)를 해석하는 방법이다.

정답

① 영상분　② 정상분　③ 역상분　④ 고장전류

해설

① 대칭 좌표법이란 대규모의 계통이나 3상 불평형 고장을 해석하는데 사용되는 계산법이다.
② 3상의 불평형 전압, 전류를 영상, 정상, 역상의 대칭분으로 분해하고 대칭분을 계산한 다음에 이것을 합성해서 3상의 불평형 전압, 전류를 구하는 것이다.

77 대칭 좌표법으로 고장전류를 해석하는데 불평형 3상전류 I_a, I_b, I_c를 I_a 기준의 대칭분으로 표시하면, $I_0=\frac{1}{3}(I_a+I_b+I_c)$, $I_1=\frac{1}{3}(I_a+aI_b+a^2I_c)$, $I_2=\frac{1}{3}(I_a+a^2I_b+aI_c)$으로 표시한다. 여기서 백터 연산자 a와 a^2, a^3의 백터값을 쓰시오.

정답

① $a=-\frac{1}{2}+j\frac{\sqrt{3}}{2}$

② $a^2=-\frac{1}{2}-j\frac{\sqrt{3}}{2}$

③ $a^3=1$

해설

① 불평형 3상전류 I_a, I_b, I_c를 I_a 기준의 대칭분으로 표시하면,

$$I_0=\frac{1}{3}(I_a+I_b+I_c)$$

$$I_1=\frac{1}{3}(I_a+aI_b+a^2I_c)$$

$$I_0=\frac{1}{3}(I_a+a^2I_b+aI_c)$$

② 백터연산자 $a=-\frac{1}{2}+j\frac{\sqrt{3}}{2}$ $a^2=-\frac{1}{2}-j\frac{\sqrt{3}}{2}$

$a^3=1,\ 1+a+a^2=0,\ a=\varepsilon^{j120},\ a^2=\varepsilon^{j240}$

78

역률 100[%]인 수용가에 A상 200[A], B상 160[A], C상 180[A]의 전류가 흐를 때, 중성선에 흐르는 전류의 크기를 산출하시오.

정답

$$I_N = 200+(-\frac{1}{2}-j\frac{\sqrt{3}}{2})\times 160+(-\frac{1}{2}+j\frac{\sqrt{3}}{2})\times 180$$

$$= 30+j10\sqrt{3} = \sqrt{30^2+(10\sqrt{3})^2} = 34.64[A]$$

해설

① 중선선에 흐르는 전류 $I_N = \dot{I}_A+\dot{I}_B+\dot{I}_C = I_A+a^2I_B+aI_C$

$a^2 = (-\frac{1}{2}-j\frac{\sqrt{3}}{2})$

$a = (-\frac{1}{2}+j\frac{\sqrt{3}}{2})$ 이므로,

② $I_N = 200+(-\frac{1}{2}-j\frac{\sqrt{3}}{2})\times 160+(-\frac{1}{2}+j\frac{\sqrt{3}}{2})\times 180$

$= 30+j10\sqrt{3} = \sqrt{30^2+(10\sqrt{3})^2} = 34.64[A]$

PART 03

동력 및 조명 설비

전동기 제어

01 전동기 용량 산정

1) 펌프용 전동기 용량

$$P=\frac{Q[\mathrm{m^3/min}]H}{6.12\eta}K=\frac{9.8Q[\mathrm{m^3/sec}]H}{\eta}K[\mathrm{kW}]$$

여기서, Q : 양수량[$\mathrm{m^3}$], η : 효율

H : 양정[m] 후드 흡입구에서 토출구까지의 높이를 적용한다.

K : 계수(1.1~1.5)를 여유도라 하며, 통상 주어진 값을 적용한다.

2) 송풍기 전동기 용량

$$P=\frac{QH}{102\times60\eta}K[\mathrm{kW}]$$

여기서, Q : 풍량[$\mathrm{m^3}$/분], η : 효율, H : 풍압[mmAq]

K : 계수(1.1~1.5) 로서 여유도라 하며, 통상 주어진 값을 적용한다.

3) 권상용 전동기 용량

$$P=\frac{WV}{6.12\eta}K[\mathrm{kW}]$$

여기서, W : 권상하중[ton], η : 효율, V : 권상속도[m/분]

4) 엘리베이터용 전동기 용량

$$P=\frac{WV}{6120\eta}K[\mathrm{kW}]$$

여기서, W : 적재하중[kg], η : 효율, K : 평형률(승객 승입률), V : 속도[m/분]

5) 에스컬레이터 전동기 용량

$$P=\frac{WV\sin\theta}{6120\eta}K[\mathrm{kW}]$$

여기서, W : 적재하중[kg], η : 효율, K : 평형률(승객 승입률), V : 속도[m/분]

02 전동기 기동 및 이상현상

(1) 전동기의 개요

1) 농형 유도전동기

① 구조 간단, 취급 용이, 저렴한 반면에 시동전류가 크고 속도제어가 곤란하다.

2) 권선형 유도전동기

① 농형에 비해 시동전류가 적고 속도제어가 가능하다.

② 슬립링과 브러시 있어 취급이 복잡하고 고가이다.

3) 농형전동기

① 농형전동기는 기동전류를 줄이기 위해 감압기동을 하고, 권선형 전동기는 기동전류보다 기동쇼크를 줄일 목적으로 기동방법을 사용되고 있다.

4) 기동법의 종류

농형	직입기동법, $Y-\triangle$ 기동법, 기동보상기법, 리액터기동법, 1차 저항 및 크샤기동
권선형	2차 저항법, 2차 임피던스법

(2) 농형 유도전동기 기동법

1) 전전압(직입) 기동법

① 정격 전압을 직접 가압하여 기동하는 방법이다.

② 기동 토크가 커서 기동시간이 짧은 장점이 있다.

③ 저전압, 소용량(5[kW]), 특수 농형 유도전동기에 사용한다.

2) $Y-\triangle$ 기동법

① 기동 시 고정자 권선을 Y결선으로 기동하여 기동전류를 감소시키고, 정격속도에 도달하면 △결선으로 바꾸어 운전하는 방법

② 기동전류는 정격전류의 $\frac{1}{3}$배로 줄지만, 기동 토크도 $\frac{1}{3}$로 감소한다.

③ 중용량(10~15[kW]) 유도전동기에 사용한다.

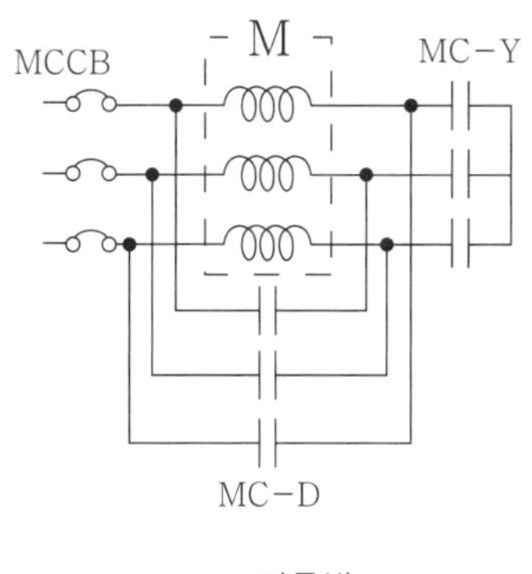

[Y-△ 기동법]

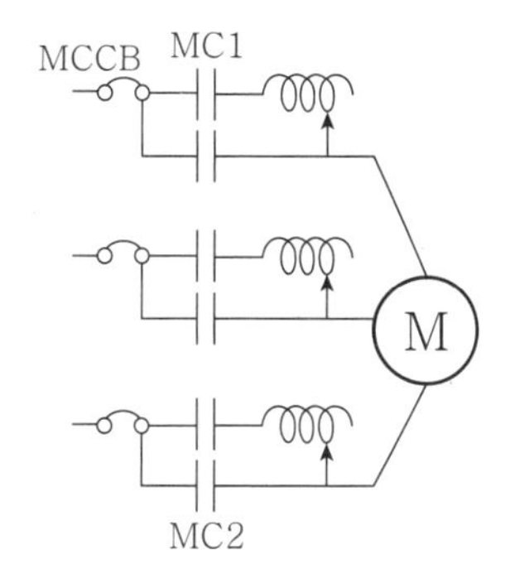

[리액터 기동법]

3) 리액터 기동법

① 전동기 1차 측에 리액터를 넣어 기동 시 리액터 전압 강하분만큼 낮게 기동한다.

② 리액터 탭(50-65-80%)의 설정에 따라 기동전류, 기동토크의 조정 가능하다.

③ **리액터 용량의 산정**

- 6,600[V] 고압전동기에서 기동전류 100[A], 리액터 양단 전압강하 600[V]일 때
- 리액터 용량 = 100 × 600 = 60[kVA]
- 3상 용량은 60 × 3 = 180[kVA]

④ **적용** : 15[kW] 이상의 중, 대용량의 유도전동기, 기동시 충격방지 필요한 큰 용량의 펌프, 휀 등

4) 기동보상기 기동법(콘돌퍼 기동방식)

① 전원측에 단권변압기를 사용하여 전동기에 인가되는 전압을 감압(50-65-80[%]) 하여 기동하고 가속 후 전전압을 인가하는 방식이다.

② 특징

- 단권변압기의 권수비가 $\frac{1}{a}(N_1/N_2)$일 때 기동전류 및 기동토크는 직입기동의 $\frac{1}{a^2}$이다.
- 단권변압기 탭 50-65-80[%]의 설정에 따라 기동전류, 기동토크를 조정 가능하다.
- 기동보상기법은 탭 변경시 전원 전압으로 바꿀 때 과도전류가 생기는 경우가 있어 기동보상기로 기동 후 리액터로 운전하고 전원 전압으로 바꾸는 콘돌퍼 기동방식이 사용되고 있으며 가격이 가장 비싸다.
- 적용 : 15[kW] 이상의 대용량 전동기(펌프, 휀)

참고 콘돌퍼 기동 방식

1. 개폐기 C와 S를 폐로하여 단권변압기로 기동(기동보상기)
2. 개폐기 S를 개방하여 리액터로 운전
3. 개폐기 M을 투입한 후 C를 개방하여 전전압 운전

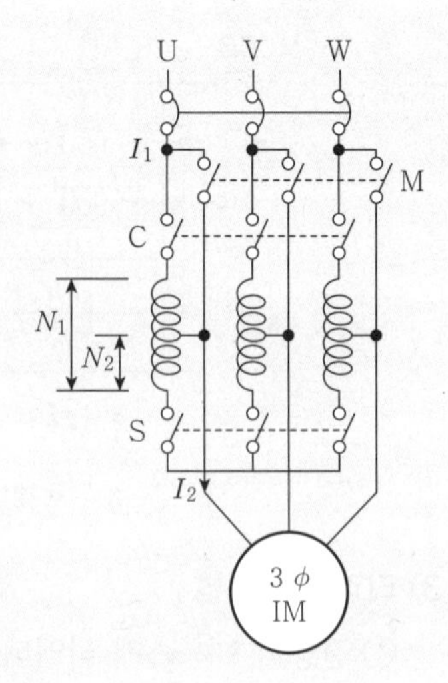

(3) 권선형 유도전동기 기동법

1) 2차 기동저항기법 (2차 임피던스 법)

① 2차 회로에 가변저항기를 삽입하여 기동하는 방법이다.

② 비례추이 원리로 기동전류는 줄이고 기동 토크가 큰 장점이 있다.

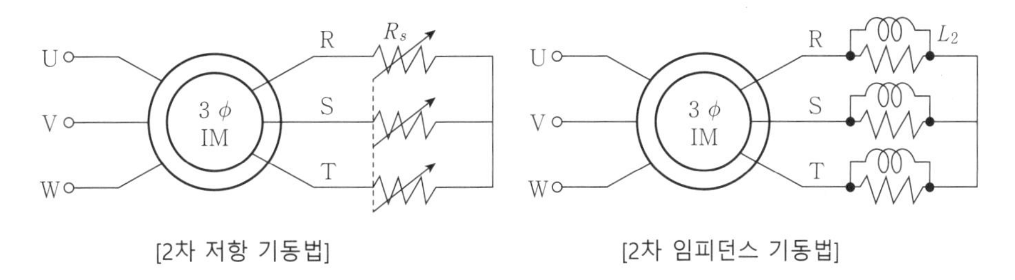

[2차 저항 기동법] [2차 임피던스 기동법]

2) 2차 직렬 임피던스 기동법

① 회전자 회로에 고정 저항과 가포화 리액터를 병렬 접속 삽입하는 방법이다.

② 기동 초기 슬립이 클때 저 전류 고토크로 기동하고 점차 속도상승으로 슬립이 작아져 양호한 기동이 된다.

(4) 유도전동기 이상현상

1) 게르게스(Grges) 현상 : 3상 권선형 유도전동기

① 권선형 회전자에서 3상중 1상이 고장 단선한 경우, 2차는 단상일 때 $s = \frac{1}{2}(0.5)$ 지점에서 차동기 속도가 발생하여 회전자는 동기속도의 50[%] 이상 가속되지 않는 현상이다.

2) 크로우링(Crawling) 현상(차동기 운전) : 소형 농형 유도전동기

① 회전자를 감는 방법과 슬롯수가 적당하지 않으면 고조파 영향으로 정격속도에 이르기 전에 낮은 속도에서 안정되어 버리는 현상이다.

② **방지책** : 전동기 슬롯을 사구(경사 슬롯) 설치

3) 유도전동기의 불평형 운전(1선의 단선)

① 단자전압의 불평형 정도가 커지면 불평형 전류가 증가하고 토크는 감소한다.

② 입력은 증가, 출력은 감소되며, 동손이 커지며, 전동기의 온도가 상승한다.

③ **불평형 주원인**

- 전원 스위치의 접속불량
- 퓨즈 및 과전류 차단기의 1상의 용단 및 단선
- 전동기 코일 및 배선의 결함

03 속도제어

(1) 속도제어 원리

유도전동기 속도는 $N=(1-s)\ N_s=(1-s)\dfrac{120f}{P}$에 따라 구할 수 있으므로 속도를 제어하려면 슬립(s), 주파수(f), 극수(P)의 3가지 중에서 하나를 바꾼다.

(2) 주파수 제어법

① 전원의 주파수를 변화시켜 동기속도를 바꾸는 방법으로 높은 속도를 원하는 곳에 적합하다.

② 동기속도 $N_s=\dfrac{120f}{P}$에서 주파수 f를 변화시켜 속도를 제어한다.

③ **VVVF 제어** : 자속을 일정하게 유지하게 하고, 전압과 주파수를 가변시키는 방법이다,

(3) 전압제어법

① 토크는 1차 전압의 2승에 비례($T \propto V^2$)하므로 이것을 이용 속도를 제어한다.

② **특징** : 전압제어는 사이리스터 교류 스위치가 사용되고, 제어범위는 좁지만 간단하여 소형 전동기에 사용된다.

③ **토크-속도특성**

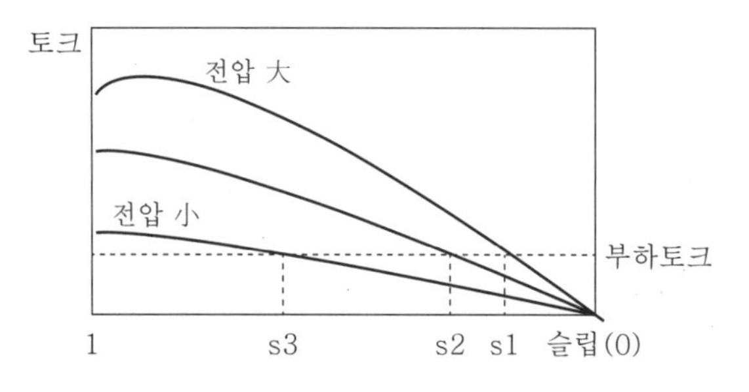

※ 인가전압을 V_1에서 V_3로 제어하면 부하토크 T일 때 속도는 $s1$에서 $s3$로 변화된다.

(4) 극수변환법

① 고정자 권선의 접속을 변경하여 극수(4극→8극)를 바꿔 속도를 제어한다.

② 극수 접속만 변경하므로 별도의 제어장비가 필요하지 않다,

(5) 2차저항법

① 권선형 유도전동기 2차 회로에 가변저항기를 삽입하여 비례추이 원리로 속도를 제어한다.

② 비례추이는 유도전동기에서 2차 저항 r_2를 m배하면 슬립 ms에서 동일한 토크가 발생하게 되어 $\frac{r_2}{s}=\frac{mr_2}{ms}$가 성립하는 것을 말한다.

③ **속도-토크특성**

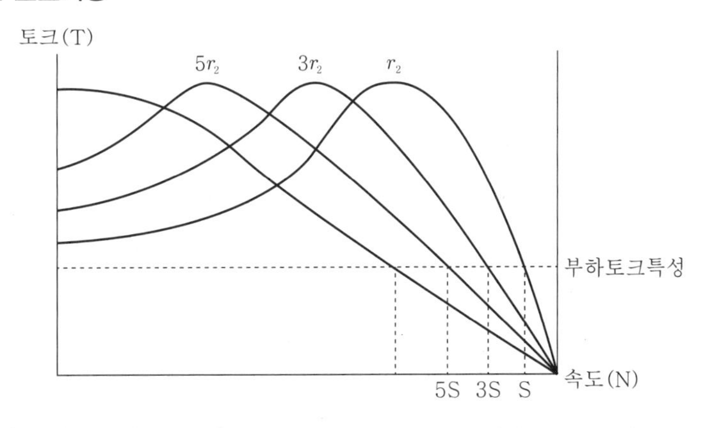

참고 부하의 토오크 특성

- 부하의 토오크 특성이 T_L이면 2차 저항의 변화에 따라 속도가 5s, 3s, s로 변한다.
- 2차 저항 손실이 있으나, 조작이 간단하고, 속도제어가 원활하다.
- 권상기, 기중기 등에 사용

(6) 2차 여자법

① 2차 저항제어를 발전시킨 형태로, 2차 회전자에 2차 유기 기전력과 같은 주파수를 갖는 전압(슬립 주파수 전압)을 가하여 속도를 제어한다.

② 특징

- 인가전압에 따라 동기속도의 상하로 광범위하게 속도제어 가능하다.
- 고역률, 고효율 제어 가능하다.
- 2차 여자방법에는 크레이머 방식과 셀비우스 방식이 있다.
- 압연기, 펌프, 송풍기 등 대용량에 사용된다.

(7) 종속접속법

① 2대의 전동기를 한쪽 고정자를 다른 쪽 회전자 회로에 연결하고 기계적으로 축을 직결해서 속도를 제어한다.

② 손실이 많고, 효율이 나빠 실제 거의 사용하지 않는다.

04 제동법

(1) 발전제동(직류제동)

① 운전 중 전원을 분리(끊어)한 후 직류전원을 연결하면, 계자에 고정자속, 회전자에 교류 기전력이 발생하여 제동력이 생긴다.

(2) 역상제동(플러킹)

① 운전 중인 전동기에 회전 방향과 반대 방향의 토크를 발생시켜 정지시키는 방법이다.
- 슬립의 범위가 1~2이다.
- 강한 토크가 발생한다.

(3) 회생제동

① 유도전동기를 전원을 차단 후 외력(힘)을 가하면 발전기로 동작시켜 그 발생전력을 전원에 반환하면서 제동하는 방법이다.

(4) 단상제동

① 권선형 유도전동기에서 2차 저항이 클 때 전원으로 단상 전원을 접속하면 제동 토크가 발생하는 방법이다.

05 단상 유도전동기

(1) 단상 유도전동기 특징

① 회전자는 농형이고, 고정자는 권선은 단상으로 감겨있다.
② 단상 권선에서는 교번 자계만 생기고 기동 토크는 발생하지 않는다.
③ 기동 토크는 0이므로 별도의 기동장치가 필요하다.
④ 무부하 전류와 전 부하전류의 비율이 크고, 역률과 효율이 나쁘다.
⑤ 0.75[kW] 이하 소동력용, 가정용으로 많이 사용된다.
⑥ **기동토크 크기 순서**
-반발기동형 > 반발유도형 > 콘덴서기동형 > 분상기동형 > 세이딩코일형

(2) 기동방법에 의한 분류

1) 분상 기동형

① 주권선과 보조권선을 전기각 2π[rad]로 배치하고 보조권선의 권수를 주권선의 $\frac{1}{2}$로 하여 인덕턴스를 적게 하여 기동하는 방식이다.

② 저항을 직렬로 연결하면 이 자속에 의하여 불완전한 2상의 회전자계를 만들어 농형 회전자를 기동시키고 기동 후에는 원심력 스위치가 개방된다.

③ 회전방향 변경은 기동권선이나 운전권선중 어느 한 권선의 접속을 바꾼다.

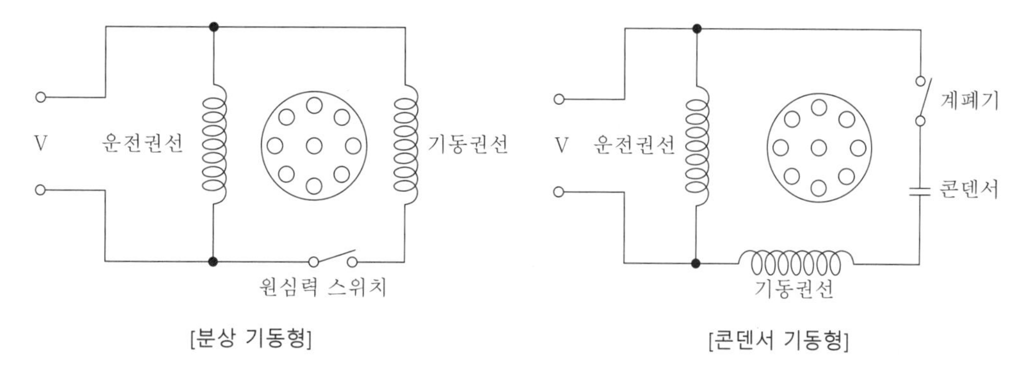

[분상 기동형] [콘덴서 기동형]

2) 콘덴서 기동형

① 기동권선에 직렬로 콘덴서를 넣고 기동코일을 앞선 전류로 하여 운전권선에 흐르는 전류와 위상차를 갖게 한 방법이다.

② 역률이 좋고, 시동전류가 적고, 시동 토크가 큰게 특징이다.

③ 가정용 전동기로 주로 사용한다.

3) 영구 콘덴서형

① 영구 콘덴서형은 기동에서 운전까지 콘덴서를 삽입한채 운전하는 방식이다.

② 원심력 스위치가 없어서 제조가 쉽고 가격이 싸다.

③ 큰 기동 토크가 필요 없는 선풍기, 냉장고, 세탁기 등에 사용한다.

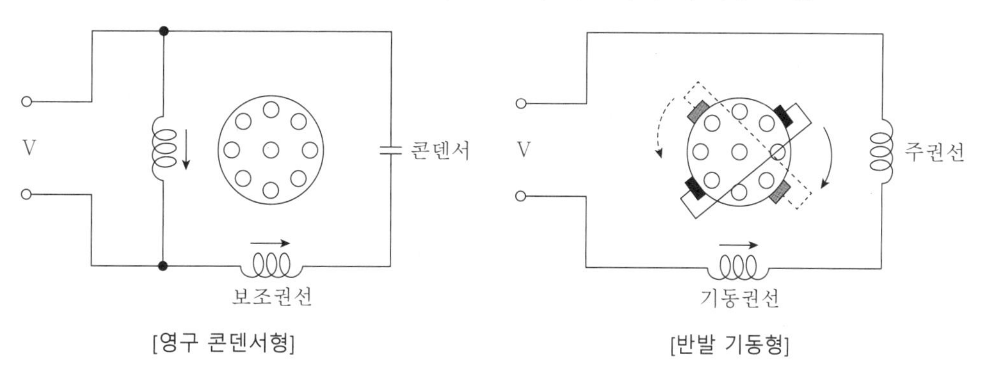

[영구 콘덴서형] [반발 기동형]

4) 반발 기동형

① 회전자는 직류전동기와 같은 전기자 권선과 정류자를 갖고 있다.

② 정류자편(브러시)이 단락하면 농형 회전자가 되어 기동시에 가장 큰 기동토크를 얻는 방식이다.

③ 회전방향을 바꾸려면 고정자 권선축에 대한 브러시의 이동각을 반대로 하면 된다.

④ 기동 토오크가 크므로 부하를 걸어둔 채로 기동할 수 있는 것이 특징이다.

5) 반발 유도형

① 회전자는 농형권선과 반발전동기의 회전자 권선이 함께 감겨져 있다.
② 운전중에도 이들 두 권선이 그대로 활용된다.
③ 유도전동기와 반발전동기의 특성 모두를 갖고 있다.
④ 기동 토오크가 크고 회전수가 부하에 따라서 변한다.

6) 세이딩 코일형

① 고정자에 돌극을 만들어 세이딩(동대) 만든 단락 코일을 끼워 이동자계를 만들어 회전하는 방식이다.
② 회전자는 농형이고, 고정자는 성층 철심의 돌극으로 되어 있다.
③ 구조가 간단하고, 회전 방향을 바꿀 수 없으며, 속도 변동률이 크다.
④ 효율이 낮아 극히 소형 전동기에 사용한다.

Chapter 2 조명 설비

01 광원 및 시설방식

(1) 조명개요

1) 조명의 4요소 : 물체의 보임에 큰 영향을 미치는 요소

① **밝기** : 보이기 위한 최소한의 조도

② **크기** : 물체의 크기로, 물체의 치수가 아닌 시각의 크기

③ **시간과 속도** : 물체가 움직이는 속도(총알, 비행기)

④ **대비** : 배경의 밝음과 물체의 밝음의 차이(색깔 대비)

2) 광속(Lumen, F [lm])

① 어떤 면을 단위시간에 통과하는 빛의 전체 에너지로, 단위시간에 통과하는 광량이다.

3) 광도(Candela, I [cd])

① 어떤 방향의 단위 입체각에서 포함되는 광속수로, 발산광속의 입체각 밀도이다.

② 광도 $I=\dfrac{F}{w}$ [cd]

여기서, w : 입체각, $w=2\pi(1-cos\theta)$

(구 $w=4\pi$, 반구 $w=2\pi$, 평판 $w=\pi$, 원통 $w=\pi^2$)

4) 조도(Lux, E [lx])

① 어떤 면에 광속이 입사하여 빛나는 정도로, 어떤 면에 투사되는 광속 밀도이다.

② 조도 $E=\dfrac{F}{A}$ [lx] (lx = lm/m^2 = 10^4lm/cm^2)

③ 거리 역제곱의 법칙 $E=\dfrac{I}{r^2}$ [lx], 광도에 비례하고 거리의 제곱에 반비례한다.

5) 휘도(B [sb])

① 어떤 면이 빛나는 정도, 눈부심의 정도로서 광도의 밀도이다.

② 휘도 $B=\dfrac{I}{A}$ [cd/m^2] ([cd/m^2] = [nt]), ([cd/cm^2] = [sb]), ([sb] = 10^4[nt])

여기서, A : 단면적[m^2]

③ 한계휘도 : 0.5 [sb] = 0.5×10^4 [nt]

6) 광속발산도(R [rlx])

① 어떤 면의 단위면적으로부터 발산되는 광속으로, 발산광속의 밀도이다.

② 광속발산도 $R = \frac{F}{A}$ [rlx] (lm/m^2 = rlx(radlux) = asb(apostilb))

7) 반사율(ρ), 투과율(τ), 흡수율(α)

① 글로브 효율 $\eta = \frac{\tau}{1-\rho} = \frac{\rho}{1-\rho}$

② 전등효율 $\eta = \frac{\text{출력(광속)}}{\text{입력(전력)}} = \frac{F}{P}$ [lm/W]

③ 완전 확산면 : 어느 방향에서 관측하여도 휘도가 동일한 표면(가을하늘, 유백색 유리구)

완전 확산면의 광속발산도 $R = \pi B = \rho E = \tau E$ [rlx]

(2) 조명 시설방식

1) 기구 배치에 의한 분류

조명방식	특 징
전반조명	- 실내 천장등으로 방 전체를 조명하는 방식 - 광원을 일정한 높이와 간격으로 배치 - 일반적인 방법으로 사무실, 학교, 공장 등에 채택 - 설치가 쉽고, 작업대의 위치를 변경해도 균등한 조도를 얻을 수 있다.
국부조명	- 필요한 장소만 강하게 조명하는 방식 - 정밀 작업 장소나 높은 조도를 필요로 하는 장소 - 밝고 어둠의 차이가 커서 눈부심과 피로를 일으키기 쉽다.
전반, 국부 병용 조명	- 전반조명에 의해 시각 환경을 좋게 한다. - 국부조명으로 필요 개소만 고 조도로 하여 경제적인 조도를 얻는 방식 - 병원의 수술실, 공부방, 기계공작실 등에 채택

2) 조명기구 배광에 의한 분류

조명방식	조명기구	상향광속	하향광속	특징
직접조명	반사갓 (금속)	0~10[%]	90~ 100[%]	- 빛의 손실이 적어 효율이 높다. - 천장이 어둡고, 강한 그늘이 생긴다. - 눈부심이 생기기 쉽다.
반 직접 조명		10~40[%]	60~90[%]	- 밝음의 분포가 크게 개선된 방식이다. - 일반사무실, 학교, 상점 등에서 채택한다.

전반 확산조명	노출 글로브	40~60[%]	40~60[%]	- 입체감이 있다. - 고급사무실, 상점, 주택, 공장 등에 채택한다.
반 간접 조명	반사접시 (유리)	60~90[%]	10~40[%]	- 그늘짐이 적게, 부드러운 빛을 얻을 수 있다. - 조명 효율은 좋지 않다. - 세밀한 작업을 오래하는 장소, 분위기가 필요한 장소
간접조명	반사접시 (금속)	90~ 100[%]	0~10[%]	- 빛이 부드럽고 온화한 분위기를 연출 할 수 있다. - 조명 효율이 나쁘고 설비비가 많이 든다. - 대합실, 회의실, 입원실 등에 채택된다.

3) 건축화 조명에 의한 분류

조명방식	특 징
광량 조명	- 등기구를 천장에 반 매입 설치하는 조명
광천장 조명	- 천장 내부에 광원을 배치하는 방식으로 고조도가 필요한 장소 - 광원 중에서는 조명률이 가장 높다.
코니스 조명	- 천장과 벽면의 경계구역 또는 벽면에 돌출 구역을 만들어 그 내부에 조명기구를 설치하는 방식
코퍼(Coffer) 조명	- 천장면을 원형이나 4각형으로 파서 기구를 매입하는 방식 - 천장의 단조로움을 커버하는 조명
루버(Louver) 조명	- 광원 아래 글레어를 방지 위한 차광판을 격자 모양으로 배치 방식 - 빛의 방향을 조정하여 원하는 밝기를 얻는 방식
밸랜스(Balance) 조명	- 벽면에 나무나 금속판을 시설하여 그 내부에 램프를 설치하는 방식
다운라이트 (Down light) 조명	- 천장에 작은 구멍을 뚫어 그 속에 등기구를 매입하는 방식
코브(Cove) 조명	- 천장이나 벽 상부에 빛을 보내기 위한 조명장치 - 광원이 선반이나 오목한 부분에 가려져 있는 점이 특징이다. - 휘도가 균일하다.

02 조명 설계

(1) 우수한 조명의 조건

① 조도가 적당할 것

② 시야 내 조도 차가 없을 것

③ 눈부심이 일어나지 않도록 할 것

④ 적당한 그림자가 있을 것

⑤ 광색이 적당할 것

(2) 조명기구의 간격과 배치

① 광원의 높이

광원의 높이에 따라 조명률이 나빠지고, 조도 분포가 불균일하게 됨을 고려한다.

㉠ 직접 조명일 때 : $H = \frac{2}{3}H_0$ (천장과 조명사이의 거리는 $\frac{H_0}{3}$)

㉡ 간접 조명일 때 : $H = H_0$ (천장과 조명사이의 거리는 $\frac{H_0}{5}$)

② 광원의 간격

㉠ 광원 상호 간 간격 : $S \leq 1.5H$

㉡ 광원과 벽 사이의 간격 : $S_0 \leq \frac{1}{2}H$ (벽 측면을 사용 하지 않을 때)

㉢ 광원과 벽 사이의 간격 : $S_0 \leq \frac{1}{3}H$ (벽 측면을 사용할 때)

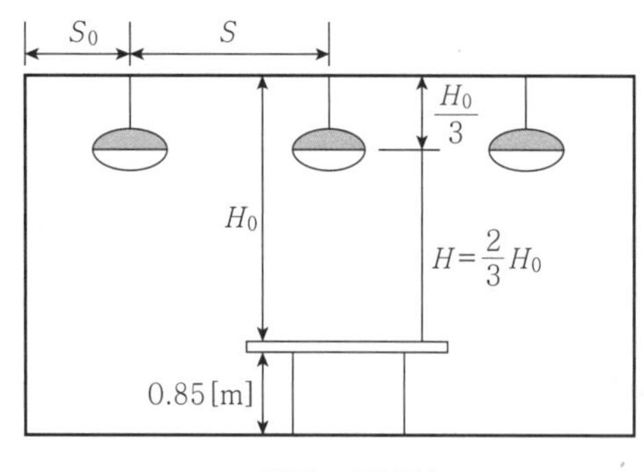

[직접 조명방식]

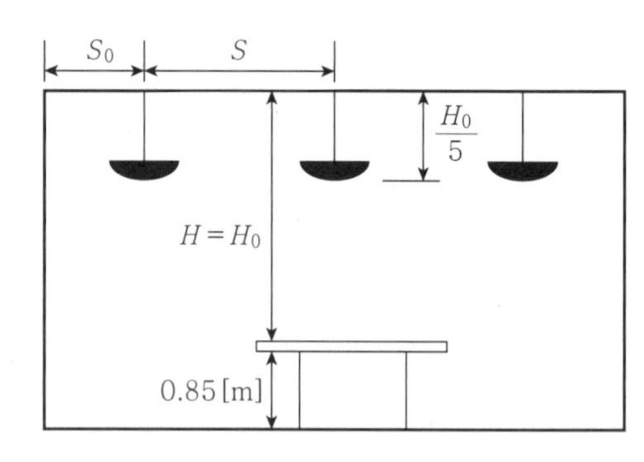

[간접 조명방식]

(3) 조명의 계산

1) 광속의 결정(F)

총 광속 $NF = \frac{EA}{UM} = \frac{EAD}{U}$ [lm]

여기서, E : 평균도조, A : 실내면적, U : 조명률, D : 감광보상률($\frac{1}{M}$)

M: 보수율, N : 소요등수, F : 1 등당 광속

예시 평균 구면 광도 100[cd]의 전구 5개를 지름 10[m]인 원형의 방에 점등할 때, 방의 평균 조도[lx]는? (단, 조명률 0.5, 감광보상률은 1.5이다.)

해설
- 조도 $E = \frac{FNU}{AD}$[lx]식에서 필요한 광속과 방의 면적을 구한다.
- 광속 $F = 4\pi I = 4\pi \times 100 = 1{,}256$[lm]
- 방면적 $A = \pi r^2 = \pi(\frac{10}{2})^2 = 78.5$[m^2]
- 조도 $E = \frac{FNU}{AD} = \frac{1{,}256 \times 5 \times 0.5}{78.5 \times 1.5} \fallingdotseq 26.7$[lx]

2) 조명률 결정(U)

① 광원에서 방사된 총 광속 중 작업면에 도달하는 광속의 비율

② 실지수, 조명기구의 종류, 실내면의 반사율, 감광보상률에 따라 결정한다.

3) 실지수 결정

① 조명률을 구하기 위한 어떤 특성을 가진 방인가는 나타내는 특성

② 실지수는 방의 크기 및 형태를 나타내는 척도로 방의 폭, 길이, 작업면 높이를 고려한 것이다

$$실지수 = \frac{XY}{H(X+Y)}$$

여기서, X : 방의 가로 길이, Y : 세로 길이, H : 작업면으로 부터 광원의 높이

③ **실지수 표**

기호	A	B	C	D	E	F	G	H	I	J
실지수	5.0	4.0	3.0	2.5	2.0	1.5	1.25	1.0	0.8	0.6

4) 반사율

① 조명률에 대하여 천장, 벽, 바닥의 반사율이 각각 영향을 준다.

② 천장이 가장 크고, 벽면, 바닥 순이다.

③ 검은색 페인트 0.05, 흰벽·흰페인트 0.6~0.8, 창호지 0.4~0.5 등

5) 감광보상률(D)

① 광원의 수명, 광원의 표면, 반사율 등의 먼지(보수상태)에 의해 광속이 감소하는 비율로서, 소요 광속의 여유도라 볼 수 있다.

- 직접 조명(보통 장소) D = 1.3
- 직접 조명(먼지, 오물이 많은 장소) D = 1.5~2.0
- 간접 조명 D = 1.5~2.0

6) 보수율(M)

① 감광보상률의 역수이다.

② 평균조도를 유지하기 위한 조도 저하에 대한 보상(여유)계수라 한다.

Chapter 3 배선 설비 보호

01 설비의 불평형률

(1) 단상 3선식 설비 불평형률

① 불평형률이란 중성선과 각 전압 측 전선 간에 접속되는 부하 설비용량[VA]의 최대와 최소의 차와 총 부하 설비용량[VA]의 평균값의 비[%]를 말한다.

② 불평형률은 40[%] 이하로 한다.

③ 단상 3선식 불평형률 $= \dfrac{\text{중성선과 각 전압측 선간에 접속되는 부하설비 용량의 차}}{\text{총 부하 설비용량의 } \frac{1}{2}} \times 100$

④ 불평형 제한을 따르지 않을 수 있는 경우

-계약전력 5[kW] 이하로서 소수의 전열기구를 사용할 경우

예시 그림의 단상 3선식 설비 불평형률을 구하시오.

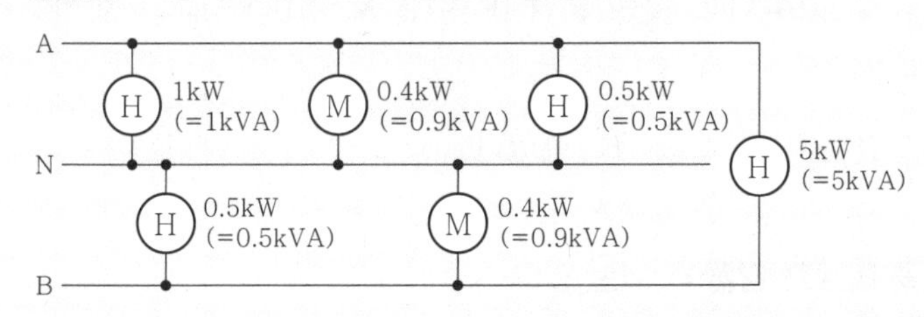

해설 - 설비 불평형률 $= \dfrac{2.4-1.4}{8.8 \times \frac{1}{2}} \times 100 = 23[\%]$

- 전동기 값이 다른 것은 출력 [kW]를 입력 [kVA]로 환산하였기 때문이다.

(2) 3상 3선식, 3상 4선식 설비 불평형률

① 불평형률이란 각 선간에 접속되는 단상부하 총 설비용량[VA]의 최대와 최소의 차와 총 부하 설비용량[VA]의 평균값의 비[%]를 말한다.

② 불평형률은 30[%] 이하로 한다.

③ **3상 3선식, 4선식 불평형률**

$$=\frac{\text{각 간선에 접속되는 단상부하 총 설비용량의 최대와 최소의 차}}{\text{총 부하 설비용량의 }\frac{1}{3}}\times 100$$

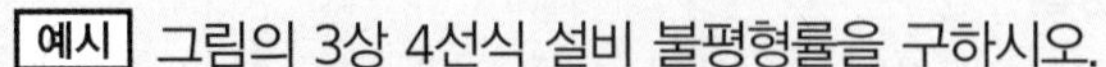

예시 그림의 3상 4선식 설비 불평형률을 구하시오.

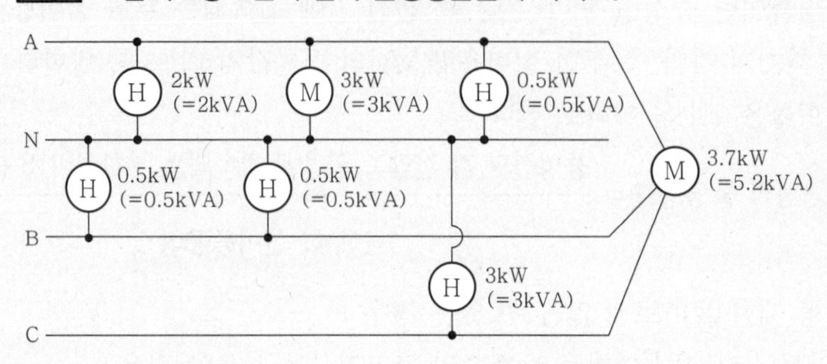

해설 -설비 불평형률 $=\dfrac{5.5-1.0}{14.7\times\frac{1}{3}}\times 100=92[\%]$

-전동기 값이 다른 것은 출력 [kW]를 입력 [kVA]로 환산하였기 때문이다.

-계산한 값이 한도를 초과하였다.

④ **불평형 제한을 따르지 않을 수 있는 경우**

㉠ 저압수전에서 전용변압기 등으로 수전하는 경우

㉡ 고압 및 특고압 수전에서 100[kVA]([kW]) 이하의 단상 부하인 경우

㉢ 고압 및 특고압 수전에서 단상부하용량의 최대와 최소의 차가 100[kVA]([kW]) 이하인 경우

㉣ 특고압 수전에서 100[kVA]([kW]) 이하의 단상변압기 2대로 역(逆) V결선하는 경우

(3) 고압 및 특고압 수전에서 대용량의 단상 전기로 사용으로 30[%] 제한을 따를 수 없는 경우

① 단상부하 1개의 경우는 2차 역 V 접속에 의할 것. 다만, 300[kVA]를 초과하지 말 것

② 단상부하 2개의 경우는 스코트 접속에 의할 것

다만, 1개의 용량이 200[kVA] 이하인 경우는 부득이한 경우에 한하여 보통의 변압기 2대를 사용하여 별개의 선간에 부하를 접속할 수 있다.

③ 단상부하 3개 이상인 경우는 가급적 선로전류가 평형이 되도록 각 선간에 부하를 접속할 것

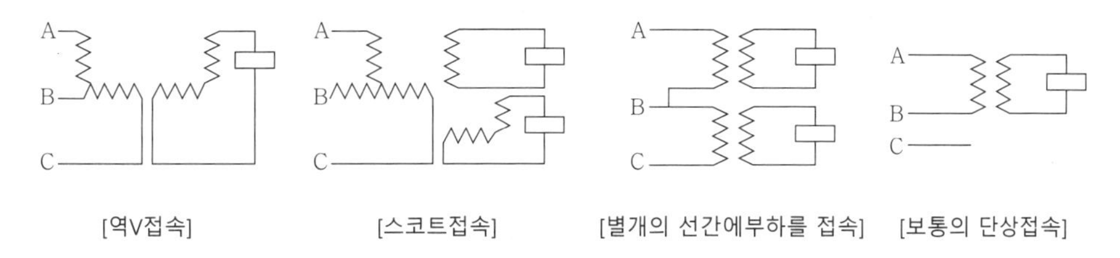

[역V접속] [스코트접속] [별개의 선간에부하를 접속] [보통의 단상접속]

02 전압강하

(1) 전압강하 기준

① 수용가 설비의 인입구로부터 기기까지의 전압강하는 아래 값 이하이어야 한다.

설비의 유형	조명 (%)	기타 (%)
A - 저압으로 수전하는 경우	3	5
B - 고압 이상으로 수전하는 경우 [a]	6	8

-[a] 가능한 한 최종회로 내의 전압강하가 A 유형의 값을 넘지 않도록 하는 것이 바람직하다.
- 사용자의 배선 설비가 100[m] 를 넘는 부분의 전압강하는 미터 당 0.005(%) 증가할 수 있으나 이러한 증가분은 0.5(%) 를 넘지 않아야 한다.

② 더 큰 전압강하를 허용할 수 있는 경우
-기동 시간 중의 전동기
-돌입전류가 큰 기타 기기

③ 다음과 같은 일시적인 조건은 고려하지 않는다.
-과도 과전압
-비정상적인 사용으로 인한 전압 변동

(2) 전압강하 기본식

1) 도체저항

① **전선의 저항**

균일한 단면적을 갖는 직선상 도체의 저항 R[Ω]은 그 길이 L[m]에 비례하고, 단면적 A[mm²]에 반비례한다.

$$R = \rho \frac{L}{A} = \frac{1}{58} \times \frac{100}{C} \times \frac{L}{A} [\Omega]$$

여기서, ρ : 고유저항[Ω·mm²/m], L : 선로의 길이[m], A : 단면적[mm²],
C : 도전율[%]

② **고유저항**

고유저항률 또는 "비저항"이라 하고, 표준연동의 도전율을 100[%]로서 비교한 백분율의 "퍼센트 도전율"을 C[%]라고 한다.

$$\rho = \frac{1}{58} \times \frac{100}{C} [\Omega \cdot mm^2/m]$$

㉠ 표준연동의 도전율 20[℃]에서 $\frac{1}{58}[\Omega \cdot mm^2/m]$이다.

㉡ 도전율, 고유저항은 20[℃]를 기준으로 하고 온도가 상승하면 저항은 증가한다.

$$R_t = R_{t0}[1+\alpha(t-t_0)]$$

$$\alpha_t = \frac{\alpha_0}{1+\alpha_0 t}, \quad \alpha_0 = \frac{1}{234.5}$$

여기서, α : 저항의 온도계수로 20[℃] 값을 기준으로 하고 있다.

전선	도전율[%]	저항률	비중
연동선	100	1/58	8.89
경동선	95	1/55	8.89
알루미늄선	61	1/35	2.7

③ 전선의 저항과 고유저항은 균등한 밀도로 흐르고 있는 저항으로 직류에 대한 저항이다.

2) 전압강하

① **단상 2선식** : $e = K_1 I(R\cos\theta + X\sin\theta)$

② **배선 방식별 K_1 값**

배선방식	K_1	비고
단상 2선식	2	선간
단상 3선식	1	대지간
3상 3선식	$\sqrt{3}$	선간
3상 4선식	1	대지간

③ **단상 전압강하 산출식**

$$e = 2I(R\cos\theta + X\sin\theta)$$

$$= 2IR = 2I(\rho\frac{L}{A}) = 2I \times \frac{1}{58} \times \frac{100}{97} \times \frac{L}{A} \times \frac{1,000}{1,000} = \frac{35.6LI}{1,000A}[\text{V}]$$

$$\therefore A = \frac{35.6LI}{1,000e}[\text{mm}^2]$$

여기서, $A[\text{mm}^2]$: 도체의 단면적, $L[\text{m}]$: 선로의 길이, $I[\text{A}]$: 부하전류

④ **전압강하** : 옥내배선 등 전선의 길이가 비교적 짧은 곳에서 표피효과나 근접효과 등에 의한 도체저항값의 증가분이나 리액턴스 분을 무시한 경우 전압강하를 말한다.

배선방식	K_1	비고
단상 2선식	$e = \frac{35.6LI}{1,000A}$	선간
3상 3선식	$e = \frac{30.8LI}{1,000A}$	선간
단상 3선식	$e = \frac{17.8LI}{1,000A}$	대지간
3상 4선식		

3) 전선 긍장

① **부하중심점으로 전선의 길이를 구하는 방법**

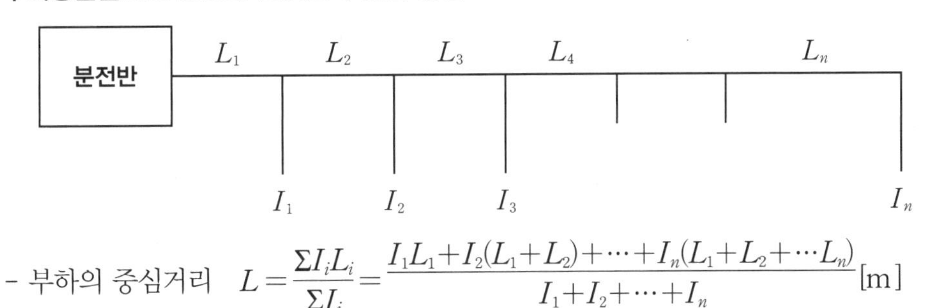

- 부하의 중심거리 $L = \frac{\Sigma I_i L_i}{\Sigma I_i} = \frac{I_1L_1 + I_2(L_1+L_2) + \cdots + I_n(L_1+L_2+\cdots L_n)}{I_1+I_2+\cdots+I_n}[\text{m}]$

② **내선규정 [표]값에 의한 전선길이를 구하는 방법**

- 전선 최대길이 $L = \dfrac{\text{배선설계의 긍장[m]} \times \dfrac{\text{부하의 최대사용전류[A]}}{\text{[표]의 전류[A]}}}{\dfrac{\text{배선설계의 전압강하[V]}}{\text{[표]의 전압강하[V]}}}[\text{m}]$

예시 배선 설계 긍장 80[m], 부하 최대 사용전류 40[A], 배선설계 전압강하 4.0[V]인 단상 2선식 저압회로의 전선굵기를 아래 표(내선규정 1415절 부록 100-7)를 이용하여 산정하시오.

해설

- 전선의 최대긍장 $L = \dfrac{\text{배선설계의 긍장[m]} \times \dfrac{\text{부하의 최대사용전류[A]}}{\text{[표]의 전류[A]}}}{\dfrac{\text{배선설계의 전압강하[V]}}{\text{[표]의 전압강하[V]}}}$

$$= \frac{80 \times \frac{40}{5}}{\frac{4.0}{2.2}} = 352[\text{m}]$$

- 굵기는 5[A]를 임의 선정했으므로, 임의 선택한 5[A] 행에서 전선 긍장 352[m]를 만족할 수 있는 433[m]란과 만나는 35[mm^2] 전선을 적정 굵기로 산정한다.

[내선규정 1415절 부록100-7]

단상2선식 전압강하 2.2[V], 동선 단상 220[V] 배선인 경우

전류 [A]	전선의 굵기[mm^2]								
	2.5	4	6	10	16	25	35	50	95
	전선 최대 길이[m]								
1	154	247	371	618	989	1545	2163	3090	5871
5	31	49	74	124	198	309	433	618	1174
12	13	21	31	51	82	129	180	257	489

[비고]

주1) 전압강하가 2[%] 또는 3[%]의 경우, 전선길이는 각각 이 [표]의 2배 또는 3배가 된다.

주2) 전류 20 또는 200[A] 경우의 전선길이는 각각 이 [표]의 전류 2[A] 경우의 1/10, 1/100이 된다.

주3) 이 [표]는 역률 1로 하여 계산하였다.

03 허용전류

(1) 허용전류 및 보정계수

① 저압 옥내배선에 사용하는 450/750[V] 이하 염화 비닐절연전선, 450/750[V] 이하 고무절연전선, 1[kV]~3[kV]까지의 압출 성형 절연 전력케이블 등

② 허용전류 및 보정계수는 KS IEC 60364-5-52의 부속서 B(허용전류)에 따른다.

(2) 허용온도

절연물의 종류	최고 허용온도(℃)
열가소성 물질[염화비닐(PVC)]	70(도체)
열경화성 물질 [가교폴리에틸렌(XLPE) 또는 에틸렌프로필렌고무혼합물(EPR)]	90(도체)
무기물(열가소성 물질 피복 또는 나도체로 사람이 접촉할 우려가 있는 것)	70(시스)
무기물(사람의 접촉에 노출되지 않고, 가연성 물질과 접촉할 우려가 없는 나도체)	105(시스)

※ 국내여건을 고려한 허용전류 계산시 주위온도

- 기중 : 여름 40℃,
- 지중 : 여름 30℃(매설깊이 1.2[m])

(3) 허용전류의 결정

1) 절연도체와 비외장케이블에 대한 허용전류는 보정계수를 적용하여 선정된 적절한 값을 초과하지 않아야 한다.

2) KS-IEC 60364-5-52(부속서 : 허용전류)에서 정하는 보정계수는 열 저항률에 의한 영향, 고조파에 의한 영향, 공사방법에 의한 영향, 전선 배치 간격에 의한 영향, 외부 영향 등을 규정한 [허용전류 표]를 참조한다.

3) **허용전류를 구하는 공식**

$I = A \times S^m - B \times S^n$[A]

여기서, I : 허용전류[A], S : 전선의 공칭 단면적[mm^2]

A, B : 케이블의 종류와 설치방법에 따른 계수

m, n : 케이블의 종류와 설치방법에 따른 지수

※ 계수값과 지수값은 해당 표에 제시되어 있다.

※ 대개의 경우 첫 번째 항만 적용하면 된다. 두 번째 항은 대형 단심 케이블을 사용하는 8가지 경우에만 적용하면 된다.

4) 감소계수

① 복수회로의 감소계수는 최대 허용온도가 같은 절연 전선이나 케이블의 복수회로에 적용한다.

② 최대 허용온도가 다른 전선, 케이블의 조합시는 가장 낮은 허용온도를 갖는 것을 기준으로 한다.

5) 부하 전선수

① 복수회로의 전류가 평형상태인 경우 중성선은 부하 전선수에서 제외한다.

② 전선의 굵기는 가장 큰 상전류로 하여야 하고, 중성선은 어떤 경우에도 허용온도에 적합한 단면적을 가져야 한다.

6) 병렬 전선 사용

① 전선의 굵기는 동선 50[mm^2] 이상, 알루미늄 70[mm^2] 이상이어야 한다.

② 전선은 같은 도체, 같은 재료, 같은 길이 및 같은 굵기의 것

③ 같은 극의 각 전선은 동일한 터미널러그에 완전히 접속할 것

④ 같은 극인 각 전선의 터미널러그는 동일한 도체에 2개 이상의 리벳, 2개 이상의 나사로 접속할 것

⑤ 병렬로 사용하는 전선에는 각각에 퓨즈를 설치하지 말 것

⑥ 교류회로에서 병렬로 사용하는 전선은 금속관 안에 전자적 불평형이 생기지 않도록 시설할 것

7) 토양의 열저항률

① 지중 케이블의 허용전류는 토양의 열 저항률 2.5[k·m/W]를 기준한 것이다.

8) 전선 굵기가 다른 복수회로

① 전선관, 케이블트렁킹, 케이블덕트 배선공사

복수회로 감소계수 $F = \dfrac{1}{\sqrt{n}}$

여기서, F : 복수회로 감소계수

n : 복수회로 내의 다심케이블 또는 회로수

② 케이블 트레이

- 복수회로에 다른 굵기의 절연전선 또는 케이블이 포함된 경우 복수회로 감소계수를 적용한다.

(4) 주위온도에 의한 보정계수

㉠ 케이블 또는 절연전선이 무부하일 때를 기준한다.

㉡ 공기중의 절연전선 및 케이블은 공사방법과 상관없이 30[℃]을 기준한다.

㉢ 매설 케이블은 토양에 직접 또는 지중 덕트내에 설치시는 20[℃]를 기준하였다.

㉣ 기타 사용장소에 따른 적용 기준은 KS IEC 60364-5-52 부속서B(허용전류)에 나타낸 보정계수를 적용한다.

참고 **보정계수의 적용**

1. KS C IEC 60364-5-52의 공사방법에 따른 허용전류를 적용함에 있어서는 주변의 온도, 토양의 열저항률, 복수회로 등에 따른 보정계수(KS C IEC 60364-5-52 표A.52-14~21)를 적용하여야 한다.
2. 제3고조파 및 제3고조파의 홀수 배수의 고조파 전류가 흐를 가능성이 높고 전류 종합 고조파 왜형률이 15~33[%]인 3상 회로 등에서는 고조파에 의한 보정계수(KS C IEC 60364-5-52 표D.52-1)를 적용하여야 한다.

온도에 대한 보정계수	- 표A.52-14, 주위의 대기온도가 30[℃] 이외의 인 경우 보정계수 - 표A.52-15, 주위의 지중온도가 20[℃] 이외의 인 경우 보정계수
토양의 열저항률에 대한 보정계수	- 표A.52-16, 토양의 열 저항률이 2.5[k·m/W] 이외인 경우의 보정계수
복수회로에 대한 보정계수	- 표A.52-17, 복수회로 또는 다심케이블 복수의 집합에 대한 보정계수 - 표A.52-18, 지중에 직접 시설한 복수의 케이블에 대한 보정계수 - 표A.52-19, 지중 덕트 내에 시설한 복수의 케이블에 대한 보정계수 - 표A.52-20, 복수의 다심케이블의 집합에 대한 보정계수 - 표A.52-21, 단심케이블로 구성된 복수회로 집합에 대한 보정계수
고조파에 대한 보정계수	- 표D.52-1, 4심 및 5심 케이블에서 고조파 전류에 대한 보정계수

04 도체 및 중성선의 단면적

(1) 도체의 단면적

교류회로 선도체와 직류회로 충전용 도체의 최소 단면적은 표(232.19-1)에 나타낸 값 이상이어야 하며, 다음을 고려한다.

① 전광표시장치, 출퇴표시등, 기타 이와 유사한 장치 또는 제어회로 등의 배선에 다심케이블 또는 다심 캡타이어 케이블을 사용하고 또한 과전류가 생겼을 때에 자동적으로 전로에서 차단하는 장치를 시설하는 경우에는 0.75[mm^2] 이상을 사용할 수 있다.

② 도체의 최소 단면적(232.19-1)

배선 설비의 종류		사용회로	도체	
			재료	단면적 [mm^2]
고정 설비	케이블과 절연전선	전력과 조명회로	구리	2.5
			알루미늄	KS C IEC 60228에 따라 10
		신호와 제어회로	구리	1.5
	나전선	전력 회로	구리	10
			알루미늄	16
		신호와 제어회로	구리	4
절연전선과 케이블의 가요 접속		특정 기기	구리	관련 IEC 표준에 의함
		기타 적용		0.75[a]
		특수한 적용을 위한 특별 저압 회로		0.75

[a] 7심 이상의 다심 유연성 케이블에서는 최소 단면적을 0.1[mm^2]로 할 수 있다.

(2) 중성선의 단면적

① 다음의 경우는 중성선의 단면적은 최소한 선(상)도체의 단면적 이상이어야 한다.

㉠ 2선식 단상회로

㉡ 선도체의 단면적이 구리선 16[mm^2], 알루미늄선 25[mm^2] 이하인 다상 회로

㉢ 제3고조파 및 제3고조파의 홀수 배수의 고조파 전류가 흐를 가능성이 높고 전류 종합 고조파 왜형률이 15~33[%]인 3상회로

② 제3고조파 및 제3고조파 홀수 배수의 전류 종합 고조파 왜형률이 33[%]를 초과하는 경우, 고조파 전류가 평형 3상 계통에 미치는 영향을 고려하여 아래와 같이 중성선의 단면적을 증가시켜야 한다.

㉠ 다심케이블의 경우 선도체의 단면적은 중성선의 단면적과 같아야 하며, 이 단면적은 선도체의 $1.45 \times I_B$(회로 설계전류)를 흘릴 수 있는 중성선을 선정한다.

㉡ 단심케이블은 선도체의 단면적이 중성선 단면적보다 작을 수도 있다. 계산은 다음과 같다.

- 상선 : I_B(회로 설계전류)
- 중성선 : 선도체의 $1.45I_B$와 동등 이상의 전류

③ 다상 회로의 각 선도체 단면적이 구리선 16[mm^2] 또는 알루미늄선 25[mm^2]를 초과하는 경우 다음 조건을 모두 충족한다면 그 중성선의 단면적을 선도체 단면적보다 작게 해도 된다.

㉠ 통상적인 사용시에 상(phase)과 제3고조파 전류 간에 회로 부하가 균형을 이루고 있고, 제3고조파 홀수배수 전류가 선도체 전류의 15[%]를 넘지 않는다.

㉡ 단락전류로부터 중성선이 보호되는 경우

㉢ 중성선의 단면적은 구리선 16[mm^2], 알루미늄선 25[mm^2] 이상이다.

(3) 고조파에 의한 보정계수(내선규정 5300-4 부록500-2, 표D52-1)

① 중성선에 상 전선의 부하에 상응하는 감소가 없는 전류가 흐르는 경우에는 회로의 허용전류 결정시 보정계수를 적용하여야 한다.

[4심 및 5심 케이블 고조파 전류에 대한 보정계수] (내선규정 부속서 표 D.52-1)

상전류의 제3고조파 성분(%)	보정계수		비고
	상전류를 고려한 규격 결정	중성전류를 고려한 규격 결정	
0-15	1.0	-	선 전류의 제3고조파 성분은 기본파(제1고조파)에 대한 제3고조파의 비율이다.
15-33	0.86	-	
33-45	-	0.86	
>45	-	1.0	

예시 고조파 전류에 대한 보정계수의 적용

39[A]의 부하가 걸리도록 설계된 3상 회로를 공사방법 C에 따라 4심 PVC 절연 케이블을 이용하여 벽에 설치할 경우 각 항에 적합한 풀이 쓰시오.
(단, 내선규정 5300-4 부록500-2,표A52-4)

① 3상 회로에 고조파 성분이 없는 경우
표A.52-4에 의한 6[mm^2] 동선 케이블의 허용전류는 41[A]로 충분하다.

② 제3고조파 성분이 20[%]일 때, 보정계수는 0.86이 적용되므로,

$$\text{설계부하 전류} = \frac{39}{0.86} = 45[A],$$

따라서, 10[mm^2] 케이블을 사용해야 한다.

③ 제3고조파 성분이 40[%]일 경우,
중성선 전류 $= 39 \times 0.4 \times 3 = 46.8[A]$

이는 보정계수 0.86이 적용되므로, 설계부하 전류 $= \frac{46.8}{0.86} = 54.4[A]$

따라서, 10[mm^2] 케이블을 사용해야 한다.

④ 제3고조파 성분이 50[%]일 경우,
중성선 전류 $= 39 \times 0.5 \times 3 = 58.5[A]$,
〉45 이상이 되어 보정계수는 1이 적용되므로, 16[mm^2]을 선정한다.

※ 이상의 규격 산출은 케이블의 허용전류만 기준한 것이며, 전압강하나 그 밖의 설계 관련 사항은 고려하지 않은 것이다.

1. 내선규정 5300-4 부록 500-2 표A 52-4 - 공사방법의 허용전류(PVC 절연전선)

- 전선온도 : 70[℃], 주위온도 : 기중 30[℃], 지중 20[℃]

전선의 공칭 단면적 [mm²]	표 A-52-1의 공사방법						
	A_1	A_2	B_1	B_2	C	D_1	D_2
1	2	3	4	5	6	7	8
1.5	13.5	13	15.5	15	17.5	18	19
2.5	18	17.5	21	20	24	24	24
4	24	23	28	27	32	30	33
6	31	29	36	34	41	38	41
10	42	39	50	46	57	50	54
16	56	52	68	62	76	64	70

Chapter 4

보호기기 선정

01 과전류에 대한 보호

(1) 선도체의 보호

① 모든 선도체에 과전류 검출기를 설치할 것

② 과전류가 검출된 선도체(전선)만 차단할 것

③ 3상 전동기 등 단상 차단이 위험한 경우 적절한 보호 조치를 해야 한다.

(2) 중성선의 보호

① 중성선의 단면적이 선도체의 단면적과 동등 이상인 경우 중성선에 과전류를 설치할 필요가 없다.

② 중성선의 단면적이 선도체 보다 작은 경우와 고조파가 검출되는 경우 중성선에는 그 단면적에 따른 과전류 검출기를 설치하고, 이때 과전류 검출에 의해 선도체를 차단해야 한다. 다만, 중성선을 차단할 필요는 없다.

③ 중성선과 보호도체(PE)의 역할을 하는 PEN도체는 개방되어서는 않되므로 차단장치 및 개폐장치를 설치할 수 없다.

(3) 중성선의 차단 및 재폐로하는 경우

① 개폐기 및 차단기의 차단 시에는 중성선이 선도체보다 늦게 차단되어야 하며, 재폐로 시에는 선도체와 동시 또는 그 이전에 재폐로 되는 것을 설치하여야 한다.

02 과전류 보호장치 및 특성

(1) 과전류 보호장치

① 과전류 보호장치는 배선차단기, 누전차단기, 퓨즈 등의 표준에 적합하여야 한다.

② 누전차단기(RCD)는 MCCB에 영상변류기(ZCT) 기능을 추가하여 누전과 과전류보호를 겸한 것으로 특성은 MCCB와 같다.

(2) 퓨즈(gG)의 용단특성

정격전류[A]	시간	정격전류 배수	
		불용단 전류	용단전류
4[A] 이하	60분	1.5배	2.1배
4[A] 초과 16[A] 미만	60분	1.5배	1.9배
16[A] 초과 63[A] 미만	60분	1.25배	1.6배
63[A] 초과 160[A] 미만	120분	1.25배	1.6배
160[A] 초과 400[A] 미만	180분	1.25배	1.6배
400[A] 초과	240분	1.25배	1.6배

(3) 배선차단기

① 산업용 배선차단기와 주택용 배선차단기로 구분한다.

② 주택용 배선차단기는 일반인이 접촉할 우려가 있는 장소(세대 내 분전반 및 이와 유사한 장소)에 적용하여야 한다.

③ **과전류트립 동작시간 및 특성**

[산업용 배선용차단기]

정격전류의 구분	시간	정격전류의 배수(모든 극에 통전)	
		부동작 전류	동작 전류
63[A] 이하	60분	1.05배	1.3배
63[A] 초과	120분	1.05배	1.3배

[주택용 배선용차단기]

정격전류의 구분	시간	정격전류의 배수(모든 극에 통전)	
		부동작 전류	동작 전류
63[A] 이하	60분	1.13배	1.45배
63[A] 초과	120분	1.13배	1.45배

[주택용 배선용차단기]

형식	순시트립 범위	적용범위
B	$3I_n$ 초과 ~ $5I_n$ 이하	난방기기, 온수기
C	$5I_n$ 초과 ~ $10I_n$ 이하	조명, 콘센트, 소형 전동기
D	$10I_n$ 초과 ~ $20I_n$ 이하	돌입전류가 큰부하, 변압기

비고 1. B, C, D : 순시트립전류에 따른 차단기 분류
2. I_n : 차단기 정격전류

03 과전류 보호 협조

(1) 도체와 과부하 보호장치 사이의 협조

① 과부하에 대해 케이블(전선)을 보호하는 장치의 동작특성은 다음의 조건을 충족해야 한다.

$I_B \leq I_n \leq I_Z$

$I_2 \leq 1.45 \times I_Z$

여기서, I_B : 회로의 설계전류, I_n : 보호장치의 정격전류, I_Z : 케이블의 허용전류

I_2 : 보호장치가 규약시간 이내에 유효하게 동작하는 것을 보장하는 전류

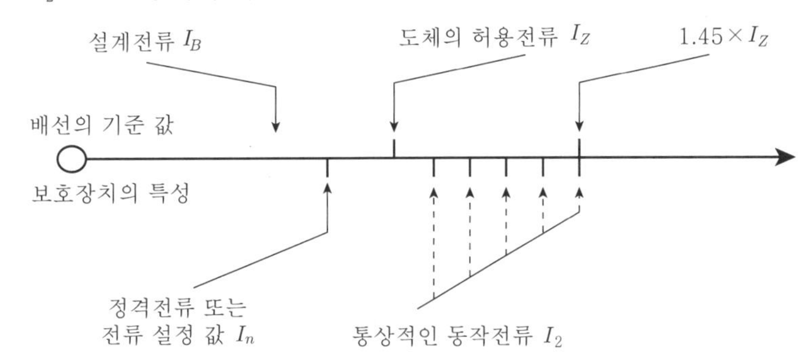

② 조정할 수 있게 설계 및 제작된 보호장치의 경우, 정격전류 I_n은 사용현장에 적합하게 조정된 전류의 설정 값이다.

③ I_B는 선도체를 흐르는 설계전류이거나, 함유율이 높은 영상분 고조파(특히 제3고조파)가 지속적으로 흐르는 경우 중성선에 흐르는 전류이다.

(2) 과부하보호장치 설치

1) 설치위치

① 과부하보호장치(MCCB)는 전로중 도체의 단면적, 특성, 시험방법 또는 구성의 변경으로 허용전류값이 줄어드는 곳(분기점 등)에 설치하여야 한다.

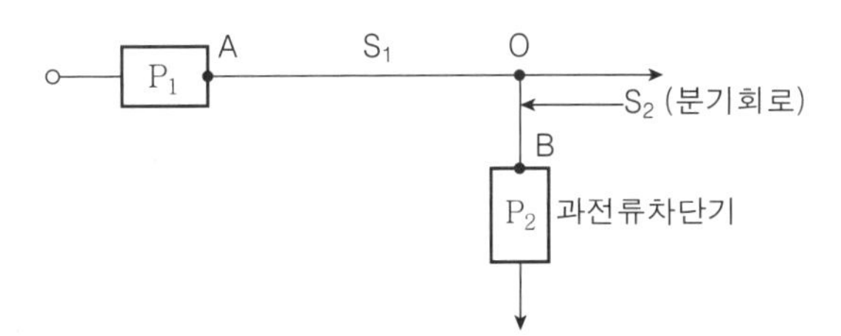

2) 설치위치의 예외

① 간선에서 분기하는 장소에는 3미터 이내에 과부하보호장치(MCCB)를 설치하여야 한다. 그렇지 않을 경우는 분기회로를 간선과 같은 굵기(단락보호를 위한)의 전선을 적용하여야 한다.

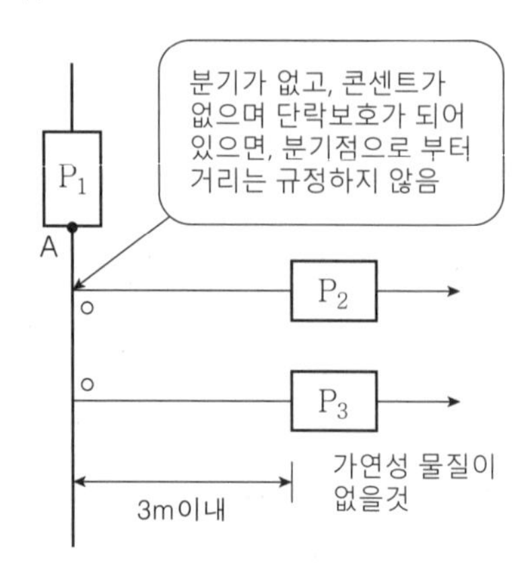

(3) 과부하보호장치 생략

1) 화재 또는 폭발 위험성이 있는 장소에 설치되는 설비 또는 특수설비 및 특수장소의 요구사항들을 규정하는 경우에는 과부하보호장치를 생략할 수 없다.

2) 과부하보호장치를 생략 가능한 경우

① 분기회로의 전원측에 설치된 보호장치에 의하여 분기회로에서 발생하는 과부하에 대해 유효하게 보호되고 있는 분기회로

② 단락전류에 대한 보호가 이루어지고 있으며, 분기점 이후의 분기회로에 다른 분기회로 및 콘센트가 접속되지 않는 분기회로 중 부하에 설치된 과부하보호장치가 유효하게 동작하여 과부하 전류가 분기회로에 전달되지 않도록 조치를 한 경우

③ 통신회로용, 제어회로용, 신호회로용 및 이와 유사한 설비

3) 안전을 위한 과부하 보호장치를 생략할 수 있는 경우

① 사용 중 예상치 못한 회로의 개방이 위험 또는 큰 손상을 초래할 수 있는 다음과 같은 부하에 전원을 공급하는 회로

- 회전기의 여자회로
- 전자식 크레인의 전원회로
- 전류변성기의 2차회로
- 소방설비의 전원회로
- 안전설비(주거침입경보, 가스누출경보 등)의 전원회로

4) 병렬도체의 과부하 보호

① 하나의 보호장치가 여러 개의 병렬도체를 보호할 경우, 병렬도체는 분기회로, 분리, 개폐장치를 사용할 수 없다.

04 저압전로 전동기 보호

(1) 전동기 보호용 과전류보호장치의 시설

1) 과부하보호장치, 단락보호 전용 차단기 및 단락보호 전용 퓨즈 등

① 과부하보호장치로 전자접촉기를 사용할 경우에는 반드시 과부하계전기가 부착되어 있을 것

② 단락보호 전용 차단기의 단락동작설정 전류 값은 전동기의 기동방식에 따른 기동 돌입전류를 고려할 것

③ 단락보호 전용 퓨즈는 용단 특성에 적합한 것일 것

[단락보호 전용 퓨즈(aM)의 용단특성 (표) 212.6-5]

정격전류의 배수	불용단시간	용단시간
4배	60초 내	-
6.3배	-	60초 이내
8배	0.5초 이내	-
10배	0.2초 이내	-
12.5배	-	0.5초 이내
19배	-	0.1초 이내

2) 저압 옥내에 시설하는 보호장치의 정격전류 또는 전류 설정값은 전동기 등이 접속되는 경우에는 그 전동기의 기동방식에 따른 기동전류와 다른 전기사용기계기구의 정격전류를 고려하여 선정한다.

(2) 전동기의 과부하 설치 예외

1) 옥내에 시설하는 전동기가 소손될 우려가 있는 과전류가 생겼을 때 자동적으로 이를 저지하거나 경보하는 장치를 하여야 한다.

2) 정격출력이 0.2[kW]이하인 것은 제외한다.

3) 설치 예외의 경우

① 운전 중 취급자가 상시 감시할 수 있는 위치에 전동기가 있는 경우

② 구조적으로 전동기가 소손되어 과전류가 생길 우려가 없는 경우

③ 단상전동기로 그 전원 측 전로에 시설하는 과전류차단기의 정격전류가 16[A](배선용차단기 20[A]) 이하인 경우

(3) 유도전동기 배선용차단기 선정조건(내선규정, 부록 300-9)

1) 전동기회로에 시설하는 과전류차단기 중 배선용차단기의 정격전류 선정은 다음 조건에 따라 산출한 것이다.

2) 전동기의 기동조건

직입 기동의 경우	- 전 부하전류의 600[%], 10초 이내 - 기동직후의 비대칭전류는 전 부하전류의 1,000[%](실효 값) 이하로 한다.
스타델타 기동의 경우	- 델타 절체시 돌입전류는 전 부하전류의 1,000[%](비대칭 실효값 : 대칭 실효값은 800[%]) 이하로 한다.

3) 배선용차단기의 특성

정격전류 100[A] 이하의 경우	- 정격전류의 300[%]에서 동작시간 10초 이상 - 순시 트립전류는 정격전류의 750[%] 이상
정격전류 125[A] 이상의 경우	- 정격전류의 500[%]에서 동작시간 10초 이상 - 순시 트립전류는 정격전류의 750[%] 이상

(4) 내선규정 표(3115-4,5,6) 값으로 간선 굵기와 과전류차단기 선정법

1) 200[V] 3상 유도전동기의 간선의 굵기 용량(표 3115-4 참조)

전동기 kW 수의 총계 ① [kW] 이하	최대 사용 전류 ①' [A] 이하	② 배선종류에 의한 간선의 최소굵기[mm²]					
		공사방법 A1		공사방법 B1		공사방법 C	
		PVC	XLPE, EPR	PVC	XLPE, EPR	PVC	XLPE, EPR
3	15	2.5	2.5	2.5	2.5	2.5	2.5
12	50	16	10	10	10	10	6
19.5	90	50	25	35	25	25	16
30	125	70	50	50	35	50	35
37.5	150	95	70	70	50	70	50

2) 200[V] 3상 유도전동기의 간선 기구의 용량(표 3115-4 배선용차단기의 경우)(동선)

전동기 kW 수 총계 ① [kW] 이하	최대 사용 전류 ①' [A] 이하	직입기동 전동기 중 최대용량의 것													
		0.7	1.5	2.2	3.7	5.5	7.5	11	15	18	22	30	37	45	55
		Y－Δ 기동기 사용 전동기 중 최대용량의 것													
		-	-	-	-	5.5	7.5	11	15	18	22	30	37	45	55
		과전류차단기(배선용차단기)용량 [A]							직입기동 → (칸 위 숫자) $Y-\triangle$ 기동 → (칸 아래 숫자)						
3	15	20 -	30 -	30 -	-	-	-	-	-	-	-	-	-	-	-
12	50	75 -	75 -	75 -	75 -	75 75	100 75	125 75	-	-	-	-	-	-	-
19.5	90	125 -	125 -	125 -	125 -	125 125	125 125	125 125	125 125	125 125	-	-	-	-	-
30	125	175 -	175 -	175 -	175 -	175 175	175 175	175 175	175 175	175 175	175 175	-	-	-	-
37.5	150	200 -	200 -	200 -	200 -	200 200	200 200	200 200	200 200	200 200	200 200	200 200	-	-	-

3) 200[V] 3상 유도전동기의 간선 기구의 용량(표 3115-5 B종 퓨즈의 경우)(동선)

전동기 kW 수 총계 ① [kW] 이하	최대 사용 전류 ①' [A] 이하	직입기동 전동기 중 최대용량의 것											
		0.75	1.5	2.2	3.7	5.5	7.5	11	15	18.5	22	30	37~55
		Y－Δ 기동기 사용 전동기 중 최대용량의 것											
		-	-	-	5.5	7.5	11 15	18.5 22	-	30 37	-	45	55
		과전류차단기[A] → (칸 위 숫자) ③ 개폐기 용량[A] → (칸 아래 숫자) ④											
3	15	15 30	20 30	30 30	-	-	-	-	-	-	-	-	-
12	50	50 60	50 60	50 60	75 100	75 100	100 100	150 200	-	-	-	-	-
19.5	90	100 100	100 100	100 100	100 100	100 100	150 200	150 200	200 200	200 200	-	-	-
30	125	150 200	150 200	150 200	150 200	150 200	150 200	150 200	200 200	300 300	300 300	300 300	-
37.5	150	200 -	200 -	200 -	200 -	200 200	200 200	200 200	200 200	200 200	200 200	200 200	-

4) 전동기(직입기동)의 경우

예시 직입기동 0.75[kW]-4.8[A], 직입기동 1.5[kW]-8[A], 직입기동 3.7[kW]-17.4[A]×2대 일 때 공사방법별 간선(XLPE)의 굵기와 과전류차단기의 용량을 표(3115-4)에 의해 선정하시오.

해설 - 부하의 총계 9.65[kW], 47.6[A]

- [kW]수 총계의 경우는 표①의 12[kW] 이하의 란, 사용전류 총계의 경우는 표①'의 50[A]이하 란을 적용한다.

① 간선의 최소 굵기 : 공사방법 중 A1인 경우 10[mm^2], B1인 경우 10[mm^2], C인 경우 6[mm^2] 선정한다.

② 과전류차단기 용량 : 직입기동 중 최대인 3.7[kW]열을 적용하면 75[A]로 선정한다.

5) 3상 200[V] 전동기(직입기동과 기동기 기동)의 경우

예시 직입기동 1.5[kW]-8[A], 직입기동 3.7[kW]-17.4[A]×2대, 기동기 기동 7.5[kW]-34.0[A] 일 때 공사방법별 간선(XLPE)의 굵기와 과전류차단기의 용량을 표(3115-4)에 의해 선정하시오.

해설 - 부하의 총계 16.4[kW], 76.8[A]

- [kW]수 총계의 경우는 표①의 19.5[kW] 이하의 란, 사용전류 총계의 경우는 표①'의 90[A]이하 란을 적용한다.

① 간선의 최소 굵기 : 공사방법 중 A1인 경우 25[mm^2], B1인 경우 25[mm^2], C인 경우 16[mm^2] 선정한다.

② 과전류차단기 용량 : 직입기동 최대와 기동기 기동 최대를 비교하여 큰 쪽(기동기 기동) 용량 7.5[kW] 열을 적용하면 125[A]로 선정한다.

6) 3상 200[V] 전동기 및 전열기 병용의 경우

예시 직입기동 1.5[kW]-8[A], 직입기동 3.7[kW]-17.4[A]×2대, 기동기 기동 15[kW]-65.0[A], 전열기 3[kW]-9[A]일 때, 공사방법별 간선(XLPE)의 굵기와 과전류차단기의 용량을 표(3115-4)에 의해 선정하시오.

해설 - 부하의 총계 26.9[kW], 116.8[A], 전동기[kW] 수 총계 23.9[kW]이다.
- 표①'의 최대사용전류 125[A] 란을 적용한다.

① 간선의 최소 굵기 : 공사방법 중 A1인 경우 50[mm^2] , B1인 경우 35[mm^2] , C인 경우 35[mm^2] 선정한다.

② 과전류차단기 용량 : 직입기동 3.7[kW]의 열 및 기동기 기동 15[kW]열과 전동기[kW] 수의 총계 30[kW] 이하의 란을 사용 175[A]로 선정한다.

7) 과전류차단기와 개폐기를 선정하는 경우

예시 직입기동 1.5[kW]-8[A], 직입기동 3.7[kW]-17.4[A]×2대, 기동기 기동 15[kW]-65.0[A], 전열기 3[kW]-9[A]일 때, 공사방법별 간선(XLPE)의 굵기와 과전류차단기의 용량을 표(3115-5)에 의해 선정하시오.

해설 - 부하의 총계 26.9[kW], 116.8[A], 전동기[kW] 수 총계 23.9[kW]이다.
- 표①'의 최대사용전류 125[A] 란을 적용한다.

① 간선의 최소 굵기 : 공사방법 중 A1인 경우 50[mm^2], B1인 경우 35[mm^2], C인 경우 35[mm^2] 선정한다.

② 과전류차단기 용량 : 직입기동 3.7[kW]의 열 및 기동기 기동 15[kW]열과 전동기[kW] 수의 총계 30[kW] 이하의 란을 사용하여
- 과전류차단기 용량은 150[A]로 선정한다.
- 개폐기 용량은 200[A]로 선정한다.

(5) 누전 차단기

1) 누전차단기 설치 원칙

① 사람이 쉽게 접촉될 우려가 있는 장소에 시설하는 사용전압이 50[V]를 초과하는 저압 기계기구

구분	옥내		옥외		옥외	물기가 있는 장소
	건조한 장소	습기가 많은 장소	우선내	우선외		
150[V] 이하	-	-	-	□	□	○
150[V] 초과 300[V] 이하	△	○	-	○	○	○

○ : 누전차단기를 시설할 것
△ : 주택에 기계기구를 시설하는 경우는 누전차단기를 시설할 것
□ : 주택구내 또는 도로에 접한 면에 룸에어컨디셔너, 아이스박스, 쇼케이스, 자동판매기 등 전동기를 부품으로 한 기계기구를 시설하는 경우는 누전차단기를 시설하는 것이 바람직하다.

2) 누전차단기 설치 예외장소

① 기계기구를 발전소·변전소·개폐소 또는 이에 준하는 곳에 시설하는 경우로서 전기취급자 이외의 자가 임의로 출입할 수 없는 경우
② 기계기구를 건조한 곳에 시설하는 경우
③ 기계기구를 건조한 곳에 시설하고 습한 장소에서 조작하는 경우로 제어용 전압이 교류 30[V], 직류 40[V] 이하인 경우
④ 대지전압이 150[V] 이하인 기계기구를 물기가 있는 곳 이외의 곳에 시설하는 경우
⑤ 2중 절연구조의 기계기구(정원등, 전동공구 등)를 시설하는 경우
⑥ 그 전로의 전원측에 절연변압기(2차 전압이 300[V] 이하인 경우에 한한다.)를 시설하고 또한 그 절연변압기의 부하 측의 전로에 접지하지 아니하는 경우
⑦ 기계기구가 고무·합성수지 기타 절연물로 피복된 경우
⑧ 기계기구가 유도전동기의 2차측 전로에 접속되는 저항기일 경우
⑨ 전기욕조, 전기로, 전기보일러, 전해조 등 대지로부터 절연이 기술상 곤란한 것에 접속하는 경우
⑩ 기계기구내에 누전차단기를 설치하고 또한 기계기구의 전원 연결선이 손상을 받을 우려가 없도록 시설하는 경우

3) 누전차단기 선정

① 누전차단기 선정

- 저압전로에 시설하는 누전차단기 등은 전류동작형이어야 한다.
- 인입구장치 등에 시설하는 누전차단기는 충격파 부동작형일 것
- 누전차단기의 조작용 손잡이 또는 누름단추는 트립프리(Trip free)기구이어야 한다.
- 누전경보기의 음성경보장치는 원칙적으로 벨식 및 버저식인 것으로 할 것
- 감전방지를 목적으로 시설하는 누전차단기는 고감도고속형일 것
- 누전차단기가 인입 개폐기를 겸하는 경우는 과전류 보호기능이 있을 것

② 정격감도전류

- 일반적인 장소는 고감도 고속형 30[mA], 0.03초이내 동작형을 사용한다.
- 물기를 사용하는 장소는 고감도 고속형 15[mA], 0.03초 이내 동작형을 사용한다.

구분		정격감도전류 [mA]	동작시간
고감도형	고속형	5, 10, 15, 30	-정격감도전류에서 0.1초이내, 인체감전보호형은 0.03초이내
	시연형		-정격감도전류에서 0.1초를 초과하고, 2초이내
	반한시형		-정격감도전류에서 0.2초를 초과하고, 1초이내 -정격감도전류 1.4배의 전류에서 0.1초를 초과하고, 0.5초이내 -정격감도전류 4.4배의 전류에서 0.05초 이내
중감도형	고속형	50, 100, 200 500, 1,000	-정격감도전류에서 0.1초이내
	시연형		-정격감도전류에서 0.1초를 초과하고, 2초 이내
저감도형	고속형	3,000, 5,000 10,000 20,000	-정격감도전류에서 0.1초이내
	시연형		-정격감도전류에서 0.1초를 초과하고, 2초 이내

Chapter 5 출제 예상 문제

01

분당 10[m³]의 물을 높이 15[m]인 탱크에 양수하는데 필요한 전력을 구하시오. 단, 펌프 합성 효율은 65[%]이고, 전동기의 역률은 90[%]이며, 펌프 축동력은 15[%]의 여유를 주는 경우이다.

정답

① 전동기 용량 $P=\dfrac{10\times 15}{6.12\times 0.65}\times 1.15=43.36[\text{kW}]$

해설

① 펌프용 전동기 용량(P)

- $P=\dfrac{9.8QH}{\eta}K[\text{kW}]$ 또는 $P=\dfrac{QH}{6.12\eta}K[\text{kW}]$로 산출한다.
- $P=\dfrac{9.8\times\dfrac{10}{60}\times 15}{0.65}\times 1.15=43.36[\text{kW}]$

여기서, Q : 양수량[m³/분], η : 효율

H : 양정[m] 후드 흡입구에서 토출구까지의 높이를 적용한다.

K : 계수(1.1~1.5)를 여유도라 하며, 통상 주어진 값을 적용한다.

02

동기발전기의 병렬운전 조건 3가지를 쓰시오.

정답

① 기전력의 크기가 같을 것
② 기전력의 위상이 같을 것
③ 기전력의 파형이 같을 것

해설

① 기전력의 크기가 다르면, 무효순환전류가 흘러 권선 가열
② 기전력의 위상이 다르면, 유효순환전류(동기화)가 발생
③ 기전력의 파형이 다르면, 고조파 무효순환전류가 흐름
④ 기전력의 주파수가 같을 것
- 다르면 출력이 요동(난조 발생)치고 권선 가열
⑤ 기전력의 상 회전 방향이 같을 것

03 3상 유도전동기에 관한 설명이다. (　　)안에 적당한 값은?

① 정격 출력이 수전용 변압기의 용량[kVA] (　　)을 초과하는 3상 유도전동기(2대 이상을 동시에 기동하는 것은 그 합계 출력)는 기동장치를 사용하여 기동전류를 억제하여야 한다.(단, 기동장치 설치가 기술적으로 어려운 경우로 다른 것에 지장을 초래하지 않도록 하는 경우에는 그러하지 않다.)

② 유도전동기의 기동장치 중 $Y-\triangle$ 기동기를 사용하는 경우 기동기와 전동기간의 배선은 해당 전동기 분기회로 배선의 (　　)이상의 허용전류를 가지는 전선을 사용하여야 한다.

정답

① $\frac{1}{10}$　② 60[%]

해설 [내선규정 제3120-2절]

① 단상유도전동기

㉠ 전등과 병용하는 일반전기설비로 시설하는 경우의 기동전류는 전기사업자와 협의한 경우를 제외하고는 원칙적으로 37[A] 이하로 하여야 한다. 다만, 룸 쿨러에 한하여 110[V]용은 45[A], 220[V]용은 60[A] 이하로 할 수 있다.

04 매분 10[m³]의 물을 높이 15[m]인 탱크에 양수하는데 필요한 전력을 V결선한 변압기로 공급한다면 여기에 필요한 단상변압기 1대의 용량[kVA]은? 단, 펌프와 전동기의 합성효율은 65[%]이고, 전동기의 역률은 90[%]이며, 펌프의 축동력은 15[%]의 여유를 준다.

정답

① 전동기의 소요동력　$P=\frac{QH}{6.12\eta}K=\frac{10\times15}{6.12\times0.65}\times1.15=43.36$[kW]

② 변압기 용량(1대)　$P=\frac{전동기출력[kW]}{\sqrt{3}\times 역률}=\frac{43.36}{\sqrt{3}\times0.65}=27.82$[kVA]

③ 27.82[kVA]이므로 30[kVA]로 선정

해설

① V결선에서 $P_V=\sqrt{3}Pcos\theta$이므로 $P=\frac{P_V}{\sqrt{3}\cdot cos\theta}$[kVA]이다.

05 다음의 각 물음에 답하시오.

① 유도전동기의 1차 권선의 결선을 △에서 Y로 바꾸면 기동시 1차 전류는 △결선 시의 몇 배인가?

② 농형 유도전동기의 기동법을 4가지 쓰시오.

정답

① $I_1 = \left(\frac{1}{\sqrt{3}}\right)^2 = \frac{1}{3}$배

② 전전압기동, $Y-\triangle$ 기동, 기동보상기기동(콘돌퍼 기동), 리액터기동

06 유도전동기의 속도제어 방법 3가지를 쓰시오.

정답

① 주파수(변환)제어

② 극수변환제어

③ (1차)전압제어

해설

④ 2차 저항법

⑤ 2차 여자법

⑥ 종속 접속법

07 전동기의 기동방식 중 리액터 기동방식에 대하여 설명하시오.

정답

① 전동기 1차 측에 리액터를 넣어 기동 시 리액터 전압강하분 만큼 낮게 기동한다.

② 리액터 탭 50-65-80[%]의 설정에 따라 기동전류, 기동토크의 조정 가능하다.

③ 15[kW] 이상의 중, 대용량의 유도전동기, 기동시 충격방지 필요한 큰 용량의 펌프, 휀 등에 사용된다.

08 유도전동기의 제동법 3가지를 쓰고, 간단히 설명하시오.

정답

① 발전제동(직류제동)
- 운전 중 전원을 분리(끊어)한 후 직류 전원을 연결하면, 계자에 고정자속, 회전자에 교류 기전력이 발생하여 제동력이 생긴다.

② 역상제동(플러킹)
- 운전 중인 전동기에 회전 방향과 반대 방향의 토크를 발생시켜 정지시키는 방법이다.
- 슬립의 범위가 1~2에서 강한 토크가 발생한다.

③ 회생제동
- 유도전동기를 전원을 차단 후 외력(힘)을 가하면 발전기로 동작시켜 그 발생전력을 전원에 반환하면서 제동하는 방법이다.

해설

④ 단상제동
- 권선형 유도전동기에서 2차 저항이 클 때 전원으로 단상 전원을 접속하면 제동 토크가 발생하는 방법이다.

09 권상하중이 18[ton]이고 매분당 6.5[m]를 끌어 올리는 권상기용 전동기의 용량[kW]을 구하시오. 단, 자체효율은 90[%]이고, 여유율은 15[%]이다.

정답

① 권상기 출력 $P = \frac{WV}{6.12\eta}K = \frac{18 \times 6.5}{6.12 \times 0.9} \times 1.15 = 24.42[\text{kW}]$

여기서, W : 권상하중[ton], η : 효율, V : 권상속도[m/분]

10 대형 사무실 건물의 동력설비에 관한 에너지 절약방안에 대하여 5가지만 기술하시오.

정답

① 경부하 운전금지
② 고효율 절전형 전동기 사용
③ 가변전압 가변주파수 기동전동기 사용
④ 모선에 전력용 콘덴서 설치
⑤ 전동기 배선의 적정 굵기 선정

11

옥내에 시설하는 전동기에는 전동기가 소손될 우려가 있는 경우 과부하 보호장치를 시설해야 한다. 과부하 보호장치를 시설하지 않아도 되는 경우 3가지를 쓰시오.

정답

① 전동기 출력이 0.2[kW] 이하인 경우
② 전동기 운전 중 상시 취급자가 감시할 수 있는 위치에 시설하는 경우
③ 단상전동기로서 그 전원측 전로에 시설하는 과전류차단기 정격전류가 15[A] 이하인 경우

해설

④ 전동기에 과전류가 흐를 우려가 없는 배선으로 도중에 분기회로 및 콘센트가 없는 경우
⑤ 전동기의 구조나 부하의 성질을 보아 전동기가 소손할 수 있는 과전류가 생길 우려가 없는 경우
⑥ 전동기회로의 과부하 위험을 야기하지 않는 경우

12

3상 유도전동기 보호를 위한 종류 4가지만 쓰시오.

정답

① 과부하보호 ② 단락보호 ③ 불평형보호 ④ 지락보호

해설

⑤ 저전압보호 ⑥ 회전자 구속보호

13

4극 3상 농형 유도전동기 명판 정격이 22[kW]인 전동기의 운전시 효율이 91[%]일 때, 이 전동기의 손실은 얼마인지 산출하시오.

정답

① 전동기의 손실 = 입력 − 출력 $= \frac{\text{출력}}{\text{효율}} - \text{출력} = \frac{22}{0.91} - 22 = 2.18[\text{kW}]$

해설

① 전동기 효율$(\eta_M) = \frac{\text{입력} - \text{손실}}{\text{입력}} = \frac{\text{출력}}{\text{입력}} \times 100[\%]$에서,

손실 = 입력 − 출력 $= \frac{\text{출력}}{\text{효율}} - \text{출력}[\text{kW}]$이다.

14 장거리 송전선로에서 동기발전기의 무부하 충전시 자기여자 현상이 발생한다. 다음 물음에 답하시오.

① 자기여자란 무엇인지 간단히 쓰시오.

② 자기여자 방지법 4가지를 쓰시오.

정답

① 자기여자
- 발전기가 스스로 여자되어 수전단 전압이 위험 전압까지 상승하는 현상

② 자기여자 방지법
- 단락비가 큰 발전기를 채용한다.
- 발전기 여러 대를 병렬로 접속한다.
- 수전단에 동기조상기를 접속한다.
- 수전단에 리액턴스 병렬 접속 및 변압기를 병렬 접속한다.

해설

① 고압 장거리 송전선로의 수전단을 개방하고, 동기발전기로 충전하는 경우, 즉, 무부하 송전선에 발전기를 접속하면, 송전선로의 충전(진상)전류에 의한 전기자 반작용(증자작용)과 무여자 동기발전기의 잔류자기로 인하여 발전기가 스스로 여자되어 수전단 전압이 위험 전압까지 상승하는 현상

15 동기발전기의 난조 발생 원인 및 대책 3가지씩 쓰시오.

정답

① 난조 발생 원인
- 조속기의 감도가 지나치게 예민한 경우
- 전기자 저항이 큰 경우
- 원동기에 고조파 토크가 포함된 경우

② 난조 방지법
- 회전자에 플라이 휠 부착
- 제동권선 설치 및 부하의 급변을 피한다.
- 원동기의 조속기가 예민하지 않도록 조정한다.

16 동기전동기의 단자전압(V)을 일정하게 하고, 회전자의 계자(I_f)를 변화시켜 전기자 전류(I_a)의 크기와 위상변화를 시킬 때, 여자가 약할 때, 강할 때, 적합할 때를 구분하여 전류와 전압 위상 관계를 쓰시오.

정답

① 여자가 약할 때(부족여자) : 전류(I)가 전압(V)보다 뒤진다(지상 역률).
② 여자가 강할 때(과여자) : 전류(I)가 전압(V)보다 앞선다(진상 역률).
③ 여자가 적합할 때 : 전류(I)와 전압(V)이 동 위상이다(역률 = 1).

17 직류전동기 무부하시 발생하는 철손의 히스테리시스손과 와류손을 구하는 공식과 대책을 쓰시오.

정답

① 히스테리손(P_h) $P_h \propto f B_m^{1.6 \sim 2.0}$($B_m$: 최대 자속밀도)
  -손실대책 : 규소 강판을 사용한다.
② 와류손(P_e) $P_e \propto (tfB_m)^2$ (t : 철심 두께)
  -손실대책 : 철심을 성층으로 사용한다.

해설

① 히스테리손(P_h) $P_h \propto f B_m^{1.6 \sim 2.0}$은 철심 재질에서 생기는 손실이다.
② 와류손(P_e) $P_e \propto (tfB_m)^2$은 자속에 의해 철심의 맴돌이 전류에 의해서 생기는 손실이다.

18 직류전동기의 회전방향 변경 방법를 쓰시오.

정답

① 계자권선이나 전기자권선 중 어느 한쪽의 접속을 반대로 접속한다.

해설

① 전기자권선의 접속을 바꾸어 역회전시키는 것이 일반적이다.
② 계자권선과 전기자권선 방향을 동시에 바꾸면 회전이 바뀌지 않음으로 유의해야 한다.

19

지표면상 15[m] 높이의 수조가 있다. 이 수조에 시간당 5,000[m^3] 물을 양수하는데 필요한 펌프용 전동기의 소요동력[kW]을 산출하시오. 단, 펌프의 효율은 55[%]이고, 여유계수는 1.1로 한다.

정답

① 소요동력 $P = \dfrac{QH}{6.12\eta}K = \dfrac{\dfrac{5{,}000}{60}\times 15}{6.12\times 0.55}\times 1.1 = 408.5[\text{kW}]$

20

4극 10[HP], 200[V], 60[Hz]의 3상 권선형 유도전동기가 35[kg·m]의 부하를 걸고 슬립 3[%]로 회전하고 있다. 여기에 1.2[Ω]의 저항 3개를 Y결선으로 하여 2차에 삽입하니 1,530[rpm]이 되었다. 2차 권선저항[Ω]을 산출하시오.

정답

① 동기속도 $N_S = \dfrac{120f}{P} = \dfrac{120\times 60}{4} = 1{,}800[\text{rpm}]$

② 슬립 $S = \dfrac{N_S - N}{N_S} = \dfrac{1{,}800 - 1{,}530}{1{,}800} = 0.15$

③ 슬립의 비율을 구하면 $\dfrac{r_2}{s} = \dfrac{r_2 + R}{s'}$이므로, $\dfrac{r_2}{0.03} = \dfrac{r_2 + 1.2}{0.15}$이다.

④ $r_2 = \dfrac{s}{s' - s}\times R = \dfrac{0.03}{0.15 - 0.03}\times 1.2 = 0.3[\Omega]$

21

공장에서 작업중인 기중기의 권상하중이 50[ton], 16[m] 높이를 4분에 올리려고 한다. 이것에 필요한 권상용 전동기의 출력을 산정하시오. 단, 권상기 효율은 80[%]이다.

정답

① $P = \dfrac{WV}{6.12\eta}K = \dfrac{50\times\dfrac{16}{4}}{6.12\times 0.8} = 40.84[\text{kW}]$

22

유효낙차 100[m], 최대 사용 수량10[m^3/sec]인 수력발전소에 발전기 1대를 설치하려고 한다. 적당한 발전기 용량[kVA]을 산정하시오. 단, 발전기의 종합효율 및 부하역률은 각각 85[%]로 한다.

정답

① 발전기용량 $P[\text{kVA}] = \frac{9.8QH}{\eta \times \cos\theta} = \frac{9.8 \times 10 \times 100}{0.85 \times 0.85} = 13{,}564[\text{kVA}]$

23

지표면상 15[m] 높이의 수조가 있다. 이 수조에 초당 0.2[m^3] 물을 양수하는데 필요한 펌프용 전동기에 2대의 단상변압기를 이용해 3상을 공급하려 한다. 펌프 효율이 55[%]이면, 변압기는 무슨 결선 방식이어야 하며, 변압기 1대의 용량은 몇 [kVA]이어야 하는지 산출하시오. 단, 유도전동기 역률은 90[%]이며, 여유도는 1.1로 한다.

정답

① V결선

② 변압기 용량

- 펌프용량 $P[\text{kVA}] = \frac{9.8QH}{\eta \cdot \cos\theta} K = \frac{9.8 \times 0.2 \times 15}{0.55 \times 0.9} \times 1.1 = 65.33[\text{kVA}]$
- 결선 변압기 용량 $P_V = \sqrt{3} P_1[\text{kVA}]$이므로
- 변압기 1대 정격용량 $P_1 = \frac{65.33}{\sqrt{3}} = 37.72[\text{kVA}]$

24

15[℃]의 물 8[ℓ]를 용기에 넣고, 2[kW]의 전열기로 90[℃]로 가열하는데 30분이 소요되었다. 이 장치의 효율을 산출하시오. 단, 증발이 없는 경우이다.

정답

① $860\eta Pt = M(T_2 - T_1)$에서

$$\eta = \frac{M(T_2 - T_1)}{860Pt} \times 100 = \frac{8(90-15)}{860 \times 2 \times \frac{30}{60}} \times 100 = 69.77[\%]$$

25 단상 유도전동기의 기동법 4가지와 기동기를 사용하는 이유를 쓰시오.

정답

① 기동법
- 반발기동형, 반발유도형, 콘덴서기동형, 분상기동형

② 기동기를 사용하는 이유
- 단상 권선에서는 교번 자계만 생기고 기동 토크는 발생하지 않는다.

해설

① 기동법으로 세이딩코일형, 영구 콘덴서형이 있다.

26 단상 유도전동기의 특징 5가지를 쓰고, 단상 유도전동기의 기동토크의 크기를 순서를 쓰시오.

정답

① 특징
㉠ 회전자는 농형이고, 고정자는 권선은 단상으로 감겨있다.
㉡ 단상 권선에서는 교번 자계만 생기고 기동 토크는 발생하지 않는다.
㉢ 기동 토크는 0이므로 별도의 기동장치가 필요하다.
㉣ 무부하 전류와 전 부하전류의 비율이 크고, 역률과 효율이 나쁘다.
㉤ 0.75[kW] 이하 소동력용, 가정용으로 많이 사용된다.

② 기동토크 크기 순서
- 반발기동형 〉 반발유도형 〉 콘덴서기동형 〉 분상기동형 〉 세이딩코일형

27 세이딩 코일형의 특징 4가지를 쓰시오.

정답

① 고정자에 돌극을 만들어 세이딩(동대)으로 만든 단락 코일을 끼워 이동자계를 만들어 회전하는 방식이다.
② 회전자는 농형이고, 고정자는 성층 철심의 돌극으로 되어 있다.
③ 구조가 간단하고, 회전 방향을 바꿀 수 없으며, 속도 변동률이 크다.
④ 효율이 낮아 극히 소형 전동기에 사용한다.

28 3상 권선형 유도전동기에서는 게르게스 현상이 발생한다. 게르게스 현상을 간단하게 쓰시오.

정답

① 권선형 회전자에서 3상 중 1상이 고장 단선된 경우, 2차는 단상일 때 $s = \frac{1}{2}(0.5)$ 지점에서 차동기 속도가 발생하여 회전자는 동기속도의 50[%] 이상 가속되지 않는 현상이다.

29 소형 농형 유도전동기에서 발생하는 크로우링 현상을 간단하게 쓰시오.

정답

① 회전자를 감는 방법과 슬롯수가 적당하지 않으면 고조파 영향으로 정격속도에 이르기 전에 낮은 속도에서 안정되어 버리는 현상이다.

해설

① 방지책으로는 전동기 슬롯을 사구(경사 슬롯)로 설치한다.

30 유도전동기의 불평형 운전이 되는 원인과 나타나는 현상을 쓰시오.

정답

① 불평형 원인
- 전원 스위치의 접속불량
- 퓨즈 및 과전류 차단기 1상의 용단 및 단선
- 전동기 코일 및 배선의 결함

② 나타나는 현상
- 단자전압의 불평형 정도가 커지면 불평형 전류가 증가하고 토크는 감소한다.
- 입력은 증가, 출력은 감소되며, 동손이 커지며, 전동기의 온도가 상승한다.

31

4극 60[Hz] 볼류트 펌프 전동기 회전자계를 측정한 결과 1,710[rpm]이었다. 이 전동기의 슬립은 몇 [%]인지 구하시오.

정답

① 동기속도 $N_S = \frac{120f}{P} = \frac{120 \times 60}{4} = 1{,}800[\text{rpm}]$

② 슬립 $S = \frac{N_S - N}{N_S} = \frac{1{,}800 - 1{,}710}{1{,}800} = 0.05 = 5[\%]$

32

유도전동기의 고장원인을 전기적 원인과 기계적 원인을 각각 3가지 이상 쓰시오.

정답

① 전기적인 원인 : 과부하, 결상, 층간단락, 권선지락, 순간 과전압의 유입

② 기계적인 원인 : 구속, 회전자와 고정자의 접촉, 베아링의 마모 및 윤활유 부족 등에 의한 열의 발생

33

공장이나 업무용 빌딩, 상가 등에서 주로 사용하는 전동기 보호계전 방식 모두를 쓰고, 전자식 계전기 4E의 보호기능을 쓰시오.

정답

① 보호기의 종류

- 열동형 계전기, 전자식 과전류계전기(정지형), 전동기용 MCCB, 디지털전동기 보호 장치 등

② 4E : 과전류, 결상, 역상, 지락

34 전동기의 전압변동률과 속도변동률을 쓰고, 설명을 간단하게 쓰시오.

정답

① 전압변동률

- 전압변동률$(e)=\frac{V_0-V_n}{V_n}\times 100[\%]$
- 정격부하 전압(V_n)과 무부하 전압(V_0)이 변동하는 비율

② 속도변동률

- 속도변동률$(e)=\frac{N_0-N_n}{N_n}\times 100[\%]$
- 정격회전수(N_n)와 무부하시 회전속도(N_0)가 변동하는 비율

35 조명설계시 필요한 조명의 4요소와 우수한 조명조건 4가지를 쓰시오.

정답

① 조명의 4요소 : 밝기, 크기, 시간과 속도, 대비

② 우수한 조명조건

- 조도가 적당할 것
- 시야 내 조도 차가 없을 것
- 눈부심이 일어나지 않도록 할 것
- 적당한 그림자가 있을 것

해설

① 조명의 4요소

- 밝기 : 보이기 위한 최소한의 조도
- 크기 : 물체의 크기로, 물체의 치수가 아닌 시각의 크기
- 시간과 속도 : 물체가 움직이는 속도(총알, 비행기)
- 대비 : 배경의 밝음과 물체의 밝음의 차이(색깔 대비)

② 우수한 조명조건

- 조도가 적당할 것
- 시야 내 조도 차가 없을 것
- 눈부심이 일어나지 않도록 할 것
- 적당한 그림자가 있을 것
- 광색이 적당할 것

36 실지수란 조명률을 구하기 위한 어떤 특성을 가진 방인가를 나타내는 특성입니다. 실지수를 나타내는 식을 쓰시오.

정답

① 실지수 $= \dfrac{XY}{H(X+Y)}$

해설

① 실지수는 방의 크기 및 형태를 나타내는 척도로 방의 폭, 길이, 작업면 높이를 고려한다.

② 실지수 $= \dfrac{XY}{H(X+Y)}$

여기서, X : 방의 가로 길이, Y : 세로 길이, H : 작업면으로 부터 광원의 높이

37 사무실을 새로 꾸미고자 할 때 검토하는 조명방식 특징을 설명한 내용이다. 특징에 해당하는 조명방식의 종류를 쓰시오.

특 징	조명방식
- 등기구를 천장에 반 매입 설치하는 조명	①
- 천장 내부에 광원을 배치하는 방식으로 고조도가 필요한 장소 - 광원 중에서는 조명률이 가장 높다.	②
- 천장과 벽면의 경계구역 또는 벽면에 돌출 구역을 만들어 그 내부에 조명기구를 설치하는 방식	③
- 천장면을 원형이나 4각형으로 파서 기구를 매입하는 방식 - 천장의 단조로움을 커버하는 조명	④

정답

① 광량 조명 ② 광천장 조명 ③ 코니스 조명 ④ 코퍼(Coffer) 조명

38 설비 불평형률 공식과 기준을 쓰시오.

정답

① 공식

- 단상 3선식 불평형률 $= \dfrac{\text{중성선과 각 전압측 전선 간에 접속된 부하 설비용량의 차}}{\text{총 부하 설비용량의 } \frac{1}{2}}$

- 3상 4선식 불평형률 $= \dfrac{\text{각 전압측 전선간에 접속된 단상 부하 설비용량의 최대와 최소의 차}}{\text{총 부하 설비용량의 } \frac{1}{3}}$

② 제한 기준

-단상 3선식 : 40[%] 이하

-3상 3선식, 3상 4선식 : 30[%] 이하

해설

① 설비 불평형률

-부하설비 용량의 평균값과 중선선과 상선별 접속된 단상 부하 설비용량의 최대와 최소의 차에 대한 비율

② 불평형 제한을 적용하지 않는 경우

-저압수전에서 전용 변압기 등으로 수전하는 경우

-고압 및 특고압 수전에서 100[kVA](kW) 이하의 단상 부하인 경우

-고압 및 특고압 수전에서 단상부하 용량의 최대와 최소의 차가 100[kVA](kW) 이하인 경우

-특고압 수전에서 100[kVA](kW) 이하의 단상변압기 2대로 역 V결선하는 경우

39 설비 불평형률이란 각 선간에 접속되는 단상부하 총 설비용량[VA]의 최대와 최소의 차와 총 부하 설비용량[VA]의 평균값의 비[%]를 말하여, 3상 3선식, 3상 4선식의 불평형률은 30[%] 이하로 한다. 다만 다음의 경우는 불평형 제한을 따르지 않을 수 있다. (　　)에 알맞은 것은?

㉠ 저압수전에서 (①) 등으로 수전하는 경우

㉡ 고압 및 특고압 수전에서 (②) [kVA](kW) 이하의 단상 부하인 경우

㉢ 고압 및 특고압 수전에서 단상 부하 용량의 최대와 최소의 차가 (③) [kVA](kW) 이하인 경우

㉣ 특고압 수전에서 (④)[kVA](kW) 이하의 단상변압기 2대로 (⑤) 하는 경우

정답

① 전용 변압기　② 100　③ 100　④ 100　⑤ 역(逆) V결선

40

3상 3선식 선로에서 380[V], 전류 250[A], 역률 0.8인 부하가 있다. 선로길이가 200[m]인 CV케이블의 20[℃]에 대한 직류도체 저항이 0.193[W/km], 20[℃]를 기준한 저항의 온도계수가 1.2751, 표피효과1.005, 근접효과계수 1.004일 때 부하 측 전압강하를 구하시오. 단, 리액턴스는 무시한다.

정답

① $r = 0.193[W/km] \times \frac{200}{1,000} \times 1.2751 \times (1+1.005+1.004) = 0.14809 \fallingdotseq 0.1481[W]$

② $e = \sqrt{3}IRcos\theta = \sqrt{3} \times 250 \times 0.1481 \times 0.8 = 51.30[V]$

해설

- 전압강하 $e = \sqrt{3}IRcos\theta[V]$
- 교류 도체 실효저항 $r = r_0 \times k_1 \times k_2[W] = r_0[W/km] \times \frac{m}{km} \times k_1 \times k_2[W]$
  - r_0 : 20[℃]에 대한 직류도체 저항
  - k_1 : 도체저항의 온도계수
  - k_2 : 교류-직류 도체의 저항비(1+표피효과계수+근접효과계수)

41

분전반에서 30[m]의 거리에서 4[kW]의 교류 단상 2선의 200[V] 전열기를 설치하였다. 배선방법을 금속관 공사로 하고 전압강하를 2[%] 이하로 하기 위하여 전선의 굵기는 얼마로 선정이 적당한지 산출하시오.

정답

① 금속관 3본이하 전류감소계수 0.7을 적용한다.

② 부하전류 $I = \frac{P}{V} = \frac{4,000}{200 \times 0.7} = 28.57[A]$

③ 전압강하 $e = 200 \times 0.02 = 4[V]$

④ 전선의 굵기 $A = \frac{35.6LI}{1,000e} = \frac{35.6 \times 30 \times 28.57}{1,000 \times 4} = 7.628 \fallingdotseq 10[mm^2]$

42 간선의 굵기를 선정하는데 고려하여야 할 요소를 쓰시오.

정답

① 허용전류 ② 전압강하 ③ 기계적 강도

해설

④ 향후를 대비한 수용률 및 장래 증설부하를 고려하여야 한다.

43 다음 표는 도체의 최소 단면적을 규정한 것이다. (　　)안에 맞는 값을 쓰시오.

<table>
<tr><th colspan="2" rowspan="2">배선 설비의 종류</th><th rowspan="2">사용회로</th><th colspan="2">도체</th></tr>
<tr><th>재료</th><th>단면적[mm²]</th></tr>
<tr><td rowspan="6">고정설비</td><td rowspan="3">케이블과 절연전선</td><td rowspan="2">전력과 조명회로</td><td>구리</td><td>(②)</td></tr>
<tr><td>알루미늄</td><td>KS C IEC 60228에 따라 (③)</td></tr>
<tr><td>신호와 제어회로</td><td>구리</td><td>1.5</td></tr>
<tr><td rowspan="3">(①)</td><td rowspan="2">전력회로</td><td>구리</td><td>(④)</td></tr>
<tr><td>알루미늄</td><td>16</td></tr>
<tr><td>신호와 제어회로</td><td>구리</td><td>4</td></tr>
<tr><td colspan="2" rowspan="3">절연전선과 케이블의 가요 접속</td><td>특정 기기</td><td rowspan="3">구리</td><td>관련 IEC 표준에 의함</td></tr>
<tr><td>기타 적용</td><td>(⑤)[a]</td></tr>
<tr><td>특수한 적용을 위한 특별 저압회로</td><td>0.75</td></tr>
<tr><td colspan="5">[a] 7심 이상의 다심 유연성 케이블에서는 최소 단면적을 0.1[mm²]로 할 수 있다.</td></tr>
</table>

정답

① 나전선 ② 2.5 ③ 10 ④ 10 ⑤ 0.75

해설 [한국전기설비규정 KEC 232.19-1]

① 도체의 최소 단면적

<table>
<tr><th colspan="2" rowspan="2">배선 설비의 종류</th><th rowspan="2">사용회로</th><th colspan="2">도체</th></tr>
<tr><th>재료</th><th>단면적[mm²]</th></tr>
<tr><td rowspan="6">고정설비</td><td rowspan="3">케이블과 절연전선</td><td rowspan="2">전력과 조명회로</td><td>구리</td><td>2.5</td></tr>
<tr><td>알루미늄</td><td>KS C IEC 60228에 따라 10</td></tr>
<tr><td>신호와 제어회로</td><td>구리</td><td>1.5</td></tr>
<tr><td rowspan="3">나전선</td><td rowspan="2">전력회로</td><td>구리</td><td>10</td></tr>
<tr><td>알루미늄</td><td>16</td></tr>
<tr><td>신호와 제어회로</td><td>구리</td><td>4</td></tr>
<tr><td colspan="2" rowspan="3">절연전선과 케이블의 가요 접속</td><td>특정 기기</td><td rowspan="3">구리</td><td>관련 IEC 표준에 의함</td></tr>
<tr><td>기타 적용</td><td>0.75[a]</td></tr>
<tr><td>특수한 적용을 위한 특별 저압회로</td><td>0.75</td></tr>
<tr><td colspan="5">[a] 7심 이상의 다심 유연성 케이블에서는 최소 단면적을 0.1[mm²]로 할 수 있다.</td></tr>
</table>

44 부하설비 불형형 제한에서 고압 및 특고압 수전에서 대용량의 단상 전기로 사용으로 30[%] 제한을 따를 수 없는 경우 3가지를 쓰시오.

정답

① 단상부하 1개의 경우는 2차 역 V접속에 의할 것. 다만, 300[kVA]를 초과하지 말 것.

② 단상부하 2개의 경우는 스코트 접속에 의할 것. 다만, 1개의 용량이 200[kVA] 이하인 경우는 부득이한 경우에 한하여 보통의 변압기 2대를 사용하여 별개의 선간에 부하를 접속할 수 있다.

③ 단상부하 3개 이상인 경우는 가급적 선로 전류가 평형이 되도록 각 선간에 부하를 접속할 것.

해설

① 결선도 참고

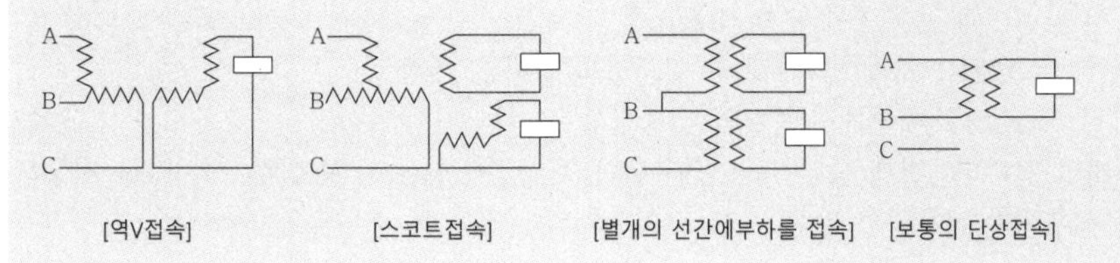

45 수용가 설비의 인입구로부터 기기까지의 전압강하는 아래 값 이하이어야 한다. (　　)안에 적당한 값을 쓰시오.

설비의 유형	조명(%)	기타(%)
A - 저압으로 수전하는 경우	(①)	5
B - 고압 이상으로 수전하는 경우[a]	(②)	8

- [a]가능한 한 최종 회로 내의 전압강하가 A 유형의 값을 넘지 않도록 하는 것이 바람직하다.
- 사용자의 배선 설비가 100[m]를 넘는 부분의 전압강하는 미터 당 0.005[%] 증가할 수 있으나 이러한 증가분은 (③)[%]를 넘지 않아야 한다.

정답

① 3　　② 6　　③ 0.5

해설

① 수용가 설비의 인입구로부터 기기까지의 전압강하는 아래 값 이하이어야 한다.

설비의 유형	조명(%)	기타(%)
A - 저압으로 수전하는 경우	3	5
B - 고압 이상으로 수전하는 경우[a]	6	8

- [a]가능한 한 최종 회로 내의 전압강하가 A유형의 값을 넘지 않도록 하는 것이 바람직하다.
- 사용자의 배선 설비가 100[m]를 넘는 부분의 전압강하는 미터당 0.005[%] 증가할 수 있으나 이러한 증가분은 0.5[%]를 넘지 않아야 한다.

46 KS-IEC 60364-5-52(부속서 : 허용전류)에서 정하는 허용전류를 구하는 공식을 쓰시오.

정답

① $I = A \times S^m - B \times S^n$[A]

해설

① $I = A \times S^m - B \times S^n$[A]

여기서, I : 허용전류[A],

S : 전선의 공칭 단면적[mm^2]

A, B : 케이블의 종류와 설치방법에 따른 계수

m, n : 케이블의 종류와 설치방법에 따른 지수

② 대개의 경우 첫 번째 항만 적용하면 된다. 두 번째 항은 대형 단심 케이블을 사용하는 8가지 경우에만 적용하면 된다.

47 다음의 표는 누전차단기를 설치하여야 하는 장소의 기준으로 표 내부 각각에 아래의 기호를 삽입하시오.

○ : 누전차단기를 시설할 것

△ : 주택에 기계기구를 시설하는 경우는 누전차단기를 시설할 것

□ : 주택구내 또는 도로에 접한 면에 룸에어컨디셔너, 아이스박스, 쇼케이스, 자동판매기 등 전동기를 부품으로 한 기계기구를 시설하는 경우는 누전차단기를 시설하는 것이 바람직한 곳

- : 누전차단기를 설치하지 않아도 되는 곳

구분	옥내		옥외		옥외	물기가 있는 장소
	건조한 장소	습기가 많은 장소	우선내	우선외		
150[V] 이하						
150[V] 초과 300[V] 이하						

정답

구분	옥내		옥외		옥외	물기가 있는 장소
	건조한 장소	습기가 많은 장소	우선내	우선외		
150[V] 이하	-	-	-	□	□	○
150[V] 초과 300[V] 이하	△	○	-	○	○	○

○ : 누전차단기를 시설할 것

△ : 주택에 기계기구를 시설하는 경우는 누전차단기를 시설할 것

□ : 주택구내 또는 도로에 접한 면에 룸에어컨디셔너, 아이스박스, 쇼케이스, 자동판매기 등 전동기를 부품으로 한 기계기구를 시설하는 경우는 누전차단기를 시설하는 것이 바람직하다.

해설

① 누전차단기 설치원칙

- 사람이 쉽게 접촉될 우려가 있는 장소에 시설하는 사용전압이 50[V]를 초과하는 저압 기계기구

48 분전함이나 기기조작반에서 사용하는 인체감전보호형 누전차단기 중 일반적인 장소에서 사용하는 누전차단기와 물기가 있는 장소의 회로에 사용하는 누전차단기의 정격감도전류와 동작시간을 쓰시오.

장소 구분	정격감도전류	동작시간
일반적인 장소, 회로의 고감도 고속형	(①)[mA]	(②)초 이내
물기가 있는 회로에 사용하는 고감도 고속형	(③)[mA]	(④)초 이내

정답

① 30[mA]　② 0.03초　③ 15[mA]　④ 0.03초

해설

구분		정격감도전류(mA)	동작시간
고감도형	고속형	5, 10, 15, 30	-정격감도전류에서 0.1초 이내, 인체감전보호형은 0.03초이내
	시연형		-정격감도전류에서 0.1초를 초과하고, 2초 이내
	반한시형		-정격감도전류에서 0.2초를 초과하고, 1초 이내 -정격감도전류 1.4배의 전류에서 0.1초를 초과하고, 0.5초 이내 -정격감도전류 4.4배의 전류에서 0.05초 이내

49 면적 216[m^2]인 업무공간에 40[W]×2형 형광등기구를 설치하려 한다. 이 형광등 기구의 전광속이 4,600[lm], 전류 1[A]일 때, 이 형광등을 설치하여 평균 조도를 200[lx]로 한다면, 이 업무공간의 형광등수는 몇 개가 필요하며, 최소 분기 회로수는?(단, 조명률 51[%], 감광보상률은 1.3이고, 전기방식은 2선식 200[V], 15[A] 분기회로로 한다.)

정답

① 등수 $N = \dfrac{EAD}{FU}$이므로 $N = \dfrac{200 \times 216 \times 1.3}{4{,}600 \times 0.51} = 23.9 ≒ 24$등

② 회로수 $N = \dfrac{1[A] \times 24[등]}{15[A]} = 1.6 ≒ 2$회로

50

단상 2선식 220[V], 40[W] 2등용 형광등 60개를 설치하려고 한다. 15[A]의 분기회로로 할 경우, 몇 회로로 하여야 하는가?(단, 형광등 역률 80[%]이고, 1회로의 부하전류는 분기회로 용량의 80[%]로 한다.)

정답

① 회로수 $N = \dfrac{\text{형광등 설비 부하용량}}{\text{역률} \times \text{전압} \times \text{분기회로 전류} \times 80\%} = \dfrac{40 \times 60 \times 2}{0.8 \times 220 \times 15 \times 0.8} = 2.27 \fallingdotseq 3$회로

51

전원 공급점 30[m]인 지점에서 70[A], 45[m]인 지점에서 50[A], 60[m]인 지점에서 30[A]의 부하가 걸려있을 때, 부하 중심까지의 거리[m]를 구하시오.

정답

① 부하중심점 $= \dfrac{\Sigma(\text{각각의 거리} \times \text{전류의 합})}{70+50+30} = \dfrac{(30 \times 70)+(45 \times 50)+(60 \times 30)}{70+50+30} = 41[\text{m}]$

52

주택 및 기숙사로 사용하는 건축물의 전기 설계도가 대형 전기기계기구 용량이 5[kVA]이고, 전등 및 소형 전기기계기구 용량이 30[kVA]일 때, 간선 굵기 산정에 필요한 최대 사용 부하를 산정하시오.

정답

① $(30-10) \times 0.5 + 10 + 5 = 25[\text{kVA}]$

해설

① 전등 및 소형전기기계기구 30[kVA]
② 대형전기기계기구 5[kVA]
③ 적용(주택 및 기숙사) 수용률 50[%]
④ 최대사용부하 $(30-10) \times 0.5 + 10 + 5 = 25[\text{kVA}]$이다.

53

직입기동 0.75[kW]-4.8[A], 직입기동 1.5[kW]-8[A], 직입기동 3.75[kW]-17.4[A]×2대 일 때 공사방법별 간선(XLPE)의 굵기와 과전류차단기의 용량을 표(표 3115-4,5,6참조)에 의해 선정하시오.

[내선규정 표(3115-4,5,6) 값으로 간선 굵기와 과전류차단기 선정법]

① 200[V] 3상 유도전동기의 간선의 굵기 및 기구의 용량(표 3115-4참조)

전동기 kW 수의 총계 ① [kW] 이하	최대 사용 전류 ①′ [A] 이하	② 배선종류에 의한 간선의 최소굵기[mm²]					
		공사방법 A1		공사방법 B1		공사방법 C	
		PVC	XLPE, EPR	PVC	XLPE, EPR	PVC	XLPE, EPR
3	15	2.5	2.5	2.5	2.5	2.5	2.5
12	50	16	10	10	10	10	6
19.5	90	50	25	35	25	25	16
30	125	70	50	50	35	50	35
37.5	150	95	70	70	50	70	50

② 200[V] 3상 유도전동기의 간선의 과전류차단기(배선용차단기) 용량

전동기 kW 수 총계 ① [kW] 이하	최대 사용 전류 ①′ [A] 이하	직입기동 전동기 중 최대용량의 것													
		0.7	1.5	2.2	3.7	5.5	7.5	11	15	18	22	30	37	45	55
		Y-Δ 기동기 사용 전동기 중 최대용량의 것													
		-	-	-	-	5.5	7.5	11	15	18	22	30	37	45	55
		과전류차단기(배선용차단기) 용량 [A]							직입기동 → (칸 위 숫자) Y-Δ 기동 → (칸 아래 숫자)						
3	15	20 -	30 -	30 -	-	-	-	-	-	-	-	-	-	-	-
12	50	75 -	75 -	75 -	75 -	75 75	100 75	125 75	-	-	-	-	-	-	-
19.5	90	125 -	125 -	125 -	125 -	125 125	125 125	125 125	125 125	125 125	-	-	-	-	-
30	125	175 -	175 -	175 -	175 -	175 175	175 175	175 175	175 175	175 175	175 175	-	-	-	-
37.5	150	200 -	200 -	200 -	200 -	200 200	200 200	200 200	200 200	200 200	200 200	200 200	-	-	-

전동기 kW 수 총계 ① [kW] 이하	최대 사용 전류 ①′ [A] 이하	직입기동 전동기 중 최대용량의 것											
		0.75	1.5	2.2	3.7	5.5	7.5	11	15	18.5	22	30	37~55
		Y−Δ 기동기 사용 전동기 중 최대용량의 것											
		-	-	-	5.5	7.5	11 15	18.5 22	-	30 37	-	45	55
		과전류차단기[A] → (칸 위 숫자) ③ 개폐기 용량[A] → (칸 아래 숫자) ④											
3	15	15 30	20 30	30 30	–	–	–	–	–	–	–	–	–
12	50	50 60	50 60	50 60	75 100	75 100	100 100	150 200	–	–	–	–	–
19.5	90	100 100	100 100	100 100	100 100	100 100	150 200	150 200	200 200	200 200	–	–	–
30	125	150 200	150 200	150 200	150 200	150 200	150 200	150 200	200 200	300 300	300 300	300 300	–
37.5	150	200 –	200 –	200 –	200 –	200 200	200 200	200 200	200 200	200 200	200 200	200 200	–

정답

① 부하의 총계 9.65[kW], 47.6[A]

② 간선의 최소 굵기 : A1인 경우 10[mm²], B1인 경우 10[mm²], C인 경우 6[mm²]

③ 과전류차단기 용량 : 직입기동 중 최대인 3.7[kW] 열을 적용 75[A]로 선정

해설

① 부하의 총계 9.75[kW](0.75×1+1.5×1+3.75×2),
47.6[A](4.8×1+8×1+17.4×2)

② [kW]수 총계의 경우는 표①의 12[kW] 이하의 란, 사용전류 총계의 경우는 표①′의 50[A]이하 란을 적용한다.

③ 간선의 최소 굵기 : 공사방법 중 A1인 경우 10[mm²], B1인 경우 10[mm²], C인 경우 6[mm²] 선정한다.

④ 과전류차단기 용량 : 직입기동 중 최대인 3.7[kW]열을 적용하면 75[A]로 선정한다.

54

부하설비에서 고조파가 발생하는 경우 전선의 허용전류 계산시 고조파에 의한 보정계수를 적용하여야 한다. 4심 및 5심 케이블 고조파 전류에 대한 보정계수에 적당한 값을 쓰시오.

상전류의 제3고조파 성분(%)	보정계수		비고
	상전류를 고려한 규격 결정	중성전류를 고려한 규격 결정	
0-15	1.0	-	선 전류의 제3고조파 성분은 기본파(제1고조파)에 대한 제3고조파의 비율이다.
15-33	(①)	-	
33-45	-	(②)	
>45	-	(③)	

정답

① 0.86　② 0.86　③ 1.0

해설

① 4심 및 5심 케이블 고조파 전류에 대한 보정계수(부속서 D.52-1)

상전류의 제3고조파 성분(%)	보정계수		비고
	상전류를 고려한 규격 결정	중성전류를 고려한 규격 결정	
0-15	1.0	-	선 전류의 제3고조파 성분은 기본파(제1고조파)에 대한 제3고조파의 비율이다.
15-33	0.86	-	
33-45	-	0.86	
>45	-	1.0	

55

3상 4선식 선로의 전류가 39[A]이고, 제3고조파 성분이 50[%]일 경우, 중성선 전류를 산출하고, 다음 표에 의한 전선의 굵기를 선택하시오.

[전선의 허용전류]

전선의 굵기[mm²]	전류[A]
6	41
10	57
16	76

정답

① 중성선 전류

-각 상의 제3고조파 성분의 전류 $I_N = 3IK_m = 3 \times (39 \times 0.5) = 58.5[A]$

-중성선에 흐르는 제3고조파 전류 $I_{N3} = \frac{58.5}{1} = 58.5[A]$

② 전선의 굵기 16[mm²]

해설 [내선규정 부속서 D 참고]

① 고조파 보정계수

상전류의 제3고조파 성분[%]	보정계수	
	상전류를 고려한 규격 결정	중성전류를 고려한 규격 결정
0~15	1.0	-
15~33	0.86	-
33~45	-	0.86
>45	-	1.0

② 산출식

- 제3고조파 성분이 50[%]일 경우

  중성선 전류 = 39 × 0.5 × 3 = 58.5[A], > 45 이상이 되어 보정계수는 1이다.

  따라서, 16[mm²]을 선정한다.

56

배선 설계 긍장 80[m], 부하 최대사용전류 40[A], 배선설계 전압강하 4.0[V]인 단상 2선식 저압회로의 전선굵기를 아래 표(내선규정 1415절 부록100-7)를 이용하여 산정하시오.

[내선규정 1415절 부록100-7, 단상2선식 전압강하 2.2[V], 동선] 단상 220[V] 배선인 경우

전류[A]	전선의 굵기[mm^2]								
	2.5	4	6	10	16	25	35	50	95
	전선 최대 길이[m]								
1	154	247	371	618	989	1545	2163	3090	5871
5	31	49	74	124	198	309	433	618	1174
12	13	21	31	51	82	129	180	257	489

주1. 전압강하가 2[%] 또는 3[%]의 경우, 전선길이는 각각 이 [표]의 2배 또는 3배가 된다.
주2. 전류 20 또는 200[A] 경우의 전선길이는 각각 이 [표]의 전류 2[A] 경우의 1/10, 1/100이 된다.

정답

① 전선긍장 $L = \dfrac{80 \times \dfrac{40}{5}}{\dfrac{4.0}{2.2}} = 352[m]$

② 전선굵기 : 35[mm^2]

해설

① 전선의 최대긍장 $L = \dfrac{\text{배선설계의 긍장[m]} \times \dfrac{\text{부하의 최대 사용전류[A]}}{\text{[표]의 전류[A]}}}{\dfrac{\text{배선설계의 전압강하[V]}}{\text{[표]의 전압강하[V]}}}$

$= \dfrac{80 \times \dfrac{40}{5}}{\dfrac{4.0}{2.2}} = 352[m]$

② 굵기는 5[A]를 임의 선정했으므로, 임의 선택한 5[A] 행에서 전선 긍장 352[m]를 만족할 수 있는 433[m]란과 만나는 35[mm^2] 전선을 적정 굵기로 산정한다.

57

기계기구 및 전선을 보호하기 위하여 필요한 곳에는 과전류차단기를 시설하여야 하는데 과전류차단기의 시설을 제한하고 있는 곳이 있다. 이 과전류차단기의 시설제한 개소 3가지를 쓰시오.

정답

① 접지공사의 접지선
② 다선식 전로의 중성선
③ 단상 3선식의 저압 가공전선로의 접지측 전선

58

단상 2선식에서 전압강하는 ㉠ $e=K_1I(Rcos\theta+Xsin\theta)$이고, 전압강하를 반영한 전선 단면적은 ㉡ $A=\frac{35.6LI}{1,000e}$[mm²]을 이용하여 단면적 값을 구한다. 전압강하 산출식 ㉠을 ㉡로 변환하는 과정을 역률 $cos\theta=1$일 때 식으로 증명하시오.

정답

① 산출식 $e=2I(Rcos\theta+Xsin\theta)$

$$=2IR=2I(\rho\frac{L}{A})=2I\times\frac{1}{58}\times\frac{100}{97}\times\frac{L}{A}\times\frac{1,000}{1,000}=\frac{35.6LI}{1,000A}[V]$$

② 전선굵기 $\therefore A=\frac{35.6LI}{1,000e}[mm^2]$

해설

① 역률 $cos\theta=1$인 직류성분으로 볼 때 $R=\rho\frac{L}{A}=\frac{1}{58}\times\frac{100}{C}\times\frac{L}{A}[\Omega]$이므로,

$e=K_1I(Rcos\theta+Xsin\theta)$를 대입하면

$$e=2I(Rcos\theta+Xsin\theta)=2IR=2I(\rho\frac{L}{A})=2I\times\frac{1}{58}\times\frac{100}{97}\times\frac{L}{A}\times\frac{1,000}{1,000}=\frac{35.6LI}{1,000A}[V]$$

$\therefore A=\frac{35.6LI}{1,000e}[mm^2]$이다.

59 그림과 같은 분기회로 전선의 단면적을 산출하여 굵기를 정하시오.

조건1) 배선방식은 단상 2선식, 교류 100[V]로 한다.

조건2) 사용전선은 450/700[V] 일반용 단심 비닐절연전선이다.

조건3) 전선관은 후강전선관이며, 전압강하는 최 말단에서 2[%]로 한다.

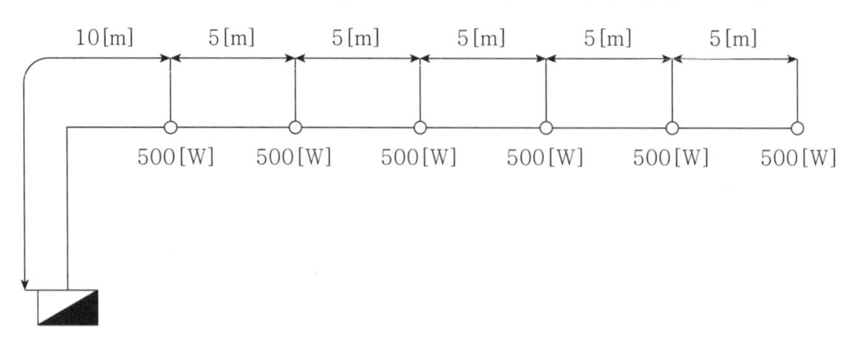

정답

$$A=\frac{35.6LI}{1,000e}=\frac{35.6\times22.5\times42.86}{1,000\times100\times0.02}=17.16 \fallingdotseq 25[\text{mm}^2]$$

해설

① 부하중심까지의 거리 $L=10+\frac{5\times5}{2}=22.5[\text{m}]$

② 부하전류 $I=\frac{500\times6}{100\times0.7}=42.86[\text{A}]$

여기서, 금속관이므로 전류감소 계수 0.7을 적용한다.

③ 전선굵기 $A=\frac{35.6LI}{1,000e}=\frac{35.6\times22.5\times42.86}{1,000\times100\times0.02}=17.16 \fallingdotseq 25[\text{mm}^2]$로 선정한다.

60 그림에서 3상 4선식의 설비 불평형률의 기준과 설비 불평률을 산출하시오.

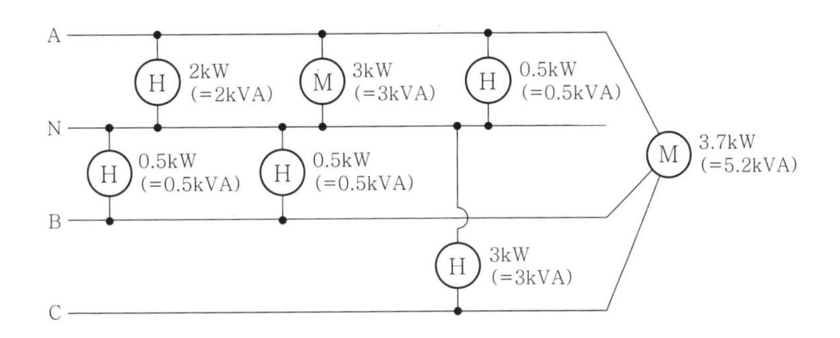

정답

① 3상 4선식 설비 불평형률 기준 : 30[%] 이하

② 불평형률 $= \dfrac{5.5-1.0}{14.7\times\dfrac{1}{3}}\times 100 = 92[\%]$

해설

① 설비 불평형률이란 각 선간에 접속되는 단상부하 총 설비용량[VA]의 최대와 최소의 차와 총 부하 설비용량[VA]의 평균값의 비[%]를 말한다.

② 3상 3선식, 4선식 불평형률 $= \dfrac{\text{각 간선에 접속되는 단상부하 총 설비용량의 최대와 최소의 차}}{\text{총 부하 설비용량의 }\dfrac{1}{3}}\times 100$

61

어떤 수용가의 전기 부하설비가 역률 0.8, 용량 300[kVA]인 3상 농형유도전동기를 사용하고 있다. 이 부하에 병렬로 콘덴서를 설치하여 합성역률을 0.95로 개선할 경우, 각각의 물음에 답하시오.

① 필요한 전력콘덴서의 용량을 산출하시오.

② 전력용 콘덴서의 직렬 리액터 설치 목적과 용량[kVA]을 산출하시오.

정답

① $Qc = 300 \times 0.8 \times (\frac{0.6}{0.8} - \frac{\sqrt{1-0.95^2}}{0.95}) = 101.11$[kVA]

답 101.11[kVA]

② 리액터 설치목적 : 제5고조파의 제거

리액터 용량 $101.11 \times 0.06 = 6.06$[kVA]

해설

① 전력콘덴서 $Qc = P(\tan\theta_1 - \tan\theta_2) = P(\frac{\sqrt{1-\cos^2\theta_1}}{\cos^2\theta_1} - \frac{\sqrt{1-\cos^2\theta_2}}{\cos^2\theta_2})$ [kVA]

② 직렬리액터

- 제5고조파의 제거를 위해 설치한다.
- 직렬리액터의 용량은 이론적으로는 콘덴서 용량의 4[%]이나 실제로는 콘덴서 용량의 6[%]를 적용한다.
- 직렬리액터 용량$=101.11 \times 0.06 = 6.06$[kVA]

62 과전류 차단기로 주택용 이외의 저압전로에 산업용 배선용 차단기를 설치하고자 한다. 다음 표의 빈칸을 채워 넣으시오.

[산업용 배선용 차단기 과전류트립 동작시간 및 특성]

정격전류의 구분	시 간	정격전류의 배수(모든 극에 통전)	
		부동작 전류	동작 전류
63 [A] 이하	60분	①	②
63 [A] 초과	120분	1.05배	1.3배

정답

① 1.05배 ② 1.3배

해설 [한국전기설비규정(KEC) 212.3.4(보호장치의 특성)]

[산업용 배선용 차단기 과전류트립 동작시간 및 특성]

정격전류의 구분	시 간	정격전류의 배수(모든 극에 통전)	
		부동작 전류	동작 전류
63 [A] 이하	60분	1.05배	1.3배
63 [A] 초과	120분	1.05배	1.3배

[주택용 배선용 차단기-과전류트립 동작시간 및 특성]

정격전류의 구분	시 간	정격전류의 배수(모든 극에 통전)	
		부동작 전류	동작 전류
63 [A] 이하	60분	1.13배	1.45배
63 [A] 초과	120분	1.13배	1.45배

63

가로 14[m], 세로 10[m], 높이 2.75[m], 작업면 높이 0.75[m]인 사무실에 천장 직부형 F32[W]×2등용을 설치하려고 한다.

① 사무실의 실지수를 쓰시오.

② 사무실의 작업면 조도 250[lx], 광속 3,200[lm](등당)인 형광등을 조명률 50[%], 보수율 70[%], 천장 반사율 70[%], 벽 반사율 50[%], 바닥 반사율 10[%]일 때 사무실에 필요한 소요 등기구 수를 산출하시오.

정답

① $K=\frac{14\times10}{(2.75-0.75)\ (14+10)}=2.9166$ 답 2.92

② $N=\frac{250\times14\times10}{3{,}200\times2\times0.5\times0.7}=15.625$[등] 답 16등

해설

① 실지수 $K=\frac{X\cdot Y}{H(X+Y)}$, 소요등수 $N=\frac{D\cdot E\cdot A}{F\cdot U}$ [등] 이다.

PART 04

전력변환 설비

무정전 전원(UPS) 설비

01 UPS 개요

(1) UPS(Uninterruptible Power System)

컴퓨터 등 중요부하에 전압. 주파수 등을 일정하게 유지하고 축전지와 조합해서 상용전원의 정전, 순시 전압강하에도 안정된 전력공급을 할 수 있는 무정전전원장치이다.

(2) 기본구성

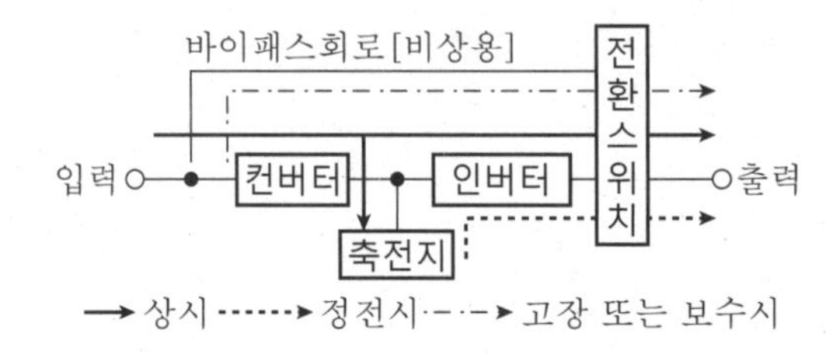

① **컨버터** : 상용전원 AC → DC변환, 인버터에 전력공급 및 축전지 충전

② **인버터** : DC → AC로 변환하여 부하에 전력공급

③ **바이패스 회로** : UPS 과부하 및 이상시 상용전원으로 무순단 절체하는 장치

④ **축전지** : 상용전원 정전시 인버터를 통해 부하에 전력 공급

02 UPS 종류 및 특징

(1) ON LINE 방식(상시인버터 급전방식)

① 정상시 인버터로 부하에 전력을 공급하고 정전시는 축전지에서 인버터를 통해 무순단으로 전력을 부하에 공급하는 방식으로, 전원의 신뢰도를 요하는 곳에 적용된다.

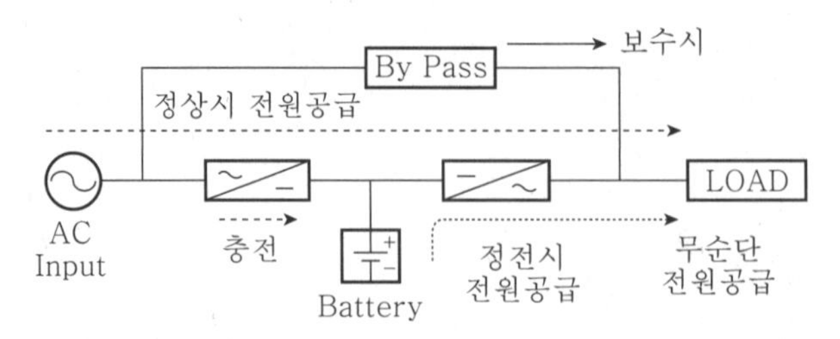

② **장점 및 단점**

장점	- 상시 인버터를 통해 급전하기 때문에 무순단 급전된다. - 전압 변동, 주파수 변동, 노이즈가 없는 고품질의 전력을 공급한다. - 급전의 신뢰성과 고품질 전력공급이 가능하여 소용량에서 대용량까지 사용된다.
단점	- 회로구성이 복잡하다. - 운전시 전력손실이 발생한다. - 고조파가 발생한다. - 가격이 비싸다.

(2) Off Line방식(상시상용 급전방식)

① 정상시 상용전원으로 부하에 전력을 공급하고, 정전시 축전지를 이용하여 Inverter를 통해 부하에 전력을 공급하는 방식으로, 주로 서버 전용 등 소용량에 많이 사용되고 있다.

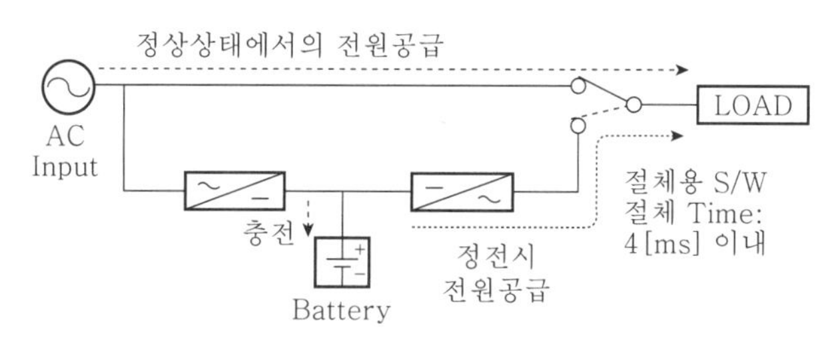

② **장점 및 단점**

장점	- 소형화가 가능하다. - 회로구성이 간단하다. - 운전시 전력손실이 적다. - 고조파 발생이 없다. - 가격이 저렴하다.
단점	- 평상시 상용전원으로 급전하여 전압 변동, 주파수 변동, 노이즈 등이 부하에 전달된다. - 정전시 축전지로 전환할 때 순단이 발생한다. - 정밀급 부하에는 부적합하다.

(3) Line Interactive(고효율 UPS) 방식

① On-Line과 Off-Line방식의 단점을 보완한 것으로 정상시는 상용전원으로 공급하고 정전시는 축전지에서 출력전압을 제어하는 동시에, 정류기로 작동하여 밧데리를 충전하는 쌍방향 컨버터이고 별도의 정류기가 없다.

② **장점 및 단점**

장점	- 정상시는 전력손실이 적다. - 회로구성이 간단하다. - 고조파 발생이 적다. - On-line에 비해 가격이 저렴하다.
단점	- 내구성이 Off-line보다 떨어진다. - 입력 역률이 낮다.

03 UPS 시스템 구성

(1) UPS시스템 구성은 단일, 병렬, 공통예비, 외부 바이패스 무순단 전환, 보수 바이패스 등 경제성, 신뢰성, 보수성을 고려해서 결정하여야 한다.

(2) 단일시스템

① 일반적인 시스템으로 무순단 전환회로를 내장하여 인버터 과전류와 고장시에는 자동적으로 무순단 바이패스 전원으로 전환한다.

② 보수 바이패스 회로를 설치하여 무정전 보수 가능하고, 소규모 전산시스템에 적용한다.

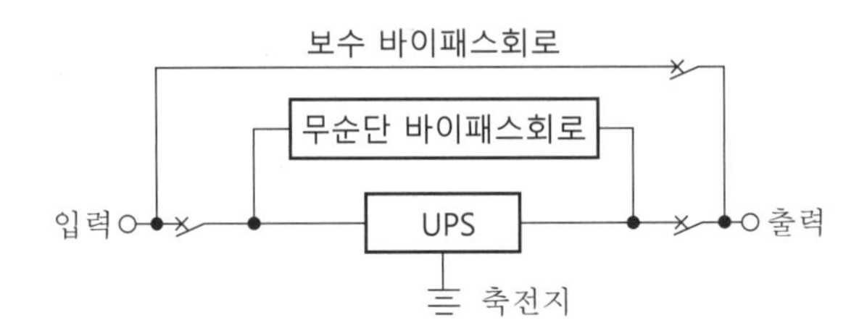

(3) 병렬시스템

① UPS를 여러 대 병렬로 접속하여 1대 고장에도 전체 부하용량을 공급할 수 있도록 구성한 시스템이다.

② 2대 이상 고장시는 자동으로 무순단 바이패스 회로로 전환된다.

③ 보수 바이패스를 설치하여 무정전 보수 가능하다.

④ 예비 UPS를 추가하여 UPS의 고장, 보수 점검시 무정전 공급 및 보수가 가능한 신뢰성이 높은 시스템이다.

⑤ 대규모 온라인시스템, 대형 전산시스템에 채용된다.

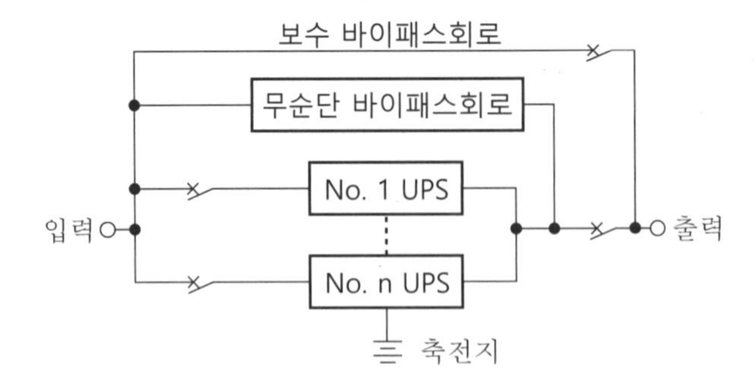

04 UPS 용량 산정

(1) 용량 산정

① UPS 용량은 부하용량 이상이어야 한다.

② 부하의 기동 돌입전류가 UPS의 출력 한계값을 초과하지 않아야 한다.
UPS의 단시간 과부하 내량 ≥ 정상 부하용량+돌입 부하용량

③ 출력 전압 및 출력 주파수의 변동폭이 부하의 허용범위 이내이어야 한다.

④ 가능한 한 Maker의 표준용량을 선정한다.

⑤ 고조파 부하가 많은 경우에는 UPS 용량에 10~20[%]의 여유를 둔다.

(2) 축전지의 용량

일반적으로 정전류 방전으로 취급하여 용량을 선정한다.

$$C = \frac{1}{L} K I [\mathrm{Ah}]$$

여기서, C : 정격용량, L : 보수율, K : 용량환산시간, I : 방전전류

$$I = \frac{P_0 \times Pf}{V_d \times \eta} [\mathrm{A}]$$

여기서, P_0 : UPS출력[kVA], Pf : 부하역률, V_d : 방전종지 전압[V],
η : 효율(DC → AC)

05 UPS 보호

(1) 고조파의 영향

① 발전기와 UPS를 조합하면 UPS에서 발생하는 고조파가 전원측으로 흘러나와 발전기에 역상전류가 흘러 댐퍼권선 등이 과열되고 손실증가로 출력이 감소하게 된다.

② 발전기 용량을 UPS 용량의 2.5배 이상으로 하거나 UPS 부하를 발전기 부하의 50[%] 이하로 조정한다.

③ 고조파를 감소하기 위해 컨버터의 PWM 제어, 필터 등을 설치한다.

(2) UPS의 과전류 보호

1) 바이패스 이용 단락보호

① 과전류 발생시 상용전원으로 무순단 절체하여 고장회로를 분리하고 정상 회복시 UPS 측으로 무순단 복귀한다.

2) 배선용차단기에 의한 보호 : 소용량에서 가장 많이 사용한다.

3) 속단퓨즈에 의한 보호

① 차단시간이 짧고 한류기능이 있는 것이 적합하고, 개폐기능이 없어 MCCB와 조합하여 사용된다.

4) 반도체 차단기에 의한 보호

① 반도체 차단기는 싸이리스터 등을 사용, 차단시간이 매우 빨라(150μs) 다른 부하에 영향을 미치지 않고 차단이 가능하고 가격이 비싸진다.

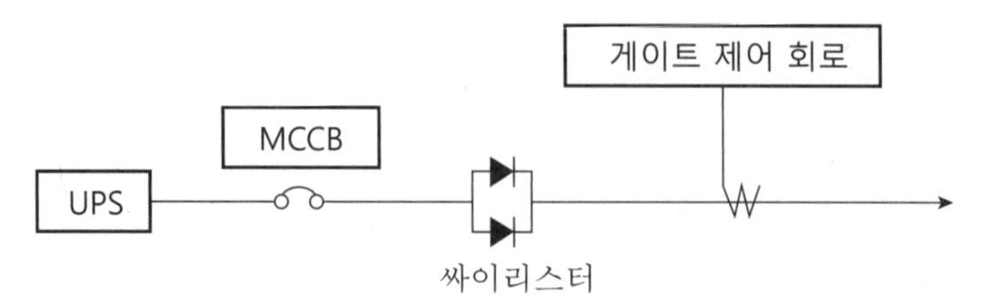

5) 지락보호

① UPS 2차측은 부하기기 요구에 따라 비접지 방식을 많이 사용(지락시 계속운전)한다.

② 지락 검출 방법은 누전차단기, 누전보호계전기, 지락방향계전기 등이 있으며 급전의 연속성을 위해서 경보표시를 하는 것이 좋다.

③ 비접지계에서는 접지용 콘덴서를 사용해서 검출 가능한 지락전류를 확보할 필요가 있다.

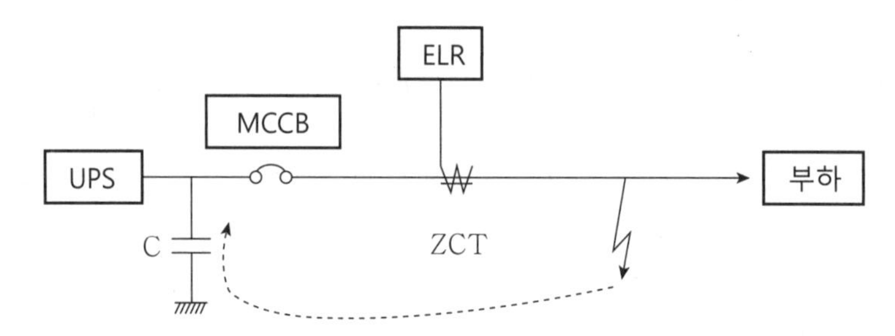

Chapter 2 정류 및 인버터 설비

01 정류회로

(1) 다이오드 정류회로

1) 단상 반파 정류회로

① 교류 성분의 양(+)과 음(-) 중 한쪽만 통과(순방향 전압)하여 반파만 출력된다.

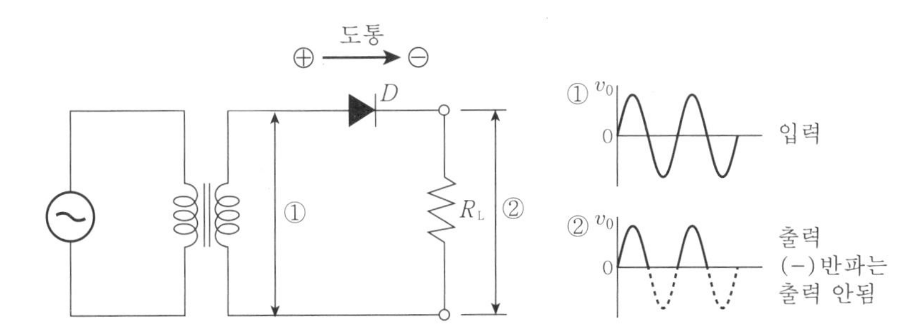

② 출력전압은 정현파(사인파) 교류 평균값의 반이 된다.

- 직류전압(평균값) $V_d = \frac{1}{2\pi}\int_0^{\pi}\sqrt{2}Vsin\theta d(wt) = \frac{\sqrt{2}}{\pi}V = 0.45V$

- PIV(역전압 첨두값) $= \sqrt{2}V$

- 정류효율 40.6[%]

③ 정류회로 중 가장 간단하게 구성할 수 있다.

④ 스위칭 모드 전원회로처럼 주파수가 높은 회로에 사용된다.

2) 단상 전파 정류회로

① 2개의 다이오드를 이용하여, 교류 성분의 양(+)과 음(-)의 전주기를 정류하므로 전파정류라고 한다.

② 양(+) 주기는 D_1이, 음(-) 주기는 D_2가 도통되어 부하에는 전주기 동안 파형이 출력된다.

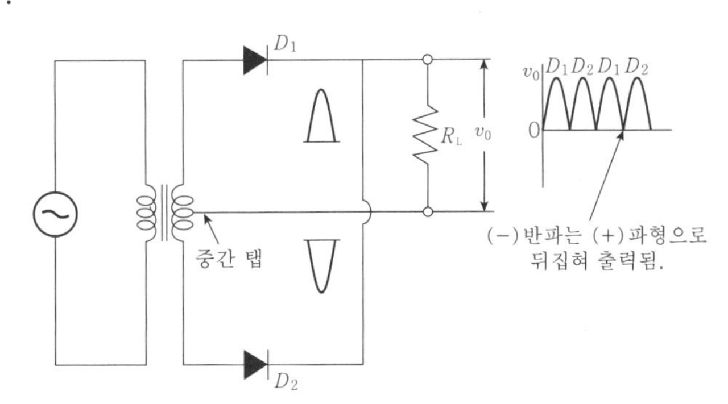

③ 반파 정류회로에 비하여 교류분이 적게 포함되어 정류 효율도 좋다.

- 직류전압(평균값) $V_d = 2 \times \frac{1}{2\pi} \int_0^{\pi} \sqrt{2} V sin\theta d(wt) = \frac{2\sqrt{2}}{\pi} V = 0.9V$
- PIV(역전압 첨두값) $= 2\sqrt{2}V$
- 정류효율 81.2[%]

3) 단상 브릿지 전파 정류회로

① 4개의 다이오드를 이용하여, 교류 성분의 양(+)과 음(-)의 전주기를 정류하는 전파정류 방식이다.

② 양(+) 주기는 D_1, D_4가, 음(-) 주기는 D_2, D_3가 도통되어 부하에는 전주기 동안 파형이 출력된다.

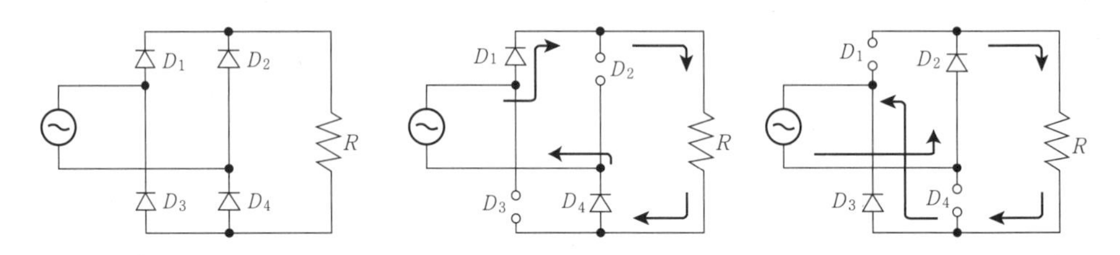

- 직류전압(평균값) $V_d = 2 \times \frac{1}{2\pi} \int_0^{\pi} \sqrt{2} V sin\theta d(wt) = \frac{2\sqrt{2}}{\pi} V = 0.9V$
- PIV(역전압 첨두값) $= \sqrt{2}V$
- 정류효율 81.2[%]

③ 순방향 전압강하가 2배가 되는 단점이 있다.
(2개의 다이오드를 통과하므로, 다이오드 수가 4개로 많다.)

④ 정류효율이 가장 좋아 많이 사용하는 방식이다.

4) 배(倍) 전압회로

① 브릿지 회로에서 다이오드 2개를 커페시터로 바꾸면 출력 전압을 2배로하는 배(倍) 전압회로가 된다.

② 출력전압 $V_d = 2V_m = 2\sqrt{2}V$

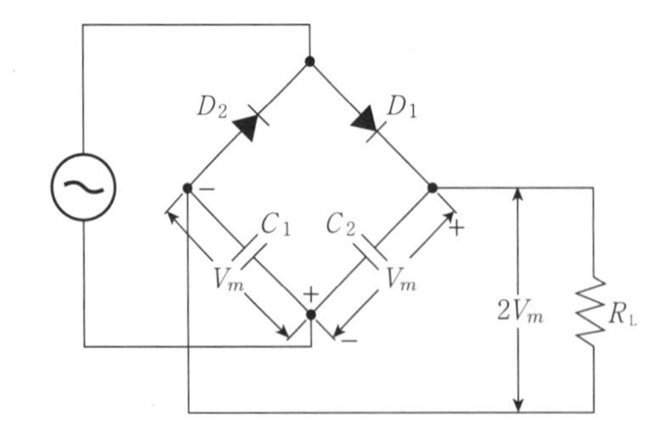

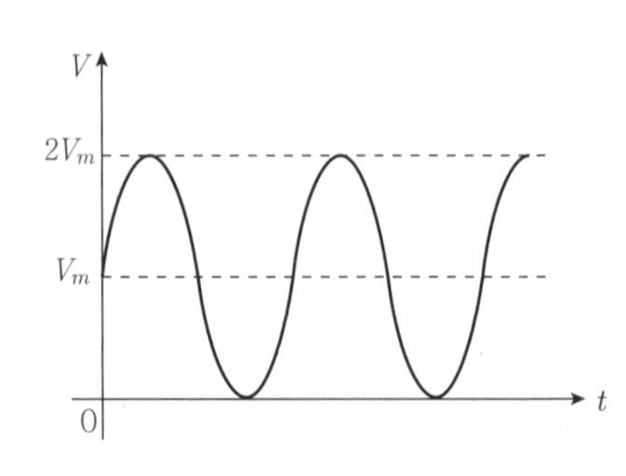

5) 3상 반파 정류회로

① 실리콘, 사이리스터 정류기를 사용하여 직류로 정류한다.

② 3상 반파 정류(맥동률 17[%])를 많이 사용한다.

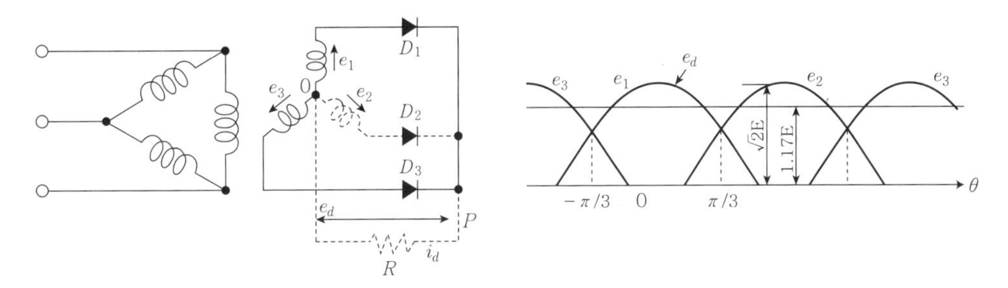

- 직류전압(평균값) $V_d = 1.17V$
- 직류전류(평균값) $I_d = 1.17\dfrac{V}{R}$
- PIV(역전압 첨두값) $= \sqrt{3} \times \sqrt{2}V = \sqrt{6}V$
- 정류효율 96.7[%]

6) 3상 전파 정류회로

① 상단부 다이오드(D_1, D_3, D_5)는 임의의 시간에 3상 전원 중 전압의 크기가 양의 방향으로 가장 큰 상에 연결되어 있는 다이오드가 온(on)된다.

② 전원의 한 주기당 펄스폭이 120°인 6개의 펄스형태의 선간전압으로 직류 출력전압이 얻어진다.

③ 3상 전파 정류기를 6펄스 정류기라고도 한다.

④ 맥동률 4[%]로 맥동이 작은 평활한 직류를 얻는다.

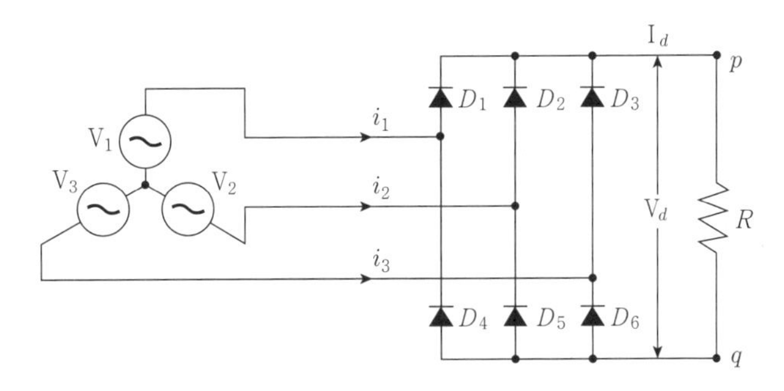

- 직류전압(평균값) $V_d = 1.35V$
- 직류전류(평균값) $I_d = 1.35\dfrac{V}{R}$
- PIV(역전압 첨두값) $= \sqrt{3} \times \sqrt{2}V = \sqrt{6}V$
- 정류효율 99.8[%]

(2) 사이리스터 정류회로

1) SCR의 정류 특성

① SCR 턴 온(Turn On) 조건

- 게이트에 래칭 전류 이상의 전류(펄스전류)를 인가한다.
- 양극과 음극간에 브레이크오버 전압 이상을 인가한다.

② SCR 턴 오프(Turn Off) 조건

- 애노드 극성을 (-)로 한다.
- SCR에 흐르는 전류를 유지전류 이하로 한다.

2) SCR 위상 제어

① 단상 반파 정류회로

- $V_d = \frac{1}{2\pi}\int_0^{\pi}\sqrt{2}Vsin\,wt\,d(wt) = \frac{\sqrt{2}V}{2\pi}[-cos\,wt]_{\alpha}^{\pi}$

$= \frac{\sqrt{2}}{\pi}V(\frac{1+cos\alpha}{2}) = 0.45V(\frac{1+cos\alpha}{2})$

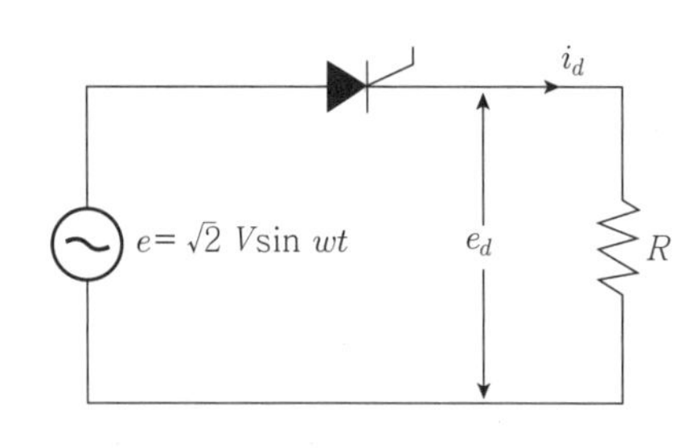

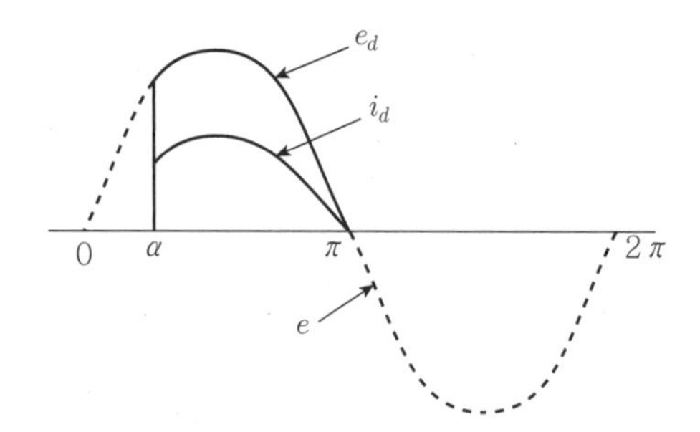

② 단상 전파 정류회로

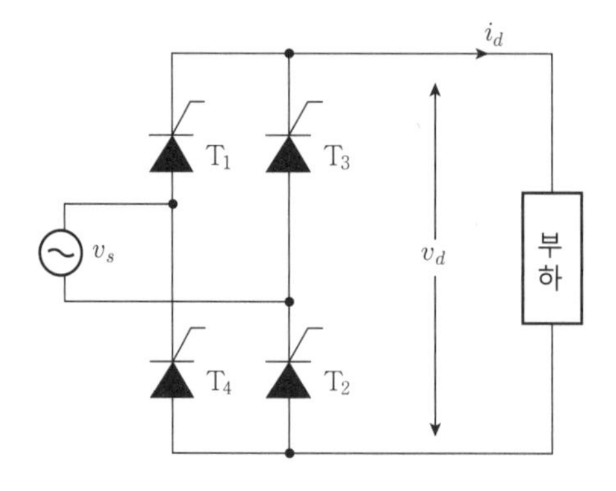

- T_1, T_2 위상을 α시점에서, T_3, T_4를 위상 180°+α시점에서 각각의 게이트에 점호하였을 때 정류된 파형이 점호각 α 많큼 잘려나간 파형이 얻어진다.
- α 많큼 점호신호를 지연하는 시간을 “점호각” 또는 “지연각”이라 한다.
- 점호각을 조정하여 출력전압을 원하는 값으로 바꾸어 주는 것을 “위상제어”라 한다.

㉠ 저항만의 부하

$$- V_d = \frac{1}{\pi}\int_0^{\pi}\sqrt{2}Vsin\,wt\,d(wt) = \frac{\sqrt{2}V}{\pi}[-cos\,wt]_{\alpha}^{\pi}$$

$$= \frac{2\sqrt{2}}{\pi}V(\frac{1+cos\alpha}{2}) = \frac{\sqrt{2}}{\pi}V(1+cos\alpha) = 0.45V(1+cos\alpha)$$

㉡ 유도성 부하

$$- V_d = \frac{2\sqrt{2}}{\pi}Vcos\alpha = 0.9Vcos\alpha$$

③ **3상 반파 정류회로**

㉠ 유도성부하

$$- V_d = \frac{3\sqrt{6}}{2\pi}Vcos\alpha = 1.17Vcos\alpha$$

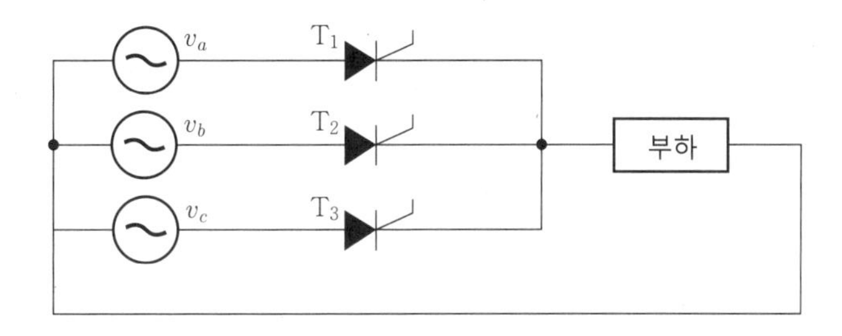

④ **3상 전파 정류회로**

- 교류 사인파의 60~120°의 기간동안 T_1, T_2가 도통하고, 120° 시점에 T_1은 꺼지고 T_3가 도통한다. 이때 점호를 α 많큼 지연시키면 T_3가 점호될때까지 T_1이 계속 도통하고, 그 이전의 전압파형이 계속 연장되어 나타난다.
- 180° 시점에서 T_6이 T_2로 절환될때도 똑같이 동작한다.

㉠ 유도성부하

$$- V_d = \frac{3\sqrt{6}}{2\pi}Vcos\alpha = 1.35Vcos\alpha$$

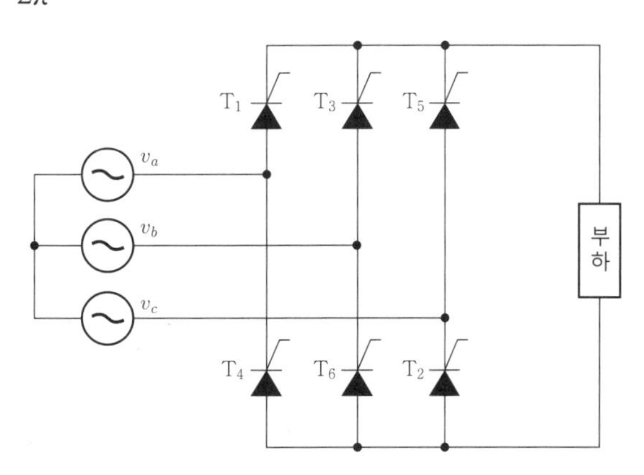

(3) 맥동률(Ripple Factor : 리플률)

① 다이오드에서 정류된 파형을 "맥류"라 하고, 정류된 직류 출력에 교류 성분이 포함된 정도를 "맥동률" 이라 한다.

$$\gamma = \frac{\text{파형속의 맥류분 실효값}}{\text{정류된 파형의 평균값(직류)}} = \sqrt{\left(\frac{Iac}{Idc}\right)^2 - 1}$$

② 맥동률이 작을수록 품질이 좋아진다.

③ **정류 방법별 맥동률 비교**

구분	3상 전파	3상 반파	단상 전파	단상 반파
맥동률[%]	4	17	48	121
맥동주파수(f)	$6f$	$3f$	$2f$	f
평균값(V_d)	1.35V	1.17V	0.9V	0.45V
정류효율 η[%]	99.8	96.7	81.2	40.6

④ **연산증폭기 입, 출력 파형**

- R-C 적분회로 ; 입력(구형파), 출력(삼각파)
- C-R 미분회로 : 입력(구형파), 출력(펄스파)

(4) 전압변동률

① 정류회로에서 전원전압이나 부하의 변동 정도에 따라 직류 출력전압이 변화하는 정도를 말한다.

② 부하전류의 크기에 관계없이 항상 출력전압이 일정하여야 하고, 전압변동률은 적을 수록 좋다.

$$\varepsilon = \frac{\text{무부하 직류전압 - 전부하 직류전압}}{\text{전부하 직류전압}} \times 100[\%]$$

$$= \frac{V_0 - V_{dc}}{V_{dc}} \times 100[\%]$$

02 컨버터 회로

(1) 교류전력 제어(AC-AC Converter)

① 교류(AC)를 주파수의 변화없이 전압의 크기만을 변환하는 AC-AC 제어장치이다.

② 사이리스터의 제어각 α를 제어하므로서 부하에 걸리는 전압의 크기를 제어한다.

③ 전동기의 속도제어, 전등의 조광용으로 쓰이는 디머(Dimmer), 전기담요, 전기밥솥 등의 온도 조절장치로 많이 이용되고 있다.

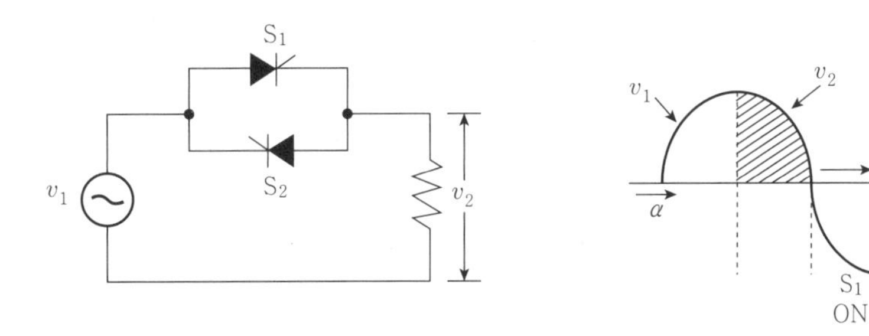

④ 동작설명(3상 교류전력 제어)

- 사이리스터 S_a, S'_b, S'_c만 턴온되면, 각상 부하저항에 걸리는 전압은 전원전압의 각 상전압과 동일하다.
- 사이리스터 S_a, S'_b만 턴온되고, 나머지 사이리스터들이 모두 턴오프되면 a상 부하저항에 걸리는 전압은 ab 선간전압의 반이 걸리게 된다.
- 사이리스터 S'_c, S_b만 턴온되고, 나머지 사이리스터들이 모두 턴오프되면 a상 부하저항에 걸리는 출력 전압은 0이다.
- 6개의 사이리스터가 모두 턴 오프되어 있는 경우에는 부하저항에 나타나는 모든 출력 전압은 0이다.

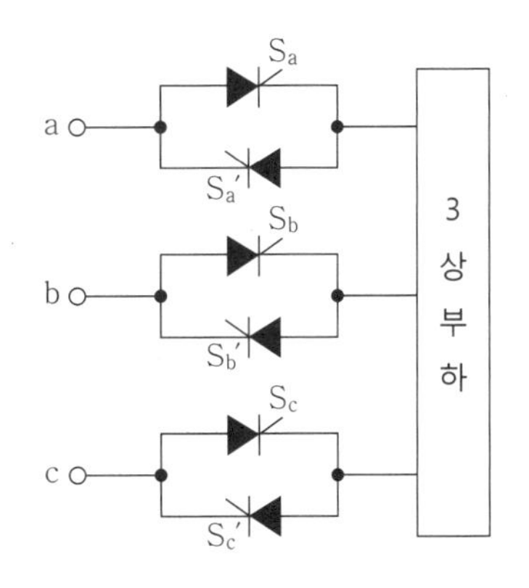

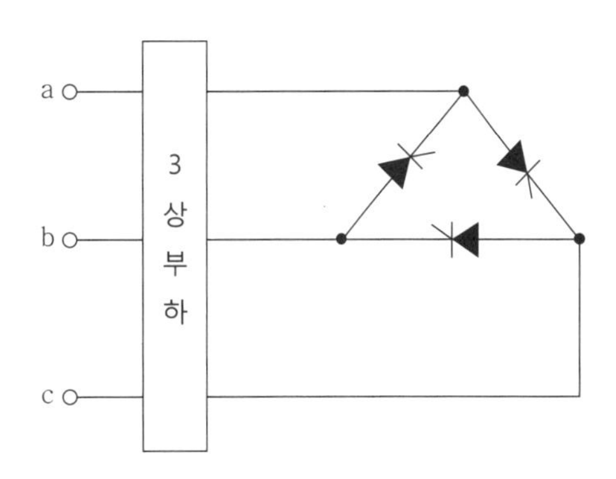

(2) 사이클로 컨버터(Cyclo converter)

① 교류(AC)를 주파수 및 전압의 크기를 변환하는 AC-AC 제어장치이다.

② 어떤 주파수를 다른 주파수의 교류전력으로 변환하는 것을 "주파수 변환"이라 한다.

- 직접식 : 교류에서 직접 교류로 변환하는 방식을 "사이클로 컨버터" 라 한다.
- 간접식 : 정류기와 인버터를 결합시켜서 변환하는 방식이다.
- 정-컨버터 : P-컨버터(순변환)
- 부-컨버터 : N-컨버터(역변환)

③ 사이클로 컨버터는 전원 전압보다 낮은 주파수의 교류로 직접 변환한다.

④ 효율은 좋지만 출력 파형이 일그러짐이 크다.

⑤ 다상방식에서 사이리스터 소자의 이용률이 나쁘며 제어회로가 복잡하다.

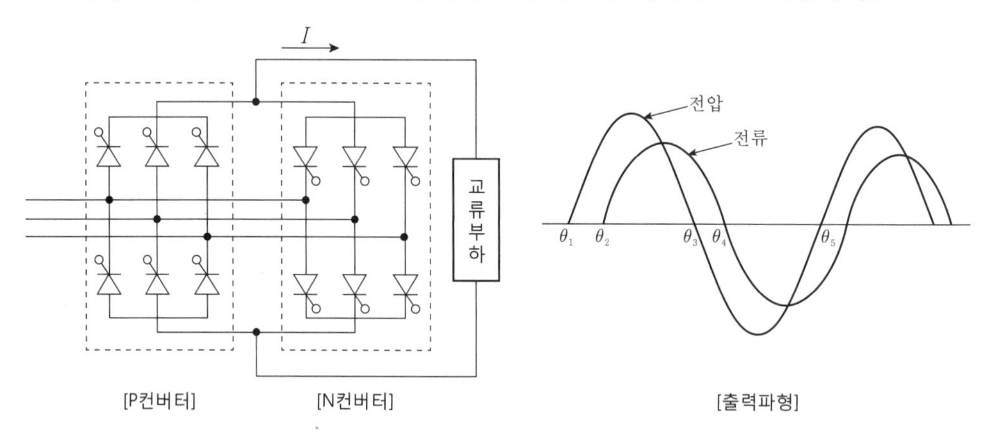

(3) 초퍼(Chopper) 회로(DC-DC Converter)

1) 강압형 초퍼(Buck Converter)

① 초퍼는 직류를 다른 크기의 직류로 변환하는 장치이다.

② 강압형 초퍼는 트랜지스터 S의 도통 시간을 제어하여 DC-DC로 변환한다.

③ 스위칭 소자가 ON, OFF가 가능하여야 한다.

④ 입력전압 E_1에 대한 출력전압 E_2의 비 $(\frac{E_2}{E_1})$는 스위칭 주기(T)에 대한 스위치 온(ON) 시간(t_{on})의 비인 듀티비(D, duty cycle, 시비율)로 나타낸다.

⑤ 출력단에는 직류 성분은 통과시키고, 교류 성분을 차단하기 위한 LC 저역통과 필터를 사용한다.

⑥ 출력전압 e_2의 평균값 E_2는

- $E_2 = \frac{T_{on}}{T_{on}+T_{off}} \times E_1 = \frac{T_{on}}{T} \times E_1$, 여기서, $T = T_{on}+T_{off}$로 스위칭 주기
- 입출력 전압비 $\frac{E_2}{E_1} = D$

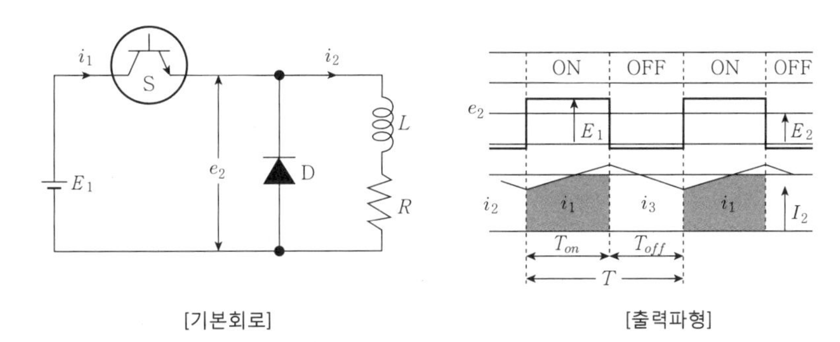

[기본회로] [출력파형]

2) 승압형 초퍼(Boost Converter)

① 입력측에 인덕턴스를 설치하고 트랜지스터 S의 도통시간을 제어하여 DC-DC로 변환한다.

② 스위칭 소자가 ON, OFF가 가능하여야 한다.

③ 사용 소자는 SCR, GTO, 파워 트랜지스터 등이 있다.

④ SCR은 정류회로가 필요하여 신뢰성이 낮아 별로 이용하지 않는다.

⑤ 입력전압 E_1과 출력전압 e_2의 평균값 E_2 관계식은

- 입출력 전압비 $\frac{E_2}{E_1} = \frac{T}{T_{off}}$
- $\frac{E_2}{E_1} = \frac{1}{1-D}$이고, 출력은 $P = \frac{V^2}{R}$[W]이다.

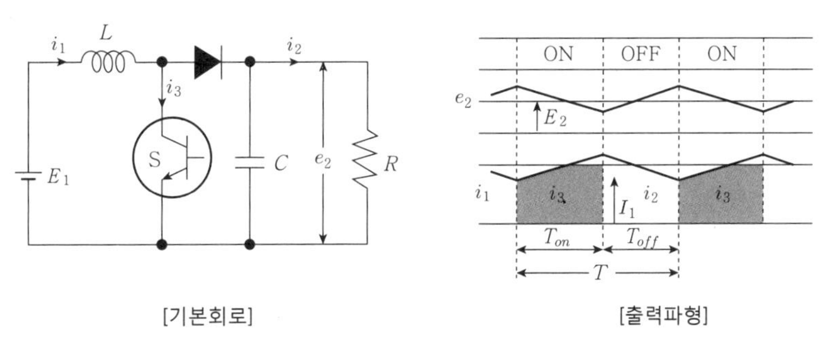

[기본회로] [출력파형]

3) 벅-부스트 컨버터(Buck-Boost Converter)

① 출력전압이 입력전압보다 낮을 수도, 높을 수도 있는 컨버터이다.

② 출력전압의 극성은 입력전압을 기준했을 때 반대로 나타난다.

③ **입출력 전압비**

- 입출력 전압비 $\frac{E_2}{E_1} = D \times \frac{1}{1-D} = \frac{D}{1-D}$
- 듀티비(D) 범위

  $D = 0.5$일 때 $E_1 = E_2$

  $D \langle 0.5$일 때 $E_1 \rangle E_2$

  $D \rangle 0.5$일 때 $E_1 \langle E_2$

03 인버터 회로(DC-AC Converter)

(1) 인버터 원리

① 소자의 스위칭 기능을 이용하여 직류를 교류전력으로 변환장치를 "인버터" 또는 "역변환장치"라고 한다.

② $VVVF$ 기능을 하고, 소자는 GTO, 사이리스터, $IGBT$를 사용한다.

③ 역병렬 접속된 다이오드를 환류 다이오드라고 한다.

④ **동작원리**

㉠ t_0에서 스위치 SW_1, SW'_2를 동시에 ON하면 a점의 전위가 (+)가 되어 b점으로 흐른다.

㉡ $\dfrac{T}{2}$에서 스위치 SW_1, SW'_2를 개방하고, SW'_1, SW_2를 ON하면 b점의 전위가 (+)가 되어 a점으로 흐른다.

㉢ 이 동작을 주기 T마다 반복하면 부하에는 직사각형파 교류 전력으로 출력된다.

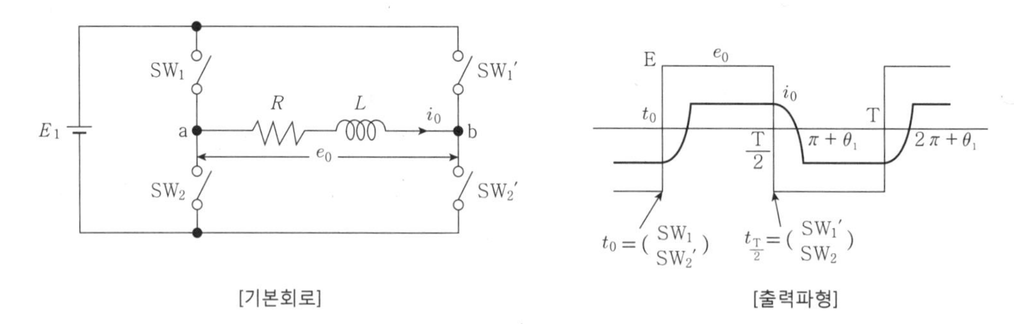

[기본회로] [출력파형]

(2) 인버터의 특징

1) 특징

구분	전압형 인버터(VSI)	전류형 인터버(CSI)
출력 전류(파형)	톱니파	구형파
출력 전압(파형)	구형파	톱니파
특성	- 주 소자와 역병렬로 귀환 다이오드를 갖는다. - 직류전원은 저 임피던스 전압원(콘덴서)를 갖는다. - 암 단락(arm short)을 방지하기 위한 데드타임을 설정한다.	- 주 소자는 귀환 다이오드가 없어 한방향으로만 전류가 흐른다. - 직류전원은 고 임피던스 전류원(전류 리액터)를 갖는다.

2) 기타

전압형 인버터(VSI)	장점	- 주로 중용량 부하에 적합하다. - 제어회로 및 이론이 비교적 간단하다. - 인버터 계통의 효율이 높다. - 속도제어 범위가 1~10까지 확실하다. - 모든 부하에서 정류가 확실하다
	단점	- 유도성 부하만을 사용할 수 있다. - 스위칭 소자 및 출력 변압기의 이용률이 낮다. - 전동기가 과열되는 등 전동기의 수명이 짧아진다. - Regeneration을 하려면 Dual 컨버터가 필요하다.
전류형 인터버(CSI)	- 비교적 큰부하에 사용한다.	

(3) 출력 전압제어

1) 펄스 폭 변조(PWM)

① 변조 신호의 크기에 따라 펄스 폭을 변화시키는 방식이다.
② 신호파의 진폭이 클 때 진폭이 넓어지고 진폭이 작을 때 진폭이 좁아진다.
③ 펄스의 위치나 진폭은 변하지 않는다.
④ 컨버터부에서 정류된 직류전압을 인버터부에서 전압과 주파수를 동시에 제어한다.
⑤ 유도성 부하만 사용할 수 있으며 스위칭 소자 및 출력 변압기의 이용률은 낮다.
⑥ 회로가 간단하고 응답성이 좋으며 인버터 계통의 효율이 높다.
⑦ 저차 고조파 노이즈는 적고 고차 고조파 노이즈는 많다.
⑧ 다수의 인버터가 직류를 공용으로 사용할 수 있다.

2) 펄스 진폭 변조(PAM)

① 펄스의 폭 및 주기를 일정한 상태에서 신호파에 따라 그 진폭만 변화시키는 방식이다.
② 변조와 복조기가 간단하나 잡음이 혼입되면 그대로 출력에 나타난다.
③ $PAM\text{-}FM$으로 중계하거나 다른 변조에 대한 예비 변환으로 사용한다.

3) 펄스 폭(PWM)과 펄스 진폭(PAM) 변조의 비교

구분	펄스 폭(PWM) 변조	펄스 진폭(PAM) 변조
제어회로	다소 복잡	간단
전력회로	간단	복잡
역률 및 효율	좋다	나쁘다
스위칭 주파수	높다	낮다
속응성	좋다	나쁘다

4) 인버터 출력 파형 개선법

① 교류 필터를 사용한다.

② 인버터의 다중화한다.

③ 펄스 폭의 최적하게 선정한다.

(4) 단상 인버터

① 회로에 직류 전압을 공급하고, T_1, T_4와 T_2, T_3(트랜지스터)를 주기적으로 동작(ON-OFF)하면 구형파 교류 전압이 발생된다.

② R, L 부하의 경우 출력파형은 i_0와 같은 파형이 된다.

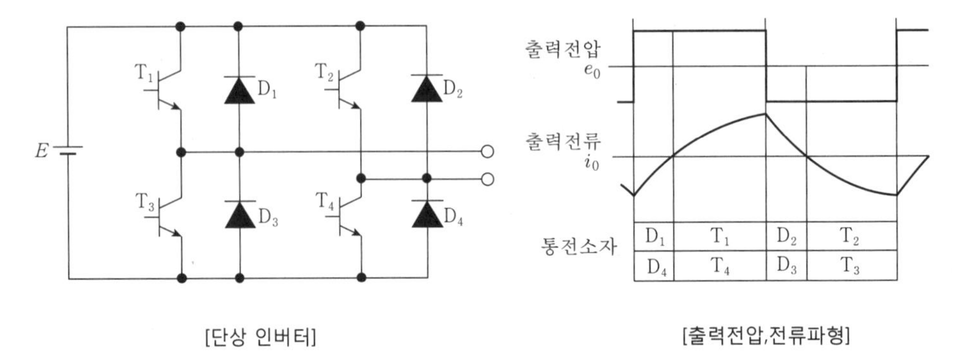

[단상 인버터] [출력전압,전류파형]

(5) 3상 인버터

① 회로에 직류 전압을 공급하고, T_1, T_2, T_3, T_4, T_5, T_6(트랜지스터)를 순서적으로 턴온(turn on)하면 3상 교류 전압이 발생된다.

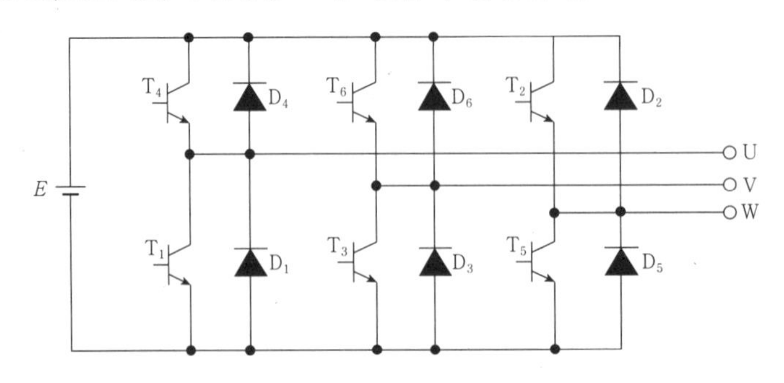

Chapter 3 축전지 설비

01 축전지의 종류

(1) 극판형식에 따른 분류

1) 연축전지

① **클래드식(CS형)** : 봉형극판 구조, 완방전형, 장시간(1시간 이상) 부하에 적합, 장수명, 저가격이다.

② **페이스트식(HS형)** : 격자판 구조, 급방전형, 단시간(30분 이하)부하에 적합, 단수명이다.

2) 알칼리 축전지

① **포켓식(AM)** : 완방전형, 성능 및 보수 면을 고려 비상용조명에 적당

② **포켓식(AMH)** : 급방전형, 단시간(30분) 순간 대전류 부하에 적합

③ **소결식(AH)** : 초급방전형

(2) 구조에 따른 분류

① 밀폐형(Sealed), 통풍형(Vented), 개방형(Opened)

② 밀폐형은 가스가 나오지 않고 액의 보충이 필요 없어 많이 사용한다.

(3) 충전 방식에 따른 분류

1차 전지	- 방전 후 충전하여 사용이 불가능한 전지 - 망간전지, 산화은전지, 수은전지, 연료전지, 알칼리 망간전지, 리튬 1차 전지, 공기전지, 고체 전해질 전지
2차 전지	- 방전 후 충전하여 사용이 가능한 납축전지 - 니켈·수소전지, 니켈·카드뮴 전지, 공기아연 전지,

02 축전지의 원리

(1) 축전지는 양극 작용물질(산화재)과 음극 작용물질(환원재) 및 전해액 등 사용 종류에 따라 분류되며 연축전지와 알칼리축전지로 대별된다.

(2) 연축전지

① 묽은 황산(H_2SO_4)속에 이산화납(PbO_2)을 양극으로 하고 납(Pb)을 음극으로 하여 서로 격리시켜 침지하면 약 2[V]의 전압이 발생하는 원리이다.

② **충·방전 반응식**

양극		전해액		음극		양극		물		음극
PbO_2	+	$2H_2SO_4$	+	Pb	↔	$PbSO_4$	+	$2H_2O$	+	$PbSO_4$
이산화납		황산		납		황산납		물		황산납

- 양극 : 이산화납(PbO_2), 음극 : 납(Pb), 전해액 : 황산(H_2SO_4)
- 충전으로 H_2SO_4의 농도가 증가(비중증가)하고 방전으로 농도가 감소한다.
- 전해액 : 묽은 황산(H_2SO_4), 비중 1.23~1.26
- 축전지 기전력 : 2[V]
- 방전 종지 전압 : 1.8[V]

(3) 알칼리 축전지(니켈카드뮴 축전지)

① 가성칼리(KOH) 수용액 속에 옥시수산화 니켈($NiOOH$)과 카드뮴(Cd)을 서로 격리시켜 침지하면 양극판 사이에 1.2[V]의 전압이 발생하는 원리이다.

② **충·방전 반응식**

양극		음극				양극		음극
$2NiOOH$	+	Cd	+	$2H_2O$	↔	$2Ni(OH)_2$	+	$Cd(OH)_2$
옥시수산화니켈		카드뮴		물		수산화니켈		수산화카드뮴

- 양극 : 수산화니켈($NiOOH$), 음극 : 카드뮴(Cd), 전해액 : 가성칼리(KOH)
- 전해액의 가성칼리는 연축전지와 같이 직접 충, 방전 반응에 관여하지 않고 전기를 전달하는 역할만 한다. 따라서 전해액량은 축전지의 용량에 관계되지 않는다.
- 충·방전에 의한 전해액 비중의 변화가 없다.

(4) 축전지의 특징

연 축 전 지(10시간율)	알칼리 축전지(5시간율)
1. 공칭전압 2[V]	1. 공칭전압 1.2[V]
2. Ah당 단가가 낮다.	2. 극판의 기계적 강도가 강하다.
3. 축전지 셀수가 적어도 된다.	3. 과방전, 과전류에 강하다.
4. 전해액 비중으로 충방전 상태를 알 수 있다.	4. 고율방전특성이 좋다.
5. 기대수명	5. 부식성가스가 발생하지 않는다.
-CS형 10~15년	6. 보존이 용이하고 저온특성 양호하다.
-HS형 5~7년	7. 기대수명 : 12~20년

03 축전지 용량 산정

(1) 방전전류(I)

① 방전 개시부터 종료 시까지 부하전류의 크기와 그 시간경과에 따른 변화를 확인한다.

② 방전전류 $I = \frac{\text{부하용량[VA]}}{\text{정격전압[V]}}$ [A]

(2) 방전시간

① 축전지의 방전시간은 예상되는 최대 부하시간으로 한다.

② 건축법, 소방법에 의한 전원공급인 경우 약 30분으로 하고, 비상발전기를 설치한 경우는 약 10분간으로 한다.

(3) 최저 전지온도

① 축전지 온도에 따라 방전특성이 다르기 때문에 설치장소에 따른 전지온도의 최저값을 정해야 한다.

② 실내는 5도, 옥외 큐비클 5-10도, 추운지방 -5도로 한다.

(4) 허용 최저 전압

① 부하 측의 각 기기에서 요구하는 최저 전압 중에서 최고 값에 전지와 부하 사이 접속선의 전압강하를 합산한 값으로 한다.

② $V = \frac{V_a + V_c}{n}$

여기서, V : 허용 최저 전압[V/Cell]

V_a : 부하의 허용 최저 전압[V] (최저 전압 중 가장 높은 전압을 선정)

V_c : 축전지와 부하 간 전압강하[V],

n : 셀수

(5) 축전지의 셀수

① $n = \frac{V}{V_b}$,

여기서, V : 부하의 정격전압, V_b : 축전지 공칭전압

② 연축전지는 단 전지의 전압을 2[V], 알카리 축전지는 1.2[V]를 기준으로 하여 100[V]의 경우 연축전지는 54셀, 알칼리 축전지는 86셀로 한다.

(6) 보수율

① 축전지는 경년변화에 의해서 효율이 떨어지므로 여유를 두게 되는데, 이를 보수율이라 하고 보통 0.8 정도를 적용한다.

(7) 축전기 용량 산정식

1) 용량산정시 고려사항

① 부하의 크기와 성질, 예상 정전시간, 순시 최대 방전전류의 세기, 제어케이블에 의한 전압강하, 경년에 의한 용량의 감소, 온도 변화에 의한 용량 보정 등을 종합적으로 고려한다.

② **축전지 용량**

$$C = \frac{1}{L}[K_1I_1 + K_2(I_2 - I_1) + K_3(I_3 - I_2) + \cdots + K_n(I_n - I_{n-1})][Ah]$$

여기서, C : 축전지 용량[Ah](연축전지 10시간, 알칼리축전지 5시간 기준),
L : 보수율(일반적으로 0.8을 적용), K : 용량환산시간[h] (방전시간, 전지 최저온도, 허용 최저전압에 의해 결정한다.), I : 방전전류[A]

2) 방전전류가 일정(정전류)한 부하인 경우

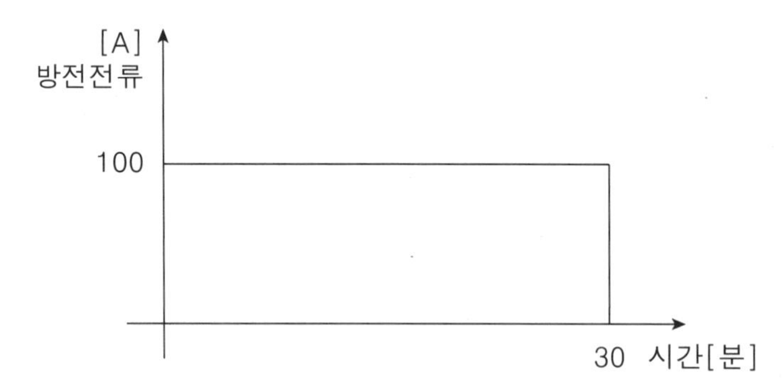

예시 보수율 $L = 0.8$, 방전전류 $I = 100[A]$, 용량환시간 $K = 1.8$(T = 30분) 인 조건에서 1.7[V]인 연 축전지의 용량을 산출하시오.

해설 $C = \frac{1}{L}KI = \frac{1}{0.8} \times 1.8 \times 100 = 225[Ah]$

3) 방전전류가 증가하는 경우

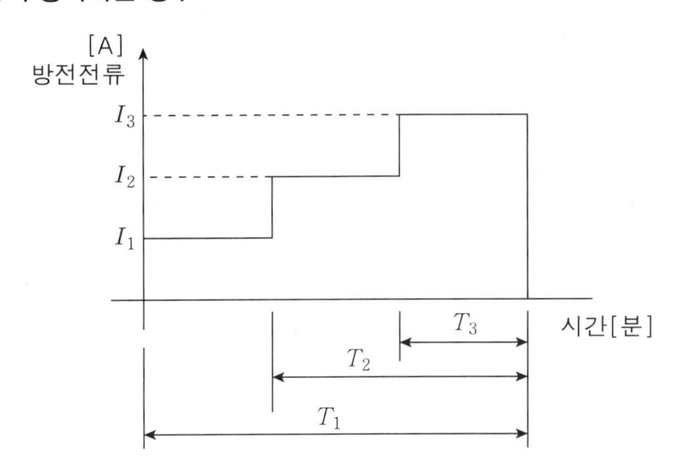

예시 보수율 $L=0.8$, 방전전류 $I_1=10[\text{A}]$, $I_2=20[\text{A}]$, $I_3=100[\text{A}]$, 방전시간 $T_1=60$[분], $T_2=20$[분], $T_3=10$[분]일 때 용량환산시간 $K_1=1.80$, $K_2=0.99$, $K_3=0.59$이다.

HS형식의 납축전지의 최저 전지온도가 5[℃]이고, 허용최저전압이 1.7[V]인 연 축전지의 용량을 산출하시오.

해설 $C=\dfrac{1}{L}[\text{K}_1\text{I}_1+\text{K}_2(\text{I}_2-\text{I}_1)+\text{K}_3(\text{I}_3-\text{I}_2)]=\dfrac{1}{0.8}[1.80\times10+0.99(20-10)$
$+0.59(100-20)]=93.875[\text{Ah}]$

4) 방전전류가 감소하는 경우

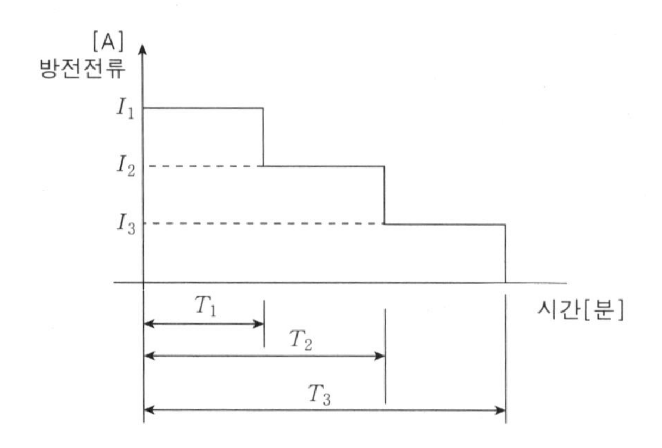

예시 HS형식의 납축전지 최저 전지온도가 5[℃]이고 허용 최저 전압이 1.7[V]인 [표]와 그림과 같은 특성의 방전전류를 갖는 연 축전지의 용량을 산출하시오.(단, 보수율은 0.8이다.)

[표] 용량환산시간 K(최저 전지온도 5℃의 경우)

형식	허용최저 전압	1분	5분	10분	20분	40분	60분	90분	100분	110분	120분	150분	170분	180분
HS	1.8[V]	0.95	1.35	1.50	1.85	2.21	2.75	2.97	3.45	3.99	4.00	4.89	5.02	5.98
	1.7[V]	0.75	1.05	1.25	1.78	2.05	2.55	2.87	3.11	3.65	3.85	4.34	4.85	5.05
	1.6[V]	0.68	0.99	1.01	1.40	1.87	2.02	2.67	2.99	3.20	3.66	3.70	4.30	4.80

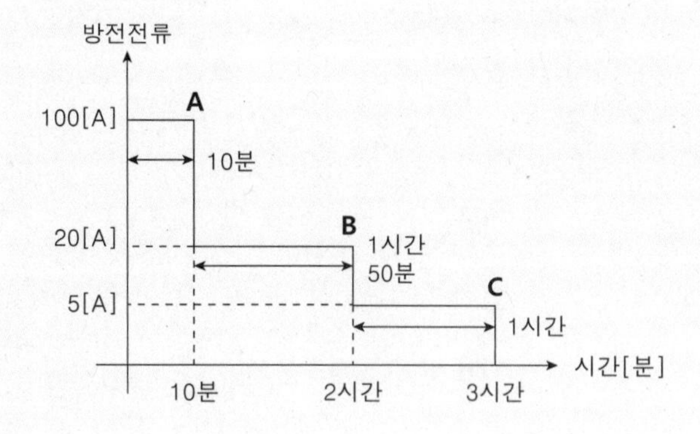

해설 ① 방전전류가 시간과 함께 감소하는 경우는 감소하는 단계의 A점, B점, C점의 용량을 별개로 각각 산출하여, 그 중 최대의 용량을 채용한다.

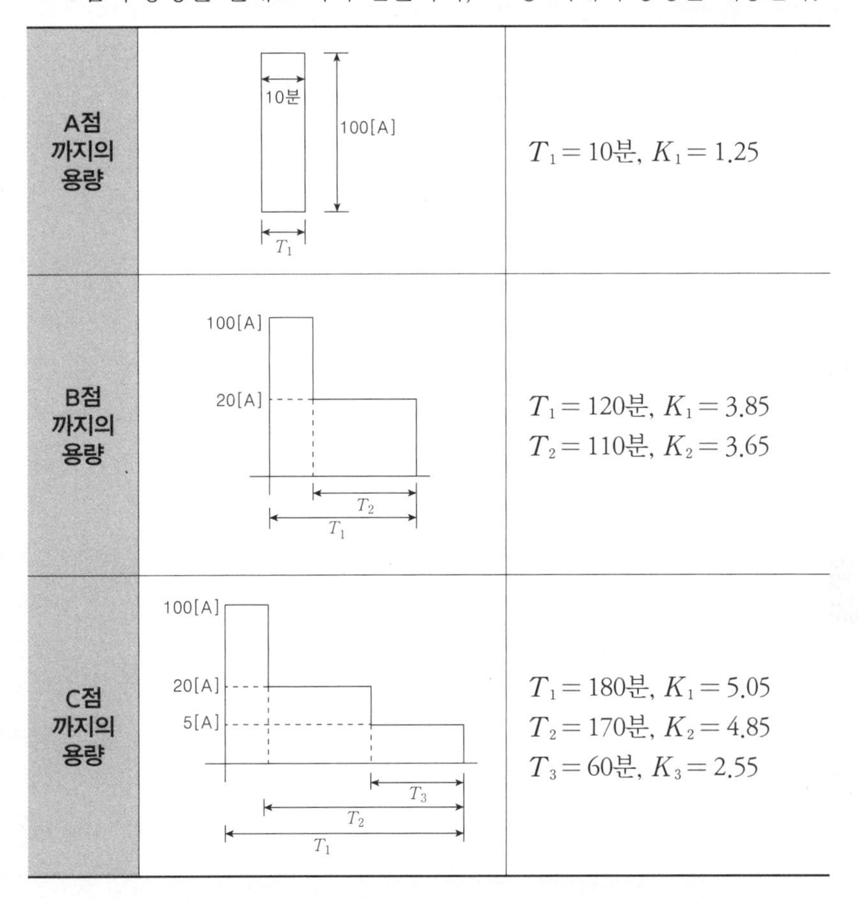

A점 까지의 용량		$T_1=10$분, $K_1=1.25$
B점 까지의 용량		$T_1=120$분, $K_1=3.85$ $T_2=110$분, $K_2=3.65$
C점 까지의 용량		$T_1=180$분, $K_1=5.05$ $T_2=170$분, $K_2=4.85$ $T_3=60$분, $K_3=2.55$

② A점까지의 용량

$$C_A=\frac{1}{L}K_1I_1=\frac{1}{0.8}\times 1.25\times 100=156.25[\text{Ah}]$$

③ B점까지의 용량

$$C_B=\frac{1}{L}[K_1I_1+K_2(I_2-I_1)]=\frac{1}{0.8}[3.85\times 100+3.65(20-100)]$$
$$=116.25[\text{Ah}]$$

④ C점까지의 용량

$$C_C=\frac{1}{L}[K_1I_1+K_2(I_2-I_1)+K_3(I_3-I_2)]=\frac{1}{0.8}[5.05\times 100+4.85(20-100)+2.55(5-20)]=98.4375[\text{Ah}]$$

⑤ 이상에서 C_A, C_B, C_C의 산출 값이 가장 큰 C_A의 156[Ah]를 채용한다.

04 정류기 용량 산정

일반적으로 사용되는 3상 380[V] 부동충전으로 SCR소자를 사용한 정류기를 기준으로 하면,

$$P_{ac}=\frac{(I_d+I_c)\times V_d}{\cos\theta\times\eta\times 1,000}[\text{kVA}],\quad I_{ac}=\frac{P_{ac}}{\sqrt{3}E}[\text{A}]\ \text{이다.}$$

여기서, P_{ac} : 정류기 교류 측 입력용량[kVA]

I_{ac} : 정류기 교류 측 입력전류[A]

I_d : 정류기 직류 측 부하전류[A]

I_c : 정류기 직류 측 축전지 충전전류[A]

V_d : 정류기 직류 측 전압[V]

E : 정류기 교류 측 전압[V]

$\cos\theta$: 정류기 역률[%]

η : 정류기 효율[%]

05 축전지의 충전방식

(1) 보통충전 : 필요할 때마다 표준 시간율로 충전하는 방식이다.

(2) 급속충전 : 단시간에 보통 충전전류의 2~3배의 전류로 충전하는 방식이다.

(3) 부동충전

① 정류기가 축전지의 충전과 직류부하에 대한 전원을 동시에 부담하는 방식이다.

② 정류기가 분담하기 어려운 순간적인 대전류(차단기 투입 등)는 축전지가 공급한다.

③ 장점

- 축전지가 항상 완전 충전상태에 있다.
- 정류기 용량이 적어도 된다.
- 축전지 수명에 좋은 영향을 준다.

(4) 균등충전

① 부동충전으로 장기간 사용할 때 각 축전지간에 전압의 불균일하게 된다. 이 전위차를 균일하게 하기 위하여 과충전하는 방식이다.

② 충전방법은 3개월에 1회 정도 10~12시간씩 과충전 한다.(연축전지 2.4~2.5[V]정도)

(5) 전자동 충전

정전압 충전의 초기에 대전류가 흐르는 것을 보완하기 위하여 일정 전류 이상은 흐르지 않게 전류 제한장치를 달고 충전하는 방법이다. 즉 회복 충전 시에는 정전류와 정전압 기능을 가지고 충전이 끝나면 자동으로 균등충전으로 변환한다.

Chapter 4

분산형 전원 설비

01 전력계통 연계시설

(1) 적용범위

① 전기사업용 공칭전압 25[kV] 이하 배전 전선로에 연계하여 시설하는 경우에 적용한다.

(2) 전기공급 방식

① 전기공급 방식은 배전계통(전기사업자)과 연계되는 전기공급 방식과 동일하여야 한다.

② 분산형 전원의 접지는 과전압 발생이나 지락 고장시 배전계통과 보호 협조를 방해하지 않아야 한다.

③ 분산형 사업자의 용량이 250[kVA] 이상일 경우는 연계지점의 연결상태를 감시 또는 유효전력, 무효전력 및 전압을 측정할 수 있는 장치를 시설하여야 한다.

④ **배전계통과 동기화 조건**

발전용량 합계 [kVA]	주파수 차 [Hz]	전압 차 [%]	위상각 차 [°]
0 ~ 500	0.3	10	20
500 ~ 1,500	0.2	5	15
1,500 ~ 20,000	0.1	3	10

(3) 변압기 시설

① 역변환장치를 이용하여 배전계통의 저압 전선로에 분산형 전원을 연계하는 경우 역변환 장치로부터 직류가 배전계통으로 유입되는 것을 방지하기 위하여 분산형 전원에 변압기를 시설하여야 한다.

② **적용하지 않는 경우**

㉠ 역변환장치의 직류측 회로가 비접지인 경우 또는 고주파 변압기를 사용하는 경우

㉡ 역변환장치의 교류 출력측에 직류 검출기를 시설하고, 직류 검출시에 교류 출력을 정지하는 기능을 갖춘 경우

(4) 단락전류 제한 장치 시설

① 단락전류를 제한하는 한류리액터 장치 등을 시설하여야 한다.

(5) 계통 연계용 보호장치

① 다음 각호 1에 해당하는 이상 또는 고장 발생시 자동적으로 분산형 전원을 분리하기 위한 장치의 시설 또는 계통과의 보호 협조를 실시하여야 한다.

㉠ 분산형 전원의 이상 또는 고장

㉡ 연계한 배전계통의 이상 또는 고장

㉢ 단독운전 상태

② 분리장치는 잠금장치가 있는 것으로 분산형 전원과 배전계통 연계지점 사이에 시설한다.

③ 단순 병렬운전 분산형 전원의 경우에는 역전력계전기를 설치한다.

④ 50[kW] 이하의 소규모 분산형 전원으로 단독운전 방지기능을 가진 것을 단순 병렬로 연계하는 경우에는 역전력계전기 설치를 생략할 수 있다.

02 주택용 계통연계형 태양광발전설비

(1) 적용범위

① 주택용 계통연계형 태양광발전설비는 태양전지 모듈로부터 중간단자함, 파워 어레이, 배선 등의 설비까지 적용한다.

② 주택 등에 설치하고 전기사업자 저압전로와 연계한 20[kW] 이하의 것을 말한다.

(2) 사용전압

① 주택의 옥내전로의 대지전압은 직류 600[V]까지 적용할 수 있다.

(3) 배선

① 케이블 배선으로 할 것

② 직류회로의 전로는 그 전로에 단락전류가 발생했을 때 전로를 보호하는 과전류차단기 또는 기구를 설치할 것

③ 모듈의 배선 접속점에 장력이 가해지지 않도록 시설하며 출력배선은 극성별로 확인 가능토록 표시할 것

④ 모듈을 병렬로 접속하는 전로는 그 전로에 단락전류가 발생할 경우에는 전로를 보호하는 과전류차단기 또는 기타 기구(역전류방지 다이오드 포함)를 시설할 것

⑤ 교류회로 배선은 전용회로로 하고, 전로를 보호하는 과전류차단기 또는 기타 기구를 시설할 것
⑥ 태양광 발전설비까지의 회로가 쉽게 식별이 가능할 것
⑦ 단상 3선식으로 수전하는 경우는 부하의 불평형에 의해서 중성선에 최대전류가 발생할 우려가 있는 인입구장치 등은 3극에 과전류 트립소자가 있는 차단기를 사용할 것
⑧ 태양전지 모듈 프레임은 지지물과 전기적으로 완전하게 접속되도록 할 것
⑨ 태양광 발전설비 직류 전로에 지락이 발생했을 때 자동적으로 전로를 차단하는 장치를 시설할 것

(4) 기타시설

① 인버터, 절연변압기, 계통연계보호장치 등 전력변환장치 시설은 점검이 가능한 장소에 시설
② 기계기구의 철대, 외함 및 가대는 접지와 연결하고 접지선은 2.5[mm^2] 이상의 450/750[V] 일반용 단심절연전선 또는 CV1(0.6/1[kV]) 가교폴리에틸렌 절연 비닐시스 케이블)케이블을 사용할 것

03 전기 자동차

(1) 적용범위

① 1,000[V] 이하의 교류전압과 1,500[V] 이하의 직류전압을 이용하여 전기 자동차를 충전하는 장치와 전원망에 연결될 때 자동차에 부가적인 기능을 위하여 전력을 공급하는 외장장치에 적용한다.

(2) 충전장치

① 충전부분이 노출되지 않도록 시설하고 접지공사를 할 것
② 외부 기계적 충격에 대한 충분한 기계적 강도를 가질 것
③ 침수 등의 위험이 있는 곳에 시설하지 말아야 하며, 옥외에 설치 시 강우, 강설에 대하여 충분한 방수 보호가 되도록 시설할 것
④ 분진이 많은 장소, 가연성 가스나 부식성가스 또는 위험물 등이 있는 장소에 시설하는 경우에는 통상의 사용상태에서 부식이나 감전, 화재, 폭발의 위험이 없도록할 것
⑤ 충전장치는 쉽게 열 수 없는 구조일 것
⑥ 충전장치에는 전기 자동차 전용임을 나타내는 표지를 쉽게 보이는 곳에 설치할 것

⑦ 충전장치 또는 충전장치를 시설한 장소에는 위험표시를 쉽게 보이는 곳에 표지를 할 것
⑧ 충전장치는 부착된 충전 케이블을 거치할 수 있는 거치대 또는 충분한 수납공간(옥내 45[cm] 이상, 옥외 60[cm] 이상)을 갖는 구조이며, 충전케이블은 반드시 거치할 것
⑨ 충전 케이블 인출부는 옥내용의 경우 지면으로부터 45[cm] 이상 120[cm] 이내이며, 옥외용의 경우 지면으로부터 60[cm] 이상에 위치할 것

(3) 충전케이블 및 부속시설

① 충전장치와 전기 자동차의 접속에는 연장용 선을 사용하지 말 것
② 충전 케이블은 유연성이 있는 것으로서 통상의 충전전류를 흘릴 수 있는 충분한 굵기일 것
③ 충전케이블은 7.5[m] 이하를 원칙으로 할 것
④ **전기 자동차 커플러**
㉠ 다른 배선기구와 대체 불가능한 구조로서 극성이 구분되고 접지극이 있는 것
㉡ 접지극은 투입시 제일 먼저 접속되고, 차단 시 제일 나중에 분리되는 구조일 것
㉢ 의도하지 않은 부하의 차단을 방지하기 위해 잠금 또는 탈부착을 위한 기계적 장치가 있는 것
㉣ 전기 자동차 커넥터가 전기 자동차 접속구로부터 분리될 때 충전 케이블의 전원공급을 중단시키는 인터록 기능이 있을 것
⑤ **충전장치 접속 방법**
전기 자동차에 부착된 충전케이블과 충전장치 접속, 충전장치에서 분리되는 충전케이블 및 커넥터와 전기 자동차 접속, 충전장치에 부착된 충전케이블 및 커넥터와 전기 자동차 접속하는 방법 등이 있다.

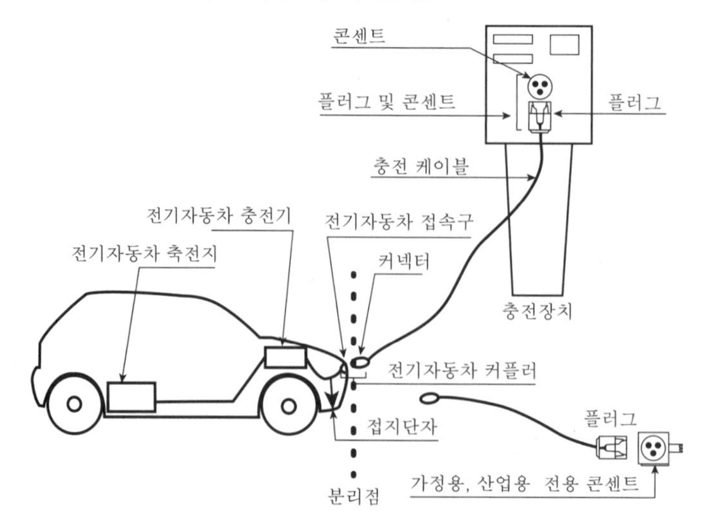

(4) 충전장치 등의 방호시설

① 충전 중 환기가 필요한 경우에는 환기설비를 갖추어야 하며, 환기설비 표기를 쉽게 보이는 곳에 설치할 것

② 충전 중에는 충전상태 표시장치를 쉽게 보이는 곳에 설치할 것

③ 충전 중 안전과 편리를 위한 적절한 밝기의 조명 설비를 시설할 것

조도 분류		조도 범위[lx]			장소 (밝은 배경)
		최고	표준	최저	
A	어두운 분위기 중의 시(視)식별 작업장	6	4	3	진입로
B	어두운 분위기의 이용이 빈번하지 않은 장소	15	10	6	차도, 서비스 지역
C	어두운 분위기의 공공장소	30	20	15	-
D	잠시 동안의 단순 작업장	60	40	30	건물면(유리 제외), 주유기(전기 자동차 커플러 및 접속구)

04 신·재생 에너지

(1) 신 에너지 개요

① 화석 에너지(동물과 식물이 땅속에 묻혀 열과 압력의 영향을 받아 탄화되어 생성된 광물)를 변환시켜 이용 또는 수소, 산소 등의 화학반응을 통하여 전기 또는 열을 이용하는 에너지

㉠ 석탄 액화·가스화 및 중질잔사유 가스화 에너지

- 석탄(중질잔사유)을 액화하여 석유처럼 다룰 수 있거나, 가스화하여 천연가스처럼 편리하게 사용하는 기술이다.

㉡ 수소 에너지

- 물이나 유기물, 화석 연료 등에 화합물 형태로 존재하는 수소를 분리하여 에너지로 이용하는 기술이다.

㉢ 연료전지

- 수소와 산소가 화학반응을 통해 결합하고 물이 만들어지는 과정에서 생성된 전기와 열 에너지를 활용하는 기술이다.

(2) 재생 에너지 개요

① 햇빛, 물, 지열, 강수, 생물유기체 등을 포함하는 재생 가능한 에너지를 변환시켜 이용하는 에너지

- 태양에너지(태양광, 태양열)
- 풍력에너지
- 수력에너지
- 지열에너지
- 해양에너지(조력발전, 조류발전, 파력발전, 해수 온도차발전)
- 바이오에너지
- 폐기물에너지

(3) 신재생 에너지 특징

① **환경 친화적 에너지** : 화석연료 사용에 의한 이산화탄소(CO_2) 발생이 거의 없다.

② **비 고갈성 에너지** : 태양광, 풍력 등으로 영구 재생 가능한 에너지이다.

③ **공공의 미래 에너지** : 공공 분야에서 시장 창출 및 경제성 확보를 위한 장기적 개발 필요하다.

④ **기술 에너지** : 꾸준한 연구 개발에 의해 에너지 자원 확보 가능하다.

(4) 신재생 에너지의 중요성

① 화석 에너지 고갈에 대비

② 국제적 환경 분쟁

③ 에너지 정책

05 에너지 저장 장치(ESS : Energy Storage System)

(1) 에너지 저장의 개요

① 에너지 저장시스템은 생산된 전기에너지 또는 잉여 전기에너지를 그 자체로 또는 변환하여 저장하고 필요할 때 에너지를 출력하여 사용할 수 있는 시스템으로 정의한다.

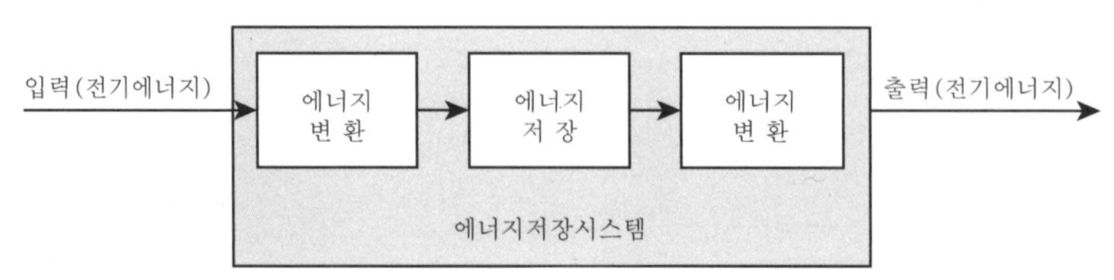

(2) 설치목적

주파수 조정, 신재생에너지 연계, 수요반응, 비상발전 등에 활용함으로서 전력피크 억제, 전력품질 향상 및 전력수급 위기 대응이 가능하다.

주파수 조정	- 실시간으로 변화하는 주파수 60[Hz]에 즉각적인 충·방전으로 전력의 균형(Power Balance)을 유지할 수 있다.
신재생에너지와 연계	- 태양광, 풍력 발전원의 출력보정 및 급전 지시 응동이 가능하다.
수요 반응	- 저렴할 때 충전하고 비쌀 때 방전하여 전기요금을 절감하고, 수요관리 시장의 감축 지시에 반응하여 보상금 수령 등으로 수익을 극대화할 수 있다.
비상전원 대체	- 정전 방지를 통한 안정적 전력 공급 수단인 비상(예비)전원으로 활용 가능하다.

(3) ESS 구성요소

① 전력저장원(배터리, 압축공기 등), 전력변환장치(PCS), 전력관리시스템으로 구성된다.

② 전력저장원에는 LiB(리튬이온전지), NaS(나트륨황전지), RFB(레독스 흐름전지), Super Capacitor(슈퍼커패시터), Flywheel(플라이휠), CAES(압축공기 저장) 등이 있다.

③ 전력변환장치(PCS)는 배터리의 직류전력을 계통의 교류전력으로 변환과 계통 및 연계운전 등을 수행한다.

(4) ESS 시스템 분류

① 에너지 저장시스템은 생산에너지를 기준하여 전기 저장 시스템(Electrical storage system)과 열 저장 시스템(Thermal storage system)으로 분류한다.

② 저장형태나 방식에 따라서도 물리적, 화학적, 전자기적으로 분류한다.

저장 방식	저장 시스템 분류
물리적 저장 (mechanical)	- 양수발전(PHS : Pumped hydro storage) - 압축공기저장(CAES : Compressed air energy storage) - 플라이휠(flywheel)
화학적 저장 (electro chemical)	- 리튬이온전지(Lib : Lithium ion battery) - 나트륨황전지(NaS) - 납축전지(Lead acid) - 레독스 흐름전지(RFB : Redox flow battery)
전,자기적 저장 (electro magnetic)	- 슈퍼 커패시터(Super Capacitor or Ultra Capacitor) - 초전도 자기에너지 저장(SMES : Super conducting magnetic storage)

③ **에너지 저장장치가 갖추어야 할 조건**

- 저장 원가가 저렴할 것
- 에너지 저장 밀도가 높고, 저장 에너지량이 많을 것
- 손실없이 장기간 저장이 가능할 것
- 입출력 변환 효율이 높고, 입출력 변환 속응성이 클 것
- 저장 효율이 높고, 안정성과 신뢰성이 높을 것

(5) 재생 에너지 개요

1) 햇빛, 물, 지열, 강수, 생물유기체 등을 포함하는 재생 가능한 에너지를 변환시켜 이용하는 에너지

- 태양에너지(태양광, 태양열)
- 풍력에너지
- 수력에너지
- 지열에너지
- 해양에너지(조력발전, 조류발전, 파력발전, 해수 온도차발전)
- 바이오에너지
- 폐기물에너지

2) 태양광 발전의 특징

① 햇빛이 있는 곳이면 어느 곳이나 간단히 설치할 수 있다.
② 한번 설치하면 관리가 용이하고 유지 비용이 적게 든다.
③ 기계적인 소음(무진동, 무소음)이 없고 환경 오염도 없다.
④ 수명이 20년 이상 기대된다.
⑤ 에너지 밀도가 낮아 넓은 설치 면적이 필요하다.
⑥ 비싼 반도체 사용으로 초기 투자비(설치비)가 많이 든다.

3) 풍력발전의 특징

① 자원이 풍부하고 재생 가능한 청정 에너지이다.
② 건설 및 설치기간이 짧고, 비용이 적게 든다.
③ 단지 내 목축, 농사 등으로 토지의 효율적 이용이 가능하다.
④ 유지 보수가 용이하다.
⑤ 풍력발전기의 구조가 거대하여 근거리 조망권에 영향을 줄 수 있다.
⑥ 근거리에서는 소음의 공해를 일으킬 수 있다.
⑦ 바람이 있는 경우만 발전하므로 에너지 저장시설이나 보완책이 필요하다.

Chapter 5

옥내 직류 및 이차전지 설비

01 저압 옥내 직류설비

(1) 저압 옥내 직류 전기설비의 접지

① 저압 옥내 직류 전기설비는 전로 보호장치의 확실한 동작의 확보, 이상전압 및 대지전압의 억제를 위하여 직류 2선식의 임의의 한 점 또는 변환장치의 직류측 중간점, 태양전지의 중간점 등을 접지하여야 한다.

② 직류 2선식을 다음 각 호에 의하여 시설하는 경우는 그러하지 아니하다.

㉠ 사용전압이 60[V] 이하인 경우

㉡ 접지검출기를 설치하고 특정구역내의 산업용 기계기구에만 공급하는 경우

㉢ 교류계통으로부터 공급을 받는 정류기에서 인출되는 직류계통

㉣ 최대 전류 30[mA] 이하의 직류 화재 경보회로

㉤ 절연 감시장치 또는 절연 고장점 검출장치를 설치하여 관리자가 확인할 수 있도록 경보장치를 시설하는 경우

③ 직류 전기설비의 접지시설을 양(+)도체를 접지하는 경우는 감전에 대한 보호를 하여야 한다.

④ 직류 전기설비의 접지시설을 음(−)도체를 접지하는 경우는 전기부식방지를 하여야 한다.

⑤ 직류 접지계통은 교류 접지계통과 같은 방법으로 금속제 외함, 교류 접지선 등과 본딩하여야 하며 교류 접지가 피뢰설비, 통신접지 등과 접지하는 경우는 통합접지 방법에 의하여야 한다.

(2) 저압 직류 과전류차단장치

① 직류전로에 과전류차단기를 설치하는 경우 직류 단락전류를 차단하는 능력을 가지는 것이어야 하고 "직류용" 표시를 하여야 한다.

② 다중 전원전로의 과전류차단기는 모든 전원을 차단할 수 있도록 시설하여야 한다.

(3) 저압 직류 지락차단장치

① 직류전로에는 지락이 생겼을 때에 자동으로 전로를 차단하는 장치를 시설하여야 하며, "직류용" 표시를 하여야 한다.

(4) 저압 직류 개폐장치

① 직류전로에 사용하는 개폐기는 직류전로 개폐 시 발생하는 아크에 견디는 구조이어야 한다.

② 다중 전원전로의 개폐기는 개폐할 때 모든 전원이 개폐될 수 있도록 시설하여야 한다.

(5) 저압 직류 전기설비의 전기부식방지

① 직류전로를 접지하는 경우는 직류 누설전류의 전기부식 작용으로 다른 금속체에 손상의 위험이 없도록 시설하여야 한다. 다만, 직류 지락차단장치를 시설한 경우는 그러하지 아니하다.

(6) 축전지실 등의 시설

① 30[V]를 초과하는 축전지는 비접지측 도체에 쉽게 차단할 수 있는 곳에 개폐기를 시설하여야 한다.

② 옥내전로에 연계되는 축전지는 비접지측 도체에 과전류보호장치를 시설하여야 한다.

③ 축전지실 등은 폭발성의 가스가 축적되지 않도록 환기장치 등을 시설하여야 한다.

02 이차전지를 이용한 전기저장장치의 시설

(1) 전기저장장치 일반 요건

① 충전부분이 노출되지 않도록 시설하고, 금속제의 외함 및 이차전지의 지지대는 접지공사를 할 것

② 전기저장장치를 시설하는 장소는 폭발성 가스의 축적을 방지하기 위한 환기시설을 갖추고 제조사가 권장하는 온도·습도·수분·분진 등 적정 운영환경을 상시 유지

③ 이차전지를 시설하는 장소는 보수점검을 위한 충분한 작업공간을 확보하고 조명설비를 시설할 것

④ 이차전지의 지지물은 부식성 가스 또는 용액에 의하여 부식되지 아니하도록 하고 적재하중 또는 지진 등 기타 진동과 충격에 대하여 안전한 구조일 것

⑤ 침수의 우려가 없는 곳에 시설할 것

⑥ 전기저장장치 시설장소에는 외벽 등 확인하기 쉬운 위치에 "전기저장장치 시설장소" 표지를 하고 일반인의 출입을 통제하기 위한 잠금장치 등을 시설

(2) 제어 및 보호장치

① 전기저장장치가 비상용 예비전원 용도를 겸하는 경우

㉠ 상용전원이 정전되었을 때 비상용 부하에 전기를 안정적으로 공급할 수 있는 시설을 갖추어야 한다.

㉡ 관련 법령에서 정하는 전원 유지시간 동안 비상용 부하에 전기를 공급할 수 있는 충전용량을 상시 보존하도록 시설하여야 한다.

② 전기저장장치의 접속점에는 쉽게 개폐할 수 있는 곳에 개방상태를 육안으로 확인할 수 있는 전용의 개폐기를 시설하여야 한다.

③ 다음 각 호에 따라 자동적으로 전로로부터 차단하는 장치를 시설하여야 한다.

㉠ 과전압 또는 과전류가 발생한 경우

㉡ 제어장치에 이상이 발생한 경우

㉢ 이차전지 모듈의 내부 온도가 급격히 상승할 경우

④ 직류 전로에 과전류차단기를 설치하는 경우 직류 단락전류를 차단하는 능력을 가지는 것이어야 하고 "직류용" 표시를 하여야 한다.

⑤ 전기저장장치의 직류전로에는 지락이 생겼을 때에 자동적으로 전로를 차단하는 장치를 시설한다.

(3) 계측장치

① 다음 각 호의 사항을 계측하는 장치를 시설하여야 한다.

㉠ 이차전지 집합체의 출력 단자의 전압, 전류, 전력 및 충·방전 상태

㉡ 주요 변압기의 전압, 전류 및 전력

② 발전소·변전소 또는 이에 준하는 장소에 전기저장장치를 시설하는 경우 전로가 차단되었을 때에 관리자가 확인할 수 있도록 경보 장치를 시설하여야 한다.

(4) 보호장치 및 제어장치 등

① 낙뢰 및 서지 등 과도 과전압으로부터 주요 설비를 보호하기 위해 직류 전로에 직류 서지보호장치(SPD) 시설

② 제조사가 정하는 정격 이상의 과충전, 과방전, 과전압, 과전류, 지락전류 및 온도 상승, 냉각장치 고장, 통신 불량 등 긴급상황이 발생한 경우에는 관리자에게 경보하고 즉시 전기저장장치를 자동 및 수동으로 정지시킬 수 있는 비상정지장치를 시설하며 수동 조작을 위한 비상정지장치는 신속한 접근 및 조작이 가능한 장소에 시설

③ 전기저장장치의 상시 운영정보 및 긴급상황 관련 계측정보 등은 이차전지실 외부의 안전한 장소에 안전하게 전송되어 최소 1개월 이상 보관

④ 전기저장장치의 제어장치를 포함한 주요 설비 사이의 통신장애를 방지하기 위한 보호대책을 고려하여 시설

⑤ 전기저장장치는 정격 이내의 최대 충전범위를 초과하여 충전하지 않고, 만(滿)충전 후 추가 충전이 되지 않도록 설정

Chapter 6

출제 예상 문제

01 축전지실 등의 시설에 관한 사항이다. (　　)안에 적합한 말을 쓰시오.

(①)[V]를 초과하는 축전지는 비 접지 측 도체에 쉽게 차단할 수 있는 곳에 (②)를 시설하여야 한다. 옥내전로에 연계되는 축전지는 비 접지측 도체에 (③)를 시설하여야 한다. 축전지실 등은 폭발성 가스가 축적되지 않도록 (④) 등을 시설하여야 한다.

정답

① 30　② 개폐기　③ 과전류보호장치　④ 환기장치

해설

① 한국전기설비규정 KEC 243.1.7(축전지실 등의 시설)

02 다음은 저압 옥내 직류설비에 관한 사항이다. (　　)안에 적합한 말을 쓰시오,

저압 옥내직류 전기설비는 전로보호장치의 확실한 동작의 확보, (①) 및 (②)의 억제를 위하여 직류 2선식의 임의의 한 점 또는 변환장치의 직류측 (③), 태양전지의 (④) 등을 접지하여야 한다.

정답

① 이상전압　② 대지전압　③ 중간점　④ 중간점

해설

① 한국전기설비규정 KEC 243.1.8(저압 옥내 직류 전기설비의 접지)

03

다음은 분산형 전원의 배전계통 연계 기술이다. 아래의 동기화 제한 범위인 전압차와 위상각에 대하여 빈칸을 채우시오.

분산형 용량합계[kVA]	주파수차(f[H_z])	전압차(V[%])	위상각(θ)
0 ~ 500	0.3	( )	( )
500 초과 ~ 1,500 미만	0.2	( )	( )
1,500 초과 ~ 10,000 미만	0.1	( )	( )

정답

분산형 용량합계[kVA]	주파수차(f[H_z])	전압차(V[%])	위상각(θ)
0 ~ 500	0.3	10	20
500 초과 ~ 1,500 미만	0.2	5	15
1,500 초과 ~ 10,000 미만	0.1	3	10

해설 [내선규정 제4315절]

① 분산원 전원설비 전기공급방식 등의 시설

-분산형 전원의 전기공급방식은 배전계통과 연계되는 전기공급방식과 동일하여야 한다.

-분산형 전원 사업자의 한 사업장의 설비 용량의 합계가 250[kVA] 이상일 경우는 배전계통과 연계지점의 연결상태를 감시 또는 유효전력, 무효전력 및 전압을 측정할 수 있는 장치를 시설하여야 한다.

-분산형 전원과 연계하는 배전계통의 동기화 조건은 표 값 이하이어야 한다.

04

이차전지 저장장치 시설장소의 설치공간에 관한 물음이다. 각항 (   )의 둘 중 적합한 답은?

1. 전기저장장치를 일반인이 출입하는 건물의 부속 공간으로 옥상에 설치하여도 ①(적당, 부적당)하다.
2. 전기저장장치 시설장소는 ②(내화구조, 비내화구조)가 적당하다.
3. 이차전지 랙과 랙 사이 및 랙과 벽 사이는 각각 ③(1, 1.5)[m] 이상 이격해야 한다.
4. 이차전지실은 건물 내 다른 시설(수전설비, 가연물질 등)로부터 ④(1, 1.5)[m] 이상 이격하고 각 실의 출입구나 피난계단 등 이와 유사한 장소로부터 ⑤(2, 3)[m] 이상 이격해야 한다

정답

① 부적당 ② 내화구조 ③ 1 ④ 1.5 ⑤ 3

해설

① 한국전기설비규정 KEC 515.2.2(전용 건물 이외의 장소에 시설하는 경우)

05 저압 옥내 직류 전기설비는 중간선에 접지하여야 한다. 다만, 접지를 생략할 수 있는 조건 3가지만 쓰시오.

정답

① 사용전압이 60[V] 이하인 경우
② 접지검출기를 설치하고 특정구역 내의 산업용 기계기구에만 공급하는 경우
③ 교류계통으로부터 공급을 받는 정류기에서 인출되는 직류계통

해설 [한국전기설비규정 KEC 243.1.8(저압 옥내직류 설비의 접지)]

④ 최대 전류 30[mA] 이하의 직류 화재 경보회로
⑤ 절연 감시장치 또는 절연 고장점 검출장치를 설치하여 관리자가 확인할 수 있도록 경보장치를 시설하는 경우

06 축전지는 액의 보충이나 가스가 분출하는 형태의 구조에 따라 분류한다. 구조에 따른 3가지 형식을 쓰시오.

정답

① 밀폐형(Sealed)　② 통풍형(Vented)　③ 개방형(Opened)

해설

① 밀폐형은 가스가 나오지 않고 액의 보충이 필요 없어 많이 사용한다.

07 연축전지에 대한 다음 설명의 (　　)안에 적당한 답은?

> 연축전지는 (①)속에 (②)을 양극으로 하고, 납(Pb)을 음극으로 하여, 서로 격리시켜 침지하면 약 (③)[V]의 전압이 발생하는 원리이다. (④)은 방전 초기에 (⑤)고, 방전 종기에는 (⑥)으며, 축전지는 양극 작용물질(⑦)과 음극 작용물질(⑧) 및 전해액 등 사용 종류에 따라 분류되며 연축전지와 알칼리 축전지로 대별된다.

정답

① 묽은 황산(H_2SO_4)　② 이산화납(PbO_2)　③ 2　④ 비중　⑤ 높　⑥ 낮
⑦ 산화재　⑧ 환원재

해설

① 축전지는 양극 작용물질(산화재)과 음극 작용물질(환원재) 및 전해액 등 사용 종류에 따라 분류되며 연축전지와 알칼리축전지로 대별된다.
② 연축전지는 묽은 황산(H_2SO_4)속에 이산화납(PbO_2)을 양극으로 하고 납(Pb)을 음극으로 하여 서로 격리시켜 침지하면 약 2[V]의 전압이 발생하는 원리이다.

08 연축전지와 알칼리 축전지에 대한 특징 4가지씩 쓰시오.

정답

연축전지	알칼리 축전지
① 10시간율이 표준이다. ② 공칭전압 2[V] ③ Ah당 단가가 낮다. ④ 축전지 셀수가 적어도 된다.	① 5시간율이 표준이다. ② 공칭전압 1.2[V] ③ 극판의 기계적 강도가 강하다. ④ 과방전, 과전류에 강하다.

해설

연축전지	알칼리 축전지
⑤ 전해액 비중으로 충방전 상태를 알 수 있다. ⑥ 기대수명 CS형 10~15년 HS형 5~7년	⑤ 고율방전특성이 좋다. ⑥ 부식성가스가 발생하지 않는다. ⑦ 보존이 용이하고 저온특성 양호하다. ⑧ 기대수명 : 12~20년

09 축전지 용량산정에 필요한 조건 5가지만 쓰시오.

정답

① 방전전류 ② 방전시간 ③ 최저 전지온도 ④ 허용 최저 전압 ⑤ 축전지의 셀수

해설

⑥ 보수율 ⑦ 부하의 특성 확인

10 연축전지 용량 산정식과 정류기 용량 산정식을 쓰시오.

정답

① 축전지 용량 산정

$$C=\frac{1}{L}\times[K_1I_1+K_2(I_2-I_1)+K_3(I_3-I_2)]\ [\mathrm{Ah}]$$

C : 축전지 용량[Ah] (연축전지 10시간, 알칼리축전지 5시간 기준)

L : 보수율(0.8적용)

K : 용량환산시간[h] (방전시간, 전지 최저온도, 허용 최저전압에 의해 결정)

I : 부하특성별 방전전류[A]

② 정류기 용량

$$P_{ac}=\frac{(I_d+I_c)\cdot V_d}{cos\theta\times\eta\times 1{,}000}[\mathrm{kVA}],\quad I_{ac}=\frac{P_{ac}}{\sqrt{3}E}[\mathrm{A}]$$

P_{ac} : 정류기 교류 측 입력용량[kVA]

I_{ac} : 정류기 교류 측 입력전류[A]

I_d : 정류기 직류 측 부하전류[A]

I_c : 정류기 직류 측 축전지 충전전류[A]

V_d : 정류기 직류 측 전압[V]

E : 정류기 교류 측 전압[V]

$cos\theta$: 정류기 역률[%]

η : 정류기 효율[%]

11 축전지 충전방식 중 부동충전방식의 특·장점을 설명하고, 충전방식 간략도를 그리시오.

정답

① 부동충전방식의 특징

㉠ 정류기가 축전지의 충전과 직류부하에 대한 전원을 동시에 부담하는 방식이다.

㉡ 정류기가 분담하기 어려운 순간적인 대전류(차단기 투입 등)는 축전지가 공급한다.

㉢ 장점

- 축전지가 항상 완전 충전상태에 있다.
- 정류기 용량이 적어도 된다.
- 축전지 수명에 좋은 영향을 준다.

② 부동충전방식 간략도

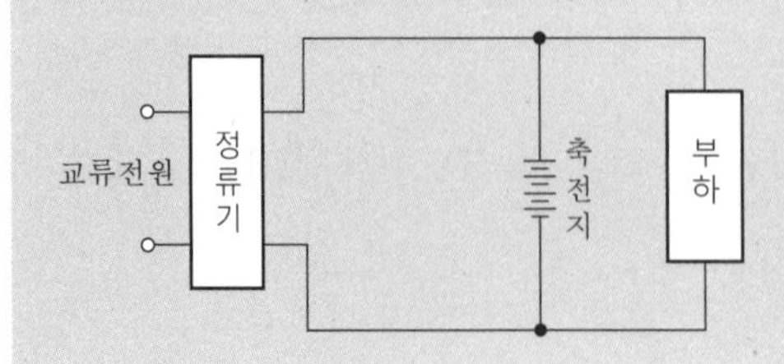

12

인버터에 사용되는 SCR의 직렬, 병렬, 직병렬접속시 전압과 전류를 고,저로 표현한 (　　) 안의 적당한 답을 쓰시오.

구분	직렬접속	병렬접속	직병렬접속
전압	①	②	③
전류	④	대전류	대전류

정답

① 고전압　② 저전압　③ 고전압　④ 저전류

13

인버터에 사용되는 SCR의 물음에 답하시오.

① 래칭전류란?

② 유지전류란?

③ 턴오프란?

④ 턴온이란?

정답

① 래칭전류 : SCR이 ON되기 위하여 흘려야 할 애노드(80[mA] 이상) 전류

② 유지전류 : SCR이 ON을 유지하기 위한 애노드(20[mA] 이상) 최소전류

③ 턴오프 : 능동상태나 도전상태에서 비능동 또는 비도전 상태로 전환되는 것

④ 턴온 : 턴오프와 반대의 상태로 전환되는 것(게이트 전류를 가하여 도통 완료까지의 시간)

14

컨버터의 전압변동률이란 정류회로에서 전원 전압이나 부하의 변동 정도에 따라 직류 출력전압이 변화하는 정도를 말한다. 정류회로의 전압변동률을 나타내는 식을 쓰시오.

정답

- 전압변동률 $\varepsilon = \frac{\text{무부하 직류전압} - \text{전부하 직류전압}}{\text{전부하 직류전압}} \times 100[\%] = \frac{V_0 - V_{dc}}{V_{dc}} \times 100[\%]$

15 다음 전류형 인버터를 크게 컨버터부, DC-link부, 인버터부로 구분한다면 각 부분별 기능을 간단히 쓰시오.

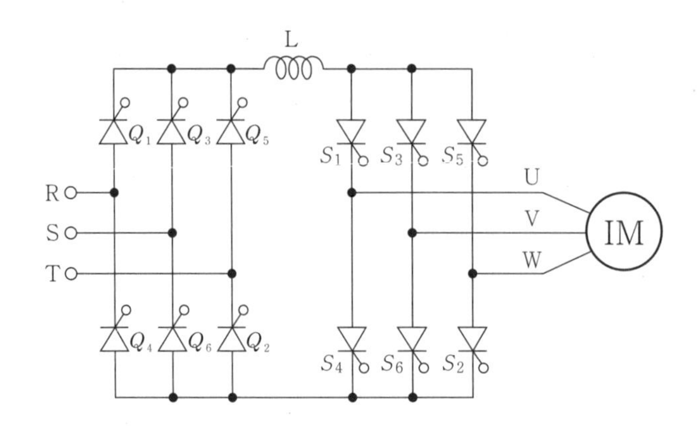

① 컨버터부 :

② DC-Link부 :

③ 인버터부 :

정답

① 컨버터부 : 정류기라고 하며, 인버터 출력 전류의 크기를 제어한다.

② DC-Link부 : DC-Link 내의 직류 전류를 평활시킨다.

③ 인버터부 : 컨버터부에서 제어된 직류 전류를 인버터부에서 원하는 주파수로 스위칭하여 출력을 발생시킨다. (출력 주파수제어)

16 다음 (   )안에 알맞은 답을 쓰시오.

전압형 인버터는 교류전원을 사용할 경우에는 교류 측 변환기 출력의 맥동을 줄이기 위하여 (①)를 사용하는데 이를 (②)측에서 보면 (③) 직류 (④)으로 볼 수 있으므로 전압형 인버터라 한다.

정답

① LC필터 ② 인버터 ③ 저 임피던스 ④ 전압원

17 다음은 PAM제어에 관한 내용이다. (　　)안에 알맞은 답을 쓰시오.

PAM 제어는 컨버터부에서 AC전압을 DC전압으로 변환시 (①) Module 대신 (②) Module을 사용하여 (③)기법으로 직류전압을 제어하고, 동시에 인버터부에서 (④)를 제어하는 방식이다.
즉, 전압의 (⑤) 및 주파수를 제어하는 방식이다.

정답

① Diode　② SCR　③ 위상 제어　④ 주파수　⑤ 진폭

18 전압형 인버터의 장점과 단점 3가지씩 쓰시오.

정답

① 장점
- 모든 부하에서 정류(Commutation)가 확실하다.
- 속도제어 범위가 1 : 10 까지 넓다.
- 인버터 계통의 효율이 매우 높다.

② 단점
- 유도성 부하만을 사용할 수 있다.
- Regeneration을 하려면 Dual Converter가 필요하다.
- 스위칭 소자 및 출력 변압기의 이용률이 낮다.

해설

③ 장점
- 제어회로 및 이론이 비교적 간단하다.
- 소·중용량에 사용한다.

④ 단점
- 전동기가 과열되는 등 전동기의 수명이 짧아진다.

19 인버터에 대하여 각 항에 맞는 답을 쓰시오.

① 전압형 인버터 제어방법 2가지를 쓰시오.

② 인버터 출력 파형 개선방법 3가지를 쓰시오.

정답

① PAM방식, PWM방식

② 인버터 출력 파형 개선법

- 교류 필터를 사용한다.
- 인버터의 다중화한다.
- 펄스 폭의 최적하게 선정한다.

20 다음은 UPS(Uninterruptible Power System)에 관한 구성도이다. 크게 4 부분으로 구분할 경우 부분별 물음에 답하시오.

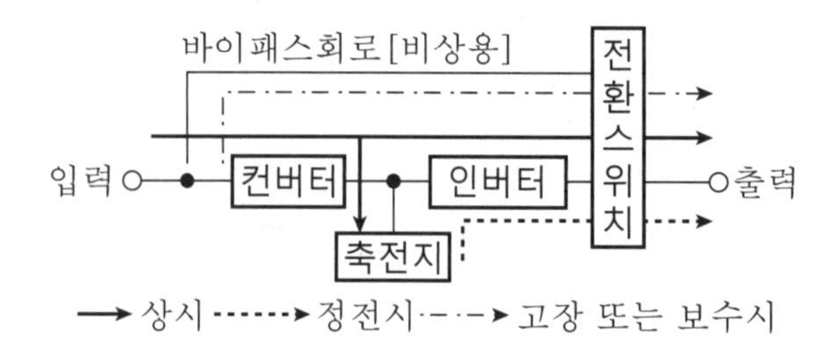

① 컨버터의 역할은?

② 인버터의 역할은?

③ 바이패스 회로의 역할은?

④ 축전지의 역할은?

정답

① 컨버터 : 상용전원 AC → DC변환, 인버터에 전력공급 및 축전지를 충전

② 인버터 : DC → AC로 변환하여 부하에 전력공급

③ 바이패스 회로 : UPS 과부하 및 이상시 상용전원으로 무순단 절체하는 장치

④ 축전지 : 상용전원 정전시 인버터를 통해 부하에 전력공급

21

정상시 인버터로 부하에 전력을 공급하고 정전시는 축전지에서 인버터를 통해 무순단으로 전력을 부하에 공급하는 방식으로 전원의 높은 신뢰도를 요하는 곳에 적용되는 방식의 UPS방식 명칭은?

정답 ON LINE 방식(상시 인버터 급전방식)

해설

① 정상시 인버터로 부하에 전력을 공급하고 정전시는 축전지에서 인버터를 통해 무순단으로 전력을 부하에 공급하는 방식으로 전원의 신뢰도를 요하는 곳에 적용된다.

22

정상시 상용전원으로 부하에 전력을 공급하고, 정전시 축전지를 이용하여 Inverter를 통해 부하에 전력을 공급하는 방식으로 주로 서버전용 등 소용량에 많이 사용되는 방식의 UPS방식 명칭은?

정답 Off Line방식(상시 상용 급전방식)

해설

① 정상시 상용전원으로 부하에 전력을 공급하고, 정전시 축전지를 이용하여 Inverter를 통해 부하에 전력을 공급하는 방식으로 주로 서버전용 등 소용량에 많이 사용되고 있다.

23

변전소에 200[Ah] 연축전지 55개로 제어전원을 공급하고 있다. 다음 물음에 알맞은 답을 쓰시오.

① 묽은 황산의 농도는 표준이나, 액면이 저하하여 극판이 노출되어 있다. 어떤 조치가 필요한가?

② 충전시 발생하는 가스의 종류는?

③ 가스발생시 유의사항을 쓰시오.

④ 충전이 부족할 때 극판에 발생하는 현상은?

정답

① 증류수를 보충한다. ② 수소(H_2)

③ 화재 및 폭발우려 ④ 전체 셀의 전압 불균일 및 과대

24

비상용 조명 부하 110[V]용 100[W] 58등, 60[W] 50등이 있다. 방전시간 30분, 축전지 HS형 55[Cell], 허용 최저 전압 100[V], 최저 축전지 온도 5[℃]일 때 축전지의 소요 용량은 몇 [Ah]인가, 단 경년 용량 보수율 0.8이고 용량환산기간 $K=1.1$이다.

정답

① 부하전류 $I=\dfrac{\text{부하용량[W]}}{\text{비상용 조명 부하전압[V]}}=\dfrac{100\times58+60\times50}{110}=80[A]$

② 축전지 용량 $C=\dfrac{1}{L}KI=\dfrac{1}{0.8}\times1.1\times80=110[Ah]$

25

다음 항에 해당하는 충전방식을 쓰시오.

① 부동충전으로 장기간 사용할 때 각 축전지간에 전압의 불균일하게 된다. 이 전위차를 균일하게 하기 위하여 과충전하는 방식이다.
② 단시간에 보통 충전전류의 2~3배의 전류로 충전하는 방식이다.
③ 필요할 때마다 표준 시간율로 충전하는 방식이다.
④ 정류기가 축전지의 충전과 직류부하에 대한 전원을 동시에 부담하는 방식이다.

정답

① 균등충전방식 ② 급속충전방식 ③ 보통충전방식 ④ 부동충전방식

26

사용 중인 UPS의 2차 측에 단락사고 등이 발생했을 경우 UPS와 고장회로를 분리하는 방식 3가지를 쓰시오.

정답

① 배선용차단기에 의한 방식
② 속단퓨즈에 의한 방식
③ 반도체 차단기에 의한 방식

27 예비전원으로 사용하는 축전지 설비에 대한 물음이다. 각 물음에 답하시오.

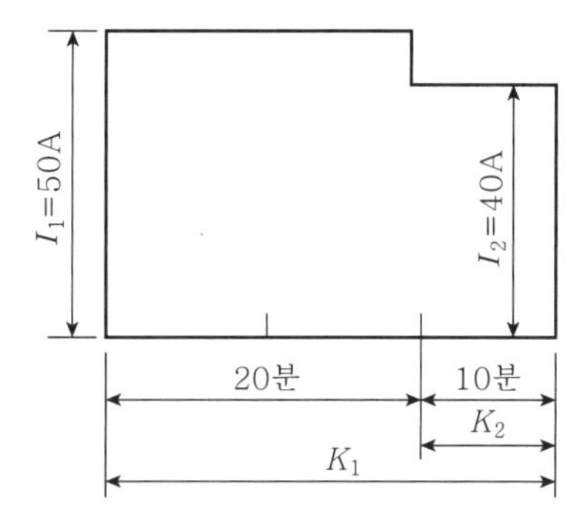

① 그림과 같은 부하 특성을 갖는 축전지를 사용할 때 보수율은 0.8, 최저 축전지 온도 5[℃], 허용 최저전압 90[V]일 때 축전지는 몇 [Ah] 이상이여야 하는가?
단, $I_1=50[A]$, $I_2=40[A]$, $K_1=1.15$, $K_2=0.91$, 셀당 전압은 1.06[V/Cell]이다.

② 연축전지와 알칼리 축전지의 공칭전압은 각각 몇 [V]인가?

정답

① $C=\frac{1}{L}[K_1I_1]=\frac{1}{0.8}[1.15\times 50]=71.875[Ah]$

② 연축전지 : 2[V], 알칼리 축전지 : 1.2[V]

해설

① $C=\frac{1}{L}[K_1I_1]=\frac{1}{0.8}[1.15\times 50]=71.875[Ah]$

② $C=\frac{1}{L}[K_1I_1+K_2(I_2-I_1)]=\frac{1}{0.8}[1.15\times 50+0.91(40-50)]=60.5[Ah]$

①과 ②의 값을 비교하여 큰 값을 축전지 용량으로 산정한다.

28 알칼리 축전지 정격용량은 100[Ah], 상시부하 6[kW], 표준전압 100[V]인 부동충전방식의 충전기 2차 전류는? 단, 알칼리 축전지 방전율은 5시간이다.

정답

① 충전기 2차 전류 $I_2=\frac{100}{5}+\frac{6,000}{100}=80[A]$

해설

① 충전기 2차 전류 $I_2=\frac{\text{정격용량}}{\text{공칭용량}}+\frac{\text{2차부하}}{\text{표준전압}}=\frac{100}{5}+\frac{6,000}{100}=80[A]$

29

부하의 허용 최저 전압이 DC 115[V]이고, 축전지와 부하 간의 전선에 의한 전압강하 10[V]이다. 직렬로 접속한 축전지가 56Cell일 때 축전지의 셀당 허용 최저 전압은?

정답

① $V = \dfrac{115+10}{56} = 2.23[\text{V/cell}]$

해설

① 허용 최저 전압 $V = \dfrac{V_a + V_e}{n} = \dfrac{115+10}{56} = 2.23[\text{V/cell}]$

30

그림의 단상 전파 정류회로에서 교류 측 공급전압이 628sin314t[V], 직류 측 부하저항 20[Ω]이다. 물음에 답하시오.

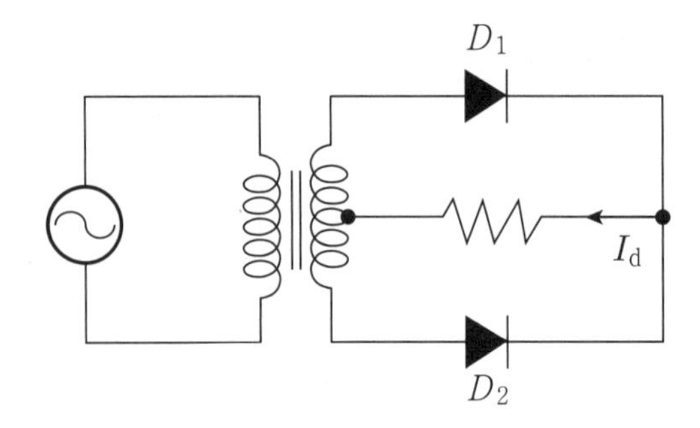

① 직류 부하전압의 평균값은?

② 직류 부하전류의 평균값은?

③ 교류전류의 실효값은?

정답

① 직류 부하전압의 평균값 : $E_d = 0.9E = 0.9 \times \dfrac{628}{\sqrt{2}} = 399.66[\text{V}]$

② 직류 부하전류의 평균값 : $I_d = \dfrac{E_d}{R} = \dfrac{399.66}{20} = 19.98[\text{A}]$

③ 교류 전류의 실효값 : $I = \dfrac{E}{R} = \dfrac{628/\sqrt{2}}{20} = 22.2[\text{A}]$

31 다음의 제시하는 조건을 기준으로 정류기 교류 측 입력용량과 교류 측 입력전류를 산정하시오.

① 충전방식은 3상 380[V] 부동충전방식이고, 직류 측 전압(V_d)은 110[V]이다.
② 축전지는 연축전지 급방전형(HS) 형식의 600[Ah/10hr]이다.
③ 정류기의 역률 및 효율은 각각 80[%]로 한다.
④ 축전지 부하의 최대 전류는 320[A]이다.

정답

① $P_{ac}=\dfrac{(I_L+I_C)\times V_d}{cos\theta\times\eta\times10^3}=\dfrac{(320+60)\times110}{0.8\times0.8\times10^3}=65.31[kVA]$

② $I_{ac}=\dfrac{P_{ac}}{\sqrt{3}\times E}=\dfrac{65,310}{\sqrt{3}\times380}=99.2[A]$

해설

① 직류 측 상시 및 순시부하 전류(I_L) 합계 : 320[A]

② 직류 측 축전지의 충전전류(I_C) $I_C=\dfrac{축전지용량[Ah/10hr]}{10[hr]}=\dfrac{600}{10}=60[A]$

③ 정류기 교류 측 입력용량(P_{ac}) $P_{ac}=\dfrac{(I_L+I_C)\times V_d}{cos\theta\times\eta\times10^3}=\dfrac{(320+60)\times110}{0.8\times0.8\times10^3}=65.31[kVA]$

④ 정류기 교류 측 입력전류(I_{ac}) $I_{ac}=\dfrac{P_{ac}}{\sqrt{3}E}=\dfrac{65,310}{\sqrt{3}\times380}=99.2[A]$

32 반파 정류회로에서 출력 전압 220[V]를 얻는데 필요한 변압기 2차 상전압은 약 몇 [V]인가? (단, 부하는 순저항 변압기 내 전압강하를 무시하며 정류기 내의 전압강하는 50[V]로 본다.)

정답

① $V=\dfrac{1}{0.45}(V_d+e)=\dfrac{1}{0.45}(220+50)=600[V]$

해설

① 단상 반파 정류회로에서 $V_d=0.45V-e$ 이므로, $V=\dfrac{1}{0.45}(V_d+e)=\dfrac{1}{0.45}(220+50)=600[V]$

33 컨버터회로에서 발생하는 맥동률에 대한 물음이다. 각 항에 맞게 답을 쓰시오.

① 맥동률의 뜻은?

② 다음 (　　)안에 맞는 답은?

구분	3상 전파	3상 반파	단상 전파	단상 반파
맥동률[%]	(㉠)	17	48	121
맥동주파수(f)	$6f$	(㉡)f	$2f$	$1f$
평균값(V_d)	$1.35V$	$1.17V$	(㉢)V	$0.45V$
정류효율 η[%]	99.8	96.7	81.2	(㉣)

정답

① 맥동률이란 정류기를 통과한 직류에 포함된 교류성분의 정도이다.

② ㉠ 4　㉡ 3　㉢ 0.9　㉣ 40.6

34 태양광 모듈 작업시 감전사고 방지대책 3가지를 쓰시오.

정답

① 감전사고 방지대책

㉠ 작업 전 태양전지 모듈 표면에 차광 실(seal)을 붙여 태양광을 가리고 덮는다.

㉡ 저압 절연 장갑을 착용한다.

㉢ 절연처리가 된 공구를 사용한다.

해설

① 감전사고 방지대책

㉣ 강우시(발전량이 0가 아님)에도 작업을 하지 않는다.

㉤ 강우시 미끄러지기 쉽기 때문에 작업을 피한다.

② 설치작업시 안전사고 대책

㉠ 헬멧, 보호안경, 구명줄(안전대), 높은 장소에서 사용하는 안전화 또는 노동자용 작업화, 허리에 차는 주머니(공구나 공사 부재를 넣음)를 반드시 착용해야 한다.

㉡ 신체 조건에 비하여 현저하게 높은 곳에서 작업하는 경우에는 발판을 설치하는 것이 의무화 되어 있다.

35 다음은 전기 자동차 충전장치에 대한 내용 들이다. 물음에 적당한 답을 쓰시오.

① 충전케이블의 원칙적인 길이는?

② 전기 자동차 커플러 접속 시 제일 먼저 접속되고, 차단 시 제일 나중에 분리되는 것은?

③ 충전장치 접속 시설방법 3가지를 쓰시오.

④ 충전케이블 인출부는 높이는?

㉠ 옥내용의 경우

㉡ 옥외용의 경우

정답

① 7.5[m] 이하
② 접지극
③ 충전장치 접속 시설방법
- 전기 자동차에 부착된 충전케이블과 충전장치 접속
- 충전장치에서 분리되는 충전케이블 및 커넥터와 전기 자동차 접속
- 충전장치에 부착된 충전케이블 및 커넥터와 전기 자동차 접속하는 방법

④ 충전케이블 인출부는 높이
- 옥내용의 경우 : 지면으로부터 45[cm] 이상 120[cm] 이내
- 옥외용의 경우 : 지면으로부터 60[cm] 이상

36 다음은 전기 자동차 충전 중 안전과 사용상 편리를 위한 적절한 밝기의 조명 설비이다. 적당한 답을 (　　)에 쓰시오

조도 분류		조도 범위[lx]			장소 (밝은 배경)
		최고	표준	최저	
A	어두운 분위기 중의 시(視)식별 작업장	6	①	3	진입로
B	어두운 분위기의 이용이 빈번하지 않은 장소	15	②	6	차도, 서비스 지역
C	어두운 분위기의 공공장소	③	20	15	-
D	잠시 동안의 단순 작업장	④	40	30	건물면(유리 제외), 주유기(전기 자동차 커플러 및 접속구)

정답

① 4　② 10　③ 30　④ 60

37 신에너지의 종류를 쓰시오.

정답

① 석탄 액화·가스화 및 중질잔사유 가스화 에너지
② 수소 에너지
③ 연료전지

해설

① 석탄 액화·가스화 및 중질잔사유 가스화 에너지
 - 석탄(중질잔사유)을 액화하여 석유처럼 다룰 수 있거나, 가스화하여 천연가스처럼 편리하게 사용하는 기술이다.
② 수소에너지
 - 물이나 유기물, 화석 연료 등에 화합물 형태로 존재하는 수소를 분리하여 에너지로 이용하는 기술이다.
③ 연료전지
 - 수소와 산소가 화학반응을 통해 결합하고 물이 만들어지는 과정에서 생성된 전기와 열에너지를 활용하는 기술이다.

38 재생에너지 종류를 쓰시오.

정답

① 태양에너지(태양광, 태양열) ② 풍력에너지 ③ 수력에너지 ④ 지열에너지
⑤ 해양에너지(조력발전, 조류발전, 파력발전, 해수 온도차발전)
⑥ 폐기물에너지 ⑦ 바이오에너지

해설

① 햇빛, 물, 지열, 강수, 생물유기체 등을 포함하는 재생 가능한 에너지를 변환시켜 이용하는 에너지를 말한다.
② 신재생 에너지 특징
 - 환경 친화적 에너지 : 화석연료 사용에 의한 이산화탄소(CO_2) 발생이 거의 없다.
 - 비 고갈성 에너지 : 태양광, 풍력 등으로 영구 재생 가능한 에너지이다.
 - 공공의 미래 에너지 : 공공 분야에서 시장 창출 및 경제성 확보를 위한 장기적 개발 필요
 - 기술 에너지 : 꾸준한 연구 개발에 의해 에너지 자원 확보 가능

39 에너지 저장장치의 저장방식별 해당 저장시스템을 [보기]에서 골라 쓰시오.

저장 방식	해당 저장 시스템	보기
물리적 저장 (mechanical)		- 리튬이온전지(Lib : Lithium ion battery) - 레독스 흐름전지(RFB : Redox flow battery) - 양수발전(PHS : Pumped hydro storage) - 압축공기저장(CAES : Compressed air energy storage) - 나트륨황전지(NaS) - 납축전지(Lead acid) - 플라이휠(flywheel)
화학적 저장 (electro chemical)		

정답

저장 방식	저장 시스템 분류
물리적 저장 (mechanical)	- 양수발전(PHS : Pumped hydro storage) - 압축공기저장(CAES : Compressed air energy storage) - 플라이휠(flywheel)
화학적 저장 (electro chemical)	- 리튬이온전지(Lib : Lithium ion battery) - 나트륨황전지(NaS) - 납축전지(Lead acid) - 레독스 흐름전지(RFB : Redox flow battery)

해설

저장 방식	저장 시스템 분류
전,자기적 저장 (electro magnetic)	- 슈퍼 커패시터(Super Capacitor or Ultra Capacitor) - 초전도 자기에너지 저장(SMES : Super conducting magnetic storage)

PART
05

피뢰 및 접지 설비

Chapter 1

외부 뇌보호

01 피뢰 등급

(1) 적용범위

① 전기전자설비가 설치된 건축물·구조물로서 낙뢰로부터 보호가 필요한 것 또는 지상으로부터 높이가 20[m] 이상인 것

② 저압전기전자설비

③ 고압 및 특고압 전기설비

(2) 보호등급과 보호효율의 관계

보호등급	보호효율	뇌전류파고치[kA]	뇌격거리[m]
Ⅰ	0.98	2.9	20
Ⅱ	0.95	5.4	30
Ⅲ	0.90	10.1	45
Ⅳ	0.80	15.7	60

(3) 일반건축물은 보호등급 Ⅳ, 특수 건축물은 보호등급 Ⅱ를 기준하고, 설계시 주변의 여건이나 건축물의 위험도를 고려하여 상향 조정해야 한다.

02 수뢰시스템

① 수뢰시스템의 설계는 건축물의 보호공간을 결정하며, 일반적으로 수뢰장치, 인하도체, 접지 시스템, 내부 뇌보호시스템으로 이루어진다.

② 높이 60[m]를 초과하는 건축·구조물은 측격뢰 보호용 수뢰부시스템을 시설하여야 한다.

- 코너, 모서리, 중요한 돌출부 등에 우선 배치하고, 피뢰시스템 등급 Ⅳ 이상으로 하여야 한다.
- 상층부와 이 부분에 설치한 설비를 보호할 수 있도록 시설한다. 다만, 상층부의 높이가 60[m]를 넘는 경우는 최상부로부터 전체 높이의 20[%] 부분에 한한다.

③ 건축물의 외벽이 금속부재(部材)로 마감되고, 금속부재 상호간에 전기적 저항을 측정한 값이 0.2[Ω]이하인 경우에는 측면 수뢰부가 설치된 것으로 본다.

④ **수뢰장치의 종류**

- 돌침
- 수평도체(현행 규격에서 사용하고 있는 용마루위의 도체, 가공지선)
- 망상(메시)도체

03 보호범위 선정

(1) 보호레벨 및 높이에 따른 수뢰부의 배치

보호레벨	회전 구체법 R[m]	보호각법 h[m]				메시법 L[m]
		20	30	45	60	
		α(°)	α(°)	α(°)	α(°)	
Ⅰ	20	25	*	*	*	5×5
Ⅱ	30	35	25	*	*	10×10
Ⅲ	45	45	35	25	*	15×15
Ⅳ	60	55	45	35	25	20×20

(2) 보호각법

① 수뢰부의 지상높이 및 보호대상 건축물의 보호레벨에 따라서 보호각이 다르게 적용되며, 수뢰부의 높이가 60[m] 이상인 경우는 적용되지 않는다.

(3) 회전구체법

① 뇌격거리와 같은 반경(R)의 회전구체를 건물의 모든 방향에 회전시켰을 때 접촉하지 않는 영역이 보호범위가 되고 접촉되는 모든 점은 피뢰설비를 설치하는 방법이다.

② 보호효과가 큰 반면에 비용이 많이 든다.

③ 회전구체법은 뇌격거리를 기초로 하여 보호범위를 설정한다.

㉠ h＜R인 경우 : 보호 가능

㉡ h＞R인 경우 : 보호 불가능, (h : 피뢰침 높이, R : 뇌격거리)

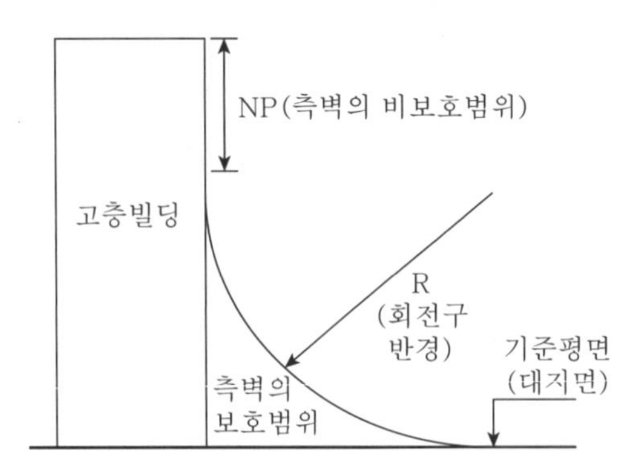

(4) 망상(메시)법

- 메시법은 메시도체로 둘러싼 내측을 보호범위로 하는 방법으로 메시폭은 표에 정한 값(L)이하로 한다.

04 인하도선 시스템

(1) 건축물·구조물과 분리된 피뢰시스템인 경우

① 뇌전류의 경로가 보호대상물에 접촉하지 않도록 하여야 한다.

② 별개의 지주에 설치되어 있는 경우 각 지주 마다 1조 이상의 인하도선을 시설한다.

(2) 건축물·구조물과 분리되지 않은 피뢰시스템인 경우

① 벽이 불연성 재료로 된 경우에는 벽의 표면 또는 내부에 시설할 수 있다. 다만, 벽이 가연성 재료인 경우에는 0.1[m] 이상 이격하고, 이격이 불가능 한 경우에는 도체의 단면적을 100[mm^2] 이상으로 한다.

② 인하도선의 수는 2조 이상으로 한다.

(3) 건축물의 최상층부와 최하단의 전기적 저항을 측정한 값이 0.2[Ω] 이하인 경우

① 인하도선을 생략하고 자연적 구성부재를 사용할 수 있다.

(4) 보호레벨에 따른 인하도선의 간격

보호레벨	I	II	III	IV
평균간격[m]	10	10	15	20

05 접지극

(1) A형(수평 또는 수직) 접지극

① A형 접지극은 방사형 접지극, 수직접지극 또는 판상 접지극(편면0.35[m²])으로 구성하고 각 인하도선에 접속한다.

② 최소 2개 이상을 동일 간격으로 배치한다.

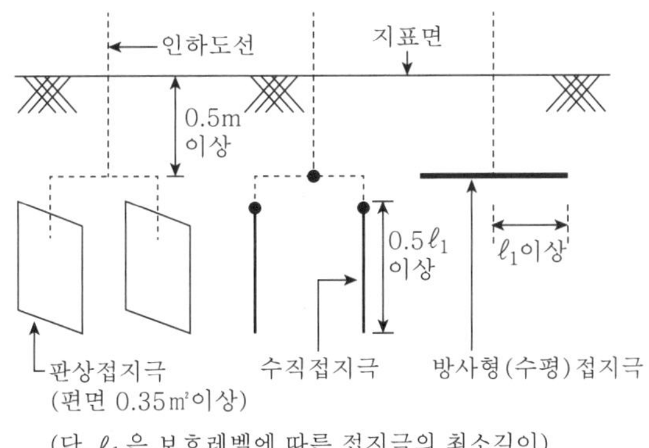

[A형 접지극]

(2) B형(환상도체 및 기초) 접지극

① B접지극은 환상접지극, 기초접지극 또는 망상접지극으로 구성하고 각 인하도선에 접속한다.

② 접지극 면적을 환산한 평균 반지름에 의한 최소 길이 이상으로 한다.

③ 최소 길이 미만인 경우 수평 및 수직 매설 접지극의 수는 2개 이상으로 한다.

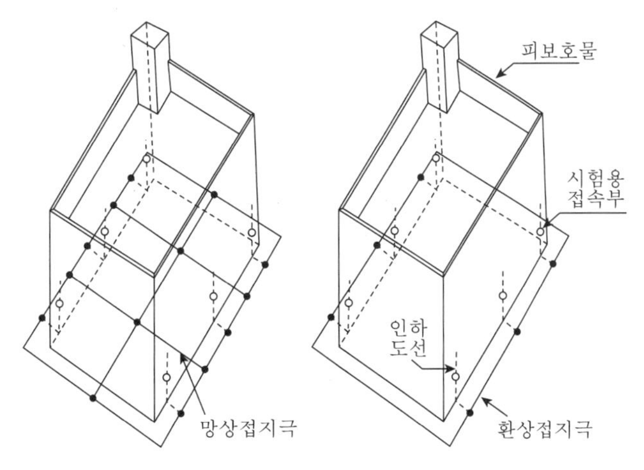

[B형 접지극]

Chapter 2 내부 뇌보호

01 서지보호기(SPD)

(1) 적용범위

① **구분** : 전원용(교류용과 직류용)과 신호, 통신 및 데이터용으로 구분한다.

② **전압범위** : 교류 1,000[V] 또는 직류 1,500[V] 이하

(2) 설치 방식

구분	특징	구성방법
직렬방식	- 과도전압을 미세하게 억제하는데 효과적이다. - 통신용이나 신호용으로 주로 사용한다. - 설치시 케이블 단절로 시공이 어렵다.	- 직렬방식, 병렬방식 및 직렬과 병렬을 혼합방식 등으로 사용
병렬방식	- 과도서지를 미세하게 제어하기 곤란하다. - 전류용량에 한계가 없다. - 전류용량이 수[A] 이상인 경우 선호한다. - 전원용으로 많이 사용한다.	

(3) 종별 기능

구분	특징	구성방법
전압제한형 (Votage Limiting 타입)	- 전압에 대한 전류의 특성이 비선형이다. - 서지가 인가되지 않은 경우에는 높은 임피던스 상태에 있으며, 전압서지에 응답한 경우에는 임피던스가 연속적으로 낮아지는 기능을 갖는 SPD이다.	배리스터 (MOV) 제너다이오드
전압스위칭형 (Voltage Switching 타입)	- 전압에 대한 전류의 특성이 Limiting 타입보다 심한 비선형을 나타낸다. - GDT는 튜브안에 가스를 넣고 가스를 통해서 방전이 일어나게 하는 것이다. - 서지가 인가되지 않은 경우에는 높은 임피던스 상태에 있으며, 전압서지에 응답하여 급격하게 낮은 임피던스 값으로 변화하는 기능을 갖는 SPD이다.	에어갭 가스방전관 (GDT) 사이리스터형
복합형	- 전압스위칭형 소자와 전압제한형 소자의 모든 기능을 갖는 SPD이다. - 복합형SPD는 인가전압의 특성에 따라 전압스위칭, 전압제한 또는 전압스위칭과 전압제한의 두가지 동작을 한다.	가스방전관과 배리스터 조합 SPD

(4) 설치위치 및 방법

① 설치위치

- SPD는 설비의 인입구 또는 건축물의 인입구에 근접한 장소에 시설할 것
- 설비의 인입구 또는 그 인근에서 SPD를 상도체와 주접지 단자간 또는 보호도체간에 시설한다.

② 설치방법

- SPD의 모든 접속도체는 (최적의 과전압보호를 위해) 가능한 짧게 할 것
- SPD의 접속도체는 굵기는 피뢰설비가 있는 경우 동선 16[mm²] 이상(피뢰설비가 없는 때 동선 4[mm²] 이상)으로 한다.

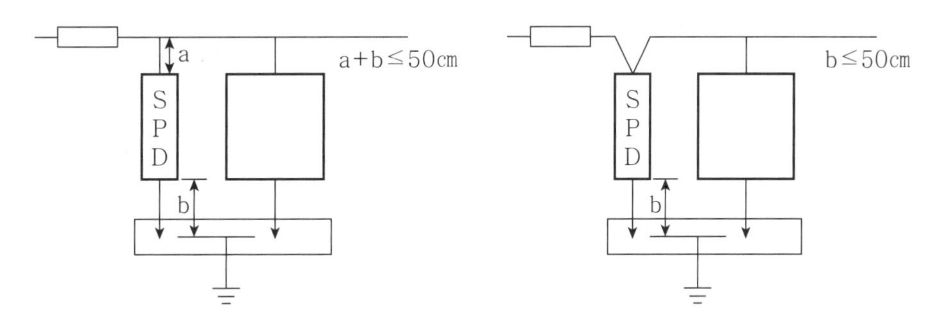

02 정격 임펄스 내(耐)전압

(1) 내 임펄스 범주

① 건축물에 시설되는 기기에 필요하게 되는 정격 임펄스 내(耐)전압 기기의 설치 장소 및 설비의 공칭 전압 값보다 높을 것

공칭전압 [V]	필요한 임펄스 내전압 [kV]			
	설비 인입구의 기기 (범주 Ⅳ)	간선 및 분기회로 의 기기 (범주 Ⅲ)	부하기기 (범주 Ⅱ)	특별히 보호된 기기 (범주 Ⅰ)
단상 3선 120-240	4	2.5	1.5	0.8
3상계통 (220/380) 230/400 277/480	6	4	2.5	1.5
400/690	8	6	4	2.5
1,000	12	8	6	4

② 주택의 옥내 배선계통과 과전압 범주

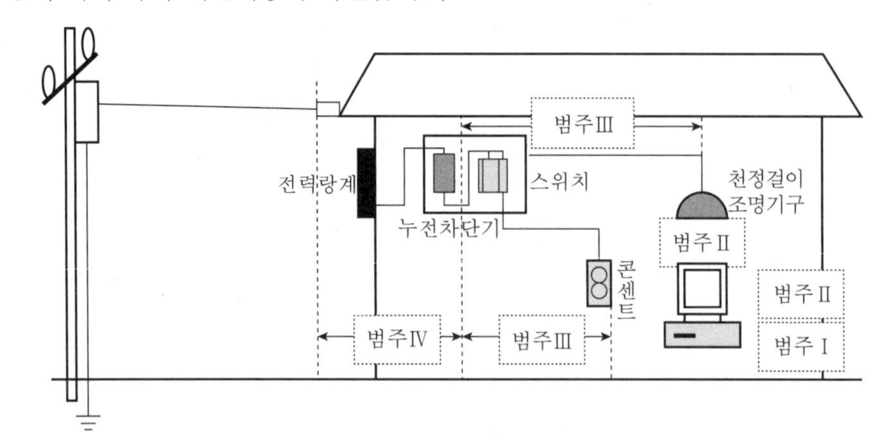

범주Ⅳ	범주Ⅲ	범주Ⅱ	범주Ⅰ
전력량계 누전차단기 전류제한기 인입용전선	주택분전반 배선용차단기(분기) 콘센트 스위치 조광스위치 팬던트 조명기구 실내배선용전선	조명기구 냉장고, 에어컨 세탁기, 전자레인지 TV, 비디오 다기능전화기 FAX 컴퓨터	전자기기 기기내부

(2) 뇌보호 영역

① 자동화설비, 전자장비 등은 낙뢰, 서지 등 노이즈에 민감한 기기이므로 서지 대책이 필수적이다.

- 낙뢰의 위험성이 높은 지역은 전원계통의 서지보호기를 $LPZO_A$, $LPZO_B$, LPZ 1, LPZ 2 등 단계별로 설치하여 보호 협조를 이루어야 한다.

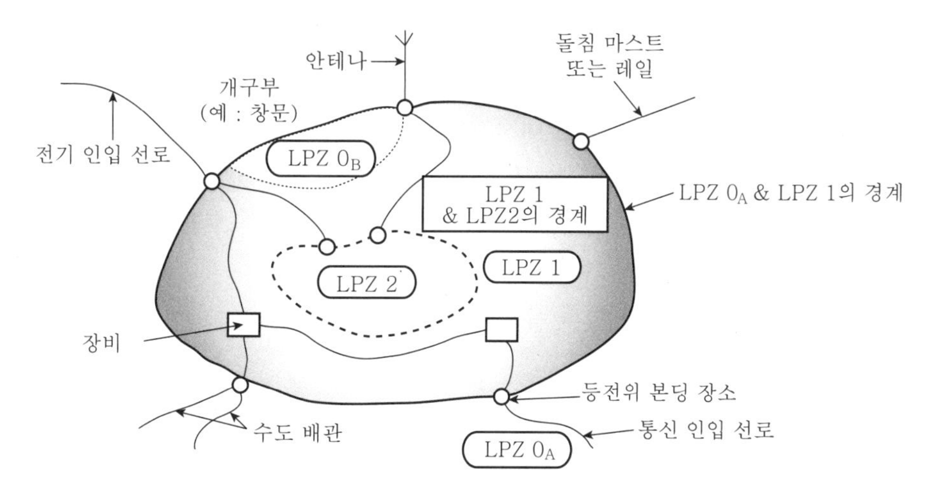

② $LPZO_A$

- 외부 뇌보호 시스템의 보호 범위 내에 있는 영역
- 직격뇌에 노출된 영역으로 뇌격전류 전체가 흐를 수도 있으며, 낙뢰에 의한 전자장의 세기가 감쇠하지 않는 영역

③ $LPZO_B$

- 낙뢰를 직접 맞지 않는 영역
- 직격뢰에 노출되어 있지 않지만, 낙뢰에 의한 전자장의 세기가 감쇠하지 않는 영역

④ LPZ 1

- 차폐를 하면 낙뢰에 의한 전자장이 감소하는 건물내의 공간
- 직격뢰에 노출되어 있지 않으며, 이 영역내의 모든 도전성 물체에 흐르는 전류는 LPZ 영역에 비하여 매우 감쇠되는 영역
- 이 영역에서 낙뢰에 의한 전자장의 세기는 차폐장치를 시설하면 저감된다.

⑤ LPZ 2

- 전류 및 전자장의 세기를 한층 저감시킬 필요가 있는 경우에 특별히 지정한 영역
- 컴퓨터실과 같은 공간

Chapter 3

접지 시스템

01 접지 개요

(1) 대지저항률

대지저항률이란 대지, 토양의 일정 체적의 전기저항을 말하는 것으로 단위는 [Ω·m] [Ω·cm]이다. 접지저항은 대지저항률의 값에 크게 좌우한다.

1) 대지저항률에 영향을 미치는 요소

① 토양의 종류(토양의 입자 크기에 따라 진흙, 점토, 모래, 사암으로 분류)
② 대지의 온도 및 기후
③ 수분에 용해되어 있는 물질의 농도
④ 지질의 성분
⑤ 대지내 수분의 함유량
⑥ 수분의 화학적 성분(수분에 용해되어 있는 물질의 농도)
⑦ 지역적 특성

2) 토양의 종류와 저항률

종류	고유저항 [Ω·m]
논,습지(점토질)	10~150
밭(점토질)	10~200
논, 밭	100~1,000
산지(점토질)	200~2,000
산지(암반지대)	2,000~5,000
롬층(loam, 적토)	50~500
하천변(사리, 옥석)	1,000~5,000
해안 모래지대	50~100

3) 지역에 따른 저항률

분류	저항률 [Ω·m]	지질 특성
저 저항률 지대	100 이하	항상 토양에 수분이 많이 함유되어 있는 강, 하천, 바다에 인접한 저지대
중 저항률 지대	100~1,000	지하수가 풍부한 지역으로 준 평원지역
고 저항률 지대	1,000 이상	배수가 잘되는 지역, 구릉지대, 고원

4) 수분함유량의 영향

토양에서 전기전도는 근본적으로 전해질 중에 함유된 이온의 이동에 의한 전기전도에 의해 이루어진다. 토양 중에 수분이 함유되면 저항률이 저하하고, 수분의 함유량이 증가하면 대지저항률은 급격히 감소된다.

5) 지질의 온도 영향

금속의 저항률은 온도가 상승하면 증가하지만, 반도체, 전해액, 절연체 등은 감소한다. 토양에 포함된 수분도 전해질이므로 대지저항률은 온도 상승과 더불어 감소한다.

6) 계절적 영향

계절이 변화하면 온도뿐만 아니라 토양에 함유되어 있는 수분의 양도 함께 변화되므로 대지저항률은 대체적으로 기온이 낮은 겨울은 높고, 기온이 높고 습기가 많은 여름철에는 낮게 된다.

(2) 접지방식 및 특징

1) 전압별 접지방식

① **직접접지** : 765[kV], 345[kV], 154[kV]송전선로, 22.9[kV]배전선로, 저압선로

② **비접지** : 66[kV]송전선로, 22[kV]배전선로, 공장, 빌딩의 구내선로(3.3[kV], 6.6[kV], 11[kV], 22[kV])

③ **저항법지** : 공장의 구내 배전선로, 발전기 중성점

2) 직접접지

① 중성점을 대지에 직접 접지하는 방식이다.

② 특징

- 1선 지락사고시 건전상 전압상승이 가장 적다.
- 전력기기의 절연을 현저히 줄일 수 있다.
- 지락전류 검출이 용이하다.
- 지락시 보호계전기가 신속 동작한다.
- 통신선의 유도장해 발생으로 고속도 차단대책이 필요하다.
- 지락전류가 커서 안정도가 나쁘다.

3) 비접지

① 계통을 접지하지 않고 비접지 상태로 운전하는 방식이다.

② 특징

- 지락전류는 충전전류와 GPT를 통한 유효전류이며, 수[A] 정도에 불과하다.
- 1선 지락시 건전상의 전위는 $\sqrt{3}$배까지 상승한다.

4) 저항접지

① 1선 지락전류를 억제하기 위하여 계통의 중성점에 저항기를 접속하는 방식이다.

② 특징

- 저항의 크기를 조절하여 지락전류의 크기를 조정할 수 있다.
- 100[A] 정도까지를 고저항 접지방식
- 100[A] 이상의 계통을 저저항 접지방식

02 접지 시스템

(1) 접지 시스템의 구분

① 용도별 시스템은 계통접지, 보호접지, 피뢰시스템 접지 등으로 구분한다.

② 방법별 종류로는 단독접지, 공통접지, 통합접지가 있다.

③ **공통접지** : 접지 센터에서 전기설비(저압, 고압, 특고압)의 접지를 등전위 본딩하는 것

④ **통합접지** : 접지 센터에서 전기설비 접지와 기타 접지(통신, 피뢰침)를 등전위 본딩하는 것

⑤ **단독(독립)접지** : 기기별 접지를 별도로 분리, 독립하여 접지하는 것

(2) 접지저항 저감법

① 매설지선, 접지극의 병렬연결, 메시접지, 평판접지, 접지극을 깊게 매설하는 방법 등이다.

② **물리적 저감법**

㉠ 접지극의 병렬접속

- 접지전극을 병렬접속하면 합성저항이 저감된다.
- 병렬접속시 합성저항 $R=\eta\frac{R_0}{n}[\Omega]$ (η : 집합계수, R_0 : 전극 1개의 접지저항)
- 집합계수는 전극의 상호 간격을 크게 하면 저감 효과가 크므로 3[m] 이상 이격한다. 가까우면 상호 전계 간섭으로 효과가 감소된다.
- 전극의 병렬개수는 3~4개일 때 저감효과가 크지만, 그 이상은 비례해서 저감하지 않는다.

㉡ 접지극의 치수 확대

- 막대전극의 접지저항은 $R=\frac{\rho}{2\pi l}(\ln\frac{4l}{r}-1)[\Omega]$, ($r$: 접지봉의 반경[cm]) 이므로, 전극의 지름을 크게하면 접지저항이 감소된다.

㉢ 접지극을 매설 깊이 증가

- 일반적으로 매설 깊이가 깊을수록 대지저항률이 낮아져 접지저항이 낮아진다. 전극을 지하수면 아래까지 깊이 묻어서 접지저항을 감소시킨다.
- 심타공법, 연결식 접지봉을 사용하면 저감효과가 있다.

㉣ 매설지선 공법

- 매설지선이 어느 정도 길고 형상을 8방향으로 할 경우 저감효과 크게 나타난다.
- 철탑, 소규모 발전기, 피뢰기 등 낮은 저항값을 요구하는 곳에 채용된다.

㉤ 메시공법(Mesh)

- 낮은 접지 저항값을 얻을 수 있고 막대 전극을 병렬접지 전극으로 사용하면 저감효과가 있다.
- 대지 전위 경도가 낮아지고 접촉전압, 보폭전압이 저하된다.

㉥ 건축구조체 접지

- $R = \frac{\rho}{2\pi r} = \frac{\rho}{\sqrt{2\pi A}}[\Omega]$, (반구의 면적 $2\pi r^2 = A$, $r = \sqrt{\frac{A}{2\pi}}$)
- 건물의 지하부분 면적(A)이 크면 등가 반경이 커져 접지저항이 저감된다.

③ **화학적 저감방법**

㉠ 화학적 저감법은 물리적 저감법과는 비교가 안 되나, 초기 저감효과가 크고 토양에 따라 어느 정도의 차이가 있다. 저감제를 사용하지 않는 경우의 저항치에 비해 약 30[%] 정도로 접지 저항치를 낮출 수 있기는 하지만, 시간이 경과하면 빗물 유실 등으로 다시 높아지는 경향이 있다.

㉡ 비반응형 저감제

- 비반응형 저감제는 접지극 주변의 토양에 혼합하면 토양의 고유저항이 작아지나, 이는 일시적인 효과이고 1~2년 시일이 경과하면 거의 효과가 없어진다.
- 염, 황산 암모니아, 탄산소다, 카본 분말, 벤토나이트 등이 있다.

㉢ 반응형 저감제

- 반응형 저감제는 접지극 주위에 저감제를 주입하여 사용하는 것으로 비반응형보다는 효과가 오래 지속되나, 이 또한 4~5년의 시일이 경과하면 접지저항치가 상승하는 경향이 있다.
- 염화칼륨을 소석회에 혼합 제품, 황산 수소나트륨을 규산소다와 소석회에 혼합한 제품, 카본과 생석회가 주성분으로 한 비전해질 접지저항 저감제 등이 있다.

㉣ 저감재의 조건
- 저감효과가 크고 지속성이 있을 것
- 전극을 부식시키지 않을 것
- 공해가 없을 것
- 작업성이 좋고 경제적일 것

(3) 저압전로의 중성점 등의 접지봉 매설

① 접지극은 지하 75[cm] 이상으로 하되 동결 깊이를 감안하여 매설한다.
② 접지선을 철주, 기타의 금속체를 따라서 시설하는 경우에는 접지극을 철주, 기타 금속체 밑면으로부터 30[cm] 이상의 깊이에 매설하는 경우 이외에는 접지극을 지중에서 그 금속체로부터 1[m] 이상 떼어 매설한다.
③ 접지선은 지하 75[cm]로부터 지표상 2[m]까지는 두께 2[mm] 이상의 합성수지관 또는 이와 동등 이상의 절연효력 및 강도를 가지는 몰드로 덮어야 한다.

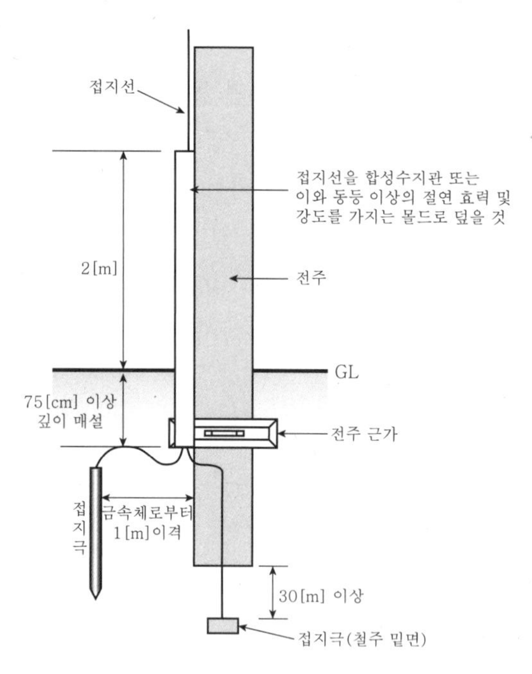

(4) 접지선의 굵기 산정(내선규정 부록100- 11, 1445- 3,5관련)

① **접지선 굵기 3요소** : 기계적강도, 내식성, 전류용량
② **접지선의 온도상승**
- 동선에 단시간 전류가 흘렀을 경우 온도상승은 보통 다음 식으로 주어진다.
- 온도상승 $\theta = 0.008(\frac{I}{A})^2 \cdot t$[℃]

여기서, θ : 온도상승, I : 전류[A], A : 동선 단면적[mm^2], t : 통전시간(초)

③ **계산조건**

㉠ 접지선에 흐르는 고장전류의 값은 전원측 과전류차단기 정격전류의 20배로 한다.

㉡ 과전류차단기는 정격전류의 20배의 전류에서 0.1초 이하에서 끊어지는 것으로 한다.

㉢ 고장전류가 흐르기 전의 접지선 온도는 30[℃]로 한다.

㉣ 고장전류가 흘렀을 때의 접지선의 허용온도는 160[℃]로 한다.(따라서, 허용온도상승은 130[℃]가 된다.)

④ **계산식**

- 온도상승 $\theta = 0.008(\frac{I}{A})^2 \cdot t$[℃]에 조건의 값을 넣으면

  $130 = 0.008(\frac{20I_n}{A})^2 \cdot 0.1$이 되고

- 접지선 굵기는 $A = 0.0496I_n$ 이다.

예시 22.9[kV], 380/220[V] 용량 500[kVA]로 수전하는 변압기에 중성점 접지를 시행할 때 중성점 접지선의 굵기를 산정하시오. 단, 변압기 2차 과전류차단기는 정격전류 150[%]에서 차단되는 것으로 하고, 조건은 기준에 의한 조건을 준수한다.

해설 - 변압기 정격전류 $I_n = \frac{500 \times 10^3}{\sqrt{3} \times 380} = 759[A]$

- 변압기 온도상승 $130 = 0.008(\frac{20I_n}{A})^2 \times 0.1$, $A = 0.0496I_n$를 적용

- 접지선의 굵기 $A = 0.0496 \times 759 \times 1.5 = 56.47[mm^2]$

(5) 수도관 등의 접지전극

① 지중에 매설된 접지 저항값이 3[Ω] 이하의 금속제 수도관은 각종 접지극으로 사용할 수 있다.

② 접지선과 수도관의 접속은 안지름 75[mm] 이상인 금속제 수도관(3[Ω] 이하) 또는 이로부터 분기한 75[mm] 미만인 금속제 수도관은 분기점으로부터 5[m] 이내의 부분에서 접속하여야 한다.
(접지 저항값이 2[Ω] 이하인 경우는 5[m]를 초과할 수 있다.)

③ 접지 저항값이 2[Ω] 이하 값을 유지하는 건물의 철골 기타 금속제를 접지극으로 사용 할수 있는 경우

- 비접지식 고압전로 기계기구의 철대 또는 외함의 접지공사
- 비접지식 고압전로와 결합하는 변압기의 저압전로의 접지공사

03 접지도체 및 보호도체

(1) 접지설비

① 접지 시스템은 주 접지단자를 설치하고, 다음의 도체들을 접속하여야 한다.

㉠ 등전위본딩도체　　㉡ 접지도체

㉢ 보호도체(PE)　　㉣ 기능성 접지

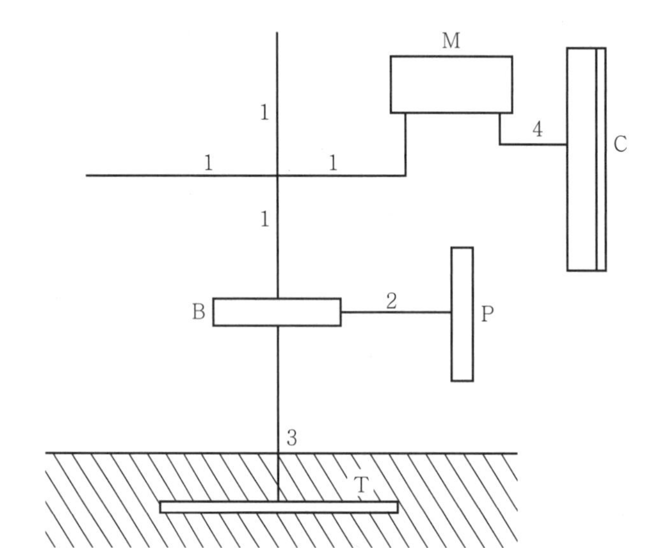

② 여러 개의 접지단자가 있는 장소는 접지단자를 상호 접속하여야 한다.

③ 주 접지단자에 접속하는 각 접지도체는 개별적으로 분리(공구에 의해서만)할 수 있어야 하며, 접지저항을 편리하게 측정할 수 있어야 한다.

(2) 접지(선)도체

1) 접지도체의 최소 단면적

① 구리는 6[mm^2] 이상

② 철제는 50[mm^2] 이상

2) **특고압·고압 접지도체**

① 단면적 6[mm^2] 이상의 연동선 또는 동등 이상의 단면적 및 강도를 가져야 한다.

3) **중성점 접지용 접지도체**

단면적 16[mm^2] 이상의 연동선 또는 동등 이상의 단면적 및 세기를 가져야 한다. 다만, 다음의 경우에는 공칭단면적 6[mm^2] 이상의 연동선 또는 동등 이상의 단면적 및 강도를 가져야 한다.

① 7[kV] 이하의 전로

② 사용전압이 25[kV] 이하인 특고압 가공전선로. 다만, 중성선 다중접지식의 것으로서 전로에 지락이 생겼을 때 2초 이내에 자동적으로 이를 전로로부터 차단하는 장치가 되어 있는 것

4) 피뢰시스템이 접속되는 접지도체 단면적은 구리 16[mm^2] 또는 철 50[mm^2] 이상이어야 한다.

(3) 보호도체

1) 보호도체의 단면적은 다음의 계산 값 이상이어야 한다.

① 차단시간이 5초 이하인 경우에만 다음 계산식을 적용한다.

$$S = \frac{\sqrt{I^2 t}}{k} [mm^2]$$

여기서, S : 단면적[mm^2]

I : 보호장치를 통해 흐를 수 있는 예상 고장전류 실효값[A]

t : 자동차단을 위한 보호장치의 동작시간[s]

k : 보호도체, 절연, 기타 부위의 재질 및 초기온도와 최종온도에 따라 정해지는 계수

② **보호도체의 최소 단면적**

상도체의 단면적 S [mm^2]	보호도체의 최소 단면적 [mm^2]
$S \le 16$	S
$16 < S \le 35$	16
$S > 35$	S/2

(4) 등전위본딩 도체

1) **보호(주)등전위본딩 도체**

① 주접지단자에 접속하기 위한 등전위본딩 도체는 설비 내에 있는 가장 큰 보호접지도체 단면적의 1/2 이상의 단면적을 가져야 하고 다음의 단면적 이상이어야 한다.

- 구리도체 6[mm^2]
- 알루미늄 도체 16[mm^2]
- 강철 도체 50[mm^2]

② 주접지단자에 접속하기 위한 보호본딩도체의 단면적은 구리도체 25[mm^2] 또는 다른 재질의 동등한 단면적을 초과할 필요는 없다.

2) 보조 보호등전위본딩 도체

① 두 개의 노출도전부를 접속하는 경우 도전성은 노출도전부에 접속된 더 작은 보호도체의 도전성보다 커야 한다.

② 노출도전부를 계통외도전부에 접속하는 경우 도전성은 같은 단면적을 갖는 보호도체의 1/2 이상이어야 한다.

③ 케이블의 일부가 아닌 경우 또는 선로 도체와 함께 수납되지 않은 본딩 도체는 다음 값 이상 이어야 한다.

- 기계적 보호가 된 것은 구리도체 2.5[mm^2], 알루미늄 도체 16[mm^2]
- 기계적 보호가 없는 것은 구리도체 4[mm^2], 알루미늄 도체 16[mm^2]

04 계통접지

(1) 계통접지

1) 계통접지의 목적

① 1선 지락고장시 건전상 대지전위 상승 억제로 전선로 및 기기의 절연 레벨 경감

② 낙뢰, 아크 지락 등에 의한 이상전압 억제

③ 고장점에 적당한 전류를 보내 보호계전기의 동작를 확보하기 위한 것이다.

④ 지락전류를 계산하기 위해서는 먼저 전력계통의 접지방식을 검토해야 한다.

⑤ 지락사고 발생시 지락계전기의 확실한 동작으로 고장선로 차단 및 안전 확보

⑥ 절연파괴시 누설전류에 의한 감전 방지

2) 접지계통

① 저압전로의 보호도체 및 중성선의 접속방식에 따라 접지계통을 구분한다.

- TN 계통(TN- S 계통, TN- C- S 계통, TN- C 계통)
- TT 계통
- IT 계통

3) 계통접지 사용문자의 정의

① **제1문자** - 전원계통과 대지의 관계

- T : 한 점을 대지에 직접 접속
- I : 모든 충전부를 대지와 절연시키거나 높은 임피던스를 통하여 한 점을 대지에 직접 접속

② **제2문자** - 전기설비의 노출 도전부와 대지의 관계

- T : 노출 도전부를 대지로 직접 접속. 전원계통의 접지와는 무관
- N : 노출 도전부를 전원계통의 접지점(교류 계통에서는 통상적으로 중성점, 중성점이 없을 경우는 선도체)에 직접 접속

③ **그 다음 문자(문자가 있을 경우)** - 중성선과 보호도체의 배치

- S : 중성선 또는 접지된 선도체 외에 별도의 도체에 의해 제공되는 보호 기능
- C : 중성선과 보호 기능을 한 개의 도체로 겸용(PEN 도체)

④ **보호도체(PE)과 기능을 겸비한 도체 및 명칭**

㉠ 교류 : PEN 도체 - 보호선과 중성선의 기능을 겸한 도체

㉡ 직류 : PEM 도체 - 보호선과 중간선의 기능을 겸한 도체

PEL 도체 - 보호선과 전압선 기능을 겸한 도체

4) 각 계통 그림의 기호

기호 설명	
 (선 기호: 사선 위 점)	중성선(N), 중간도체(M)
 (선 기호: 사선 위 T)	보호도체(PE)
 (선 기호: 사선 위 T와 점)	중성선과 보호도체겸용(PEN)

(2) TN 계통

① 전원측의 한 점을 직접 접지하고 설비의 노출 도전부를 보호도체로 접속시키는 방식으로 중성선 및 보호도체(PE 도체)의 배치 및 접속방식에 따라 다음과 같이 분류한다.

② TN- S 계통은 계통 전체에 대해 별도의 중성선 또는 PE 도체를 사용한다. 배전계통에서 PE 도체를 추가로 접지할 수 있다.

㉠ 계통 내에서 별도의 중성선과 보호도체가 있는 TN- S 계통

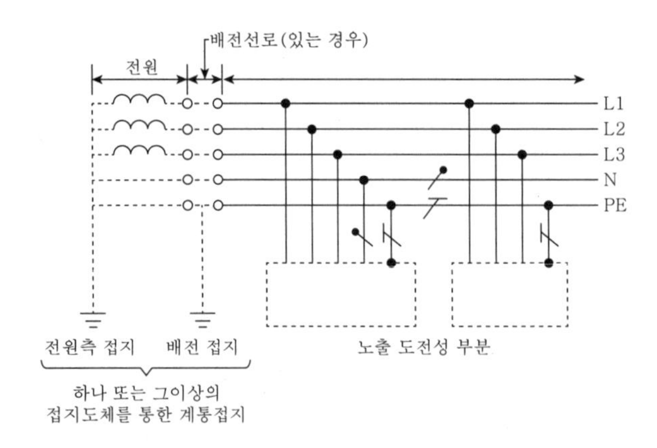

㉡ 계통 내에서 별도의 접지된 선도체와 보호도체가 있는 TN- S 계통

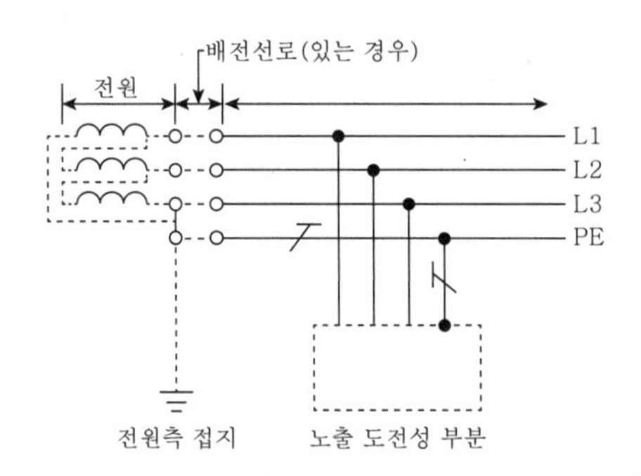

㉢ 계통 내에서 접지된 보호도체는 있으나 중성선의 배선이 없는 TN- S 계통

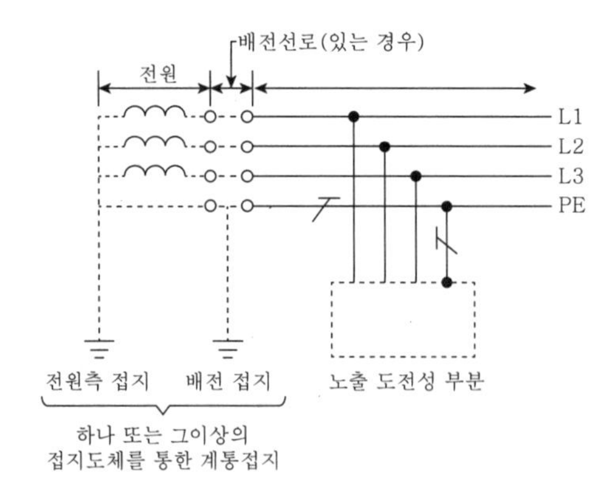

③ TN- C 계통은 그 계통 전체에 대해 중성선과 보호도체의 기능을 동일도체로 겸용한 PEN 도체를 사용한다. 배전계통에서 PEN 도체를 추가로 접지할 수 있다.

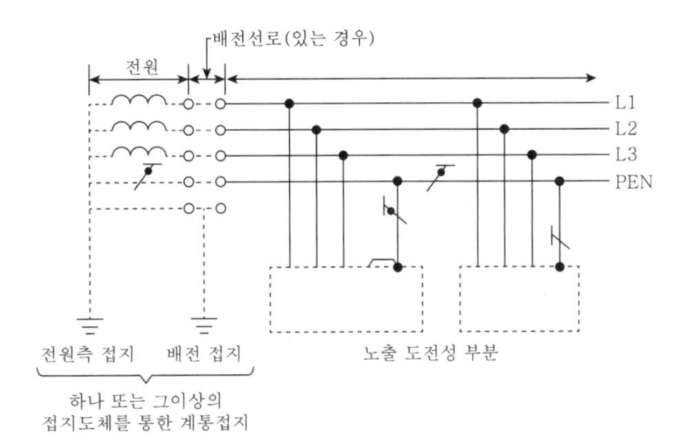

④ TN- C- S 계통은 계통의 일부분에서 PEN 도체를 사용하거나, 중성선과 별도의 PE 도체를 사용하는 방식이 있다. 배전계통에서 PEN 도체와 PE 도체를 추가로 접지할 수 있다.

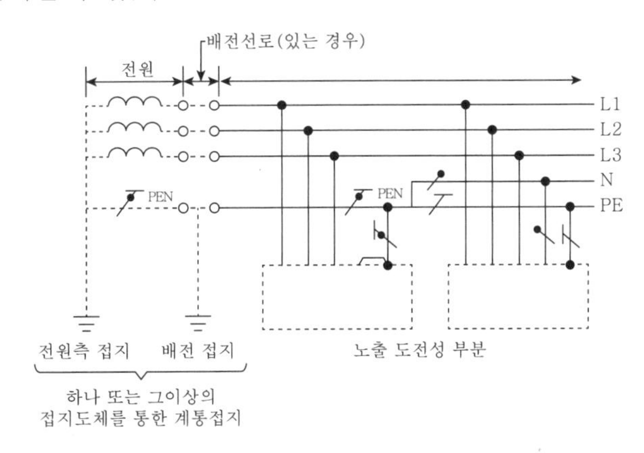

(3) TT 계통

① 전원의 한 점을 직접 접지하고 설비의 노출 도전부는 전원의 접지전극과 전기적으로 독립적인 접지극에 접속시킨다. 배전계통에서 PE 도체를 추가로 접지할 수 있다.

㉠ 설비 전체에서 별도의 중성선과 보호도체가 있는 TT 계통

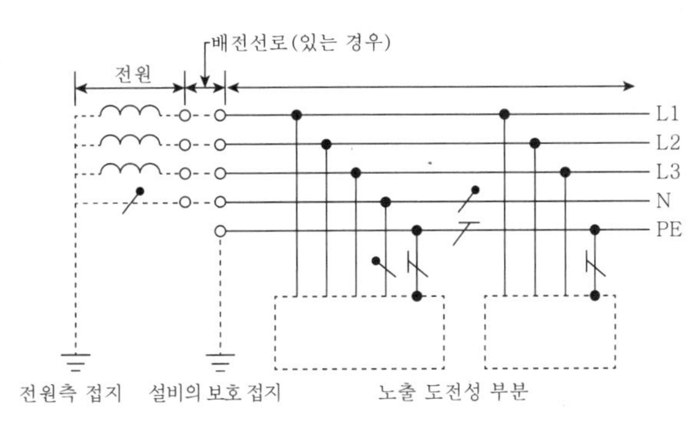

㉡ 설비 전체에서 접지된 보호도체가 있으나 배전용 중성선이 없는 TT 계통

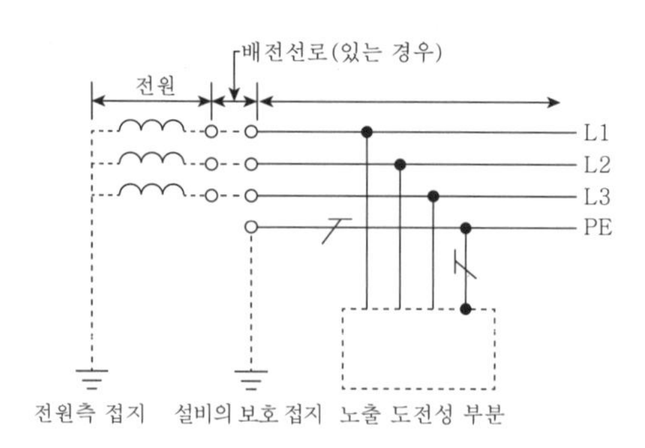

(4) IT 계통

① 충전부 전체를 대지로부터 절연시키거나, 한 점을 임피던스를 통해 대지에 접속시킨다. 전기설비의 노출 도전부를 단독 또는 일괄적으로 계통의 PE 도체에 접속시킨다. 배전계통에서 추가 접지가 가능하다.

② 계통은 충분히 높은 임피던스를 통하여 접지할 수 있다. 이 접속은 중성점, 인위적 중성점, 선도체 등에서 할 수 있다. 중성선은 배선할 수도 있고, 배선하지 않을 수도 있다.

㉠ 계통 내의 모든 노출 도전부가 보호도체에 의해 접속되어 일괄 접지된 IT 계통

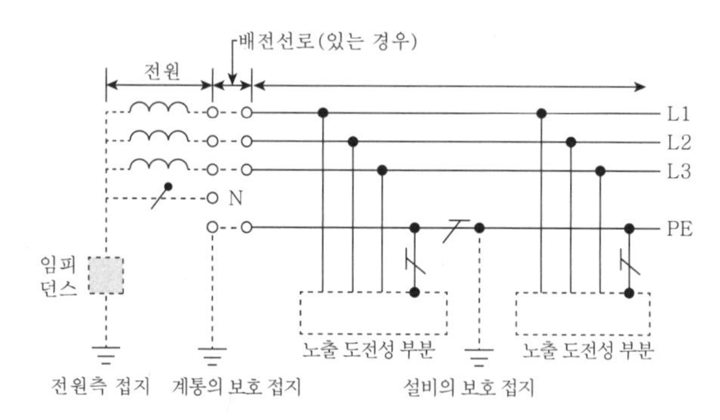

㉡ 노출 도전부가 조합으로 또는 개별로 접지된 IT 계통

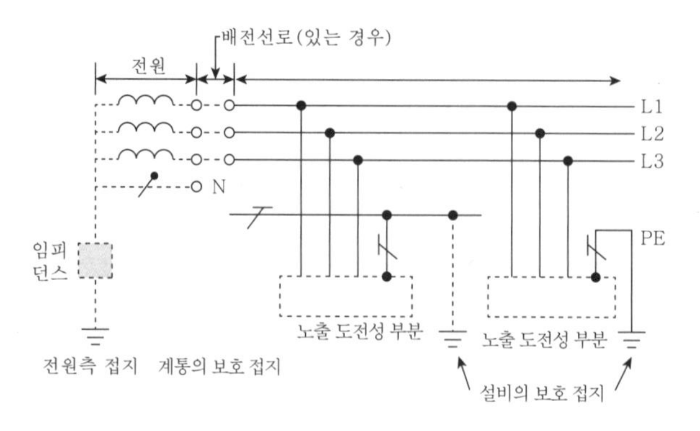

출제 예상 문제

01 피뢰시스템(LPS) 회전구체 반경과 메시사이즈 표에서 빈칸을 채우시오.

피뢰시스템 레벨	보호법	
	회전구체 반경 r[m]	메시 치수 [m]
Ⅰ	20	③
Ⅱ	①	10×10
Ⅲ	45	④
Ⅳ	②	⑤

정답

① 30 ② 60 ③ 5×5 ④ 15×15 ⑤ 20×20

해설

① 피뢰시스템 레벨

피뢰시스템 레벨	보호효율	보호법	
		회전구체 반경 r[m]	메시 치수 [m]
Ⅰ	0.98	20	5×5
Ⅱ	0.95	30	10×10
Ⅲ	0.90	45	15×15
Ⅳ	0.80	60	20×20

② 인하도선의 생략조건 : 건축물의 최상부와 최하부의 전기적 저항을 측정한 값이 0.2옴 이하인 경우

③ 측뢰 돌침 설치조건

- 건축물 상층부가 60[m] 이상으로 80[%] 이상인 부분

02 아래 그림을 보고 접지계통 명칭을 표기하시오. 단, 기호 설명은 다음과 같다.

기호 설명	
	중성선(N)
	보호선(PE)
	보호선과 중성선 결합(PEN)

①

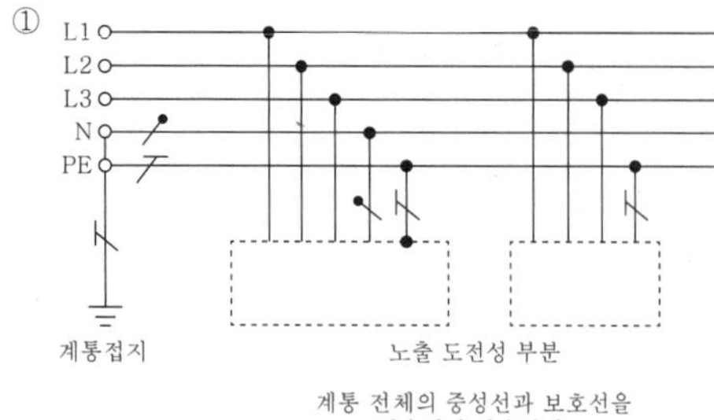

계통 전체의 중성선과 보호선을
접속하여 사용한다.

②

L1
L2
L3
PEN
PE
N
계통접지
노출 도전성 부분

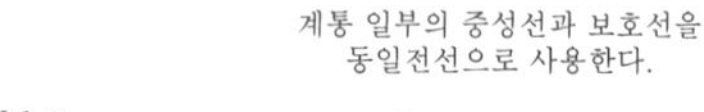

계통 일부의 중성선과 보호선을
동일전선으로 사용한다.

③

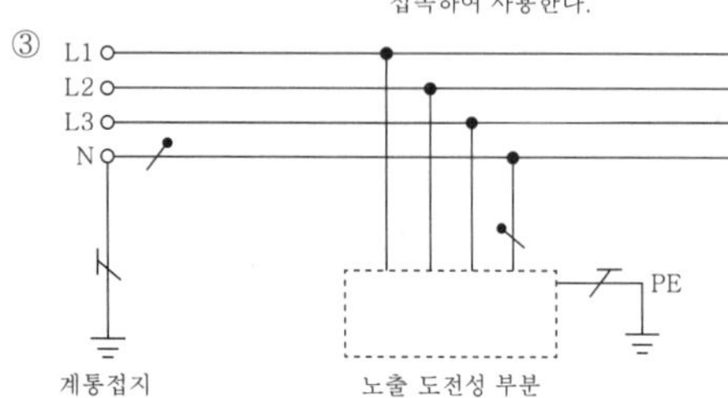

④

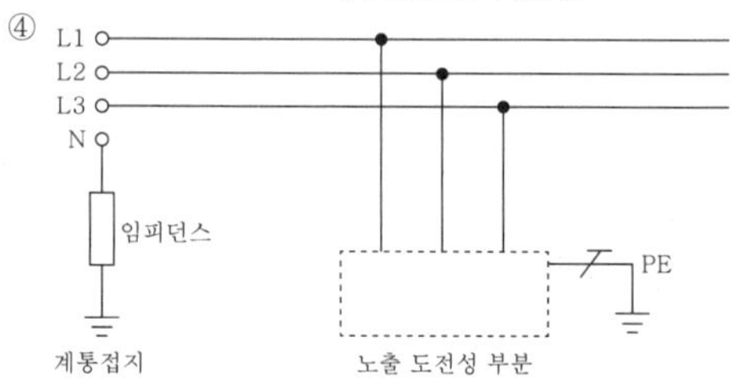

정답

① TN- S 계통 ② TN- C- S 계통 ③ TT 계통 ④ IT 계통

해설

① TN 계통

㉠ 전원 측의 한 점을 직접접지하고 설비의 노출도전부를 보호도체로 접속시키는 방식으로 중성선 및 보호도체(PE 도체)의 배치 및 접속방식에 따라 분류한다.

㉡ TN- S 계통은 계통 전체에 대해 별도의 중성선 또는 PE 도체를 사용한다. 배전계통에서 PE 도체를 추가로 접지할 수 있다.

㉢ TN- C 계통은 그 계통 전체에 대해 중성선과 보호도체의 기능을 동일도체로 겸용한 PEN 도체를 사용한다. 배전계통에서 PEN 도체를 추가로 접지할 수 있다.

㉣ TN- C- S계통은 계통의 일부분에서 PEN 도체를 사용하거나, 중성선과 별도의 PE 도체를 사용하는 방식이 있다. 배전계통에서 PEN 도체와 PE 도체를 추가로 접지할 수 있다.

② TT 계통

㉠ 전원의 한 점을 직접 접지하고 설비의 노출도전부는 전원의 접지전극과 전기적으로 독립적인 접지극에 접속시킨다. 배전계통에서 PE 도체를 추가로 접지할 수 있다.

③ IT 계통

㉠ 충전부 전체를 대지로부터 절연시키거나, 한 점을 임피던스를 통해 대지에 접속시킨다. 전기설비의 노출도전부를 단독 또는 일괄적으로 계통의 PE 도체에 접속시킨다. 배전계통에서 추가 접지가 가능하다.

㉡ 계통은 충분히 높은 임피던스를 통하여 접지할 수 있다. 이 접속은 중성점, 인위적 중성점, 선도체 등에서 할 수 있다. 중성선은 배선할 수도 있고, 배선하지 않을 수도 있다.

03

다음 그림은 접지를 함에 있어서 사람이 접촉할 우려가 있는 경우에 접지 설치도이다. (　　)안에 적합한 사항을 채우시오.

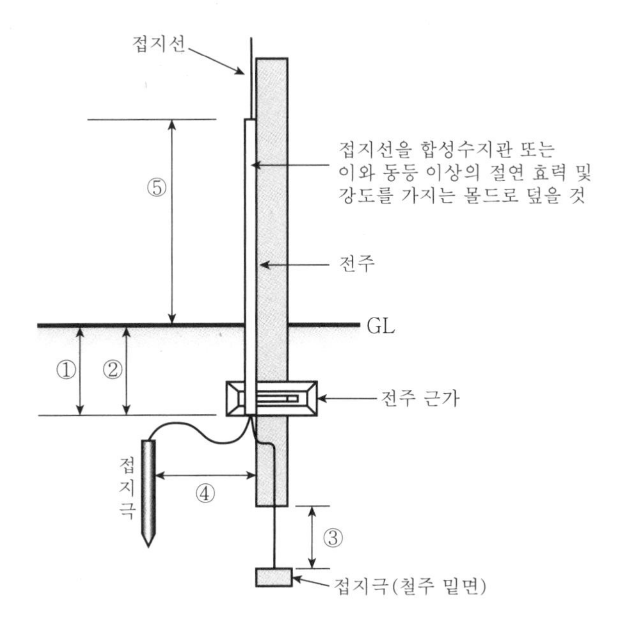

① (　　)[cm]

② ①과 같이 표피보다 깊게 매설하는 이유는?

③ (　　)[cm]

④ (　　)[m]

⑤ (　　)[m]

정답

① 75　② 동결 깊이　③ 30　④ 1　⑤ 2

04 아래 그림을 보고 계통접지 명칭을 표기하시오.

기호 설명	
(기호)	중성선(N)
(기호)	보호선(PE)
(기호)	보호선과 중성선 결합(PEN)

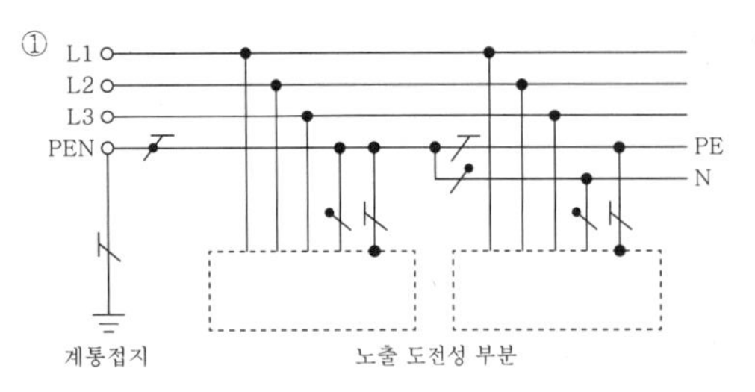

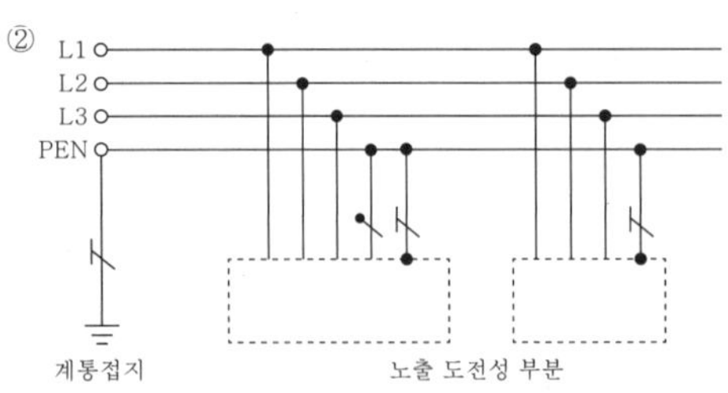

정답
① TN-C-S ② TN-C

05 최근의 새로운 계통접지에 관한 각 물음이다. (　　)안에 적합한 용어는?

① 서지보호장치 영문 약호는?

② (　　) 공사를 한 경우에는 과전압으로부터 전기설비들을 보호하기 위하여 서지보호장치를 설치하여야 한다.

③ 중성선(N)과 보호도체(PE)가 배전점(변압기나 발전기 근처)에만 서로 연결되어 있고 전 구간에서 분리되어 누전차단기 동작이 가장 확실한 방식을 (　　)계통의 접지방식이라 한다.

정답
① SPD(서지보호기) ② 통합접지 ③ TN-S

06 과전류차단기 200[AT] 간선의 굵기가 95[mm^2]일 때 보호도체 굵기를 다음 표에 의해서 산정한다면 보호도체의 굵기는?

보호도체 굵기 [mm^2]							
8	16	25	35	50	70	95	100

정답 50[mm^2]

해설 [한국전기설비규정(KEC) 142.3.2(보호도체)]

① 차단시간이 5초 이하인 경우에만 다음 계산식을 적용한다.

$$S = \frac{\sqrt{I^2 t}}{\mathrm{k}}$$

S : 단면적[mm^2]

I : 보호장치를 통해 흐를 수 있는 예상 고장전류 실효값(A)

t : 자동차단을 위한 보호장치의 동작시간(s)

k : 보호도체, 절연, 기타 부위의 재질 및 초기온도와 최종온도에 따라 정해지는 계수

② 보호도체의 최소 단면적

상도체의 단면적 S ([mm^2], 구리)	보호도체의 최소 단면적 ([mm^2], 구리)
$S \leq 16$	S
$16 < S \leq 35$	16
$S > 35$	S/2

③ 보호도체의 최소 단면적 표에 의거 간선 S가 95[mm^2]이므로 $\frac{S}{2}$의 직상 값인 50[mm^2]를 선정하여야 한다.

07 접지공사시 접지극의 접지 저항값을 줄이는 방법 3가지만 쓰시오.

정답

① 접지저감제를 사용하여 토질의 성분을 개량한다.

② 접지극 다수를 병렬 접속한다.

③ 메시공법이나 매설지선 공법에 의한 접지극의 형상을 변경한다.

해설

④ 접지봉의 길이, 접지판 등의 크기를 크게하여 접지 접촉 면적을 크게한다.

⑤ 매설깊이를 깊게하거나 심타공법을 사용한다.

08

전기설비의 접지계통과 건축물의 피뢰 및 통신설비의 접지극을 공용하는 접지방식을 무슨 방식이라 하는가?

정답 통합접지

해설 [한국전기설비규정 KEC142.6(접지 시스템의 구분 및 종류)]

① 접지 용도별 시스템은 계통접지, 보호접지, 피뢰시스템 접지 등으로 구분한다.
② 접지 방법별 종류로는 단독접지, 공통접지, 통합접지가 있다.
③ 공통접지 : 접지 센터에서 전기설비(저압,고압,특고압)의 접지를 등전위 본딩하는 것
④ 통합접지 : 접지 센터에서 전기설비 접지와 기타 접지(통신, 피뢰침)를 등전위 본딩하는 것
⑤ 단독(독립)접지 : 기기별 접지를 별도로 분리, 독립하여 접지하는 것

09

피뢰설비 중 각 등급별 인하도선 간격을 제시하고, 인하도선을 생략하고 자연적 구성부재를 사용할 수 있는 조건을 쓰시오.

정답

① 등급별 인하도선 간격

보호레벨	I	II	III	IV
평균 간격[m]	10	10	15	20

② 인하도선 생략조건
- 건축물의 최상층부와 최하단의 전기적 저항을 측정한 값이 0.2[Ω]이하인 경우

10

다음 그림은 피뢰시스템의 A형 접지극이다. ①~⑥까지 적당한 답을 쓰시오.

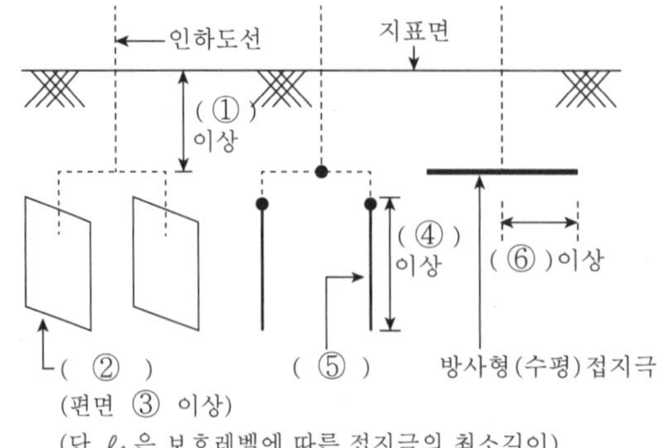

(단, ℓ_1은 보호레벨에 따른 접지극의 최소길이)

정답

① 0.5[m]　② 판상접지극　③ 0.35[mm²]　④ $0.5l_1$　⑤ 수직접지극　⑥ l_1

해설

① A형 접지극은 방사형 접지극, 수직접지극 또는 판상 접지극(편면0.35[m²])으로 구성하고 각 인하도선에 접속한다.
② 최소 2개 이상을 동일 간격으로 배치한다.

11 다음 그림은 피뢰시스템이다. 그림과 같은 접지극의 명칭을 쓰시오.

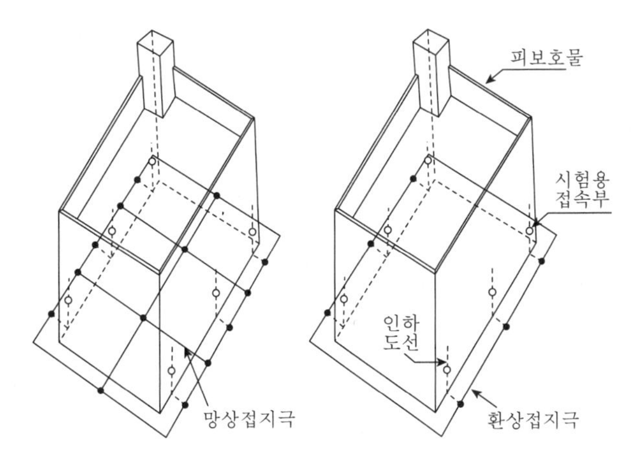

정답

① B형(환상도체 및 기초) 접지극

해설

① B형(환상도체 및 기초) 접지극
- 환상접지극, 기초접지극, 또는 망상접지극으로 구성하고 각 인하도선에 접속한다.
- 접지극 면적을 환산한 평균 반지름에 의한 최소 길이 이상으로 한다.
- 최소 길이 미만인 경우 수평 및 수직 매설 접지극의 수는 2개 이상으로 한다.

12 다음 그림은 피뢰시스템의 회전구체에 의한 보호범위를 작도한 그림이다. 다음 물음에 답하시오.

① (ⓐ)

② (ⓑ)

③ 회전구체 등급에 의한 등급별 반경을 쓰시오.

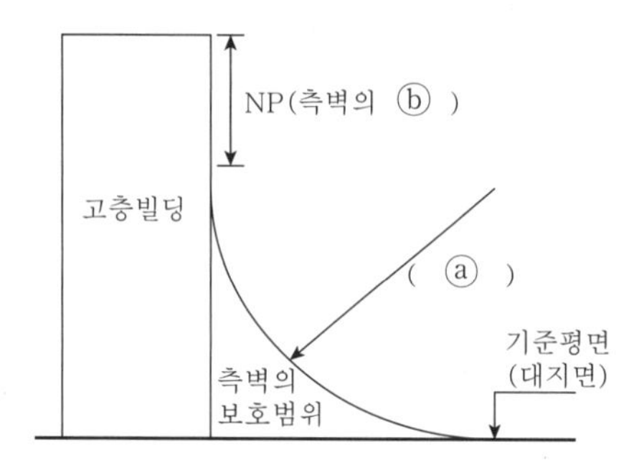

정답

① R(회전구체 반경)

② 비보호범위

③ 회전구체 등급별 반경

1등급 : 20[m], 2등급 : 30[m], 3등급 : 45[m], 4등급 : 60[m]

13 서지보호기(SPD)의 전압범위를 쓰시오.

정답 교류 1,000[V] 또는 직류 1,500[V] 이하

14 저압전기설비에서 주로 사용하는 SPD의 형식 3가지를 쓰시오.

정답

① 전압제한형(Votage Limiting 타입)

② 전압스위칭형(Voltage Switching 타입)

③ 복합형

15 저압전기설비에서 주로 사용하는 SPD의 설치 위치 2가지를 쓰시오.

정답

① SPD는 설비의 인입구 또는 건축물의 인입구에 근접한 장소에 시설한다.

② 설비의 인입구 또는 그 인근에서 SPD를 상도체와 주접지 단자간 또는 보호도체 간에 시설한다.

16 SPD의 인입과 인출선의 합계 길이는 (①)[cm] 이내의 길이이어야 하며, 접속도체는 굵기는 피뢰설비가 있는 경우 동선 (②)[mm^2] 이상(피뢰설비가 없는 때 동선(③)[mm^2] 이상으로 한다. ( )안에 적당한 답을 쓰시오.

정답

① 50 ② 16 ③ 4

17 건축물에 시설되는 기기에 필요하게 되는 SPD의 정격 임펄스 내(耐)전압은 기기의 설치 장소 및 설비의 공칭 전압에 따라 표 값보다 높을 것을 요구하고 있다. 표의 ( )안에 적당한 값을 쓰시오.

공칭전압 [V]	필요한 임펄스 내전압 [kV]			
	설비 인입구의 기기 (내 임펄스 범주 Ⅳ)	간선 및 분기회로의 기기 (내 임펄스 범주 Ⅲ)	부하기기 (내 임펄스 범주 Ⅱ)	특별히 보호된 기기 (내 임펄스 범주 Ⅰ)
단상3선 120 - 240	4	2.5	1.5	0.8
3상계통 220/380 230/400 277/480	(①)	(②)	(③)	(④)
1,000	12	8	6	4

정답

① 6 ② 4 ③ 2.5 ④ 1.5

해설

공칭전압 [V]	필요한 임펄스 내전압 [kV]			
	설비 인입구의 기기 (내 임펄스 범주 Ⅳ)	간선 및 분기회로의 기기 (내 임펄스 범주 Ⅲ)	부하기기 (내 임펄스 범주 Ⅱ)	특별히 보호된 기기 (내 임펄스 범주 Ⅰ)
단상3선 120 - 240	4	2.5	1.5	0.8
3상계통 (220/380) 230/400 277/480	6	4	2.5	1.5
400/690	8	6	4	2.5
1,000	12	8	6	4

18

낙뢰로부터 보호는 그림과 같은 뇌보호 영역을 설정한다. 4개의 보호영역 명칭별 영역의 범위를 간단하게 쓰시오.

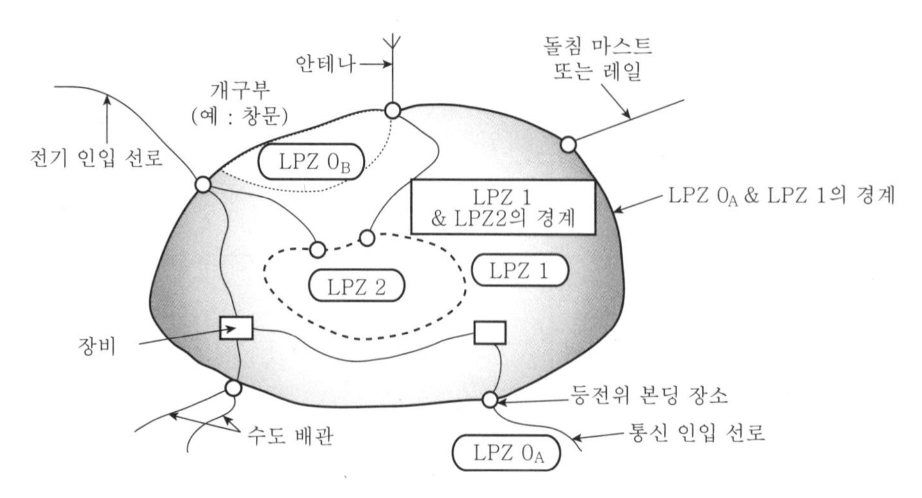

정답

① LPZ O_A
- 외부 뇌보호 시스템의 보호 범위 내에 있는 영역

② LPZ O_B
- 직격뇌에 노출되어 있지 않지만, 낙뇌에 의한 전자장의 세기가 감쇠하지 않는 영역

③ LPZ 1
- 직격뇌에 노출되어 있지 않으며, 이 영역 내의 모든 도전성 물체에 흐르는 전류는 LPZ O_B 영역에 비하여 매우 감쇠되는 영역

④ LPZ 2
- 전류 및 전자장의 세기를 한층 저감시킬 필요가 있는 경우에 특별히 지정한 영역

해설

① LPZ O_A
- 외부 뇌보호 시스템의 보호 범위 내에 있는 영역

② LPZ O_B
- 낙뢰를 직접 맞지 않는 영역

③ LPZ 1
- 차폐를 하면 낙뢰에 의한 전자장이 감소하는 건물내의 공간
- 이 영역에서 낙뇌에 의한 전자장의 세기는 차폐장치를 시설하면 저감된다.

④ LPZ 2
- 컴퓨터실과 같은 공간

19 계통접지의 목적 4가지를 쓰시오.

정답

① 1선 지락고장시 건전상 대지전위 상승 억제로 전선로 및 기기의 절연 레벨 경감
② 낙뢰, 아크 지락 등에 의한 이상전압 억제
③ 고장 점에 적당한 전류를 보내 보호계전기의 동작를 확보하기 위한 것이다.
④ 지락전류를 계산하기 위해서는 먼저 전력계통의 접지방식을 검토해야 한다.

해설

⑤ 지락사고 발생시 지락계전기의 확실한 동작으로 고장선로 차단 및 안전 확보
⑥ 절연파괴시 누설전류에 의한 감전 방지

20 저항접지방식의 특징 3가지를 쓰시오.

정답

① 1선 지락전류를 억제하기 위하여 계통의 중성점에 저항기를 접속하는 방식이다.
② 저항의 크기를 조절하여 지락전류의 크기를 조정할 수 있다.
③ 100[A] 정도까지를 고저항 접지방식

해설

④ 100[A] 이상의 계통을 저저항 접지방식

21 접지저항 저감방법 중 물리적 저감방법 4가지를 쓰시오.

정답

① 접지극을 병렬접속한다.
② 접지극의 치수를 확대한다.
③ 접지극의 매설깊이를 증가시킨다.
④ 매설지선 공법을 채택한다.

해설

⑤ 메시(Mesh) 공법을 채택한다.
⑥ 건축구조체 접지를 채택한다.

22 22.9[kV], 380/220[V] 용량 400[kVA]로 수전하는 변압기에 중성점 접지를 시행할 때 중성점 접지선의 공칭 단면적을 산정하시오. 단, 변압기 2차 과전류차단기는 정격전류 150[%]에서 차단되는 것으로 하고, 조건은 기준(정격전류 20배에서 0.1초, 허용온도상승 130[℃]에 의한 조건을 준수한다.

정답

① 변압기 정격전류 $I_n = \dfrac{400 \times 10^3}{\sqrt{3} \times 380} = 608[A]$

② 온도상승식 $\theta = 0.008(\dfrac{I}{A})^2 t$에서 $130 = 0.008(\dfrac{20I_n}{A})^2 \times 0.1$, $A = 0.0496 I_n$를 적용하면,

③ 접지선의 굵기 $A = 0.0496 \times 608 \times 1.5 = 45.24[mm^2]$이므로, $50[mm^2]$로 선정한다.

23 지중에 매설된 접지 저항값이 (①) 이하의 금속제 수도관은 각종 접지극으로 사용할 수 있다. 또한, 접지선과 수도관의 접속은 안지름 (②) 이상인 금속제 수도관(3[Ω] 이하) 또는 이로부터 분기한 (③) 미만인 금속제 수도관은 분기점으로부터 (④) 이내의 부분에서 접속하여야 하고, 접지 저항값이 (⑤)이하인 경우는 5[m]를 초과할 수 있다. (　　)안에 적당합 답을 쓰시오.

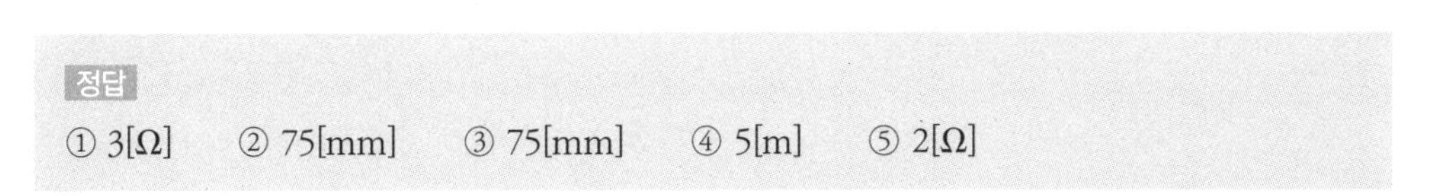
정답
① 3[Ω]　② 75[mm]　③ 75[mm]　④ 5[m]　⑤ 2[Ω]

24 다음 그림의 ①~⑥의 빈칸에 적당한 답을 쓰시오.

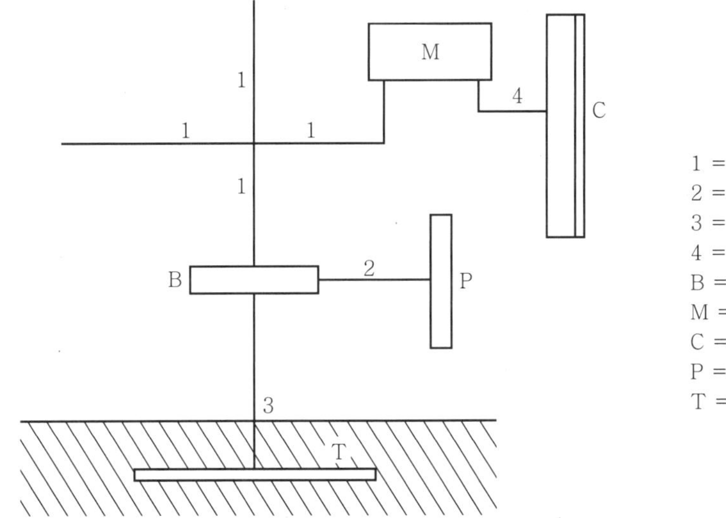

1 = (①)
2 = (②)
3 = (③)
4 = (④)
B = 주 접지단자
M = 노출 도전성부분
C = (⑤)
P = 주 금속제 수도관
T = (⑥)

정답
① 보호도체　② 주 등전위본딩용도체　③ 접지선
④ 보조 등전위본딩용도체　⑤ 계통외 도전성부분　⑥ 접지극

25 저압 계통접지설비에서 접지도체의 최소 단면적을 쓰시오.

정답

① 구리는 6[mm^2] 이상
② 철제는 50[mm^2] 이상

26 저압전로의 보호도체 및 중성선 접속 방식에 따라 접지하는 계통접지 방식 5가지를 쓰시오.

정답

① TN 계통(TN- S 계통, TN- C- S 계통, TN- C 계통)
② TT 계통
③ IT 계통

27 계통접지방식(TN- S, IT 등)에 사용하는 용어 중 제1문자(T, I)와 2문자(T, N)에 대한 용어의 뜻을 쓰시오.

정답

① 제1문자
- T : 한점을 대지에 접속한다.
- I : 모든 충전부를 대지와 절연시키거나 높은 임피던스를 통하여 한 점을 대지에 직접 접속한다.

② 제2 문자
- T : 노출 도전부를 대지로 직접 접속하고, 전원계통의 접지와는 무관하다.
- N : 노출 도전부를 전원계통의 접지점(교류 계통에서는 통상적으로 중성점, 중성점이 없을 경우는 선도체)에 직접 접속한다.

28 직류의 보호도체(PE)와 기능을 겸비한 도체 2가지의 명칭과 뜻을 쓰시오.

정답

① PEM 도체 : 보호선과 중간선의 기능을 겸한 도체이다.
② PEL 도체 : 보호선과 전압선 기능을 겸한 도체이다.

해설

① 교류에서 PEN 도체는 보호선과 중성선의 기능을 겸한 도체이다.

29 IT 계통에서 ① 계통 내의 모든 노출 도전부가 보호도체에 의해 접속되어 일괄 접지된 IT 계통과 ②노출 도전부가 조합으로 또는 개별로 접지된 IT 계통의 계통접지도를 그리시오.

정답

① 계통 내의 모든 노출 도전부가 보호도체에 의해 접속되어 일괄 접지된 IT 계통

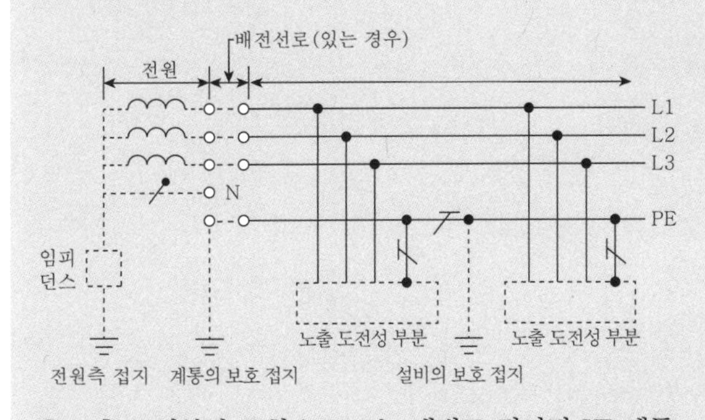

② 노출 도전부가 조합으로 또는 개별로 접지된 IT 계통

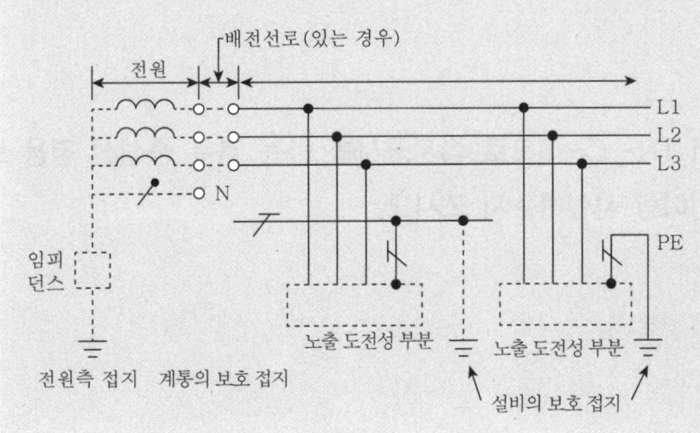

30

단상 2선식 220[V] 옥내배선에서 금속관의 임의 개소에서 절연이 파괴되어 도체가 직접 금속관 내면에 접촉되었을 때 외함의 대지전압을 25[V] 이하로 억제하기 위한 외함의 저항값을 산출하시오. 단, 변압기 저압 측 1단자의 접지저항은 10[Ω]이었다.

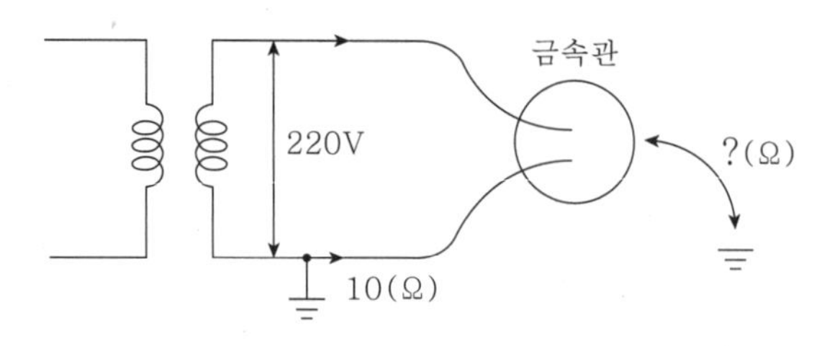

정답

① 저항값 $25=\dfrac{R}{10+R}\times 220,\ R=1.28[\Omega]$

해설

① 절연이 파괴된 대지 간의 저항과 변압기 저압 측 1단자의 접지저항은 직렬접속형태이다.

② 외함의 대지전압 $E=\dfrac{R}{r+R}\times V=\dfrac{R}{10+R}\times 220=25$이므로, $R=1.28[\Omega]$이다.

31

주택 등 저압수용장소에서 TN- C- S으로 접지공사를 하는 경우 중성선 겸용 보호도체(PEN) 단면적은 몇 [mm^2]이상 시설하는지 쓰시오.

정답

① 구리 10[mm^2]

② 알루미늄 16[mm^2]

32 코올라시(Kohlrausch) 브릿지법에 의해 그림과 같이 접지저항을 측정하였을 경우 접지판 ×의 접지 저항 값을 산출하시오. 단, **Rab**=70[Ω], **Rac**=95[Ω], **Rbc**=125[Ω]이다.

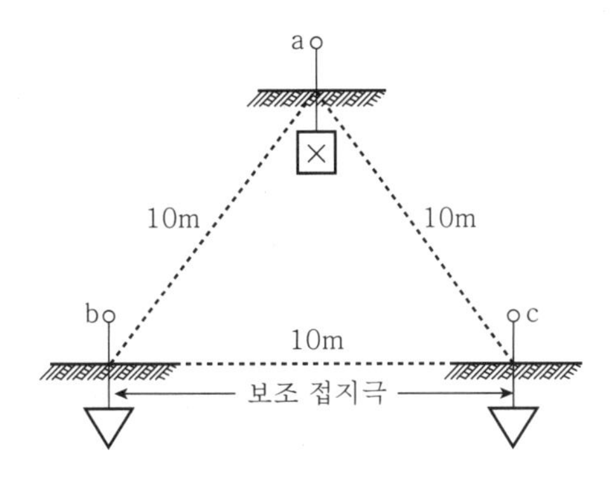

정답

① 접지저항 $R = \frac{1}{2}(R_{ab} + R_{ac} - R_{bc}) = \frac{1}{2}(70 + 95 - 125) = 20[\Omega]$

33 다음 전기설비들의 저항 측정법을 쓰시오.

① 변압기 절연저항
② 굵은 전선
③ 전해액
④ 검류계의 내부저항
⑤ 접지저항

정답

① 변압기 절연저항 : 절연저항계법
② 굵은 전선 : 캘빈더블 브릿지법
③ 전해액 : 코올라시 브릿지법
④ 검류계의 내부저항 : 휘트스톤 브릿지법
⑤ 접지저항 : 접지저항계(어스테스터)법

PART 06

배관배선 및 견적

Chapter 1

내선공사

01 저압 배선 설비

(1) 저압 옥내배선의 사용전선

1) 단면적 2.5[mm^2] 이상의 연동선 또는 이와 동등 이상의 강도 및 굵기의 것
2) 단면적이 1[mm^2] 이상의 미네럴인슈레이션케이블
3) 나전선의 사용 제한
   ① 옥내에 시설하는 저압전선에는 나전선을 사용하여서는 아니 된다.
   ② 다음 중 어느 하나에 해당하는 경우에는 그러하지 아니하다.
      ㉠ 애자사용 배선에 의하여 전개된 곳에 다음의 전선을 시설하는 경우
         - 전기로용 전선
         - 전선의 피복 절연물이 부식하는 장소에 시설하는 전선
         - 취급자 이외의 자가 출입할 수 없도록 설비한 장소에 시설하는 전선
      ㉡ 버스덕트 배선에 의하여 시설하는 경우
      ㉢ 라이팅 덕트 배선에 의하여 시설하는 경우 등

(2) 배선 설비 공사의 종류

1) 전선 및 케이블의 구분에 따른 배선 설비의 설치방법

전선 및 케이블		설치방법							
		비고정	직접고정	전선관	케이블트렁킹 (몰드형, 바닥 매입형 포함)	케이블 덕트	케이블 트레이 (래더, 브래킷 등 포함)	애자사용	지지선
나전선		-	-	-	-	-	-	+	-
절연전선		-	-	+	+	+	-	+	-
케이블 (외장 및 무기질절연물을 포함)	다심	+	+	+	+	+	+	△	+
	단심	△	+	+	+	+	+	△	+

+ : 사용할 수 있다.
- : 사용할 수 없다.
△ : 적용할 수 없거나 실용상 일반적으로 사용할 수 없다.

2) 설치방법에 해당하는 배선방법

설치방법	배선방법
전선관시스템	합성수지관배선, 금속관배선, 가요전선관배선
케이블트렁킹시스템	합성수지몰드배선, 금속몰드배선, 금속덕트배선
케이블덕트시스템	플로어덕트배선, 셀룰러덕트배선, 금속덕트배선
애자사용 방법	애자사용 배선
케이블트레이시스템 (래더, 브래킷 포함)	케이블트레이배선
고정하지 않는 방법, 직접 고정하는 방법, 지지선 방법	케이블배선

3) 배관 수용률(내선규정 2220-4, 2225-5 관의 굵기 선정)

① 같은 굵기의 전선 : 전선의 총 단면적이 내 단면적의 48[%] 이하

② 다른 굵기의 전선 : 전선의 총 단면적이 내 단면적의 32[%] 이하

③ 안정성을 고려하여 구한 전체 단면적에 보정계수(여유도)를 곱하여 선정

예시 2.5[mm^2] 전선 5본과, 4.0[mm^2] 전선 3본을 동일한 금속전선관(후강)에 넣어 시공할 경우 관 굵기 호칭은? (보정계수는 2.0으로 한다.)

도체의 단면적[mm^2]	절연체의 두께[mm]	전선의 총 단면적[mm^2]	전선관 굵기 [mm]	내단면적 32[%] [mm^2]
1.5	0.7	9	16	67
2.5	0.8	13	28	201
4.0	0.8	17	36	342

해설 - 굵기가 다른 전선을 동일관내에 넣는 경우 : 내 단면적의 32[%] 이하
- 전선 총 단면적[mm^2] = [(13 × 5)+(17 × 3)] × 2(보정계수) = 232[mm^2] 이므로 36[mm]로 선정

4) 전선접속

① 전기적 저항이 증가하지 않아야 한다.

② 전선의 강도(인장하중)를 20[%] 이상 감소시키지 않을 것

③ 접속슬리브, 전선접속기를 사용하여 접속할 것

④ 접속부분은 절연전선의 절연물과 동등이상의 절연성능이 있는 것으로 충분히 피복하여야 한다.

[절연테이프 피복방법]

종류	면 고무 점착테이프를 사용하는 경우	염화 비닐 점착테이프를 사용하는 경우
테이프 두께	약 0.5[mm]	약 0.2[mm]
방법	테이프를 반폭 이상 겹쳐서 2번 이상 감는다. (4겹 이상)	

Chapter 2

외선공사

01 저압 인입 전선로

(1) 가공전선

① 전압에 따른 구분

- 저압 가공전선 : 나전선, 절연전선, 다심형 전선, 케이블
- 고압 가공전선 : 고압 절연전선, 특별고압 절연전선, 케이블

② 가공전선 및 굵기

전압구분	전선의 종류
400[V] 미만	- 케이블 - 절연전선 : 2.3[kN] 이상 또는 지름 2.6[mm] 이상의 경동선 - 기타전선 : 3.43[kN] 이상 또는 지름 3.2[mm] 이상의 것
400[V] 이상의 저압 또는 고압	- 케이블 - 8.01[kN] 이상 또는 지름 5[mm] 이상의 경동선(시가지 내) - 5.26[kN] 이상 또는 지름 4[mm] 이상의 경동선(시가지 외) - 400[V] 이상 저압 가공전선에는 인입용 비닐절연전선 사용하면 안된다.

③ 가공전선의 안전율

㉠ 경동선 또는 내열 동합금선 2.2 이상, 그 밖의 전선 2.5 이상이 되는 이도(弛度)로 시설

㉡ 안전율의 예외

- 특고압 및 고압의 가공전선이 케이블인 경우
- 저압 가공전선이 다음의 어느 하나에 해당하는 경우
  - 다심형 전선 이외의 경우
  - 사용전압이 400[V] 미만인 경우

④ 전선의 길이 산출

㉠ 전선의 실제 소요 길이는 이도(Dip)나 점퍼선 등을 가산하여 산출한다.

㉡ 전선의 소요길이

$$L = S + \frac{8D^2}{3S}[\text{m}],\quad D = \frac{WS^2}{ST}[\text{m}]$$

여기서, W : 전선의 무게[kg/m], S : 경간, T : 장력

⑤ **저압 가공전선의 높이 [KEC 222.7]**

- 도로를 횡단하는 경우 : 지표상 6[m]
- 철도, 궤도를 횡단하는 경우 : 궤도면상 6.5[m]
- 횡단 보도교 위에 시설하는 경우 : 노면상 3.5[m], 이외의 곳 5[m]
- 교통에 지장이 없는 경우 : 도로 4[m], 이외의 곳 3.5[m]

(2) 저압 인입선

① 가공선로의 전주 등 지지물에서 분기하여 다른 지지물을 거치지 않고, 수용장소 인입구에 이르기 까지의 전선로

② **사용전선** : 인입용 비닐 절연전선 및 케이블

③ **전선 규격** : 저압 2.6[mm] 이상의 DV 전선 (단, 15[m] 이하는 2.0[mm] 이상 가능)
고압 5.0[mm] 이상의 경동선

④ **설치 높이** : 5[m] 이상(단, 위험표시를 부착하면 4.5[m] 이상)

- 도로를 횡단하는 경우 : 지표상 5[m]
- 철도, 궤도를 횡단하는 경우 : 궤도면상 6.5[m]
- 횡단 보도교 위에 시설하는 경우 : 노면상 3[m]
- 이외의 곳 4[m]
- 기술상 부득이 한 경우에 교통에 지장이 없는 경우 : 2.5[m] 이상

(3) 연접인입선

① 다른 수용장소의 인입선에서 분기하여 수용장소의 인입선에 이르는 전선로

② 고압 및 특별고압은 연접인입선을 시설하여선 안 된다.

③ **사용전선** : 인입용 비닐 절연전선 및 케이블

④ **전선 규격** : 저압 2.6[mm] 이상의 DV 전선 (단, 15[m]이하는 1.25[kN] 이상 또는 2.0[mm] 이상)

⑤ **시설기준**

- 인입선이 다른 옥내를 통과하지 아니할 것
- 폭 5[m]를 넘는 도로를 횡단하지 아니할 것
- 인입선에서 분기하는 점으로부터 100[m]를 넘는 지역에 미치지 않을 것

(4) 저압 옥상 전선로

① **전선굵기** : 인장강도 2.3[kN] 이상, 지름 2.6[mm] 이상의 경동선

② **전선종류** : 절연전선일 것

③ 전선은 조영재에 견고하게 붙인 지지주 또는 지지대에 절연성, 난연성 및 내수성이 있는 애자를 사용하여 지지하고 또한 그 지지점간의 거리는 15[m] 이하일 것

④ 전선과 그 저압 옥상전선로를 시설하는 조영재와의 이격거리는 2[m](전선이 고압 절연전선, 특고압 절연전선 또는 케이블인 경우에는 1[m]) 이상으로 한다.
⑤ 옥측전선, 약전류전선, 안테나, 수관, 가스관과 이격거리는 1[m] 이상으로 한다.
⑥ 상시 부는 바람 등에 의하여 식물에 접촉되지 아니하도록 시설하여야 한다.

02 가공 전선로(22.9kV-Y)

(1) 가공 전선로

1) 구내에 시설하는 지지물은 철근콘크리트주 또는 목주를 사용하여야 한다.(단, 필요에 따라 철탑, 철주를 사용할 수 있다.)

2) **지지물의 최소길이**

① 지지물은 10[m] 이상, 기기를 장치하는 경우는 12[m] 이상이어야 한다.

② **완금의 길이**

전선의 조수	특고압[mm]	고압[mm]	저압[mm]
2	1,800	1,400	900
3	2,400	1,800	1,400

③ **완금접지**

- 완금은 접지하여야 하며, 접지선은 중성선에 연결하여야 한다.

④ **가공지선**

- 인입전로가 가공전선로일 경우 가공지선을 시설하고, 가공지선은 전주 상부에 차폐각도 45°로 설치
- 가공지선은 아연도 강연선 22[mm^2] 이상을 사용하고, 염진해 등이 발생할 우려가 있는 곳에서는 나경동연선 22[mm^2] 이상을 사용할 수 있다.

3) **지선 및 지주**

① **지지물** : 목주, A종 철주 또는 A종 철근콘크리트주
② **직선부분**(5도 이하 수평각도를 이루는 곳) : 수평력에 견디는 지선을 전선 방향으로 양쪽에 시설
③ **5도를 초과하는 수평각도를 이루는 곳** : 수평횡분력에 견디는 지선 시설
④ **가섭선을 인류(引留)하는 곳** : 불평균 장력에 의한 수평력에 견디는 지선을 전선로의 방향으로 시설할 것
⑤ **고압 및 저압을 병가(倂架)하는 경우** : 지선애자를 설치하여야 한다.

a. 양측 경간의 차가 큰 장소

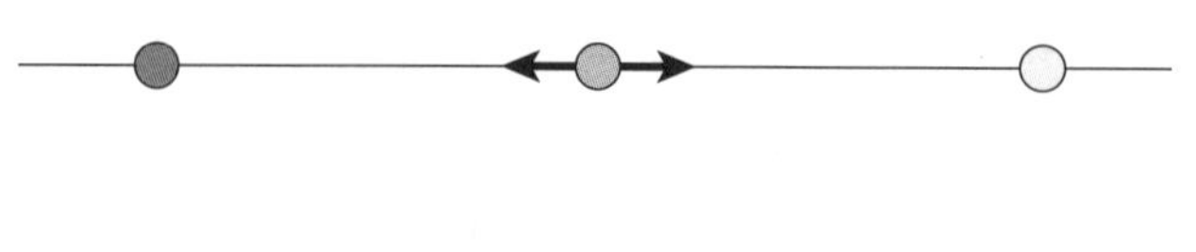

b. 전선로가 5° 초과의 수평각도로 굴곡하는 장소

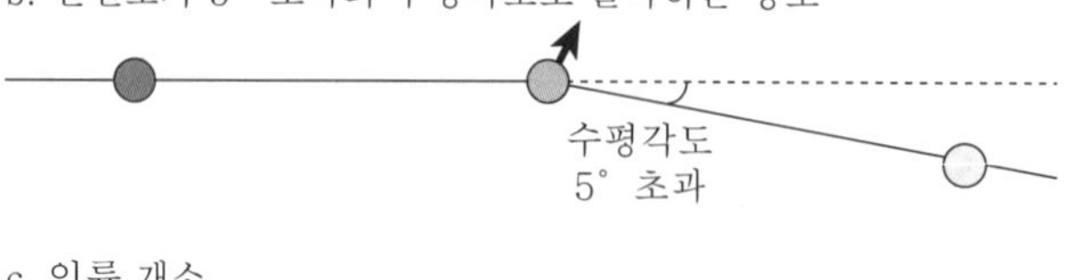

c. 인류 개소

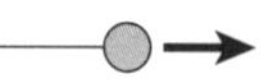

4) 가공전선의 최소 굵기

① 가공전선의 최소굵기는 동선의 경우 22[mm^2] 이상, ACSR의 경우 32[mm^2] 이상이어야 한다.

(2) 건주 : 전주(지지물)를 땅에 세우는 공정

1) 지지물의 기초의 안전율은 2 이상(철탑 1.33 이상)이어야 한다. 다만, 아래의 경우는 적용하지 않는다.

① 강관주 또는 철근콘크리트주로서 그 전체 길이가 16[m] 이하이고 또는 설계하중이 6.8[kN] 이하인 것 또는 목주는 다음에 의하여 시설하여야 한다.

지지물 길이	묻히는 깊이	비고
15[m] 이하	전체 길이 1/6 이상	논이나 그 밖의 지반이 연약한 곳에서는 견고한 근가를 시설할 것
15[m] 초과	2.5[m] 이상	

② 철근콘크리트주 경우

지지물 길이	설계하중	묻히는 깊이	비고
16[m] 초과 20[m] 이하	6.8[kN] 이하	2.8[m] 이상	
14[m] 이상 20[m] 이하	6.8[kN] 초과 9.8[kN] 이하	전체 길이 1/6+30[cm]	15[m] 이하 1/6+30[cm]
		2.8[m] 이상	15[m] 초과 2.5+30[cm]
15[m] 이하	9.8[kN] 초과 14.72[kN] 이하	전체 길이 1/6+50[cm]	15[m] 이하 1/6+50[cm]
15[m] 초과 18[m] 이하		3.0[m] 이상	
18[m] 초과		3.2[m] 이상	

2) 지지물의 종류

구분	적용	비고
목주	철근콘크리트 생산 이전의 시기에 많이 사용	-
철근콘크리트주 (CP주)	일반적인 장소(가장 많이 사용)	일반용, 중하중용
강관주(A,B종)	도로가 협소하여 철근콘크리트주 운반 및 건주가 곤란한 장소 철근콘크리트주보다 높은 강도가 요구되는 장소	인입용, 저압용, 특고압용
철탑	산악지대, 계곡, 하천지역 (표준경간 400[m], 보안경간 400[m])	송 배전용

(3) 장주 : 지지물에 전선 등, 지지물을 고정시키기 위한 완금, 애자, 기기 등을 설치하는 공정

1) 완금 설치

① 지지물에 애자를 설치하고 전선 설치를 위한 것이다.

② **완금의 규격** : 경완금(□형) : 900, 1,400, 1,800, 2,400[mm]
ㄱ형 완금 : 2,600, 3,200, 5,400[mm]

③ **표준 길이** : 전선 2개용(저압 900, 고압 1,400, 특고압 1,800[mm])
전선 3개용(저압 1,400, 고압 1,800, 특고압 2,400[mm])

④ 전주의 말구 25[cm]되는 곳에 I볼트, U볼트, 암밴드를 사용하여 고정한다.

⑤ **부속 설비**

㉠ 암밴드 : 완금을 고정시킬 때 사용

㉡ 암타이 : 완금이 상하로 움직이지 않게 사용

㉢ 암타이 밴드 : 암타이를 전주에 고정시키기 위해 사용

㉣ 지선밴드 : 전주에 지선을 고정하기 위해 사용

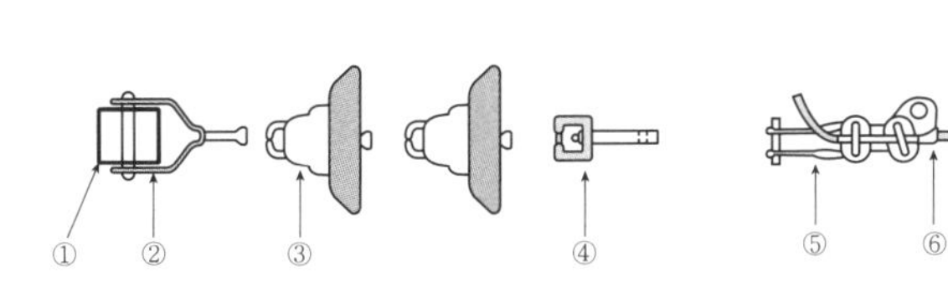

① 경완철
② 볼새클
③ 현수애자
④ 소켓아이
⑤ 데드엔드 크램프
⑥ 전선

2) 랙(Rack)

① 저압에서 완금을 생략하고 전주에 수직방향으로 애자를 설치하여 배선하는 방법이다.

② 중성선을 최상단에 설치한다.

3) 주상 변압기 및 부속설비

① 행거밴드(법) : 주상변압기를 전주에 고정

② 구분개폐기(OS, AS) : 완금에 설치하여 DS봉이나 끈으로 조작하게 한다.

③ 고압콘덴서 또는 피뢰기 : 완금에 설치한다.

④ 주상변압기 1차측 인하선 : 클로로플렌 외장 케이블

⑤ 주상변압기 2차측 인하선 : 옥외용 비닐절연전선(OW) 또는 비닐 외장 케이블을 사용한다.

⑥ 1차 측 단락보호장치 : COS(컷아웃스위치)

⑦ 2차 측 단락보호장치 : 캐치홀더

4) 애자의 시설

① 구형애자(지선애자, 옥애자) : 지선중간에 사용

② 다구애자 : 인입선을 건물 벽면에 시설할 때 사용

③ 인류애자 : 전선로의 인류부분(끝 맺는 부분)에 사용

④ 현수애자 : 전선로의 분기하거나 인류하는 곳에 사용

⑤ 핀애자 : 전선로의 직선부분의 지지물로 사용

⑥ 고압 가지애자 : 전선로의 방향이 바뀌는 장소에 사용

(4) 지선 : 지지물의 강도, 전선로의 불평형 장력이 큰 장소의 보강용

1) 시설조건

① 지선의 안전율은 2.5 이상일 것 (인장하중의 최저는 4.31[kN])

② **소선수 및 굵기**

- 소선(素線) 3가닥 이상의 연선일 것
- 소선의 지름이 2.6[mm] 이상의 금속선을 사용한 것일 것
  (지름이 2[mm] 이상인 아연도강연선 소선의 인장강도가 0.68[kN/mm^2]) 이상인 것 예외)

③ **지선로트 및 지선밴드**

- 지중부분 및 지표상 0.3[m] 까지의 부분에는 내식성이 있는 것 또는 아연도금을 한 철봉을 사용하고 쉽게 부식되지 않는 근가에 견고하게 붙일 것
- 지선밴드는 전주와 지선을 접속하여 하는 곳

④ 지선근가 : 지선의 인장하중에 충분히 견디도록 시설할 것

⑤ 도로를 횡단하는 지선의 높이 : 5[m] 이상

⑥ 교통에 지장을 초래할 우려가 없는 경우 : 4.5[m] 이상, 보도의 경우에는 2.5[m] 이상

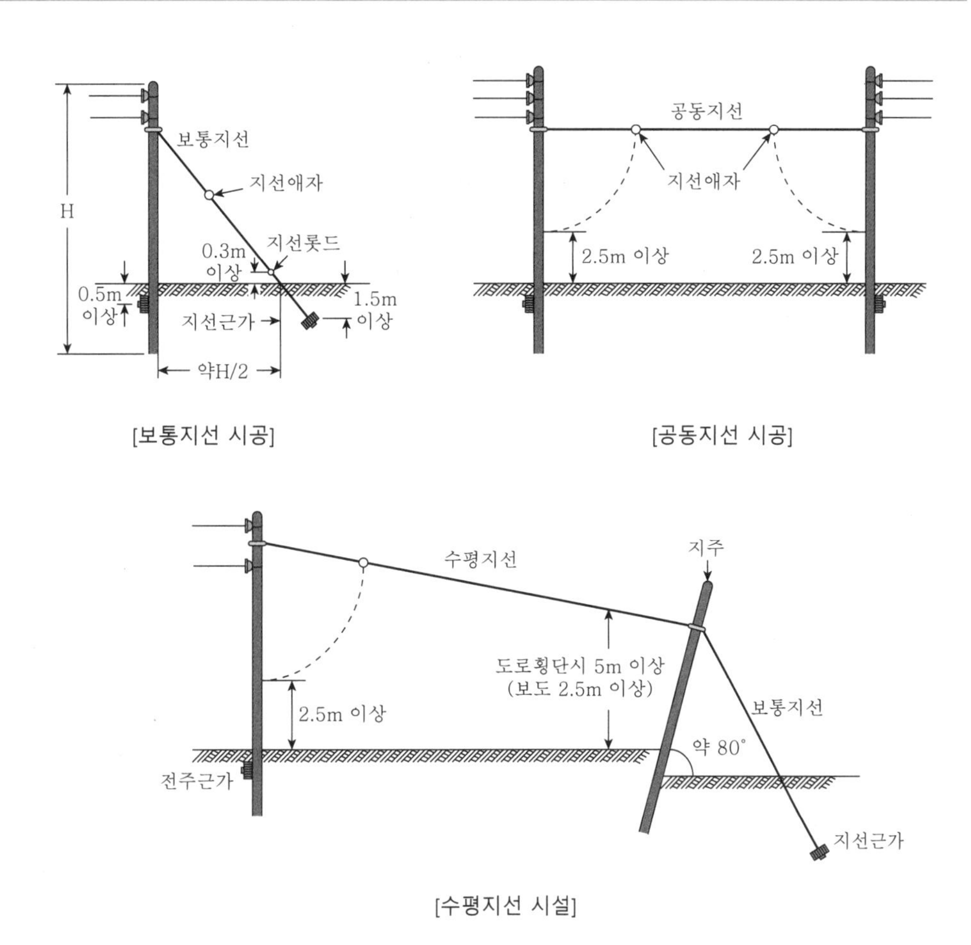

[보통지선 시공]

[공동지선 시공]

[수평지선 시설]

03 지중 전선로

(1) 지중 전선로의 특징

1) 지중 전선로의 주요 특징

① 케이블을 사용한다.

② 건설비가 많이 소요되고, 선로 사고시 사고 복구에 많은 시간이 소요된다.

③ 전력 공급의 안정도가 향상된다.

2) 지중 전선로 채택 이유

① 도시의 미관을 중요시하는 경우

② 수용 밀도가 현저하게 높은 지역에 공급하는 경우

③ 뇌, 풍수해 등에 의한 사고에 대해서 높은 신뢰도가 요구되는 경우

④ 보안상 제한 조건 등으로 가공전선로를 건설할 수 없는 경우

(2) 시설방식

1) 직접 매설식

① 견고한 트로프 내에 케이블을 포설하고, 그 위에 모래를 채우고 뚜껑을 덮고 매설하는 방식이다.

② 지중케이블의 상부에 견고한 판이나 경질비닐판, 매설 표시판을 덮고 매설한다.

③ **매설깊이**

- 차량 등 기타 중량물의 압력을 받을 우려가 있는 장소 : 1.2[m] 이상
- 기타 장소 : 0.6[m] 이상

장점	직접 매설	단점
- 포설공사비가 적고, 공사기간이 짧다. - 열 방산 측면은 양호하다.	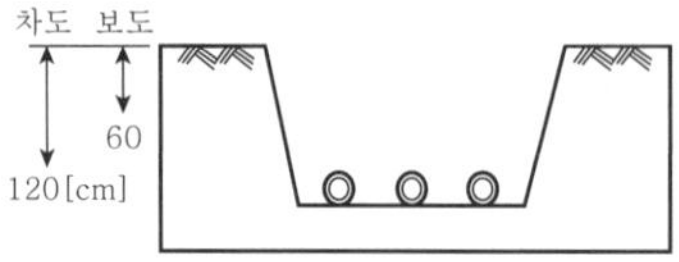 차도 보도 60 120[cm]	- 중량, 압력, 외상의 사고 발생이 우려가 있다. - 보수, 점검, 증설, 철거의 어려움이 있다.

2) 암거식

① 지중에 암거(공동구 또는 전력구라고 함)를 시설하여 케이블을 포설하는 방식이다.

② 케이블은 암거의 측벽의 받침대 또는 트레이에 지지하며, 작업자 보행 통로를 확보한다.

③ 주로 9회선 이상에서 많이 사용한다.

장점	암거식	단점
- 다회선 포설가능하다. - 열 방산이 양호하다. - 보수점검, 증설, 철거의 용이하다.	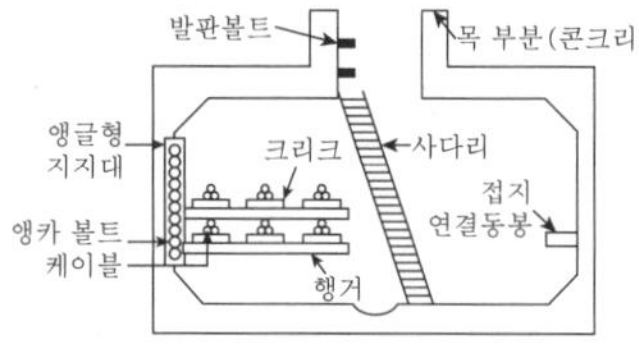 발판볼트 목 부분(콘크리트) 앵글형 지지대 크리크 사다리 접지 연결동봉 앵카 볼트 케이블 행거	- 공사기간이 장기간 필요하다. - 공사비가 고가이다.

3) 관로식

① 맨홀과 맨홀 간에 관로(배관)을 만들어 케이블을 입선하는 방식이다.

② 장래의 부하변경이 예상되는 장소에 주로 사용한다.

③ 3회선 이상 9회선 미만에서 많이 사용한다.

장점	관로식	단점
- 증설, 철거 관리가 용이하다. - 보수, 점검이 용이하다. - 다회선 포설이 가능하다.	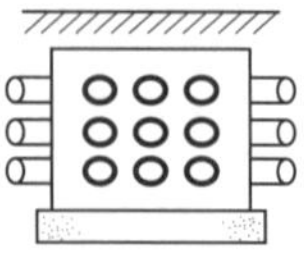	- 다소의 외상 고장 우려가 있다. - 관로의 곡률이 제한된다. - 열 방산이 어렵다.

(3) 지중함(맨홀)의 시설

① 지중함은 견고하고, 차량 등의 중량물, 압력에 견디는 구조여야 한다.

② 지중함 내부에 고인물을 배수할 수 있는 구조여야 한다.

③ 지중함의 뚜껑은 시설자 이외의 사람이 쉽게 열 수 없는 구조여야 한다.

④ 가연성 가스 및 폭발성 가스가 침입할 수 있는 지중함은 그 크기가 $1[m^3]$ 이상이고, 통풍장치, 기타 가스를 배출할 수 있는 적당한 장치가 있어야 한다.

(4) 지중 내화성 격벽 등

1) 지중 약전류 전선의 교차 및 접근

내화성 격벽 등 시설이 필요한 지중 이격거리	- 저압 또는 고압의 지중전선은 0.3[m] 이하 - 특고압 지중전선은 0.6[m] 이하
예외인 경우	- 견고한 내화성의 격벽(隔壁)을 설치하는 경우 - 지중전선을 견고한 불연성 또는 난연성 관에 넣어 직접 접촉하지 않게 한 경우

2) 지중전선 상호 간의 교차 및 접근

내화성 격벽 등 시설이 필요한 지중 이격거리	- 저압과 고압전선이 교차시 0.5[m] 이하 - 저압, 고압의 전선이 특고압 전선과 접근시 0.3[m] 이하 - 25[kV] 이하인 다중접지방식 0.1[m] 이하

(5) 지중 시설의 전식

① **희생양극법** : 지중에 희생양극을 만들어 금속이 부식되지 않는 루트를 만든 방법이다.

② **강제배류법** : 지하에 매설된 금속과 지상의 금속간을 본딩 접속하여 부식을 방지하는 방법이다.

③ **외부전원법** : 외부에서 정류회로를 통해 외부전원을 공급하여 루트를 형성시킨 것이다.

④ **선택배류법** : 부식 대상 물체와 피부식 대상물체간의 전류통로로 금속선을 연결하는 방식이다.

Chapter 3

전선 및 케이블의 특성

01 전선

(1) 전선의 구비조건

① 도전율이 높고, 기계적 강도가 클 것
② 내구성이 클 것
③ 가요성이 좋을 것
④ 비중이 작은 것
⑤ 시공 및 보수 취급이 용이 할 것
⑥ 가격이 저렴할 것

(2) 전선의 선정 조건

① 허용전류　② 전압강하　③ 기계적강도　④ 허용온도

(3) 단선과 연선

① **단선** : 전선의 도체가 한가닥(통선)으로 이루어진 전선

㉠ 경동선

- 지름[mm]으로 표시(1.2, 1.6, 2.0, 2.6. 3.2, 4 [mm] 등)
- 전선의 고유저항 : $\frac{1}{55}[\Omega\cdot mm^2/m]$
- 인장강도가 크기 때문에 저압 배전선로에 주로 사용

㉡ 연동선

- 단면적[mm^2]으로 표시(1.5, 2.5, 4, 6, 10, 16, 25 [mm^2] 등)
- 전선의 고유저항 : $\frac{1}{58}[\Omega\cdot mm^2/m]$
- 전기저항이 작고, 가요성이 좋아 옥내배선에 주로 사용

② **연선** : 여러 소선을 꼬아 합친 전선으로 단선에 비해 가요성이 좋고 취급이 용이하다.

㉠ 공칭 단면적 0.9 ~ 1,000 [mm^2] 26종

ⓛ 층수 및 소선수

층수(n)	1	2	3	4	5	전선 단면
총소선수	7	19	37	61	91	d : 소선지름, D : 외경
해설	37/3.2 표시된 전선 → 총 소선수 37개인 전선으로 1 소선이 3.2mm인 전선					

ⓒ 총 소선수 : $N=3n(n+1)+1$[개]

ⓔ 연선의 바깥지름 : $D=(2n+1)\times d$[mm] 여기서, n : 중심 소선을 뺀 층수

ⓜ 소선의 단면적 : $a=\dfrac{\pi d^2}{4}$[mm²] 여기서, a : 한 가닥의 단면적

ⓑ 연선의 총 단면적 : $A=aN=\dfrac{\pi d^2}{4}N=\dfrac{\pi D^2}{4}$[mm²]

(4) 전선 및 케이블의 특징

분류	명칭	특징
HFIX	450/750[V] 저독성 난연 폴리올레핀 절연전선 (가교 폴리올레핀 내열 및 저독 난연 절연체) - HF : 저독성 난연(Halogen free flame retardant) - I : 절연전선(Insulation wire) - X : 가교폴리올레핀 (Cross-linked polyolefin)	- 옥내배선에 광범위하게 사용 - 난연, 내열 성능으로 내열 및 내화배선까지 사용 가능 - 90[℃] 이하에서 사용
OW, DV	(OW : 옥외용, DV : 인입용) 비닐 절연전선 - OW : 저압 가공 전선로 전주 간에 사용	- DV : 저압가공 인입구간 및 옥외 조명 가공선으로 사용
NV (N-EV)	비닐절연 네온 전선 N 네온전선, R 고무, C 클로로프랜, V 비닐, E 폴리에틸렌 (폴리에틸렌 비닐 네온 전선)	- 네온관등 고압측에 사용 - 2[mm²] 도체에 비닐 피복

약호	명칭
FR-CNCO-W	동심 중성선 수밀(차수)형 저독성 난연 전력케이블 C : XLPE 내열절연체, O : 폴리올레핀 저독 난연 재킷
HFCO	0.6/1[kV] 가교 폴리에틸렌 절연 저독성 난연 폴리올레핀 시스 전력 케이블
VV	0.6/1[kV] 비닐절연 비닐 시스 케이블

VCT	0.6/1[kV] 비닐절연 비닐 캡타이어 케이블 (이동용 제어전선으로 사용)
CVV	0.6/1[kV] 비닐절연 비닐 시스 제어케이블 (제어용 전선으로 사용)

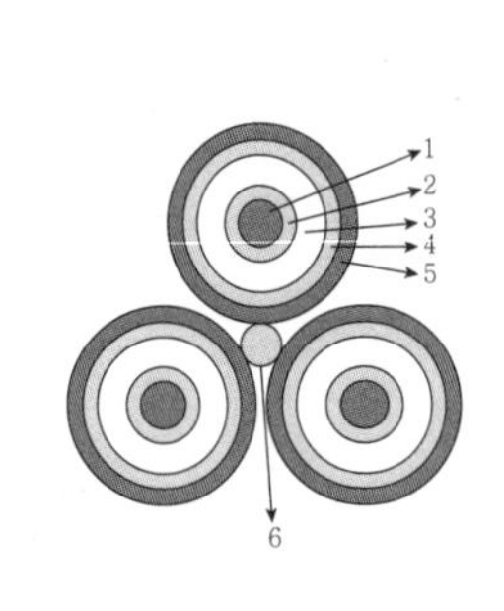

FR-CNCO-W(동심 중성선 수밀(차수)형 저독성 난연 전력케이블)		
번호	항목	재료
1	도체	수밀 컴파운드 충진 원형 압축 AL 연선
2	내부 반도전층	반 도전성 컴파운드
3	절연층	가교 폴리에틸렌
4	외부 반도전층	반 도전성 컴파운드
5	시스	반 도전성 고밀도 폴리에틸렌
6	중성선	알루미늄 피복강심 경 알루미늄 연선

02 선로의 특성

(1) 선로정수

① 선로

- 선로는 저항(R), 인덕턴스(L), 정전용량(C), 누설콘덕턴스(G)가 균일하게 분포된 전기회로이다.

② 선로정수

- 선로의 전압, 전류, 전압강하, 송수전단 전력 등의 특성
- 전선의 굵기, 종류, 배치(길이)에 따라 결정된다.
- 전압, 전류, 역률, 기온 등에 영향을 받지 않는다.

1) 저항(R)

① 도체의 도전율, 단면적, 연선 방법에 따라 결정된다.

- 직류 도체저항

$$R_{DC}=\rho\frac{L}{A}=\frac{L}{\sigma A}[\Omega]$$

여기서, ρ : 고유저항[$\Omega\cdot$m], σ : 도전율[%], A : 단면적[mm^2], L : 길이[m]

- 교류 도체저항

$$R_{AC}=R_{DC}\times K_1\times K_2$$

여기서, $K_1=\dfrac{\text{최고 허용온도에서의 저항}}{20℃\text{에서의 저항}}=1+\alpha(T_1-20)$

$$K_2 = \frac{\text{교류저항}}{\text{직류저항}} = 1 + \text{표피효과계수}(\lambda_1) + \text{근접효과계수}(\lambda_2)$$

② **표피효과**

- 도체에 AC가 흐르면 도체 중심부를 흐르는 전류는 쇄교 자속수가 많아져 큰 인덕턴스를 갖는다. 따라서, 도체 중심부로 갈수록 전류 밀도가 낮고, 위상각이 뒤지는 현상이다.
- 주파수(f)가 높을수록, 전선의 단면적[mm^2]이 클수록, 도전율(k)이 클수록, 비투자율(μ)이 클수록 커지므로, 도체 유효면적을 감소시킨다.

표피두께 $\delta = \sqrt{\frac{2}{\omega \cdot \mu \cdot k}} = \frac{1}{\sqrt{\pi \cdot f \cdot \mu \cdot k}}$

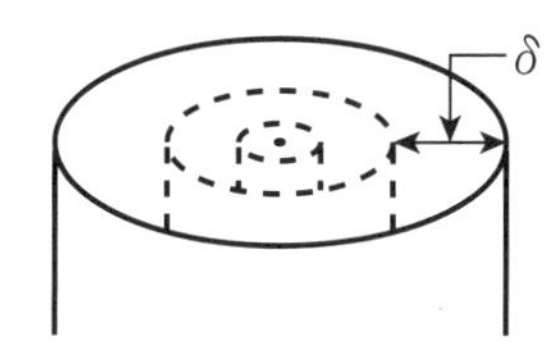

- 도체의 선정
  - 표피효과에 의한 교류실효저항은 직류저항의 1.1~1.25배 정도이다.
  - 복도체를 사용하거나, 반지름이 작은 소선을 다수 조합하여 사용한다.
  - 고주파 영역 - 공중도체 사용

③ **근접효과(Proximity Effect)**

- 표피효과의 일종(표피효과는 1본의 도체, 근접효과는 2본의 왕복도체)으로 주파수가 높을수록 현저하게 나타난다.
- 나란한 두도체에서 전류의 방향이 다르면 내측에 모이고, 같은 방향의 전류가 흐르면 외측에 전류가 모여서 표피작용과 같은 현상을 보이는 것을 근접효과라 한다.

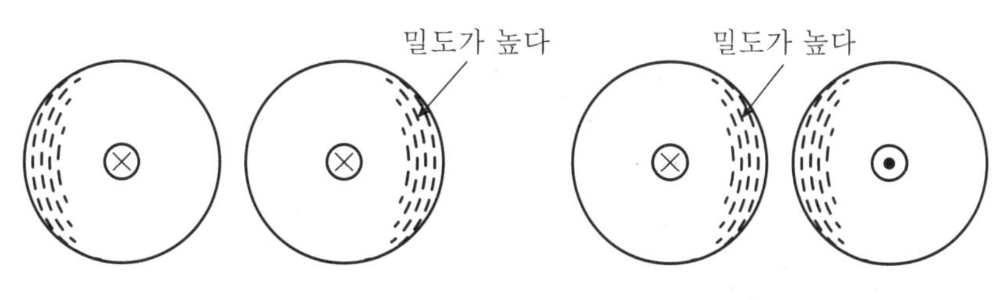

2) 인덕턴스(L)

① 자기인덕턴스, 상호인덕턴스가 있고, 보통 2개를 일체로 하고, 1상당에 대해 설명한다.

인덕턴스 $L = 0.05 + 0.4605 \log\frac{D}{d}$[mH/km]

여기서, d = 도체직경[m], D = 등가 선간거리[m]

② 상호 인덕턴스(M)은 길이가 길수록 커진다.

3) 정전용량(C)

① 전압이 높을 때 교류 충전용량이 커지므로 영향이 크다.(3.3[kV] 이하 무시)

정전용량 $C = \dfrac{0.2413 \cdot \varepsilon}{\log\frac{D}{d}}$[mH/km]

여기서, ε = 절연체의 유전율, d = 도체직경[m], D = 등가 선간거리[m]

② 길이와 주파수에 무관하다.

4) 누설콘덕턴스(G)

① 누설저항은 평상시 매우 크다. 이의 역수인 R은 매우 작다.

② 특별한 경우를 제외하고는 무시한다.

(2) 케이블 손실

1) 저항손

① 케이블에서 전력손실의 주체를 이루는 것으로서 흐르는 전류 I, 저항 R이라고 할 때 I^2R로 표현하며, 저항은 다음 식과 같다.

$$R_{DC} = \frac{1}{58} \times \frac{100}{C} \times \frac{L}{A}[\Omega]$$

여기서, C : 도전율[%]로서, 일반적으로 동은 100, 알루미늄은 61이다.

L : 길이[m], A : 단면적[mm^2]

2) 연피손(Sheath loss)

① 시스 속을 환류하는 전류에 의하여 케이블에 생기는 손실을 말하며, 연피라든가 알루미늄피 등 도전성의 외피를 갖는 케이블의 경우에 발생하는 손실로, Sheath에 흐르는 전류를 I_S, 손실을 W_S라 할 때 다음과 같이 표현한다.

$$I_S = \frac{X_m}{\sqrt{X_m^2 + R_S^2}} \times I[\text{A}], \quad W_S = \frac{X_S^2 \cdot R_m}{X_m^2 + R_S^2} \times I^2[\text{W/km}]$$

여기서, I : 도체에 흐르는 전류

X_m : 도체와 Sheath 사이의 상호 리액턴스[Ω/km]

R_s : 시즈(sheath)의 저항

sheath 손은 전력손실을 초래하고, 임피던스를 증가시키는 요인이 되며, 열손실 때문에 송전용량을 감소시키고 케이블 길이가 길게 되면 케이블을 손상시키는 요인이 되고 있다.

3) 유전체손

① 유전체에 교류 전압을 가하면 전기장의 방향이 변할 때마다 유전분극의 방향이 변화하여 유전체 내의 에너지가 소비되어 열로서 발생한다, 이때 열로서 소비되는 손실을 말한다.

유전체 손 $w_d = E \cdot IR = WCE^2 \tan\delta = 2\pi fCE^2 \tan\delta$[W/m]

여기서, C : 정전용량, E : 대지전압, $\tan\delta$: 유전정접

② 유전분극(유전체가 분극하는 현상)

- 유전체의 원자는 정상상태에서 양전하와 음전하의 평균 위치가 평형을 이루고 있으므로 외부에서의 전하는 존재하지 않는다.
- 유전체에 외부에서 전기장이 가해지면 양, 음전하의 중심이 이동하여 전기장의 방향으로 +, −의 전극이 나타난다.
- 쌍극자 : 유전체 내에 크기가 같고 극성이 반대인 $+q$와 $-q$의 1쌍의 전하를 가지는 분자이다.

03 고압 케이블의 열화 및 진단법

(1) 열화 요인

1) 케이블의 구조

① 고압 케이블의 기본 구조는 도체, 내부반도전층, 절연체, 외부반도전층, 차폐층, 포 테이프 비닐외장으로 구성되어 있다.

2) 케이블의 열화요인

① **전기적 요인** : 상시의 운전전압, 지속성 과전압, 뇌써지, 개폐써지 등

② **열적 요인** : 지락, 단락 시 온도상승, 고온에서 사용, 케이블의 열 신축 등

③ **화학적 요인** : 케이블에 물, 기름, 화학 약품의 침입에 의한 것

④ **기계적 요인** : 포설 상태인 케이블에 가해지는 굴곡, 측압, 충격하중, 외상에 의한 것

⑤ **생물학적 요인** : 곤충, 쥐 등 동식물에 의한 식해, 공식 등에 의한 것

(2) 절연 열화 진단 방법

1) 1차 진단법은 절연저항 측정법이고, 실용적 정밀진단법으로 직류고압법, 유전정접법, 직류 성분측정에 의한 활선진단법 등이 있다.

2) 절연저항 측정법(1차 진단방법)

① 절연 저항계로 케이블 도체 간, 도체와 시즈 간의 절연저항을 측정하는 방법으로 측정이 간편하나 정확한 측정은 곤란하여 1차 진단방법이다.

② **판정** : 1,000[V] 메거로 2,000[MΩ] 이상이면 양호하다.

3) 직류 고전압법(정밀진단법)

① 케이블의 도체와 시즈 사이 절연체에 직류 고전압을 인가하여 누설전류의 크기와 시간적 변화를 측정하여 절연성능을 진단하는 방법이다. 시험이 간단하고 정확한 측정이 가능하여 많이 사용된다

② **측정방법**

- 측정전압 : 3.3[kV], 5[kV], 6.6[kV], 10[kV]
- 측정시간 : 5~10분

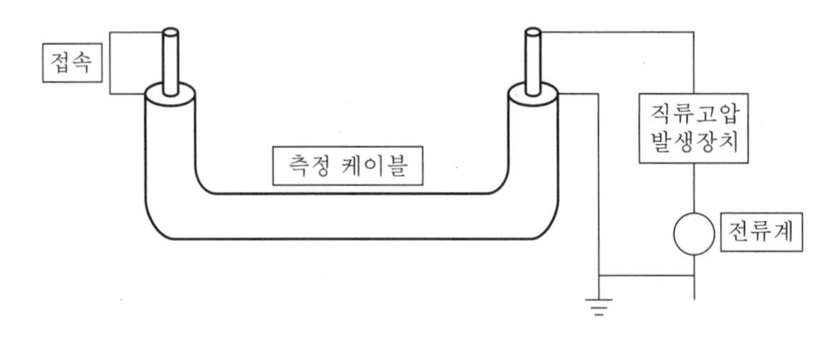

③ **판정기준**

- 누설전류 값, 성극비, 킥의 유무 등을 종합해서 판정하는 것이 가장 정확하지만, 누설전류 값으로 판정해도 틀림이 없다.
- 즉, 누설전류값이 0.1[μA/km] 이하이면 양호하다.

※ $\text{성극비} = \dfrac{\text{전압인가 1분 후 누설전류}}{\text{전압인가 후 5~10분 후의 누설전류}}$

※ 측정시간에 따른 누설전류의 변화

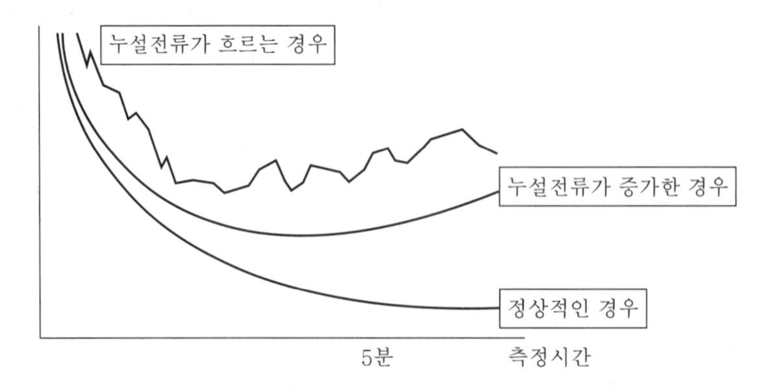

4) tanδ법(유전정접법)

① 케이블의 도체에 대지전압의 교류전압을 인가하여 절연체의 흡습, 오손 등 보이드에서 국부방전이 생길 때 발생하는 유전손을 측정하여 절연열화를 진단하는 방법이다.

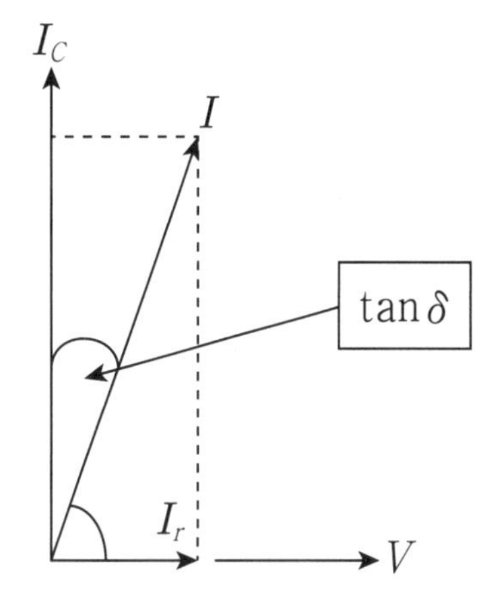

② 유전체손은 tanδ에 비례하므로 tanδ를 측정하여 열화를 판단하고 tanδ를 측정하는데 세링브리지가 사용된다.

③ **측정원리**

- 절연이 양호한 경우 전류는 인가전압보다 90도 앞서고 전류는 흐르지 않는다.
- 절연열화가 있는 경우 전류는 90도보다 뒤지고, tanδ는 증가하게 된다.
- 유전손실 = VI $\cos\theta$ ≒ VI $\tan\delta$

④ **판정표준** : tanδ(%)값이 0.1 이하이면 양호하다.

5) 직류성분법

① 고압 CV케이블의 절연열화 요인인 수트리 열화의 유무를 진단하는 방법으로 케이블 차폐층 접지선에서 흐르는 누설 전류 중에서 직류성분을 검출하여 열화 정도를 진단한다.

② 차폐층과 대지 간의 접지선에서 20분 정도면 측정되기 때문에 전원장치가 필요 없어 측정이 간편하다.

③ **측정원리**

- 수트리가 발생하고 있는 케이블은 교류전압을 인가할 경우 한쪽방향으로 직류 전류가 발생한다.
- 케이블 절연체에 교류전압을 인가시 교류 전류의 파형은 양,음 사이클의 전하 이동이 다르기 때문에 인가전압의 피크값 부근이 찌그러지고 비대칭이 된다.
- 비대칭 성분은 직류성분 및 교류성분에 의해 구성되므로 비대칭성분 중에 직류성분을 검출하는 것이다.

④ **판정기준**

- 직류성분 1[nA] 미만 양호, 30[nA] 이상이면 불량이다.

6) 부분방전법

① 케이블 내부에서 부분방전 발생시 접지선으로 흐르는 펄스전류를 검출하는 원리를 이용하는 것으로 부분방전 스펙트럼 진단과 활선 RF진단법이 있다.

② **검출방법**

- 부분방전 펄스전류는 도체와 쉴드사이의 정전용량에 의하여 케이블 접지선으로 흐른다. 이 접지선에 RF센서나 로고스키 센서를 이용하여 부분방전 펄스전류를 검출한다.

③ **특징**

- 센서설치와 측정회로가 간단하며, 검출감도가 양호하여 현장 측정시 실용적이다.
- 중성점 직접접지의 경우 접지전류에 부하전류가 중성선으로 흐르기 때문에 검출감도가 저하하는 문제가 있다.

Chapter 4 방폭 전기 설비

01 방폭의 개요

(1) 발화 및 연소

① 연소는 위험삼각도와 같이 가연성 물질, 지연성 물질, 점화원, 이 세 가지의 조화와 균형으로 이루어진다. 따라서 가연성 물질과 지연성물질이 모두 존재하여도 직접적인 점화원을 차단할 수 있다면 연소의 삼각형은 이루어지지 않는다.

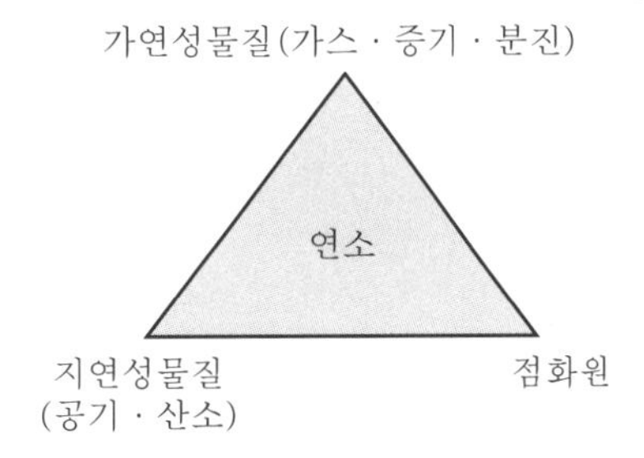

(2) 방폭의 기본대책

① 위험성 분위기에서 가장 우선적인 대책은 위험분위기를 생성하지 않는 방법이다.

1차적인 방폭대책	- 가연성 물질의 사용억제 - 가연성 물질의 농도 조절 - 환기	- 인화점이 높은 액체 사용 - 불활성화(산소농도를 10[%] 이하로)
2차적인 방폭대책	- 누출억제 - 방폭기구사용	- 사고방지

② 전기설비에서 점화원의 작용 억제

- 전기기기가 점화원으로 작용하는 것은 직류전동기의 정류자, 권선형 전동기의 슬립링, 개폐기의 접점, 전열기, 저항기, 전동기 권선, 조명등 배선 등이 있다.
- 점화원의 방폭적 격리 : 내압·유입·압력 방폭구조의 전기기기 사용
- 전기기기의 안전도 증가 : 안전증 방폭구조(고장율 감소)
- 점화능력의 본질적 억제 : 본질안전 폭발구조(소세력화)

(3) 위험장소의 분류

① 0종 장소

- 정상상태에서 폭발성 분위기가 계속 발생하거나 발생할 우려가 있는 장소
- 인화성 및 가연성 가스의 용기 내부, 탱크 내부 액면 상부 공간

② 1종 장소

- 정상상태에서 폭발성 분위기를 발생할 우려가 있는 장소
- 운전이나 보수 시에 가스가 누출되어 위험농도가 우려되는 장소

③ 2종 장소

- 이상 상태에서 폭발성 분위기를 발생할 우려가 있는 장소
- 용기류의 부식에 의한 파손과 오조작에 의한 가스의 분출장소

④ 장소별 방폭구조 적용

0종 장소	1종 장소	2종 장소
본질안전 방폭구조	내압 방폭구조, 압력 방폭구조, 유입 방폭구조	안전증 방폭구조

02 방폭 전기설비

(1) 방폭설비 구조

1) 내압(耐壓) 방폭구조

① 전기기기에서 불꽃 등이 생길 우려가 있는 부분을 전폐의 내압 용기에 넣어, 외부의 폭발성가스가 내부로 침입하여 폭발이 발생하여도 용기가 폭압에 견디고, 화염이 용기의 접합면을 통해서 외부의 가스에 점화하지 않게 한 구조이다.

② 대상기기 : 아크와 과열이 발생하는 모든 기기

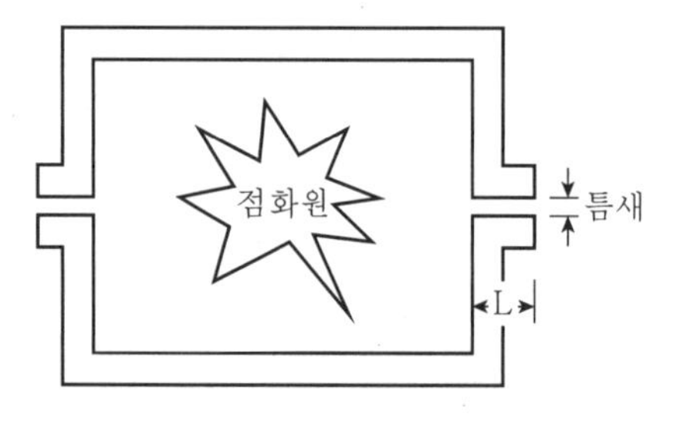

[내압방폭구조]

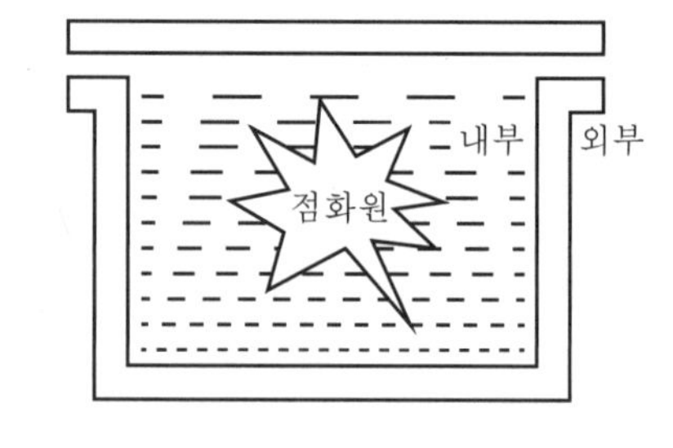

[유입방폭구조]

2) 유입 방폭구조

① 전기기기에서 불꽃, 아크 등의 발생 부분을 기름에 넣어 주위의 폭발성 가스와 격리하여 접촉하지 않게 한 구조이다.

② 아크를 발생하는 모든 기기가 해당

3) 압력 방폭구조

① 점화원이 될 우려가 있는 부분을 용기에 넣고 신선한 공기 또는 불연성 가스 등의 보호기체를 용기의 내부에 주입 내부압력을 유지하여 외부 폭발성 가스가 침입하지 않도록 한 구조이다.

② 내부 보호기체의 압력경보장치를 설치, 아크가 발생하는 모든 기기

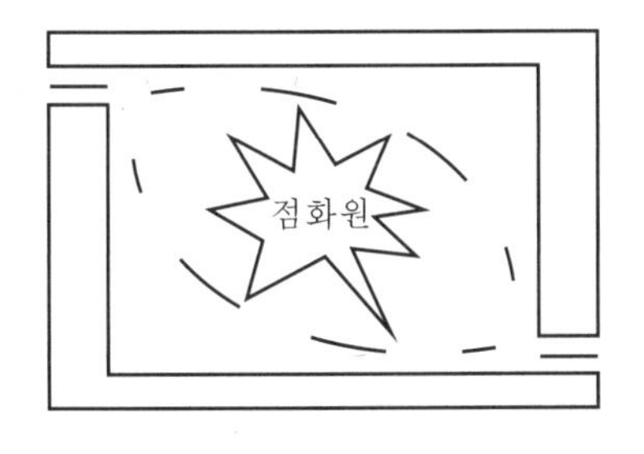

[압력방폭구조]

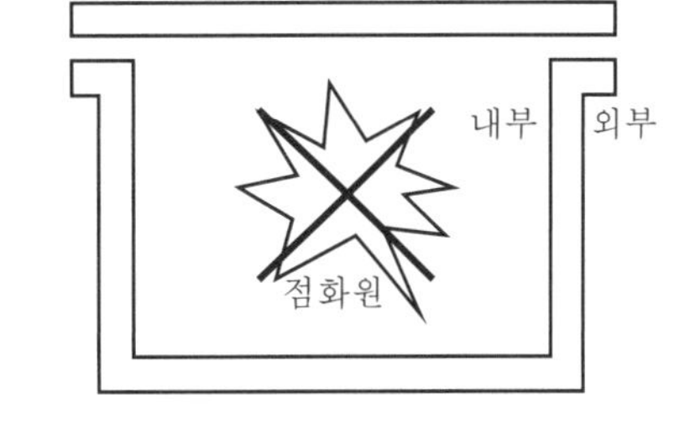

[안전증방폭구조]

4) 안전증 방폭구조

① 정상운전 중에는 불꽃, 아크, 과열이 생기면 안 될 부분에 이것이 발생하지 않도록 온도상승, 절연강도 등에 대해 안전도를 증가시킨 구조이다.

② 전기기기의 권선, 에어갭, 접점, 단자 등이 해당

5) 본질안전 방폭구조

① 소세력으로 동작하는 전기회로에 대하여 위험장소에 설치되는 경우 정상시 및 사고시의 불꽃, 열이 발생해도 폭발성가스에 점화하지 않는 것을 시험으로 확인된 구조이다.

② 대상기기 : 신호기, 전화기, 계측기 등

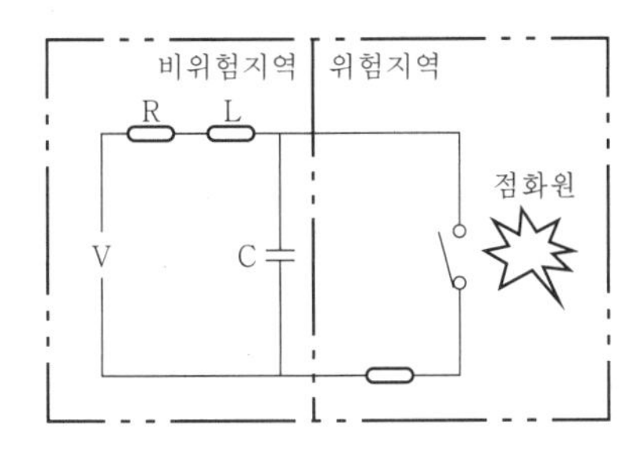

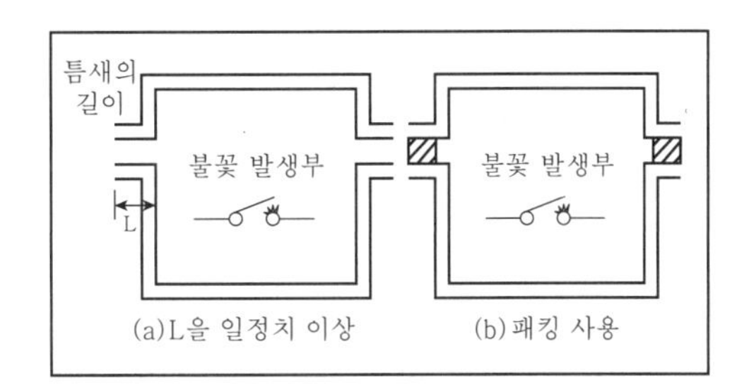

[본질 안전증방폭구조]

(2) 저압 방폭 전기 설비의 배선

1) 배선방식의 종류

① 내압 방폭 금속관 배선, 안전증 방폭 금속관배선, 케이블배선, 이동 전기기기 배선에 의한다.

2) 방폭전기기기의 배선 인입

① 전기기기의 방폭구조와 동일한 방폭성능으로 시공한다.

② 금속관 배선 인입의 경우 인입구 부근에 실링 피팅을 설치하고 콤파운드로 밀봉한다.

3) 배선과 전기기기의 접속

① 배선과 전기기기 접속은 전기기기의 단자함에서 실시한다.

② 전선의 접속은 전기기기의 방폭 성능을 상실하지 않게 접속한다.

4) 내압 방폭 금속관배선

① 절연전선은 절연체가 고무, 비닐, 폴리에틸렌 중에서 적절한 것을 사용한다.

② 전선관은 후강전선관을 사용한다.

③ 전선관의 접속은 나사부가 5산 이상 결합한다.

④ 가요성을 요하는 부분은 내압방폭구조의 후렉시블 피팅을 사용한다.

⑤ 전선관에는 실링 피팅을 설치한다.

5) 안전증 방폭 금속관배선

① 전선관로에 기계적 및 전기적으로 안전도를 증가시킨 금속관 배선으로 한다.

② 전선관, 접속나사 결합, 가요성 부분, 실링 등은 내압 방폭 금속관 배선에 의한다.

6) 케이블 배선

① 비 위험장소의 배선보다 열적, 기계적, 전기적으로 안전도를 증가시킨 것이다.

② 도체 굵기는 충분한 허용전류를 가진 것을 사용한다.

③ 케이블의 시설은 충격, 가압, 마찰에 의해 케이블에 손상은 주지 않도록 시설한다.

④ 케이블의 접속은 피하고 접속 시는 내압 또는 안전증방폭구조의 접속함내에서 처리한다.

7) 이동전기기기의 배선

① 이동전선은 KS에 규정한 캡타이어 케이블 3종, 4종 이상의 원형을 사용한다.

② 고정전원과 이동전선과의 접속 또는 이동전선 간의 접속은 차입접속기를 사용한다.

(3) 위험장소에 해당되는 곳의 배관배선 등

1) 폭발성 분진이 있는 위험장소 또는 폭연성 분진 이외의 분진이 있는 위험장소

① 금속관(박강)배선, 케이블(고무나 플라스틱, 금속제 외장)배선에 의할 것

② 금속관은 박강(薄鋼)전선관, 나사조임은 5턱이상

③ 분진이 내부에 침입하지 않게 패킹 사용할 것

④ 전동기 접속 짧은 가용성 부분은 분진방폭형 플렉시블 피팅할 것

2) 개폐기, 콘센트, 과전류 차단기 등

구분	내용
폭발성 분진이 있는 위험장소	- 분진 방폭 특수 방진구조 - 콘센트 및 플러그를 시설하지 말 것 - 전등, 전동기 등은 분진 방폭 특수 방진구조일 것
폭발성 분진 이외의 분진이 있는 위험장소	- 분진 방폭 보통 방진구조 - 콘센트 및 플러그는 분진 방폭 보통 방진구조일 것 - 전등, 전동기 등은 분진 방폭 보통 방진구조일 것

Chapter 5

심야 및 소세력회로

01 심야전력기기

(1) 인입구 시설

① 인입선 접속점에서 인입구 장치까지의 배선은 전용회로로 하고, 또한 인입선 접속점에서 일반부하용 전력량계의 전원단자까지의 사이 또는 일반부하용 전력량계의 전원단자에서 분기할 것

② 배선은 점검이 쉬운 노출장소에 시설할 것

③ 일반부하와 심야전력부하를 공용하는 부분의 전선은 다음 계산식에 의한 산출 값 이상의 허용 전류를 가지는 것

부하전류 $I = I_1 + I_0 \times$ 중첩률(重疊率)

여기서, I : 일반부하와 심야전력부하를 공용하는 부분의 부하전류

I_1 : 심야전력기기의 부하전류

I_0 : 일반부하의 부하전류

중첩률 : 전등부하 0.7, 전력부하 0.2 이상

(2) 배관 및 배선

① 심야전력기기 배선은 기기마다 전용의 분기회로로 할 것(20[A] 이하의 배선용차단기에 의하여 보호되는 분기회로는 적용하지 않는다.)

② 배선은 금속관배선, 합성수지관배선, 금속제 가요전선관배선, 케이블배선 중 하나에 의할 것

③ 분기개폐기에서 심야전력기기까지의 도중은 접속개소를 만들거나 개폐기, 콘센트류의 배선기기구를 시설하지 말 것

④ 심야전력기기는 배선과 직접 접속할 것

(3) 인입구장치(引入口裝置)의 시설

① 인입구장치는 배선용차단기일 것. 다만, 분기회로에 대한 배선용차단기를 시설한 경우는 적용하지 않는다.

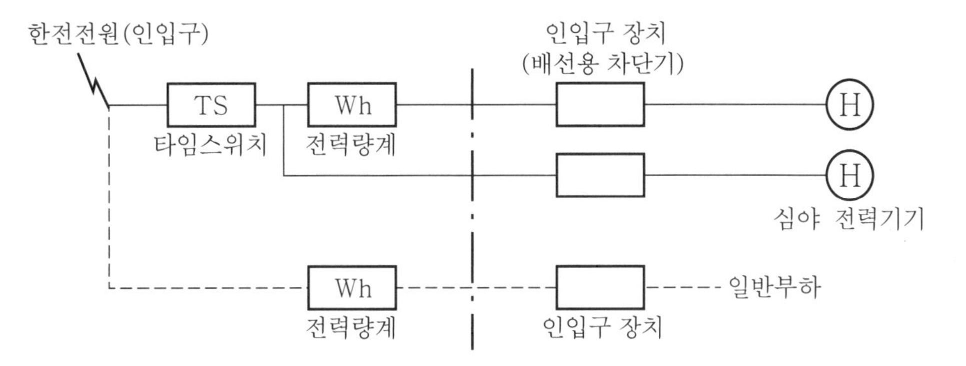

02 소세력회로

(1) 전원장치

① 전자개폐기의 조작회로 또는 초인벨, 경보벨 등에 접속하는 전로로서 최대 사용전압이 60[V] 이하인 것으로 대지전압이 300[V] 이하인 강 전류 전기의 전송에 사용하는 전로와 변압기로 결합되는 것

② 소세력회로(少勢力回路)에 전기를 공급하기 위한 변압기는 절연변압기일 것

③ 절연변압기의 2차 단락전류는 표에서 정한 값 이하의 것일 것

최대 사용전압	절연변압기의 2차 단락전류	과전류차단기의 최대 정격
15[V] 이하	8[A]	5[A]
15[V] 초과 30[V] 이하	5[A]	3[A]
30[V] 초과 60[V] 이하	3[A]	1.5[A]

④ 정격 출력은 100[VA] 이하이어야 하고 또한 쉽게 볼 수 있는 곳에 정격 2차 전압을 표시할 것

(2) 소세력회로의 배선

1) 소세력회로의 전선을 조영재에 붙여 시설하는 경우

① 전선은 케이블(통신용 케이블을 포함한다.)인 경우 이외에는 공칭 단면적 1.0 [mm^2] 이상의 연동선 또는 이와 동등 이상의 세기 및 굵기의 것일 것

② 전선은 코드, 캡타이어 케이블 또는 케이블일 것

2) 소세력회로의 전선을 지중에 시설하는 경우

① 전선은 450/750[V] 일반용 단심 비닐절연전선, 캡타이어케이블(외장이 천연고무 혼합물의 것은 제외한다.) 또는 케이블일 것

② 전선을 차량 기타 중량물의 압력에 견디는 견고한 관, 트라프 기타의 방호장치에 넣어 시설하는 경우 이외에는 매설깊이는 30[cm](차량 기타의 중량물이 압력을 받을 우려가 있는 곳에 시설하는 경우에는 1.2[m]) 이상으로 할 것

3) 소세력회로의 전선을 지상에 시설하는 경우

① 전선을 견고한 트라프 또는 개거에 넣어 시설할 것

4) 소세력회로의 전선을 가공으로 시설하는 경우

① 전선은 인장강도 508[N] 이상의 것 또는 지름 1.2[mm]의 경동선일 것

② 전선은 절연전선, 캡타이어 케이블 또는 케이블일 것

③ 전선이 케이블인 경우에는 인장강도 2.36[kN] 이상의 금속선 또는 지름 3.2[mm]의 아연도철선으로 매달아 시설할 것

④ 전선의 높이는 다음에 의할 것

- 도로를 횡단하는 경우에는 지표상 6[m] 이상
- 철도 또는 궤도를 횡단하는 경우에는 레일면상 6.5[m] 이상
- 이외의 경우에는 지표상 4[m] 이상, 다만, 전선을 도로 이외의 곳에 시설하는 경우에는 지표상 2.5[m]까지로 감할 수 있다.

⑤ 전선의 지지물의 풍압하중에 견디는 강도를 가지는 것

⑥ 전선의 지지점 간의 거리는 15[m] 이하일 것

Chapter 6 소방 전기 설비

01 소방설비

(1) 소방시설 및 작동시간

설비	소방시설	작동시간
소화설비	옥내소화전, 옥외소화전, 스프링클러·미분무, 포소화, 물분무, 가스계·분말, 화재조기진압용 스프링클러, 간이 스프링클러설비	20분 (간이스프링클러 10분)
경보설비	자동화재탐지, 비상경보·방송	감시 60분, 경보 10분
피난설비	유도등, 비상조명등	60분 (기타대상 20분)
소화활동설비	제연, 연결송수관, 비상콘센트, 무선통신보조	20분 (무선통신보조 30분)

02 소방 전기 시설

(1) 비상콘센트 설비

1) 설치대상

① 지상 11층 이상인 건물에서 11층 이상의 층

② 지하층 수가 3층 이상인 것으로 지하층 바닥면적 합계가 1,000[m^2] 이상인 것은 지하층 전층

③ 지하가 터널로서 길이 500[m] 이상인 것

2) 상용 전원회로의 배선

① 저압 수전인 경우는 인입개폐기의 직후에서, 특고압 수전인 경우에는 변압기 2차 측의 주차단기 1차 측 또는 2차 측에서 분기하여 전용배선으로 한다.

3) 전원회로

① 전원회로는 3상 AC 220[V]/380[V]인 것과 단상 AC 110[V]/220[V]인 것으로서, 공급용량은 3상 교류의 경우 3[kVA] 이상인 것과 단상교류의 경우 1.5[kVA] 이상인 것으로 한다.

② 전원회로는 각층에서 전압별로 2 이상 설치(비상콘센트 접지형 2극 1개인 경우 1개 회로 가능)

③ 각 층의 전원회로는 주 배전반에서 전용회로로 시설. 다만, 다른 설비의 사고에 의한 영향이 없는 것은 겸용 가능하다.

④ 콘센트마다 배선용차단기를 설치하고, 충전부가 노출되지 않게 시설한다.

⑤ 하나의 전용회로에 설치하는 비상콘센트는 10개 이하로 할 것

4) 비상콘센트의 설치 위치

① 지하층 및 지하층을 제외한 층수가 11층 이상의 각 층마다 설치한다.

② 바닥으로부터 높이 0.8[m] 이상 1.5[m] 이하의 위치에 설치한다.

5) 배선

① 전원회로의 배선은 내화배선으로, 표시등은 내열배선으로 한다.

6) 보호함 설치

① 비상콘센트는 두께 1.6[mm] 이상의 철제 보호함에 설치한다.

② 보호함의 전면에는 "비상콘센트"라고 표시한다.

③ 보호함의 상부에 적색의 표시등을 설치한다.

④ 쉽게 개폐할 수 있는 door 설치한다.

(2) 누전화재경보기

1) 설치대상

① 내화구조가 아닌 건축물로서 연면적 500[m^2] 이상

② 사업장의 경우에는 1,000[m^2] 이상인 것

③ 계약 전류용량이 100[A]를 초과하는 것

2) 누전경보기의 설치면제

① 관계법령에 의한 지락차단장치를 설치한 경우에는 그 설비의 유효범위 안의 부분에는 누전경보기를 설치하지 아니할 수 있다.

3) 누전경보기 설치방법

① 누전경보기

종류	용량
1급 누전경보기	경계전로의 정격 전류가 60[A]를 초과하는 전로
1급 또는 2급 누전경보기	경계전로의 정격 전류가 60[A] 이하의 전로

② **설치예시**

- 60[A]를 초과하는 전로는 60[A] 이하 단위로 구분하여 2급 누전경보기를 설치할 수 있다.

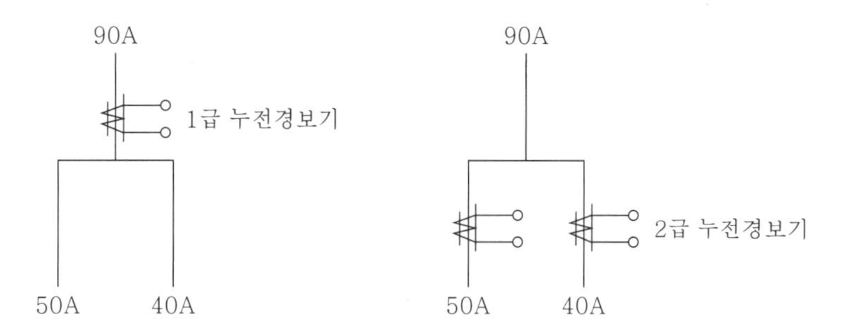

4) 전원시설

① 전원은 분전반으로부터 전용회로로 하고, 각극에 개폐기 및 15[A] 이하의 과전류차단기(20[A] 배선용차단기)를 설치한다.

② 전원을 분기할 때에는 다른 차단기에 의하여 전원이 차단되지 않도록 한다.

③ 전원 개폐기에는 "누전경보기용"을 표시하여야 한다.

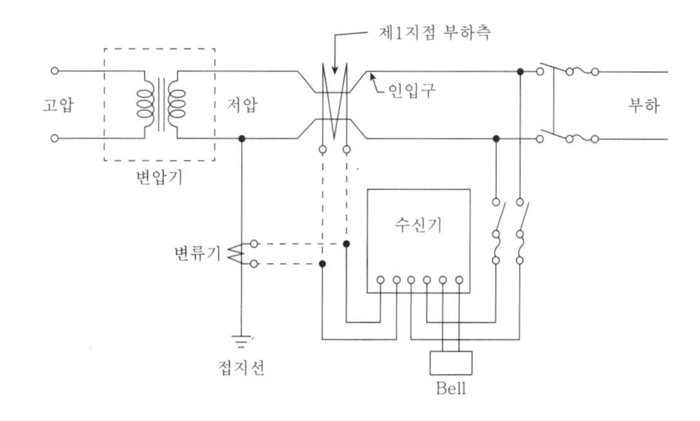

03 화재감지기

(1) 감지기의 배선

1) 감지기의 전선은 내열배선 또는 450/750[V] 비닐절연전선을 사용한다.

2) 감지기 회로의 종단저항

① 점검 및 관리가 쉬운 장소에 설치할 것

② 전용함을 설치하는 경우 그 설치 높이는 바닥으로부터 1.5[m] 이내로 할 것

③ 감지기 회로의 끝부분에 설치할 것

3) 배선방식

보내기(송배전)방식	자동화재탐지설비, 제연설비
교차(가위)배선방식	준비작동식 및 일체살수식, 스프링클러설비, 물분무, 이산화탄소, 하론, 포분말소화설비

(2) 감지기의 종류 및 기능

1) 열감지기 및 연기감지기

감지기 종류			감기기의 원리 및 기능
열감지기	차동식	스포트형	주위온도가 일정 상승률 이상시 일국소에서의 열효과
		분포형	주위온도가 일정 상승률 이상시 광범위한 열효과 누적에 의해 작동
	정온식	스포트형	일국소의 일정 온도 이상으로 동작
		감지선형	일국소의 일정 온도 이상으로 동작 외관이 전선으로 되어 있는 것
	보상식	스포트형	차동식스포트형과 정온식스포트형 기능 겸비 두 기능 중 한 기능 동작시 작동
	열복합식	스포트형	차동식스포트형과 정온식스포트형 기능 겸비 두 기능이 동시에 동작시 작동
연기 감지기	이온화식	스포트형	주위공기가 일정 농도 이상시 일국소 연기의 이온전류 변화에 의한 동작
	광전식	스포트형 분리형	주위공기가 일정 농도 이상시 일국소 연기의 광전소자에 접하는 광량의 변화
	연기복합식	스포트형	이온화식과 광전식연기 감지기의 기능 겸비 두 기능이 동시에 동작시 작동

2) 열연복합식 및 화염감지기

감지기 종류		감기기의 원리 및 기능
열연복합식	스포트형	차동식스포트+이온화식감지기 차동식스포트+광전식감지기 정온식스포트+이온화식감지기 정온식스포트+광전식감지기 두 가지의 감지기능이 동시에 작동시 신호
화염감지기		적외선감지기(IR), 자외선감지기(UR), 혼합감지기

(3) 설치기준

1) 부착 높이에 따른 설치기준

4[m] 미만	4[m] 이상 8[m] 미만	8[m] 이상 15[m] 미만	15[m] 이상 20[m] 미만	20[m] 이상
모든 감지기	- 모든 감지기에서 정온식 2종, 연기식 3종 제외	- 차동식분포형 - 연기식 1,2종	- 연기식 1종	- 설치제외 - 별도 고시하는 감지기는 제외

2) 연기감지기의 설치장소

① 계단 및 경사로(15[m] 미만의 것은 제외한다.)

② 복도(30[m] 미만의 것은 제외한다.)

③ 엘리베이터, 권상기실, 린렌슈트, 파이프덕트, 기타 이와 유사한 장소

④ 천장 또는 반자 높이가 15[m] 이상 20[m] 미만의 장소

(4) 감지기의 설치방법

① 감지기(차동식분포형의 것은 제외)는 실내의 공기 유입구로부터 1.5[m] 떨어진 위치에 설치할 것

② 감지기는 천장 또는 반자의 옥내에 면하는 부분에 설치할 것

③ 보상식 스폿트형 감지기는 정온점이 감지기 주위의 평상시 최고 온도보다 섭씨 20[℃] 이상 높은 것으로 설치

④ 정온식 감지기는 주방, 보일러실 등으로서 다량의 화기를 단속적으로 취급하는 장소에 설치하되 공칭 작동온도가 최고 주위온도보다 섭씨 20[℃] 이상 높은 것으로 설치

⑤ 차동식스폿형, 보상식스폿형, 정온식스폿형, 연기감지기는 그 부착 높이 및 소방대상물에 따라 다음 표에 의한 바닥면적마다 1개 이상을 설치할 것

부착높이별 구분		차동식, 보상식		정온식			연기감지기		
		1종	2종	특종	1종	2종	1종	2종	3종
4[m] 미만	내화구조	90	70	70	60	20	150	150	50
	기타구조	50	40	40	30	15			
4[m] 이상 8[m] 미만	내화구조	45	35	35	30	-	75	75	-
	기타구조	30	25	25	15	-			

⑥ 스폿형 감지기는 45° 이상 경사되지 않게 시설한다.

Chapter 7

공사비 견적

01 원가 비목

(1) 재료비

① 전기공사에 직접 투입되는 자재비와 부수적으로 필요한 잡품 및 소모품을 포함한다.

(2) 노무비

① 직접노무비와 간접노무비를 구분하여 원가계산서에 반영한다.

② 직접노무비는 공사 재료에 의한 인건비 투입량(공량)을 산출하여 반영한다.

- 표준품셈에 의한 공량 산출
- 표준품셈에 없는 인건비는 제조업체의 견적을 받아 산출

③ 간접노무비는 직접노무비에 의한 비율(정부가 발표하는 비율)을 정한다.

(3) 경비

① **고시하는 경비** : 현장에 투입되는 공사 인력에 대한 제 비용을 반영한다.

- 정부가 법적으로 고시하는 요율을 적용한다.
  - 산재보험료, 안전관리비, 건강보험료, 고용보험료, 퇴직공제비, 연금보험료, 노인장기요양 보험료 등
- 정부가 요율에 의거 사용 후 정산이 필요한 경비는 준공 전 실제비용을 정산한다.

② **정산이 필요하지 않는 경비**

- 원가계산서에 직접비 요율에 의거 반영된 경비는 정산대상이 되지 않는다.
  - 기타경비, 기계경비, 기타 공사에 필요에 의거 산정된 경비 등

(4) 순공사원가

① 재료비, 노무비, 경비의 합계액을 말한다.

② 순공사원가는 일반관리비, 이윤 산정의 기초가 된다.

(5) 일반관리비

① 순공사원가의 일정 비율을 적용한다.

② 공사규모에 따라 정부에서 매년 발표하는 비율을 적용한다.

③ 일반관리비는 발표비율을 적용하지만 발주자가 임의 조정할 수가 있다.

(6) 이윤

① 공사를 추진함에 따라 공사업체의 이익을 보장하는 비율이다.

② 공사금액에 따라 비율을 다르게 고시한다.

③ 이윤은 발표비율을 적용하지만 발주자가 임의 조정할 수가 있다.

(7) 이설비

① 현장에 필요한 대관 수속에 필요한 비용을 말한다.

- 한전 수전에 따른 한전 부담금, 사용전 검사 비용
- 기타 주요시설에 관한 관계기관에 납부하여야 하는 비용

② 발주자가 직접 납부하거나 공사업체가 납부하고 정산하는 개념이다.

(8) 총 공사비

① **총 공사비** : 공사 1건에 투자되는 모든 비용(이설비가 포함된 모든 비용)의 합계 금액을 말한다.

02 공사 원가계산

(1) 공사원가계산서

비목	보조비목	비고
재료비	- 직접 재료비(주 재료비) - 간접 재료비(잡품 및 소모품비) - 산출 기계경비 또는 공구 손료	- 기계경비 : 품셈에 의한 재료와 노무비 산정에서 발생하는 경비
노무비	- 직접노무비	
	- 간접노무비×고시비율 (공사 규모에 따른 비율 적용)	- 공사 규모에 따른 고시비율
경비	- 산재보험료 - 안전관리비 등	- 공사 규모에 따른 고시비율
순공사원가(재료비+노무비+경비)		
일반관리비	- 순공사원가×고시비율	
이윤	- (노무비+경비+일반관리비) ×고시비율	- 15[%]을 초과할 수 없다.
부가가치세(공사비의 10[%])		- 면세사업의 부가세(재료비×10[%])
도급비(계약금액)	- 순공사원가+일반관리비+이윤	
이설비		
총 공사비	**- 총 비용**	

(2) 공구손료

① 공구 손료는 일반공구 및 시험용 계측기구류의 손율을 말한다.

② 직접노무비(노임할증 제외)의 3[%]까지 산정할 수 있다.

③ 내역서 경비에 직접 반영한다.

(3) 잡품 및 소모품비(잡자재비)

① 공사부분에서 별도 반영하기 어려운 잡품 또는 소모품의 비용을 말한다.

② 직접 재료비(전선과 배관비)의 2~5[%]까지 산정할 수 있다.

③ 내역서의 재료비 하단에 직접 반영한다.

03 할증률 적용

(1) 전선 및 배관재

구분	전선류	케이블류	전선관	케이블트레이, 덕트, 레이스웨이	트롤리선
옥외	5[%]	3[%]	5[%]		
옥내	10[%]	5[%]	10[%]	5[%]	1[%]

(2) 품의 할증

① 야간작업

㉠ PERT/CPM 공정계획에 의한 공기산출 결과 정상작업(정상공기)으로는 불가능하여 야간작업을 할 경우나 공사 성질상 부득이 야간작업을 하여야 할 경우에는 품을 25[%]까지 가산한다.

② 건물 층수별 할증률

지상층 할증률 [%]		지하층 할증률 [%]	
2~5층	1		
10층 이하	3		
15층 이하	4	지하 1층	1
20층 이하	5	지하 2~5층	3
25층 이하	6	지하 6층 이하는 지하 1개층 증가마다 가산	0.2
30층 이하	7		
30층 초과에 대하여는 매 5층 이내 증가마다 가산	1.0		

③ 지세별 할증률

일반지역 할증률 [%]		도서지구 [%]	
보통	0	본토(육지)에서인력파견시 왕복소요 시간	50[%] 까지
불량	25	-2시간 이하	25
매우불량	50	-3시간 이하	40
물이 있는 논	20	-3시간 초과	50
농작물이 있는 건조한 논밭	10	※제주도는 할증 적용 제외	-
소택지 또는 깊은 논	50		
번화가1	20(지중케이블공사 30)		
번화가2	10(지중케이블공사 15)		
주택가	10		

④ 지형별 할증률

㉠ 강 건너기 50[%] (강폭 150[m] 이상)

㉡ 계곡 건너기 30[%] (긍장 150[m] 이상)

⑤ 위험할증률

교량작업	지상 고소작업 (비계틀 없이 작업)	지상 고소작업 (비계틀 사용 작업)
인도교 : 15[%] 철 교 : 30[%] 공중작업 : 70[%]	5[m] 미만 : 0[%] 5~10[m] 미만 : 20[%] 10~15[m] 미만 : 30[%] 15~20[m] 미만 : 40[%] 20~30[m] 미만 : 50[%] 30~40[m] 미만 : 60[%] 40~50[m] 미만 : 70[%] 50~60[m] 미만 : 80[%] 60[m]이상 매 10[m] 증가마다 10[%] 가산	10[m] 이상 : 10[%] 20[m] 이상 : 20[%] 30[m] 이상 : 30[%] 50[m] 이상 : 40[%] **지하 작업** 지하 4[m]이하 10[%]

활선근접작업 : 30[%]			
AC 154[kV]급 이상	4[m] 이내	AC 66[kV]급 이상	3[m] 이내
AC 6.6[kV]급 이상	2[m] 이내	AC 600[V] 이상	1[m] 이내
DC 1,500[V]급 이상	1[m] 이내	DC 60[V] 이상 1,500[V] 미만	30[cm] 이내

- 전력선 첨가 및 회선 증설(조가선, 케이블가설 등)은 20[%]
- 활선근접작업이란 나도체(22.9[kV] ACSR-OC 절연전선 포함) 상태에서 이격거리 이내 근접하여 작업함을 말하며, AC 60[V] 이상 600[V] 미만, DC 60[V] 이상 750[V] 미만은 절연물로 피복된 경우 나도체 부분부터 이격거리 내에서 작업할 때를 말한다.

⑥ **휴전시간 할증률**

- 1일 3시간 휴전시 : 30[%]
- 1일 5시간 휴전시 : 20[%]
- 1일 6시간 휴전시 : 10[%]
- 1일 8시간 휴전시 : 0[%]

⑦ **터널 내 작업 및 터널 내 작업과 유사한 작업**

- 인도 및 차량(철도포함) 통행 전면통제 차도 : 15[%]
- 차량(철도포함) 통행차도(부분통제도 포함) : 30[%]
- 터널내 사다리작업으로 작업 능률이 현저하게 저하될때 기본의 10[%]까지 가산할 수 있다.

※ 터널 내 작업이란 터널입구에서 25[m] 이상 터널 속으로 들어가서 작업시 적용한다.

⑧ **군작전 지구내에서 작업** : 20[%]

⑨ **특수보안지역**(교정기관, 군부대, 공항 등)**에서 이루어지는 작업** : 20[%]

⑩ **기타 할증률**

㉠ 작업 능력저하가 현저할 때 50[%]까지 가산할 수 있는 장소
- 동일 장소에 수종의 장비가동
- 작업장소의 협소
- 소음
- 진동

㉡ 기타 작업조건이 특수하여 작업시간 및 통행제한으로 작업능률 저하가 현저할 경우에는 별도 가산할 수 있다.

⑪ **할증의 중복 가산 요령**

$W = P \times (1 + a1 + a2 + a3 + \cdots\cdots + an)$

여기서, W : 할증이 포함된 품

P : 기본품 또는 각각 필요한 증·감 요소가 감안된 품

$a1$, an : 품 할증 요소

04 공사기술자 등

(1) 주요자재

① 공사에 대한 주요자재의 관급은 국가를 당사자로 하는 계약에 관한 법률, 시행규칙(제83조) 및 기획재정부의 계약예규 등 관계규정이나 계약조건에 따른다.

② 자재구입은 필요에 따라 규격서(시방서)를 작성하고 그 물건의 기능, 특징, 용량, 제작방법, 성능, 시험방법, 부속품 등에 관하여 명시하여야 한다.

③ 국내에서 생산되는 자재를 우선적으로 사용함을 원칙으로 하고, 그 중에서도 KS 규격품을 우선한다.

④ KS 규격에 없는 제품 사용시에는 공사조건에 맞는 관련 규격(외국규격 등) 및 시방 등을 검토하여 준용토록 한다.

(2) 재료 및 자재 단가

① 전기공사용 자재 및 자재단가의 결정은 거래실례 가격을 기준한다.
(거래실례가격이 없는 경우에는 통계법을 기준하며, 기타의 경우 국가를 당사자로하는 계약에 관한 법률 시행규칙을 따른다.)

② 재료 및 자재단가에 운반비가 포함되어 있지 않은 경우 구입장소로부터 현장까지 운반비를 계상한다.

(3) 발생재의 처리

① 작업설 부산물 및 기타 발생재의 처리는 다음 표에 의하여 그 대금을 설계 당시 미리 공제한다. 단, 시멘트 공포대 및 목재 공드럼은 작업 부산물에서 제외하되 현장으로부터 운반하여 폐기 처리한다.

품명	공제율
작업부산물	90[%]
토막강재	70[%]
기타 발생재	발생량

② 시공도중 발생되었거나 수량의 변동을 가져 왔을 경우에는 설계변경하여야 한다.

(4) 소운반

① 소운반은 20[m] 이내의 수평거리이다.

② 초과분은 별도 계상한다.

③ 경사면의 운전거리는 직고 1[m], 수평거리 6[m]의 비율로 계산하다.

(5) 제경비

① 공사원가에 대한 경비 계상은 기획재정부 계약예규인 원가계산에 의한 예정가격 작성기준 또는 실적공사비에 의한 예정가격 작성기준에 따른다.

(6) 시공직종

1) 기술자 및 관리자

① 현장기술자(기사, 산업기사)의 품은 표준품셈에 명시된 바에 따라 계상한다.

② 직접 작업에는 종사하지는 않으나, 공사현장에서 보조작업에 종사하는 감독, 공사관리자, 현장 사무소직원 등 간접인력에 대한 품은 계약예규의 간접노무비율 범위 내에서 계상한다.

③ 기사, 산업기사의 적용구분은 관계법령 또는 규정에 따라 계상한다.

2) 직종구분

직종	작업구분
플랜트전공	발전설비 및 중공업설비의 시공 및 보수
변전전공	변전설비의 시공 및 보수
계장공	플랜트 프로세스의 자동제어장치, 공업제어 장치, 공업계측 및 컴퓨터 등 설비의 시공 및 보수
송전전공	철탑(배전철탑 포함) 등 송전설비의 시공 및 보수 ※송전전공은 고소작업을 하는 직종으로 위험할증률(고소작업) 별도 적용 안함
배전전공	전주 및 배전설비의 시공 및 보수
내선전공	옥내배관, 배선 및 등 기구류 설비의 시공 및 보수
특고압케이블전공	특고압케이블 설비의 시공 및 보수(7[kV] 초과)
고압케이블전공	고압케이블 설비의 시공 및 보수 (교류 600[V] 초과 7[kV] 이하, 직류 750[V] 초과 7[kV] 이하)
저압케이블공	저압 및 제어용케이블 설비의 시공 및 보수 (교류 600[V] 이하, 직류 750[V] 이하)
송전활선전공	송전전공으로서 활선작업을 하는 전공
배전활선전공	배전전공으로서 활선작업을 하는 전공
전기공사기사	전기공사업법에 의한 전기기술자로 전기공사의 시공 및 관리
전기공사산업기사	전기공사업법에 의한 전기기술자로 전기공사의 시공 및 관리

Chapter 8 출제 예상 문제

01 다음 표는 전기공사 자재의 견적시 적용하는 재료의 할증에 관한 것이다. (   )안에 맞는 답을 쓰시오.

구분	전선류	케이블류	전선관	케이블트레이, 덕트, 레이스웨이	트롤리선
옥외	(①)[%]	3[%]	(③)[%]		
옥내	(②)[%]	5[%]	10[%]	(④)[%]	(⑤)[%]

정답

① 5 ② 10 ③ 5 ④ 5 ⑤ 1

02 전기공사에 해당되는 공사 직종에 대하여 각 항에 맞는 기술자를 쓰시오.

① 6.6[kV] 케이블 설비의 시공 및 보수를 하는 공사 직종은?

② 전기공사업법에 의한 전기기술자로 전기공사의 시공 및 관리하는 공사 직종 2가지를 쓰시오.

③ 30[m] 배전철탑공사 견적시 송전전공의 품에 위험할증률(고소작업)을 적용하였다. (맞음, 틀림) 어디에 해당하는가?

정답

① 고압케이블전공 ② 전기공사기사, 전기공사산업기사 ③ 틀림

03 다음 주어진 내용에 대하여 ○, × 로 답하시오.

① 애자 사용 공사시 전선 상호 간 이격거리는 400[V] 미만인 경우 4.5[cm] 이상일 것( )
② 금속관 공사시 구부러진 금속관의 굴곡 반지름은 관 안지름의 6배 이상으로 할 것( )
③ 합성수지관 공사시 서로 다른 굵기의 절연전선을 동일 관내에 삽입하는 경우 전선 절연물을 포함한 전선이 차지하는 단면적은 관내 총 단면적의 48[%] 이하가 되도록 할 것( )
④ 가요전선관 공사시 관내 삽입하는 전선은 단면적 10[mm^2] 초과시는 연선일 것( )
⑤ 버스덕트 공사 시 덕트의 지지점 간 거리는 3[m] 이하로 할 것( )

정답

① ×　② ○　③ ×　④ ○　⑤ ○

해설

① 애자 사용 공사
- 전선 간격

구분	전선 상호 간격	전선– 조영재 간격	건조한 장소 시설
400[V] 미만	6[cm] 이상	2.5[cm] 이상	2.5[cm] 이상
400[V] 이상		4.5[cm] 이상	

- 전선 지지점 간의 거리
  - 조영재의 윗면 또는 옆면에 붙일 경우 : 2[m] 이하
  - 400[V] 이상으로 윗면 또는 옆면에 붙이는 경우가 아닌 경우 : 6[m] 이하

② 금속관공사의 곡률반경은 6배 이상으로 하고, 36[mm] 이상이면 노멀밴드, 커플링을 사용한다.

③ 합성수지관 내 단면적
- 같은 굵기의 전선 : 전선의 총 단면적이 내 단면적의 48[%] 이하
- 다른 굵기의 전선 : 전선의 총 단면적이 내 단면적의 32[%] 이하

④ 가요전선관 사용전선은 연선일 것(단면적 10[mm^2](알루미늄선 단면적 16[mm^2]) 이하인 것 예외)

⑤ 버스덕트 공사 지지점 간 거리
- 조영재에 붙이는 경우 지지점 간의 거리 : 3[m] 이하
- 취급자 이외의 자가 출입할 수 없는 구조에서 수직으로 붙이는 경우 거리 : 6[m] 이하

04 금속관 배선공사에서 금속관의 굵기 결정에 관한 사항이다.

① 굵기가 다른 절연전선을 동일관내에 넣는 경우 전선의 피복 절연물을 포함한 단면적의 합계가 관 단면적의 몇 [%] 이하가 되도록 선정하여야 하는가?
② 굵기가 같은 절연전선을 동일관내에 넣는 경우 전선의 피복 절연물을 포함한 단면적의 합계가 관 단면적의 몇 [%] 이하가 되도록 선정하여야 하는가?

정답

① 32[%]　　② 48[%]

해설

① 내선규정제2220-4(관의 굵기 선정)

05 다음은 점멸기(스위치)에 관한 시설방법의 일부이다. (　　)안에 적당한 답을 쓰시오.

> 점멸기는 전로의 비 접지 측에 시설하며, 분기점의 분기 개폐기에 (①)를 사용하는 경우는 이것을 (②)로 대용할 수 있으며, (③)의 점멸기는 기둥 등의 내구성이 있는 조영재에 견고하게 설치하고, (④)은 금속제 또는 난연성 절연물의 박스에 넣어 시설하여야 한다. 욕실내에서는 점멸기를 시설하지 말고, 가정용 전등은 (⑤)등기구마다 점멸이 가능하도록 하여야 한다.

정답

① 배선용차단기　　② 점멸기　　③ 노출형　　④ 매입형　　⑤ 각(매)

해설

① 점멸기는 전로의 비접지 측에 시설한다.
② 분기개폐기에 배선용차단기를 사용하는 경우는 이것을 점멸기로 대용할 수 있다.
③ 노출형의 점멸기는 기둥 등의 내구성이 있는 조영재에 견고하게 설치할 것
④ 매입형은 금속제 또는 난연성 절연물의 박스에 넣어 시설할 것
⑤ 욕실 내는 점멸기를 시설하지 말 것
⑥ 가정용 전등은 매 등기구마다 점멸이 가능하도록 할 것. 다만, 장식용 등기구 및 발코니 등 기구는 예외로 할 수 있다.

06 다음은 금속덕트배선 공사에 대한 설명이다. (   )에 적당한 값을 쓰시오.

> 금속덕트에 넣는 전선의 단면적의 총합은 전선 절연물을 포함한 단면적이 금속덕트 내 단면적의 (①)[%] 이하가 되도록 하여야 한다. 다만, 전광표시장치, 출퇴표시등, 기타 이와 유사한 장치 또는 제어회로 등의 배선에 사용하는 배선만을 금속덕트에 넣는 경우는 (②)[%] 이하로 할 수 있다.

정답 ① 20 ② 50

해설 [한국전기설비규정 (KEC)232.9]

07 2.5[mm^2] 전선 5본과, 4.0[mm^2] 전선 3본을 동일한 금속전선관(후강)에 넣어 시공할 경우 관 굵기 호칭은? (보정계수는 2.0으로 한다.)

도체의 단면적[mm^2]	절연체의 두께[mm]	전선의 총 단면적[mm^2]	전선관 굵기[mm]	내단면적 32[%] [mm^2]
1.5	0.7	9	16	67
2.5	0.8	13	28	201
4.0	0.8	17	36	342

정답

① 전선 총 단면적[mm^2] $= (13 \times 5) + (17 \times 3) \times 2$(보정계수) $= 232$[mm^2]이므로 36[mm]로 선정

해설

① 굵기가 다른 전선을 동일관 내에 넣는 경우 : 내 단면적의 32[%] 이하

08

다심케이블 단면적 120[mm²] 이상의 다음 3종의 케이블을 사다리형 또는 통풍 트러프형 케이블트레이 내에 설치 하고자 한다. 다음에 제시하는 표를 보고, 적정한 트레이 폭을 산정하시오.

① 3심 케이블 120[mm²] 5조
② 3심 케이블 150[mm²] 2조
③ 3심 케이블 240[mm²] 3조

도체의 단면적[mm²]	전선의 바깥지름[mm]
120	41
150	46
240	57

트레이 내측폭[mm]	150	200	300	400	500
점유면적[mm²]	4,500	6,000	9,000	12,000	15,000

정답

① 바깥지름 합계 $(5\times41)+(2\times46)+(3\times57)=468$[mm] 이므로 500[mm] 선정

해설 [내선규정제2289-6절(케이블의 시설)]

① 모든 케이블이 단면적 120[mm²] 이상인 경우는 이들 케이블 지름의 합계는 케이블트레이 내측 폭 이하로 하고 단층으로 시설할 것
② 바깥지름 합계 $(5\times41)+(2\times46)+(3\times57)=468$[mm]
③ 468[mm] 보다 큰 규격인 내측 폭 500[mm]를 선정한다.

09 다심케이블 단면적 120[mm^2] 미만의 다음 2종의 케이블을 사다리형 또는 통풍 트러프형 케이블트레이 내에 설치하고자 한다. 다음에 제시하는 표를 보고, 적정한 트레이 폭을 산정하시오.

① 3심 케이블 35[mm^2] 10조

② 3심 케이블 50[mm^2] 8조

도체의 단면적[mm^2]	전선의 바깥지름[mm]	도체의 단면적[mm^2]	전선의 바깥지름[mm]
35	25	120	41
50	29	150	46

트레이 내측 폭[mm]	150	200	300	400	500
점유면적[mm^2]	4,500	6,000	9,000	12,000	15,000

정답

① 단면적 합계 $= 10 \times \frac{\pi \times 25^2}{4} + 8 \times \frac{\pi \times 29^2}{4} = 10,192.89$[$mm^2$]이므로 400[mm] 선정

해설 [내선규정제2289-6절(케이블의 시설)]

① 모든 케이블이 단면적 120[mm^2] 미만인 경우는 이들 케이블 단면적의 합계는 최대 허용 케이블의 단면적 이하로 할 것

② 단면적 $A = \frac{\pi D^2}{4}$

③ 단면적 합계 $= 10 \times \frac{\pi \times 25^2}{4} + 8 \times \frac{\pi \times 29^2}{4} = 10,192.89$[$mm^2$]

④ 10,192.89[mm^2]보다 큰 규격인 12,000[mm^2]의 내측 폭 400[mm]를 선정한다.

10

다심케이블 단면적 120[mm^2] 이상의 케이블과 120[mm^2] 미만의 다음의 케이블을 동일 (사다리형 또는 통풍트러프형) 케이블트레이 내에 설치하고자 한다. 다음에 제시하는 표를 보고, 적정한 트레이 폭을 산정하시오.

① 3심 케이블 35[mm^2] 5조
② 3심 케이블 50[mm^2] 3조
③ 3심 케이블 120[mm^2] 2조
④ 3심 케이블 150[mm^2] 3조
⑤ 3심 케이블 240[mm^2] 4조

도체의 단면적[mm^2]	전선의 바깥지름[mm]	도체의 단면적[mm^2]	전선의 바깥지름[mm]
35	25	120	41
50	29	150	46
60	35	240	57

트레이 내측폭[mm]	150	200	300	400	500
점유면적[mm^2]	4,500 (30×sd)	6,000 (30×sd)	9,000 (30×sd)	12,000 (30×sd)	15,000 (30×sd)
트레이 내측폭[mm]	600	700	800	900	1,000
점유면적[mm^2]	18,000 (30×sd)	21,000 (30×sd)	24,000 (30×sd)	27,000 (30×sd)	30,000 (30×sd)

정답

① 120[mm^2] 이상 케이블 바깥지름 합계 $(2\times41)+(3\times46)+(4\times57)=448$[mm]이므로
$30\times sd=30\times448=13{,}440$[$mm^2$]

② 120[mm^2] 미만 케이블 총 단면적 $5\times\dfrac{\pi\times25^2}{4}+3\times\dfrac{\pi\times29^2}{4}=4{,}435.9$[$mm^2$]

③ 총 단면적 합계 $=13{,}440+4{,}435.9=17{,}875.9$[$mm^2$]이므로 600[mm] 선정

해설 [내선규정제2289-6절(케이블의 시설)]

① 모든 케이블중 120[mm^2] 이상은 바깥지름의 합계를 구하고, 120[mm^2] 미만은 단면적으로 구하여 합산한 단면적을 기준으로 표에 의거 트레이 폭을 선정

② 120[mm^2] 이상 케이블 바깥지름 합계 $(2\times41)+(3\times46)+(4\times57)=448$[mm]이므로
$30\times sd=30\times448=13{,}440$[$mm^2$]

③ 120[mm^2] 미만 케이블 총단면적 $5\times\dfrac{\pi\times25^2}{4}+3\times\dfrac{\pi\times29^2}{4}=4{,}435.9$[$mm^2$]

④ 총 단면적 합계 $=13{,}440+4{,}435.9=17{,}875.9$[$mm^2$]이므로

⑤ 여기서 17,875.9[mm^2] 보다 큰 규격인 18,000[mm^2]이므로 내측 폭 600[mm]를 선정한다.

11 저압 옥내배선에서 사용하는 전선에 관한 물음이다. 각항에 맞는 적당한 답을 쓰시오.

① 저압 옥내배선에 사용하는 배선의 최소 규격 2가지를 쓰시오.

② 옥내에 시설하는 저압전선에는 나전선을 사용하여서는 아니 된다. 단, 그러지 않는 경우 3가지를 쓰시오.

정답

① 저압 옥내배선의 규격
- 단면적 2.5[mm^2] 이상의 연동선 또는 이와 동등 이상의 강도 및 굵기의 것.
- 단면적이 1[mm^2] 이상의 미네럴인슈레이션케이블

② 다음 중 어느 하나에 해당하는 경우에는 그러하지 아니하다.
㉠ 애자사용배선에 의하여 전개된 곳에 다음의 전선을 시설하는 경우
- 전기로용 전선
- 전선의 피복 절연물이 부식하는 장소에 시설하는 전선
- 취급자 이외의 자가 출입할 수 없도록 설비한 장소에 시설하는 전선

㉡ 버스덕트 배선에 의하여 시설하는 경우
㉢ 라이팅 덕트 배선에 의하여 시설하는 경우 등

12 CNCV 케이블의 열화가 발생하는 요인 5가지만 쓰시오.

정답

① 전기적 요인 ② 열적 요인 ③ 환경적 요인 ④ 기계적 요인 ⑤ 기타 요인

13 저압 옥내배선에서 케이블 트렁킹 시스템과 케이블 덕트 시스템에 해당되는 배선방법을 3가지씩 쓰시오.

정답

① 케이블 트렁킹 시스템 : 합성수지몰드배선, 금속몰드배선, 금속덕트배선
② 케이블 덕트 시스템 : 플로어덕트배선, 셀룰러덕트배선, 금속덕트배선

해설

설치방법	배선방법
전선관 시스템	합성수지관배선, 금속관배선, 가요전선관배선
케이블 트렁킹 시스템	합성수지몰드배선, 금속몰드배선, 금속덕트배선
케이블 덕트 시스템	플로어덕트배선, 셀룰러덕트배선, 금속덕트배선
애자사용 방법	애자사용배선
케이블 트레이 시스템 (래더, 브래킷 포함)	케이블트레이배선
고정하지 않는 방법, 직접 고정하는 방법, 지지선 방법	케이블배선

14 합성수지관의 시설에 있어서 아래 물음에 답하시오.

① 수용률
　㉠ 같은 굵기의 전선 :
　㉡ 다른 굵기의 전선 :
② 상호접속
　㉠ 커플링 사용 :
　㉡ 접착제 사용 :
③ 곡률반경 산출식 :

정답

① 수용률
- 같은 굵기의 전선 : 전선의 총 단면적이 내 단면적의 48[%] 이하
- 다른 굵기의 전선 : 전선의 총 단면적이 내 단면적의 32[%] 이하

② 상호접속
- 커플링 사용 : 관 외경의 1.2배 이상
- 접착제 사용 : 관 외경의 0.8배 이상

③ 곡률반경 $r=6d+\frac{D}{2}$

해설

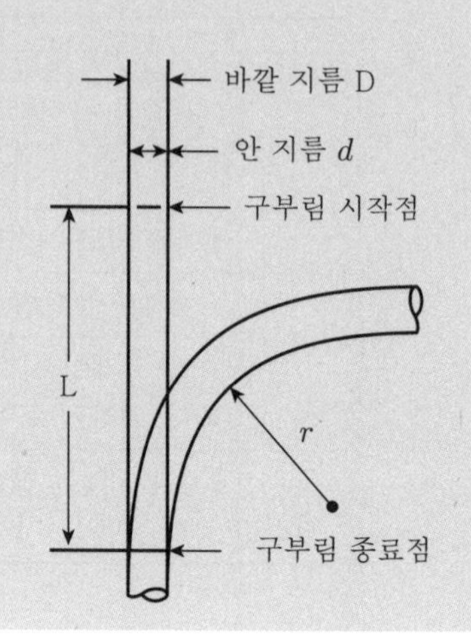

① 수용률은 계산 단면적에 안정성을 고려하여 구한 전체 단면적에 보정계수(여유도)를 곱하여 선정한다.

② 곡률반경 : 내경의 6배 이상
- 곡률반경 $r=6d+\frac{D}{2}$

여기서, D : 전선관의 바깥지름[mm]
d : 전선관의 안지름[mm]

- 길이 $L=\frac{2\pi r}{4}$[mm]

15

합성수지제 가요전선관(CD관)은 가요성이 우수하고, 배관작업이 용이하며, 굴곡된 배관작업에 공구가 불필요하다. 금속관에 비해 (①)이 적어 영하의 온도인 장소에서도 사용 가능하다. CD관은 직접(②)에 매입하여 시설하거나 전용의 (③) 또는 (④) 덕트에 넣어야만 시공 가능하다. (　　)안에 적당한 답을 쓰시오.

정답

① 결로현상　② 콘크리트　③ 불연성　④ 난연성

16 다음은 가요전선관의 시설, 접속에 관한 것으로 물음에 답하시오.

① 스플릿 커플링의 용도는?

② 콤비네이션 커플링의 용도는?

③ 스트레이트 박스 커넥터, 앵글 박스 커넥터의 용도는?

④ 지지점 간격은?

⑤ 곡률반지름은?

⑥ 전기공사에서는 몇 종 가요전선관을 사용하는가?

정답

① 스플릿 커플링 : 가요전선관 상호 접속
② 콤비네이션 커플링 : 가요전선관과 금속관의 접속
③ 스트레이트 박스 커넥터, 앵글 박스 커넥터 : 가요전선관과 박스의 접속
④ 지지점 간격 : 1[m] 이하
⑤ 6배 이상
⑥ 제2종 가요전선관

17 다음에 해당하는 트레이의 명칭을 쓰시오.

트레이의 특성	- 일명 트로프형(Trough) 또는 통풍트러프 형 케이블 트레이라 한다. - 폭이 100[mm] 초과하는 케이블 트레이 - 제어 케이블처럼 가늘어 묶기가 곤란한 곳에 사용한다.	- 바닥통풍형, 바닥밀폐형, 복합채널 단면으로 구성된 조립금속구조이다. - 폭이 150[mm] 이하인 케이블 트레이 - 주 케이블 트레이로부터 말단까지 연결되는 부분에 주로 사용한다.
트레이 명칭	①	②

정답

① 펀칭형 케이블 트레이　　② 통풍 채널형 케이블 트레이(Channel cable tray)

해설

① 사다리형 : 길이 방향의 양측 측면 레일에 각각의 가로 방향 부재로 연결된 구조이다.
② 메시형 : 그물 타입으로 사방이 통풍구조인 케이블 트레이이다.

18 구내 가공전선의 전주 간 전선의 길이를 산출하고자 한다. 다음 물음에 답하시오.

① 전선의 소요길이(L) 산출식 :

② 전선의 단위 길이당 무게[kg/m] 산출식 :

③ 횡단보도교 상부를 지나는 전선의 최소 높이 :

정답

① 전선의 소요길이 $L = S + \frac{8D^2}{3S}$[m]   여기서, W : 전선의 무게[kg/m],
S : 경간, T : 장력

② 전선의 무게 $W = \frac{8TD}{S^2}$[kg/m]

③ 횡단 보도교 위에 시설하는 경우 : 노면상 3.5[m]

해설

① 이도 $D = \frac{WS^2}{8T}$[m]이므로, 전선의 무게 $W = \frac{8TD}{S^2}$[kg/m]이다.

② 전선의 높이
- 도로를 횡단하는 경우 : 지표상 6[m]
- 철도, 궤도를 횡단하는 경우 : 궤도면상 6.5[m]
- 횡단 보도교 위에 시설하는 경우 : 노면상 3.5[m], 이외의 곳 5[m]
- 교통에 지장이 없는 경우 : 도로 4[m], 이외의 곳 3.5[m]

19 저압인입선은 가공선로의 전주 등 (①)에서 분기하여 (②)을 거치지 않고, 수용장소 인입구에 이르기 까지의 전선로로 사용전선은 (③) 및 케이블로 저압 (④) 이상의 DV전선(단, 15[m] 이하는 2.0[mm] 이상 가능), 고압은 (⑤) 이상의 경동선을 사용하여야 한다. (   )안에 적당한 답을 쓰시오.

정답

① 지지물 ② 다른 지지물 ③ 인입용 비닐 절연전선 ④ 2.6[mm] ⑤ 5.0[mm]

해설

① 가공선로의 전주 등 지지물에서 분기하여 다른 지지물을 거치지 않고, 수용장소 인입구에 이르기 까지의 전선로

② 사용전선 : 인입용 비닐절연전선 및 케이블

③ 전선규격 : 저압 2.6[mm] 이상의 DV전선 (단, 15[m]이하는 2.0[mm] 이상 가능)
고압 5.0[mm] 이상의 경동선

④ 설치높이 : 5[m] 이상(단, 위험표시를 부착하면 4.5[m] 이상)

20 구내의 특고압(22.9kV-Y) 가공전선로를 시설하고자 한다. 다음 물음에 답하시오.

① 지지물의 최소 길이 :

② 기기를 장치하는 경우 지지물의 최소 길이 :

③ 완금의 길이 :

전선의 조수	특고압[mm]	고압[mm]	저압[mm]
2	(③)	1,400	(④)
3	(⑤)	1,800	1,400

정답

① 지지물은 10[m] 이상

② 기기를 장치하는 경우는 12[m] 이상

③ 완금의 길이

전선의 조수	특고압[mm]	고압[mm]	저압[mm]
2	(1,800)	1,400	(900)
3	(2,400)	1,800	1,400

21 구내의 특고압(22.9kV-Y) 가공전선로의 주상변압기 시설에 관한 것들이다. 물음에 맞는 답(대상 시설물)을 고르시오. (물음의 답은 2개 이상도 됨)

물음	대상 시설물
① 행거밴드(법)	① 옥외용 비닐절연전선(OW)
② 구분개폐기(OS, AS)	② 캐치홀더
③ 고압콘덴서 또는 피뢰기	③ 주상변압기를 전주에 고정
④ 주상변압기 1차 측 인하선	④ 클로로플렌 외장 케이블
⑤ 주상변압기 2차 측 인하선	⑤ COS(컷아웃스위치)
⑥ 1차 측 단락보호장치	⑥ 완금에 설치
⑦ 2차 측 단락보호장치	⑦ 비닐 외장 케이블

정답

① 행거밴드(법) : ③ 주상변압기를 전주에 고정
② 구분개폐기(OS, AS) ; ⑥ 완금에 설치(DS봉이나 끈으로 조작하게 한다.)
③ 고압콘덴서 또는 피뢰기 : ⑥ 완금에 설치한다.
④ 주상변압기 1차 측 인하선 : ④ 클로로플렌 외장 케이블
⑤ 주상변압기 2차 측 인하선 : ① 옥외용 비닐절연전선(OW) ⑦ 비닐 외장 케이블
⑥ 1차 측 단락보호장치 : ⑤ COS(컷아웃스위치)
⑦ 2차 측 단락보호장치 : ② 캐치홀더

22 다음 그림은 지선을 설치한 전주이다.

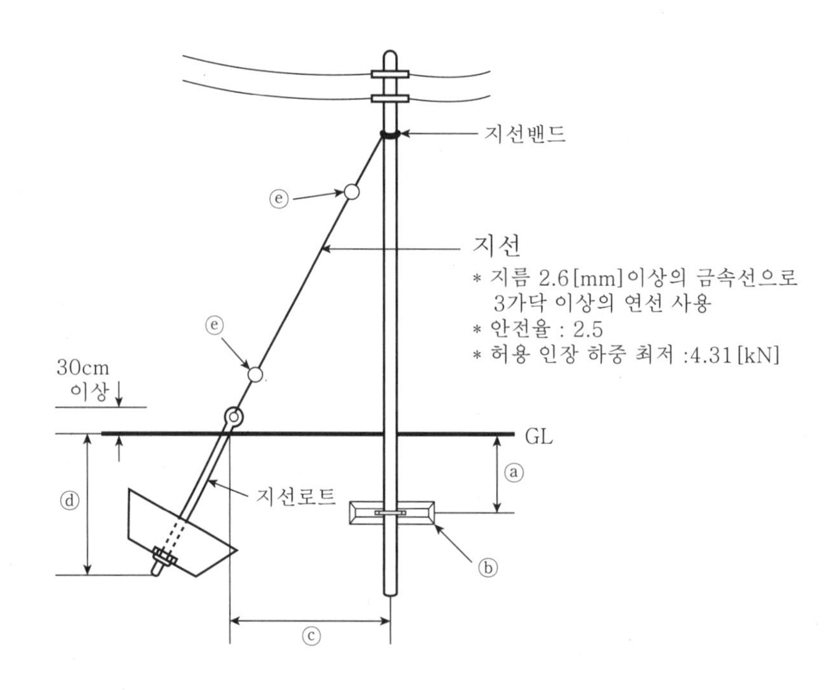

① 콘크리트 전주의 길이가 10[m]일 때 묻혀야 할 깊이는?
② ⓐ의 깊이 및 ⓑ의 명칭은?
③ ⓒ의 간격 산출은 식은?
④ ⓓ의 최소 깊이는?
⑤ ⓔ의 명칭은?

정답

① 매설 깊이 $= H \times \frac{1}{6} = 10 \times \frac{1}{6} = 1.67[m]$

② ⓐ 0.5[m]　　ⓑ 근가

③ 간격 $= \frac{H}{2}$

④ 1.5[m]

⑤ 지선애자

23 지선 및 지주공사에서 지선 설치시 지선 공사용 재료 6가지만 쓰시오.

정답

① 지선밴드　② 지선크램프　③ 지선애자　④ 지선카바　⑤ 지선롯트
⑥ 지선근가

24 다음은 지선시설 중 수평지선에 관한 그림이다. 각 항에 맞는 답을 쓰시오.

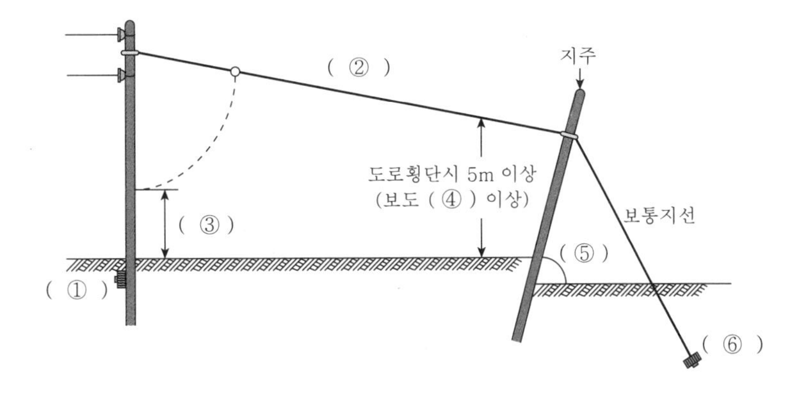

정답

① 전주근가　② 수평지선　③ 2.5[m] 이상　④ 2.5[m] 이상　⑤ 80°　⑥ 지선근가

25 지선에 관한 시설기준이다. (　　)안에 적당한 답을 쓰시오.

지선의 안전율은 (①) 이상, 소선(素線) 3가닥 이상의 지름이 (②) 이상의 (③)을 사용한 연선이어야 하고, 지선로트 및 지선밴드는 지중부분 및 지표상 (④)까지의 부분에는 내식성이 있는 것 또는 아연도금을 한 (⑤)을 사용하고 쉽게 부식되지 않는 (⑥)에 견고하게 붙일 것이며, 교통에 지장을 초래할 우려가 없는 도로의 경우 (⑦) 이상, 보도의 경우에는 2.5[m] 이상으로 시설하여야 한다.

정답

① 2.5　② 2.6[mm]　③ 금속선　④ 0.3[m]　⑤ 철봉　⑥ 근가　⑦ 4.5[m]

해설

① 지선의 안전율은 2.5 이상일 것(인장하중의 최저는 4.31[kN])
② 소선수 및 굵기
- 소선(素線) 3가닥 이상의 연선일 것
- 소선의 지름이 2.6[mm] 이상의 금속선을 사용한 것일 것

③ 지선로트 및 지선밴드
- 지중부분 및 지표상 0.3[m]까지의 부분에는 내식성이 있는 것 또는 아연도금을 한 철봉을 사용하고 쉽게 부식되지 않는 근가에 견고하게 붙일 것
- 지선밴드는 전주와 지선을 접속하여 하는 곳

④ 지선근가는 지선의 인장하중에 충분히 견디도록 시설할 것
⑤ 도로를 횡단하는 지선의 높이 : 5[m] 이상
⑥ 교통에 지장을 초래할 우려가 없는 경우 : 4.5[m] 이상, 보도의 경우에는 2.5[m] 이상

26 구내 인입선로 부분에 지중함(맨홀)을 설치할 때 시설기준(유의사항) 4가지를 쓰시오.

정답

① 지중함은 견고하고, 차량 등의 중량물, 압력에 견디는 구조여야 한다.
② 지중함 내부에 고인물을 배수할 수 있는 구조여야 한다.
③ 지중함의 뚜껑은 시설자 이외의 사람이 쉽게 열 수 없는 구조여야 한다.
④ 가연성 가스 및 폭발성 가스가 침입할 수 있는 지중함은 그 크기가 1[m^3] 이상이고, 통풍장치, 기타 가스를 배출할 수 있는 적당한 장치가 있어야 한다.

27 지중전선 상호 간의 교차 및 접근 시 내화성 격벽 등 시설이 필요한 지중 이격거리를 쓰시오.

① 저압과 고압전선이 교차시 이격거리 :

② 저압, 고압의 전선이 특고압 전선과 접근 시 이격거리 :

③ 25[kV] 이하인 다중 접지방식 이격거리 :

정답

① 0.5[m] 이하

② 0.3[m] 이하

③ 0.1[m] 이하

28 다음 그림은 저압 및 고압 가공전선로의 보안공사 설정에 필요한 설명도이다. ( )에 적당한 명칭을 쓰시오.

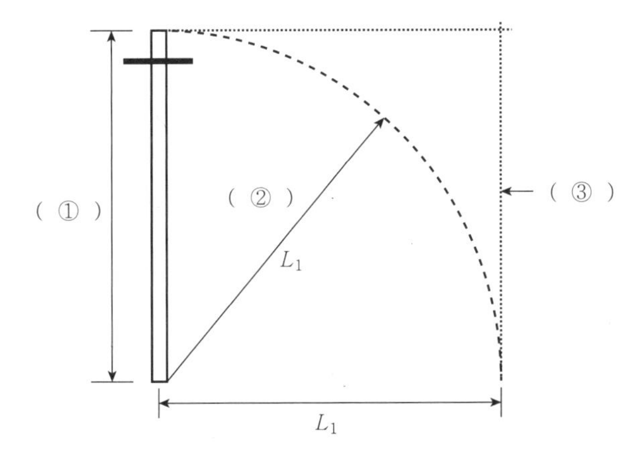

정답

① 지지물 (지표상) 높이 ② 접근상태 ③ 접근경계선

29 전선의 구비조건과 선정조건 4가지씩 쓰시오.

정답

① 전선의 구비조건
- 도전율이 높고, 기계적 강도가 클 것
- 내구성이 클 것
- 가요성이 좋을 것
- 비중이 작은 것

② 전선의 선정조건
- 허용전류
- 전압강하
- 기계적강도
- 허용온도

해설

① 전선의 구비조건
- 시공 및 보수 취급이 용이할 것
- 가격이 저렴할 것

30 FR-CNCO-W(동심 중성선 수밀(차수)형 저독성 난연 전력케이블)의 단면도이다. ①~④에 해당하는 명칭을 쓰시오

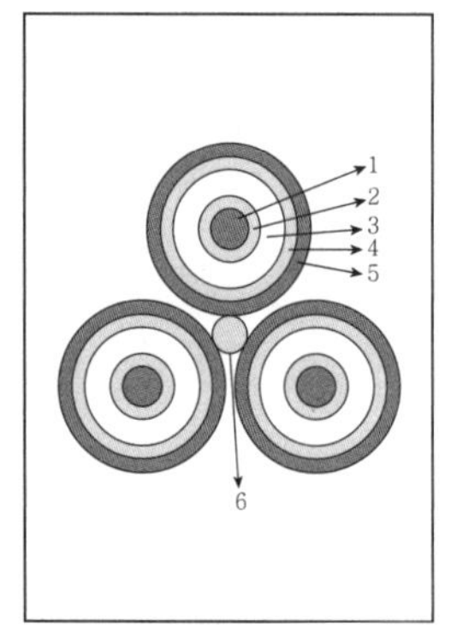

FR-CNCO-W(동심 중성선 수밀(차수)형 저독성 난연 전력케이블)		
번호	항목	재료
1	도체	수밀 컴파운드 충진 원형 압축 AL 연선
2	①	반 도전성 컴파운드
3	②	가교 폴리에틸렌
4	③	반 도전성 컴파운드
5	시스	반 도전성 고밀도 폴리에틸렌
6	④	알루미늄 피복강심 경 알루미늄 연선

정답

① 내부반도전층　② 절연층　③ 외부반도전층　④ 중성선

31 저압 옥내배선에 사용하는 전선 굵기를 계산하는 식들이다. 각 항 마다 적당한 공식을 쓰시오.

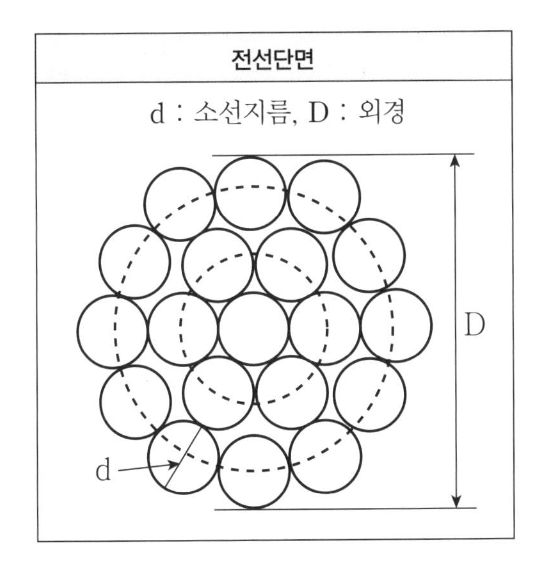

여기서, n : 중심 소선을 뺀 층수

a : 한 가닥의 단면적

N : 총 소선수라 할 때

① 연선의 바깥지름 D는?

② 소선의 단면적은?

③ 연선의 총 단면적은?

정답

① 연선의 바깥지름 : $D=(2n+1)\times d$[mm]

② 소선의 단면적 : $a=\dfrac{\pi d^2}{4}$[mm²]

③ 연선의 총 단면적 : $A=aN=\dfrac{\pi d^2}{4}N=\dfrac{\pi D^2}{4}$[mm²]

32 도체의 굵기를 정하면서 $R=\rho\frac{L}{A}=\frac{L}{\sigma A}[\Omega]$으로 계산하지만 이것은 직류저항에 해당된다. 교류도체저항은 $R_{AC}=R_{DC}\times K_1\times K_2$로 표현한다. 이때, 상수처리된 K_1, K_2를 식으로 나타내시오.

정답

① $K_1=\frac{\text{최고 허용온도에서의 저항}}{20℃\text{에서의 저항}}=1+\alpha(T_1-20)$

② $K_2=\frac{\text{교류저항}}{\text{직류저항}}=1+\text{표피효과계수}(\lambda_1)+\text{근접효과계수}(\lambda_2)$

33 다음은 표피효과에 대한 설명이다. (　　)안에 적당한 답을 쓰시오.

표피효과는 도체에 AC가 흐르면 도체 (①)를 흐르는 전류는 쇄교 자속수가 많아져 큰 (②)를 갖는다. 따라서, 도체 중심부로 갈수록 (③)가 낮고, 위상각이 뒤지는 현상으로 ω, μ, k가 클수록, 도체가 굵을수록 표피효과가 심하고, 도체의 (④)을 감소시킨다.

정답

① 중심부　② 인덕턴스　③ 전류 밀도　④ 유효면적

34 다음은 근접효과에 대한 설명이다. (　　)안에 적당한 답을 쓰시오.

표피효과의 일종(표피효과는 1본의 도체로 생각되는데, 근접효과에서는 2본의 왕복도체)으로 주파수가 높을수록 현저하게 나타난다. 왕복선에서는 전류의 방향이 다르면 (①)에 모이고, 같은 방향의 전류가 흐르면 (②)에 전류가 모여서 (③)과 같은 현상을 보이는 것을 근접효과라 한다. 즉, 같은 방향의 전류가 흐를 경우는 바깥쪽의 전류 밀도가 (④), 다른 방향의 전류가 흐를 경우는 가까운 쪽의 전류 밀도가 (⑤).

정답

① 내측　② 외측　③ 표피작용　④ 높고　⑤ 높다

35

송전선로에 분포된 선로정수는 선로의 전압, 전류, 전압강하, 송수전단 전력 등의 특성으로 저항(R), 인덕턴스(L), 정전용량(C), 누설콘덕턴스(G)가 균일하게 분포된 전기회로이다. 여기서, 1상당 인덕턴스(L)와 정전용량(C)을 식으로 표현하시오.

정답

① 선로 인덕턴스

- $L = 0.05 + 0.4605 \log\frac{D}{d}(mH/\text{km})$

  여기서, d = 도체 직경[m], D = 등가 선간거리[m]

② 선로 정전용량

- 정전용량 $C = \frac{0.2413 \cdot \varepsilon}{\log\frac{D}{d}}(\mu F/\text{km})$

  여기서, ε = 절연체의 유전율, d = 도체 직경[m], D = 등가 선간거리[m]

해설

① 인덕턴스(L)
- 자기인덕턴스, 상호인덕턴스가 있고, 보통 2개를 일체로 하고, 1상당에 대해 설명한다.
- 인덕턴스 $L = 0.05 + 0.4605 \log\frac{D}{d}(mH/\text{km})$

  여기서, d = 도체직경[m], D = 등가 선간거리[m]
- 상호인덕턴스(M)은 길이가 길수록 커진다.

② 정전용량(C)
- 전압이 높을 때 교류 충전용량이 커지므로 영향이 크다.(3.3[kV] 이하 무시)
- 정전용량 $C = \frac{0.2413 \cdot \varepsilon}{\log\frac{D}{d}}(\mu F/\text{km})$

  여기서, ε = 절연체의 유전율
- 길이와 주파수에 무관하다.

36

케이블의 손실은 저항손, 연피손(Sheath loss), 유전체손으로 대별한다. 연피손과 유전체 손을 간단하게 쓰시오.

정답

① 연피손 : 시스 속을 환류하는 전류에 의하여 케이블에 생기는 손실을 말한다.

② 유전체손 : 유전체에 교류 전압을 가하면 전기장의 방향이 변할 때마다 유전분극의 방향이 변화하여 유전체 내의 에너지가 소비되어 열로서 발생한다, 이때 열로서 소비되는 손실을 말한다.

해설

① 저항손은 케이블의 도체 저항으로 인해 발생하는 손실로 $P_\ell = I^2 R$이다.

② 유전체손은 케이블의 절연물에 의한 손실로 $P_c = \omega C V^2 \tan\delta$이며, $\tan\delta$에 비례하므로 $\tan\delta$를 측정하여 손실 및 열화를 판단하고 세링브리지가 사용된다.

③ 연피손은 케이블의 도전성 외피에서 발생하는 손실이다.

37

욕조나 샤워시설이 있는 욕실 또는 화장실 등 인체가 물에 젖어있는 상태에서 전기를 사용하는 장소에 콘센트를 시설하는 경우의 감전보호에 대한 시설방법 3가지를 쓰시오.

정답

① 인체 감전보호용 누전차단기 설치(정격 감도전류 15[mA] 이하, 0.03초 이하 전류 동작형)

② 절연변압기(정격용량 3[kVA] 이하)로 보호된 전로로 설치

③ 인체 감전보호용 누전차단기가 부착된 콘센트 설치

해설

④ 콘센트는 접지 극이 있는 방적형 콘센트 사용

38 전자개폐기의 조작회로 또는 초인벨 등에 사용하는 소세력회로의 뜻을 쓰시오.

정답

① 전자개폐기의 조작회로 또는 초인벨, 경보벨 등에 접속하는 전로로서 최대 사용전압이 60[V] 이하인 것으로 대지전압이 300[V] 이하인 강 전류 전기의 전송에 사용하는 전로와 변압기로 결합되는 것

해설

② 소세력회로(少勢力回路)에 전기를 공급하기 위한 변압기는 절연변압기일 것

③ 절연변압기의 2차 단락전류는 표에서 정한 값 이하의 것일 것

소세력회로의 최대 사용전압의 구분	절연변압기의 2차 단락전류	과전류차단기의 정격전류
15[V] 이하	8[A]	5[A]
15[V] 초과 30[V] 이하	5[A]	3[A]
30[V] 초과 60[V] 이하	3[A]	1.5[A]

④ 정격 출력은 100[VA] 이하이어야 하고 또한 쉽게 볼 수 있는 곳에 정격 2차 전압을 표시할 것

39 지하층 및 지하층을 제외한 층수가 11층 이상의 각 층마다 비상콘센트를 설치할 때 다음 물음에 답하시오.

① 3상 AC 220[V]/380[V]인 것의 설계상 공급용량은?

② 단상 AC 110[V]/220[V]인 것의 설계상 공급용량은?

③ 각층에서 전압별로 설치하는 비상콘센트의 구조는?

정답

① 3상 : 3[kVA] 이상

② 단상 : 1.5[kVA] 이상

③ 접지형 2극

40 계약 전류용량이 100[A]를 초과하여 누전경보기를 설치하고자 한다. 아래 ( )안에 적당한 답을 쓰시오.

회로 용량	누전 경보기 종류
경계 전로의 정격전류가 60[A] 이하의 전로	(①)
경계 전로의 정격전류가 60[A] 초과의 전로	(②)

정답

① 1급 또는 2급 누전경보기　② 1급 누전 경보기

41 화재안전기준에 의한 비상콘센트 설비이다. ( )안에 적당한 답을 쓰시오.

비상콘센트 전원회로는 3상교류 (①)[V], 단상교류 (②)[V]의 것으로, 그 용량은 3상교류 (③)[kVA], 단상교류 (④)[kVA] 이상으로 하여야 한다.
비상콘센트의 설치 높이는 (⑤)[m] 이상 (⑥)[m] 이하의 위치에 설치하고, 바닥면적이 3,000[m^2] 이상인 경우 수평이격거리 (⑦)[m] 이하, 하나의 전용회로에 설치하는 콘센트의 수는 (⑧)개 이하여야 하며, 비상콘센트 풀박스는 (⑨)을 한 것으로 두께 (⑩)[mm] 이상의 철판이어야 한다.

정답

① 380　② 220　③ 3　④ 1.5　⑤ 0.8　⑥ 1.5　⑦ 25　⑧ 10
⑨ 방청도장　⑩ 1.6

42 방폭형 전동기에 대하여 설명하고, 방폭구조 종류 5가지를 쓰시오.

정답

① 폭발성 분위기가 계속 발생하거나 발생할 우려가 있는 장소로 폭발성이나 먼지가 많은 곳에 사용하는 전동기를 말한다.

② 방폭구조의 종류 5가지
내압 방폭구조, 압력 방폭구조, 유입 방폭구조, 안전증 방폭구조, 본질안전 방폭구조

해설

① 장소별 방폭구조 적용

0종 장소	1종 장소	2종 장소
본질안전 방폭구조	내압 방폭구조, 압력 방폭구조, 유입 방폭구조	안전증 방폭구조

43 점화원이 될 우려가 있는 부분을 용기에 넣고 신선한 공기 또는 불연성 가스 등의 보호기체를 용기의 내부에 주입 내부 압력을 유지하여 외부 폭발성 가스가 침입하지 않도록 한 구조의 방폭구조의 명칭은?

정답 압력 방폭구조

해설 내부 보호기체의 압력 경보장치를 설치, 아크가 발생하는 모든 기기

44 내(耐)압 방폭구조의 금속관 배선 방법 3가지를 쓰시오.

정답

① 절연전선은 절연체가 고무, 비닐, 폴리에틸렌 중에서 적절한 것을 사용한다.

② 전선관은 후강전선관을 사용한다.

③ 전선관의 접속은 나사부가 5산 이상 결합한다.

해설

④ 가요성을 요하는 부분은 내압 방폭구조의 후렉시블 피팅을 사용한다.

⑤ 전선관에는 실링 피팅을 설치한다.

PART 07

과년도 기출 복원 문제

63회 2018년 전기기능장 실기 필답형

64회 2018년 전기기능장 실기 필답형

65회 2019년 전기기능장 실기 필답형

66회 2019년 전기기능장 실기 필답형

67회 2020년 전기기능장 실기 필답형

68회 2020년 전기기능장 실기 필답형

69회 2021년 전기기능장 실기 필답형

70회 2021년 전기기능장 실기 필답형

71회 2022년 전기기능장 실기 필답형

72회 2022년 전기기능장 실기 필답형

63회 2018년 전기기능장 실기 필답형

한국전기설비규정 제정 내용을 중심으로 과년도 기출문제 유형을 복원하여 수록하였음

01

고조파 장해 방지대책 5가지를 쓰시오.(5점)

정답

- Δ 결선의 변압 방식을 채택한다.
- 고조파 저감 필터를 채택한다.
- 전력콘덴서는 리액터를 설치한다.
- 전력변환기를 다펄스화한다.
- PWM 방식의 인버터를 채택한다.

해설

구분	내용
수용가 측	- Δ 결선의 변압 방식을 채택한다. - 고조파 저감 필터를 채택한다. - 전력콘덴서는 리액터를 설치한다. - 변환기를 다펄스화한다. - PWM 방식의 인버터를 채택한다.
계통 측	- 계통을 분리한다. - 단락용량을 증대한다. - 고조파 필터를 설치한다. - 고조파 부하용 변압기 및 배전선을 분리하여 전용화한다.
발생기기 측	- 전력변환기를 다펄스화 한다. - 리액터를 설치한다. - 고조파 저감 필터를 설치한다.

02

단상 및 3상 설비불평형률 공식과 제한기준을 쓰시오.(4점)

정답

① 공식

- 단상 3선식 불평형률 $= \dfrac{\text{중성선과 각 전압 측 전선 간에 접속된 부하 설비용량의 차}}{\text{총 부하 설비용량의 } \frac{1}{2}}$

- 3상 4선식 불평형률 $= \dfrac{\text{각 전압측 전선 간에 접속된 단상부하 설비용량의 최대와 최소의 차}}{\text{총 부하 설비용량의 } \frac{1}{3}}$

② 제한 기준
- 단상 3선식 : 40% 이하
- 3상 3선식, 3상 4선식 : 30% 이하

해설

- 불평형 제한을 적용하지 않는 경우
① 저압수전에서 전용변압기 등으로 수전하는 경우
② 고압 및 특고압 수전에서 100[kVA](kW) 이하의 단상 부하인 경우
③ 고압 및 특고압 수전에서 단상부하 용량의 최대와 최소의 차가 100[kVA](kW) 이하인 경우
④ 특고압 수전에서 100[kVA](kW) 이하의 단상변압기 2대로 역 V결선하는 경우

03 피뢰시스템(LPS) 회전구체 반경과 메시 치수 표의 빈칸을 채우시오.

피뢰시스템 레벨	보호법	
	회전구체 반경 r[m]	메시 치수 [m]
Ⅰ	20	5×5
Ⅱ	(　　)	10×10
Ⅲ	45	(　　)
Ⅳ	(　　)	(　　)

정답

피뢰시스템 레벨	보호효율	보호법		인하도선 간격
		회전구체 반경 r[m]	메시 치수 [m]	
Ⅰ	0.98	20	5×5	10
Ⅱ	0.95	(30)	10×10	10
Ⅲ	0.90	45	(15×15)	15
Ⅳ	0.80	(60)	(20×20)	20

해설

① 인하도선의 생략조건 : 건축물의 최상부와 최하부의 전기적 저항을 측정한 값이 0.2[Ω] 이하인 경우
② 측뢰 돌침 설치 조건 : 건축물 상층부가 60[m] 이상으로 80[%] 이상인 부분

04 특고압에서 차단기와 비교하여 PF의 기능적인 측면에 대한 장점 3가지를 쓰시오.(6점)

정답

① 소형, 경량, 가격이 저렴하다

② Relay 및 변성기가 필요없다.

③ 한류형 Fuse는 무음, 무방출

해설

① 장점 및 단점

장점	단점
① 소형, 경량, 가격이 저렴하다 ② Relay 및 변성기가 필요없다. ③ 한류형 Fuse는 무음, 무방출 ④ 소형으로는 큰 차단용량을 가짐 ⑤ 고속도 차단한다. ⑥ 현저한 한류특성을 가짐 ⑦ 후비보호에 완벽하다. ⑧ 보수가 간단하다.	① 과전류에도 용단가능 ② 재투입 불가 ③ 동작시간—전류특성 조정 불가 ④ 비보호 영역을 가지고 있다. ⑤ 사고시 결상의 우려가 있다. ⑥ 한류형은 차단시 과전압 발생 ⑦ 지락보호 불가(고임피던스 접지계통) ⑧ 최소차단전류가 있다.

② 관련지식

특성	한류형퓨즈	비한류형 퓨즈	차단기
최대통과 전류	단락전류 파고치의 10[%]	단락전류 파고치의 80[%]	단락전류 파고치(최대 단락전류 실효치의 $2\sqrt{2}$배)
전차단시간	0.5 Cycle	0.65 Cycle	3-8 Cycle
차단 I^2t	크게 증가하지 않음	단락전류와 같이 증가	단락전류와 같이 증가
소전류 차단기능	- 용단시간이 긴 소전류영역에서 용단은 해도 차단되지 않고 (아크가 끊어지지 않음) 큰 고장전류에 차단 용이 - 과부하 보호에 사용 곤란	- 정격차단전류 이하에서 동작하면 반드시 차단된다. - 과부하 보호 가능	- 정격차단전류 이하에서 동작하면 반드시 차단된다. - 과부하 보호가능

05 아래 그림에 맞는 접지계통의 명칭을 표기하시오. 단, 기호 설명은 다음과 같다.(6점)

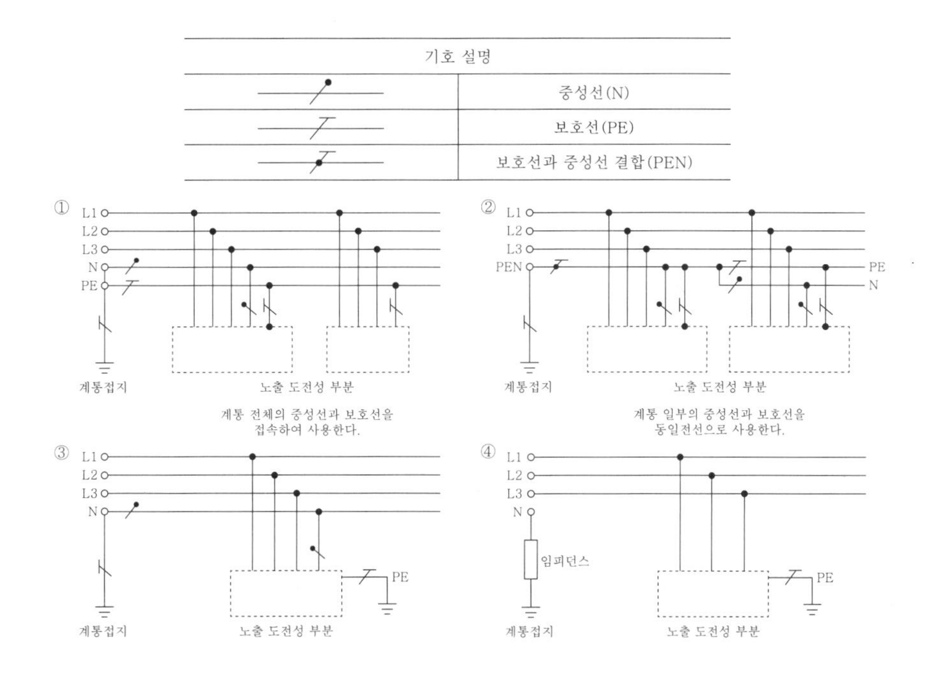

정답

① TN-S 계통　② TN-C-S 계통　③ TT 계통　④ IT 계통

해설

① 계통에서 나타내는 그림의 기호는 다음과 같다.

기호 설명	
	중성선(N), 중간도체(M)
	보호도체(PE)
	중성선과 보호도체겸용(PEN)

② TN 계통

㉠ 전원 측의 한 점을 직접접지하고 설비의 노출도전부를 보호도체로 접속시키는 방식으로 중성선 및 보호도체(PE 도체)의 배치 및 접속방식에 따라 다음과 같이 분류한다.

㉡ TN-S 계통은 계통 전체에 대해 별도의 중성선 또는 PE 도체를 사용한다. 배전계통에서 PE 도체를 추가로 접지할 수 있다.

㉢ TN-C 계통은 그 계통 전체에 대해 중성선과 보호도체의 기능을 동일도체로 겸용한 PEN 도체를 사용한다. 배전계통에서 PEN 도체를 추가로 접지할 수 있다.

㉣ TN-C-S 계통은 계통의 일부분에서 PEN 도체를 사용하거나, 중성선과 별도의 PE 도체를 사용하는 방식이 있다. 배전계통에서 PEN 도체와 PE 도체를 추가로 접지할 수 있다.

③ TT 계통

㉠ 전원의 한 점을 직접 접지하고 설비의 노출도전부는 전원의 접지전극과 전기적으로 독립적인 접지극에 접속시킨다. 배전계통에서 PE 도체를 추가로 접지할 수 있다.

④ IT 계통

㉠ 충전부 전체를 대지로부터 절연시키거나, 한 점을 임피던스를 통해 대지에 접속시킨다. 전기설비의 노출도전부를 단독 또는 일괄적으로 계통의 PE 도체에 접속시킨다. 배전계통에서 추가접지가 가능하다.

㉡ 계통은 충분히 높은 임피던스를 통하여 접지할 수 있다. 이 접속은 중성점, 인위적 중성점, 선도체 등에서 할 수 있다. 중성선은 배선할 수도 있고, 배선하지 않을 수도 있다.

06

22.9[kV−Y], 600[kVA]의 변압기 2차 측 모선에 연결되어 있는 배선용차단기의 차단전류를 구하시오. 단, 변압기의 $\%Z=6[\%]$, 2차전압은 380[V], 선로임피던스는 무시하며, 차단전류는 2.5[kA], 5[kA], 10[kA], 20[kA], 30[kA] 중에서 고르시오.(4점)

정답

① 차단전류 $I_S=\frac{100}{\%Z}\times I_n=\frac{100}{6}\times\left(\frac{600\times10^3}{\sqrt{3}\times380}\right)\times10^{-3}=15.19[\text{kA}]$

② 표준규격 20[kA]를 선정한다.

07

3상 3선식 선로에서 380[V], 전류 200[A], 역률 0.8인 부하가 있다. 선로길이가 200[m]인 CV케이블의 20[℃]에 대한 직류도체 저항이 0.193[Ω/km], 20[℃]를 기준한 저항의 온도계수가 1.2751, 표피효과 1.004, 근접효과계수 1.005일 때 부하 측 전압강하를 구하시오. 단, 리액턴스는 무시한다.(5점)

정답

① $r=0.193[\Omega/\text{km}]\times\frac{200}{1,000}\times1.2751\times(1+1.004+1.005)=0.14809\fallingdotseq0.1481[\Omega]$

② $e=\sqrt{3}IR\cos\theta=\sqrt{3}\times200\times0.1481\times0.8=41.04[\text{V}]$

해설

① 교류 도체 실효저항 $r=r_0\times \text{k}_1\times \text{k}_2[\Omega]$

$$=r_0[\Omega/\text{km}]\times\frac{m}{km}\times \text{k}_1\times \text{k}_2[\Omega]$$

② 전압강하 $e=\sqrt{3}I(R\cos\theta+X\sin\theta)$에서 X값(조건제시)은 무시한다.

여기서, r_0 : 20[℃]에 대한 직류도체 저항

k_1 : 도체저항의 온도계수

k_2 : 교류-직류 도체의 저항비(1+표피효과계수+근접효과계수)

08 한류리액터, 분로리액터, 소호리액터, 직렬리액터의 설치목적을 설명하시오.(4점)

정답

① 한류리액터 : 단락전류의 제한
② 분로(병렬)리액터 : 페란티 현상 방지
③ 소호리액터 : 지락전류의 제한
④ 직렬리액터 : 제5고조파의 제거

해설

① 한류리액터 설치
- 모선 또는 선로 도중에 리액턴스를 설치하여 단락전류를 억제

② 전력콘덴서 직렬리액터
- 일반 전력회로에 가장 많이 포함된 제5고조파에 동조하는 리액터를 설치하여 파형의 왜곡을 개선한다.
- 콘덴서 리액턴스의 4[%] 이상의 직렬리액터가 필요하나 실제 약 6[%]를 표준으로 설치한다. 단, 제3고조파가 많을 때는 13[%]의 리액터를 설치한다.

③ 소호리액터 접지방식
- 변압기 중성점에 선로의 대지 정전용량과 공진할 수 있는 용량의 리액터를 통해서 접지하는 방식으로 고장이 발생해도 송전을 계속할 수 있는 것이 특징이다.

④ 분로(병렬)리액터
- 동기조상기 또는 SVC(정지형 무효전력장치)와 병렬연결하여 무부하시 충전용량을 조정한다.

09 다음 분산형 전원의 배전계통 연계 기술의 동기화 제한 범위에 대하여 빈칸을 채우시오.

분산형 용량합계[kVA]	주파수차(f[HZ])	전압차(V[%])	위상각(θ)
0 ~ 500	0.3	( )	( )
500 초과 ~ 1,500 미만	( )	5	( )
1,500 초과 ~ 10,000 미만	( )	( )	10

정답

분산형 용량합계[kVA]	주파수차(f[HZ])	전압차(V[%])	위상각(θ)
0 ~ 500	0.3	(10)	(20)
500 초과 ~ 1,500 미만	(0.2)	5	(15)
1,500 초과 ~ 10,000 미만	(0.1)	(5)	10

해설 [내선규정 제4315-2절 참고]

① 분산원 전원설비 전기공급방식 등의 시설

- 분산형 전원의 전기공급방식은 배전계통과 연계되는 전기공급방식과 동일하여야 한다.
- 분산형 전원 사업자의 한 사업장의 설비 용량의 합계가 250[kVA]이상일 경우는 배전계통과 연계지점의 연결상태를 감시 또는 유효전력, 무효전력 및 전압을 측정할 수 있는 장치를 시설하여야 한다.
- 분산형 전원과 연계하는 배전계통의 동기화 조건은 표 값 이하이어야 한다.

10

3상 4선식 선로의 전류가 40[A]이고, 제3고조파 성분이 40[%]일 경우 중성선 전류 및 전선의 굵기를 선택하시오.(5점)

전선의 굵기[mm²]	전류[A]
6	41
10	57
16	76

정답

① 산출식

- 각 상의 제3고조파 성분의 전류 $I_N = 3IK_m = 3 \times 40 \times 0.4 = 48.0$[A]
- 중성선에 흐르는 제3고조파 전류 $I_{N3} = \frac{48.0}{0.86} = 55.81$[A]

② 10[mm²]

해설 [내선규정 부속서 D 참고]

① 고조파에 의한 보정계수

상전류의 제3고조파 성분[%]	보정계수	
	상전류를 고려한 규격 결정	중성전류를 고려한 규격 결정
0~15	1.0	-
15~33	0.86	-
33~45	-	0.86
〉45	-	1.0

② 산출식

- 중성선 전류 $I_N = 3IK_m = 3 \times 40 \times 0.4 = 48.0$[A]
  여기서, I : 선로전류
  K_m : 제3고조파 비율
- 제3고조파 저감계수 적용 전류 $I_{N3} = \frac{I_N}{0.86}$[A]

64회 2018년 전기기능장 실기 필답형

한국전기설비규정 제정 내용을 중심으로 과년도 기출문제 유형을 복원하여 수록하였음

01

분당 20[m^3]의 물을 높이 15[m]인 탱크에 양수하는데 필요한 전력[kW]을 구하시오. 단, 펌프와 전동기 합성 효율은 65[%]이고, 전동기의 역률은 90[%]이며, 펌프 축동력은 15[%]의 여유를 주는 경우이다.

정답

① 전동기용량 $P = \dfrac{20 \times 15}{6.12 \times 0.65} \times 1.15 = 86.72$[kW]

② 86.72[kW]

해설

① 펌프용 전동기 용량(P)

- $P = \dfrac{9.8Q'H}{\eta} K$[kW] 또는 $P = \dfrac{QH}{6.12\eta} K$[kW]로 산출한다.
- $P = \dfrac{20 \times 15}{6.12 \times 0.65} \times 1.15 = 86.72$[kW]

여기서, Q' : 양수량[m^3/초], Q : 양수량[m^3/분], η : 효율
H : 양정[m] 후드 흡입구에서 토출구까지의 높이
K : 계수(1.1~1.5)를 여유도라 하며, 통상 주어진 값을 적용한다.

02

동기발전기의 병렬운전 조건 3가지를 쓰시오(5점)

정답

① 기전력의 파형이 같을 것 ② 기전력의 크기가 같을 것 ③ 기전력의 위상이 같을 것

해설

① 기전력의 크기가 같을 것
- 다르면 무효순환전류가 흘러 권선 가열

② 기전력의 위상이 같을 것
- 다르면 유효순환전류(동기화)가 발생

③ 기전력의 파형이 같을 것
- 다르면 고조파 무효순환전류 흐름

④ 기전력의 주파수가 같을 것
- 다르면 출력이 요동(난조 발생)치고 권선 가열

⑤ 기전력의 상 회전 방향이 같을 것

03 태양광 모듈 작업시 감전사고 방지대책 3가지를 쓰시오.(6점)

정답

① 작업 전 태양전지 모듈 표면에 차광 실(seal)을 붙여 태양광을 가리고 덮는다.
② 절연처리가 된 공구를 사용한다.
③ 저압 절연 장갑을 착용한다.

해설

① 감전사고 방지대책
- 강우시(발전량이 0가 아님)에도 작업을 하지 않는다.
- 강우시 미끄러지기 쉽기 때문에 작업을 피한다.

② 설치작업시 안전사고 대책
- 헬멧, 보호안경, 구명줄(안전대), 높은 장소에서 사용하는 안전화 또는 노동자용 작업화, 허리에 차는 주머니(공구나 공사 부재를 넣음)를 반드시 착용해야 한다.
- 신체 조건에 비하여 현저하게 높은 곳에서 작업하는 경우에는 발판을 설치하는 것이 의무화 되어 있다.

04 수용가 인입구 전압이 22.9[kV], 주차단기 차단용량이 300[MVA]이다. 10[MVA], 22.9/3.3[kV] 변압기 임피던스가 5.5[%]일 때 변압기 2차측에 필요한 차단기 용량을 다음 표에서 선정하시오.(4점)

차단기 정격 용량[MVA]					
50	75	100	150	250	300

정답

① $\%Z = \frac{100}{300} \times 10 = 3.3[\%]$

② $P_s = \frac{100}{3.3+5.5} \times 10 = 113.63[MVA]$으로,

차단용량은 단락용량보다 커야하므로 표에서 직상 값 150[MVA]로 선정

해설

① 10[MVA], 22.9/3.3[kV]를 기준 base로 전원측 임피던스를 구하면

$\%Z = \frac{100}{P_s} \times P_n = \frac{100}{300} \times 10 = 3.3[\%]$

② 차단기 용량은 단락용량을 기준으로 정한다.

단락용량 $P_s = \frac{100}{\%Z} \times P_n = \frac{100}{3.3+5.5} \times 10 = 113.63[MVA]$

05 그림은 22.9[kV－Y], 간이 수전설비 결선도이다. 다음 물음에 답하시오.(5점)

① 명칭을 쓰시오.

② 2.5[kA] W/DS로 표기되어 있다. 명칭은 무엇이고 W/DS는 무슨 뜻인가?

③ 전력구, 공동구, 덕트, 침수 등 화재의 우려가 있는 장소에서 주로 사용하는 인입구 전선 명칭은?

④ 간이 수전설비를 사용하는 수용가의 용량은 주로 몇 [kVA] 이하 인가?

⑤ PF의 역할을 쓰시오.

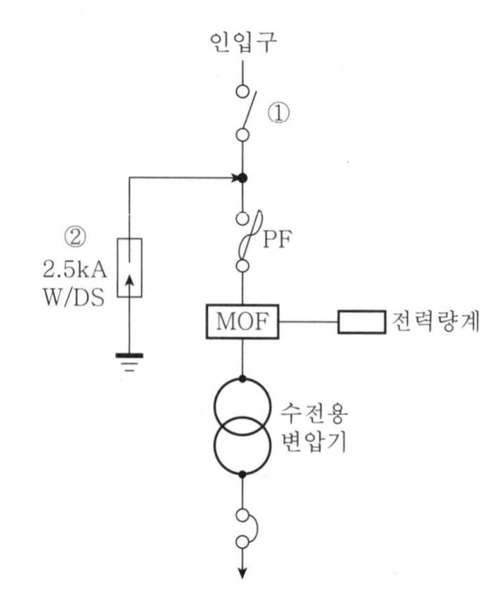

정답

① ASS(자동고장 구분 개폐기)

② 피뢰기(LA), Disconnector(또는 Isolator) 붙임형

③ FR-CNCO-W 케이블

④ 1,000[kVA] 이하

⑤ 회로 및 기기 단락보호

해설

① 피뢰기
- 서지전압(전류) 발생시 수변전기기를 보호하기 위하여 피뢰기가 가장 먼저 동작되어야 한다.
- 절연레벨 : 선로애자 〉 결합콘덴서 〉 기기 붓싱 〉 변압기 〉 피뢰기

② 자동고장 구분 개폐기(ASS)
- 수용가 구내에서 지락, 단락 사고시 계통을 분리하여 사고 확산 방지가 목적이다.
- 구내설비의 피해를 최소화한다.
- 최근의 소규모 설비(간이 수전설비)에서는 ASS 사용이 일반적이다.

③ 전력용 퓨즈(PF)
- 전력용 퓨즈는 차단기에 비하여 부피가 작고, 가볍고, 가격이 싸다.
- 차단 용량이 크고, 고속 차단할 수 있으며, 보수가 간단하나 재사용은 안 된다.

06

부하의 수용률이 그림과 같은 경우 이곳에 공급할 변압기용량을 표준용량으로 결정하시오. 단, 부등률은 1.1, 종합역률 80[%] 이하로 한다.(5점)

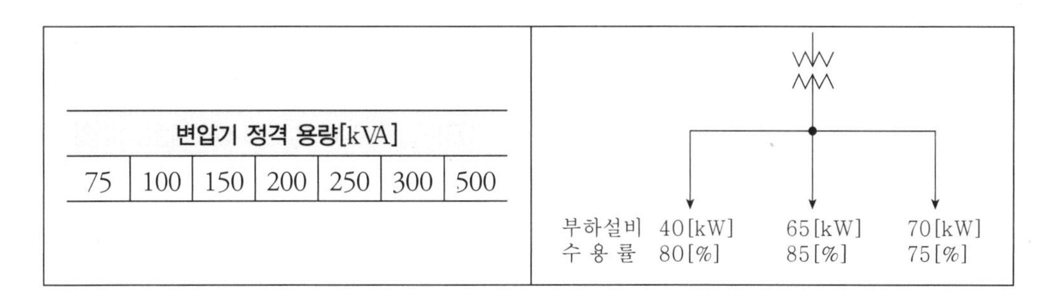

변압기 정격 용량[kVA]						
75	100	150	200	250	300	500

정답

① 변압기 용량 $= \dfrac{(40 \times 0.8 + 65 \times 0.85 + 70 \times 0.75)}{1.1 \times 0.8} \times 1.1 = 174[\text{kVA}]$

② 174[kVA] 산출값의 직상 값인 200[kVA]로 선정

해설

① 변압기 용량 선정방법

- 각 부하별로 최대 수용전력을 산출하고 이에 부하역률과 부하 증가를 고려하여 변압기 총 용량을 결정한다.

  변압기 용량 $= \dfrac{\text{총 부하설비 용량} \times \text{수용률}}{\text{부등률}} \times$ 여유율(10% 정도)

- 장래의 부하 증가에 대한 여유율을 가산한다.
- 변압기 대수 결정
  - 변압기 총 용량이 500[kVA]를 초과시 조명과 동력용으로 구분 검토한다.
  - 계절성 부하가 있는 경우는 별도의 Bank를 구성을 검토한다.
  - 비상부하용으로 비상발전기와 연계에 따른 변압기 Bank를 분리 검토한다.
  - 첨두부하의 Peak-cut용으로 부하분리 및 상용발전기 도입을 검토한다.
  - 변압기 2 Bank 이상 구성시 유지보수가 용이한 방식으로 검토한다.

07 다음 주어진 내용에 대하여 ○, ×로 답하시오.(5점)

① 합성수지관 공사시 서로 다른 굵기의 절연전선을 동일 관내에 삽입하는 경우 전선 절연물을 포함한 전선이 차지하는 단면적은 관내 총 단면적의 48[%] 이하가 되도록 할 것( )
② 금속관 공사시 구부러진 금속관의 굴곡 반지름은 관 안지름의 6배 이상으로 할 것( )
③ 애자 사용 공사시 전선과 조영재간의 이격거리는 400[V] 미만인 경우 4.5[cm] 이상일 것( )
④ 버스덕트 공사 시 덕트의 지지점 간 거리는 3[m] 이하로 할 것( )
⑤ 가요전선관 공사시 관내 삽입하는 전선은 단면적 10[mm²]을 초과시는 연선일 것( )

정답

① ×　② ○　③ ×　④ ○　⑤ ○

해설

① 애자사용공사
- 전선 간격

구분	전선 상호 간격	전선-조영재 간격	건조한 장소 시설
400[V] 미만	6[cm] 이상	2.5[cm] 이상	2.5[cm] 이상
400[V] 이상		4.5[cm] 이상	

- 전선 지지점 간의 거리
  - 조영재의 윗면 또는 옆면에 붙일 경우 : 2[m] 이하
  - 400[V] 이상으로 윗면 또는 옆면에 붙이는 경우가 아닌 경우 : 6[m] 이하

② 금속관공사의 곡률반경은 6배 이상으로 하고, 36[mm] 이상이면 노멀밴드, 커플링을 사용한다.

③ 합성수지관 내 단면적
- 같은 굵기의 전선 : 전선의 총 단면적이 내 단면적의 48[%] 이하
- 다른 굵기의 전선 : 전선의 총 단면적이 내 단면적의 32[%] 이하

④ 가요전선관 사용전선은 연선일 것(단면적 10[mm²](알루미늄선 단면적 16[mm²]) 이하인 것 예외)

⑤ 버스덕트 공사 지지점 간 거리
- 조영재에 붙이는 경우 지지점 간의 거리 : 3[m] 이하
- 취급자 이외의 자가 출입할 수 없는 구조에서 수직으로 붙이는 경우 거리 : 6[m] 이하

08 다음 그림은 접지를 함에 있어서 사람이 접촉할 우려가 있는 경우에 접지 설치도이다. (　　)안에 적합한 사항을 채우시오.

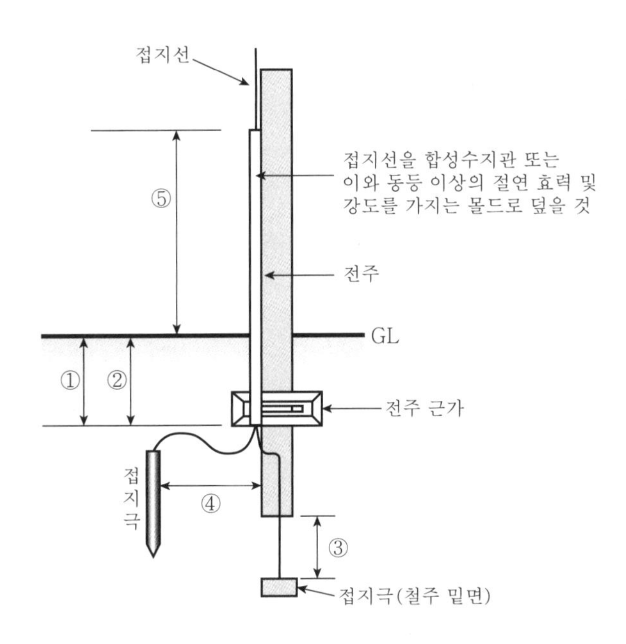

① (　　)[cm]

② ①과 같이 표피보다 깊게 매설하는 이유는?

③ (　　)[cm]

④ (　　)[m]

⑤ (　　)[m]

정답

① (75)[cm]

② 동결 깊이

③ (30)[cm]

④ (1)[m]

⑤ (2)[m]

09

22.9[kV], 1,500[kW] 수용가의 전기설비이다. CT 50/5 이고, 150[%]의 과부하에서 동작하게 셋팅하였고, 유도형 OCR의 탭전류는 3-4-5-6-8[A]이다. 다음 물음에 답하시오.

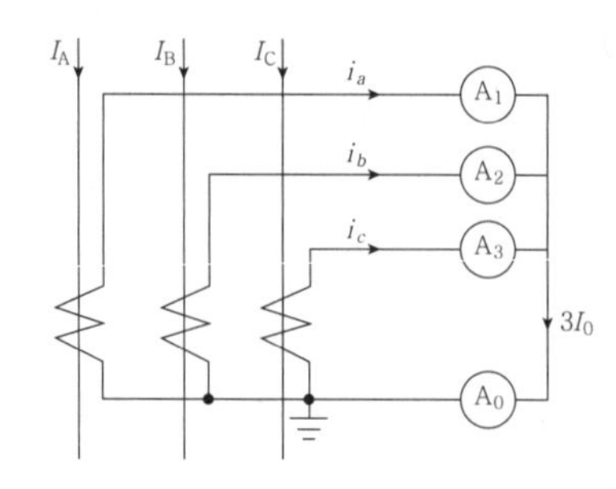

① A_1 계전기의 명칭은?

② A_1 계전기의 적당한 탭값은?

③ A_0 설치하는 목적을 쓰시오.

④ 영상전류 검출방법 중 무슨 방법에 속하는가?

정답

① OCR(과전류계전기)

② $I = \frac{1,500}{\sqrt{3} \times 22.9} \times \frac{5}{50} \times 1.5 = 5.67$[A]이므로 6[A]로 선정

③ 지락전류 검출

④ Y잔류회로(Y결선에서 CT잔류회로 이용) 검출법

해설

① A_1 계전기 탭값 $=$ 부하전류 $\times \frac{1}{\text{변류비}} \times$ 배율 $= \frac{1,500}{\sqrt{3} \times 22.9} \times \frac{5}{50} \times 1.5 = 5.67$[A]

10

최근의 새로운 접지 계통에 관한 각 물음이다. (　　)안에 적합한 용어는?

① 서지보호장치 영문 약호는?

② (　　) 공사를 한 경우에는 과전압으로부터 전기설비들을 보호하기 위하여 서지보호장치를 설치하여야 한다.

③ 중성선(N)과 보호도체(PE)가 배전점(변압기나 발전기 근처)에만 서로 연결되어 있고 전 구간에서 분리되어 누전차단기 동작이 가장 확실한 방식을 (　　)계통의 접지방식이라 한다.

정답

① SPD(서지보호기)　② 통합접지　③ TN-S

65회 2019년 전기기능장 실기 필답형

한국전기설비규정 제정 내용을 중심으로 과년도 기출문제 유형을 복원하여 수록하였음

01 전기설비기술기준에 의한 피뢰기 설치장소 4개소를 쓰시오.(4점)

정답

① 발전소·변전소 또는 이에 준하는 장소의 가공전선 인입구 및 인출측
② 가공전선로에 접속하는 배전용 변압기의 고압측 및 특고압측
③ 특고압 또는 고압의 가공전선로로부터 공급을 받는 수용 장소의 인입구
④ 가공전선로와 지중전선로가 접속되는 곳

해설

① 전기설비기술기준 제34조

02 수전설비의 고장전류를 계산하는 목적 3가지만 쓰시오.(6점)

정답

① 차단기(특고압, 저압 차단기 및 퓨즈 등)의 차단 용량 결정
② 전기설비의 기계적 및 열적 강도 결정
③ 보호계전 방식 및 계전기 동작 정정값 선정

해설

④ 유효접지의 검토
⑤ 통신 유도장해 측면의 검토
⑥ 효율적인 계통구성 등

03 다음은 CLR에 대한 그림이다.(6점)

① 이 계전기의 구체적인 명칭과 목적은?

② CLR이 하는 역할은?

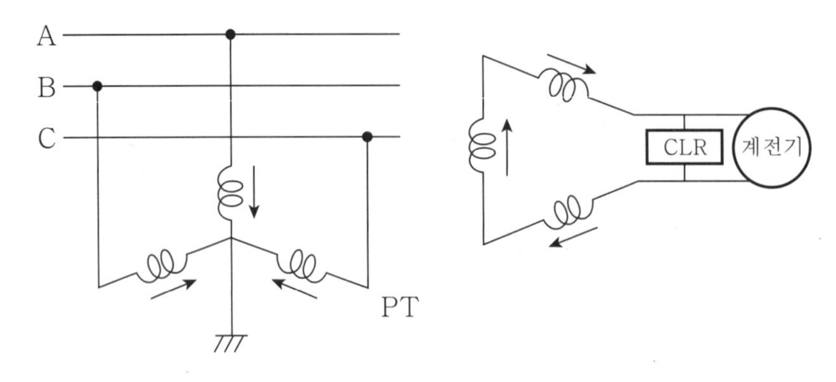

정답

① 명칭 : SGR(방향성 선택 지락계전기), 목적 : 영상(지락) 전압 및 전류 검출

② CLR의 역할
- 계전기 동작에 필요한 유효 전압, 전류 공급
- 제3고조파 억제

해설

① 비접지 계통의 지락보호에는 방향지락계전기, 지락과전압계전기가 사용되고 있다.

② 한류저항기(CLR)은 GPT의 2차, 3차 측에 설치하여 SGR, OVGR의 동작에 필요한 영상 전압 및 지락유효전류를 검출하기 위하여 사용된다.

04 고압계통의 상용주파 스트레스 전압에 대한 물음에 답하시오.(4점)

① 스트레스 전압에 대한 용어의 정의를 쓰시오.

② 고압 및 특고압 계통의 지락사고로 인해 저압계통에 가해지는 상용주파 과전압은 초과해서는 안 되는 다음 표의 (　　)안의 값은?

고압계통에서 지락고장시간(초)	저압설비의 허용 상용주파 과전압(V)
> 5	U_o+(㉠)
≦ 5	U_o+(㉡)

정답

① 스트레스 전압이란 지락고장 중에 접지부분 또는 기기나 장치의 외함과 기기나 장치의 다른 부분 사이에 나타나는 전압을 말한다.

② ㉠ 250　　㉡ 1,200

해설 [한국전기설비규정제142.6절]

① 고압 및 특고압과 저압 전기설비의 접지극이 서로 근접 시설되어 있는 변전소 또는 이와 유사한 곳에 적용한 공통접지를 적용한 경우이다.

② 공통접지를 하는 경우 고압 및 특별고압 계통의 지락사고로 인해 저압계통에 가해지는 상용주파 과전압은 아래값을 초과해서는 안된다.

고압계통에서 지락고장시간(초)	저압설비의 허용 상용주파 과전압(V)
> 5	U_o+250
≦ 5	$U_o+1,200$
중성선 도체가 없는 계통에서 U_o는 선간전압을 말한다.	

05 금속관 배선공사에서 금속관의 굵기 결정에 관한 사항이다.(5점)

① 굵기가 다른 절연전선을 동일관내에 넣는 경우 전선의 피복 절연물을 포함한 단면적의 합계가 관 단면적의 몇 [%] 이하가 되도록 선정하여야 하는가?

② 굵기가 같은 절연전선을 동일관내에 넣는 경우 전선의 피복 절연물을 포함한 단면적의 합계가 관 단면적의 몇 [%] 이하가 되도록 선정하여야 하는가?

정답

① 32[%]　　② 48[%]

06 다음 그림은 지선을 설치한 전주이다.(5점)

① 콘크리트 전주의 길이가 10[m]일 때 묻혀야 할 깊이는?

② ⓐ의 깊이 및 ⓑ의 명칭은?

③ ⓒ의 간격 산출은 식은?

④ ⓓ의 최소 깊이는?

⑤ ⓔ의 명칭은?

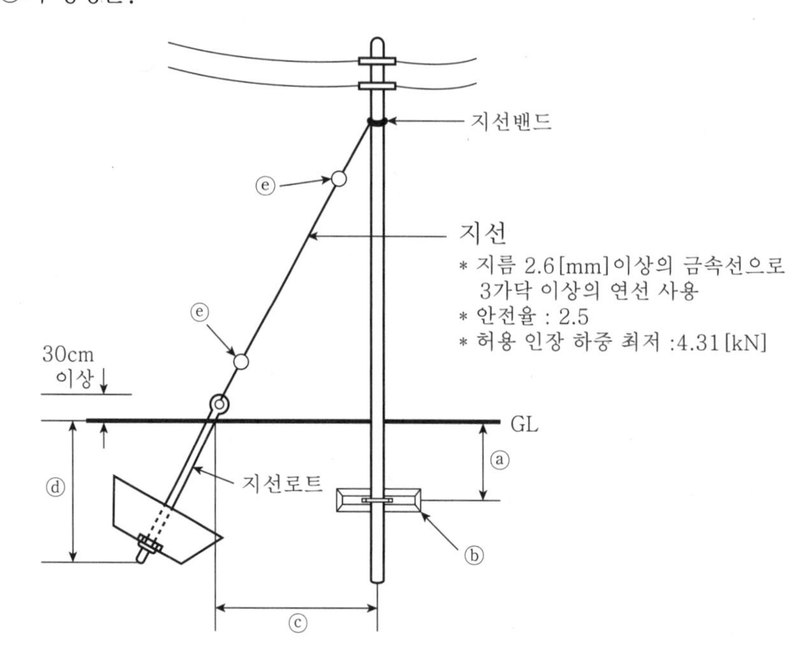

정답

① 매설 깊이 $= H \times \frac{1}{6} = 10 \times \frac{1}{6} = 1.67$[m]

② ⓐ 0.5[m], ⓑ 근가

③ 간격 $= \frac{H}{2}$

④ 1.5[m]

⑤ 지선애자

07

과전류차단기 200[AT] 간선의 굵기가 95[mm^2]일 때 접지선의 굵기를 다음 표에 의해서 산정한다면 접지선의 굵기는?(5점)

접지선 굵기[mm^2]							
8	16	25	35	50	70	95	100

정답

50[mm^2]

해설 [한국전기설비규정(KEC) 142.3.2(보호도체)]

① 차단시간이 5초 이하인 경우에만 다음 계산식을 적용한다.

$$S = \frac{\sqrt{I^2 t}}{k}$$

여기서, S : 단면적[mm^2]

I : 보호장치를 통해 흐를 수 있는 예상 고장전류 실효값[A]

t : 자동차단을 위한 보호장치의 동작시간[s]

k : 보호도체, 절연, 기타 부위의 재질 및 초기온도와 최종온도에 따라 정해지는 계수

② 보호도체의 최소 단면적

상도체의 단면적 S ([mm^2], 구리)	보호도체의 최소 단면적 ([mm^2], 구리)
$S \le 16$	S
$16 < S \le 35$	16
$S > 35$	S/2

③ 보호도체의 최소 단면적 표에 의거 간선 S가 95[mm^2]이므로 $\frac{S}{2}$의 직상 값인 50[mm^2]를 선정하여야 한다.

08

100/5[A]인 변류기를 사용하여 변류기 2차 측 전류를 측정한 결과 4.9[A]가 측정되었다. 이때 비오차를 산출하시오.(5점)

정답

$$\text{비오차} = \frac{\text{공칭 변류비-실제 변류비}}{\text{실제 변류비}} \times 100 = \frac{\frac{100}{5} - \frac{100}{4.9}}{\frac{100}{4.9}} \times 100 = -2[\%]$$

해설

① 비오차(Error ratio) : 공칭 변류비(K_n)와 실제 변류비(K)의 차를 실제 변류비(K)로 나누어 백분율로 표시한 값을 말한다.

㉠ $\text{비오차} = \frac{\text{공칭 변(압)류비-실제(압)변류비}}{\text{실제 변(압)류비}} \times 100[\%]$

㉡ $\text{변(압)류비} = \frac{\text{정격 1차 전(압)류}}{\text{정격 2차 전(압)류}}$

② 오차와 참값

㉠ 오차 = 측정값(M)-참값(T)

㉡ $\text{오차율} = \frac{\text{오차}}{\text{참값}} = \frac{M-T}{T}$

㉢ 보정값 = 참값(T)-측정값(M)

㉣ $\text{보정률} = \frac{\text{보정값}}{\text{측정값}} = \frac{T-M}{M}$

09 3상 유도전동기에 관한 설명이다. (   )안에 적당한 값은?(6점)

① 정격 출력이 수전용 변압기의 용량[kVA] (   )을 초과하는 3상 유도전동기(2대 이상을 동시에 기동하는 것은 그 합계 출력)는 기동장치를 사용하여 기동전류를 억제하여야 한다.

② 유도전동기의 기동장치 중 Y－△ 기동기를 사용하는 경우 기동기와 전동기간의 배선은 해당 전동기 분기회로 배선의 (   )이상의 허용전류를 가지는 전선을 사용하여야 한다.

정답

① $\frac{1}{10}$ ② 60[%]

해설 [내선규정 제3120-2]에 의함

① 단상 유도전동기

㉠ 전등과 병용하는 일반전기설비로 시설하는 경우의 기동전류는 전기사업자와 협의한 경우를 제외하고는 원칙적으로 37[A] 이하로 하여야 한다. 다만, 룸 쿨러에 한하여 110[V]용은 45[A], 220[V]용은 60[A] 이하로 할 수 있다.

10 (   )안에 적합한 말을 쓰시오.(4점)

축전지실 등의 시설에서 (①)[V]를 초과하는 축전지는 비 접지 측 도체에 쉽게 차단할 수 있는 곳에 (②)를 시설하여야 한다. 축전지실 등은 폭발성 가스가 축적되지 않도록 (③) 등을 시설하여야 하고, 옥내전로에 연계되는 축전지는 비 접지측 도체에 (④)를 시설하여야 한다.

정답

① 30 ② 개폐기 ③ 환기장치 ④ 과전류차단기

해설 [한국전기설비규정제243.1.7절(축전지실 등의 시설)]

66회 2019년 전기기능장 실기 필답형

한국전기설비규정 제정 내용을 중심으로 과년도 기출문제 유형을 복원하여 수록하였음

01

전력시설물을 관리하는 전기안전관리자의 직무내용 5가지를 쓰시오.(5점)

정답

① 전기설비의 공사·유지 및 운용에 관한 업무 및 이에 종사하는 사람에 대한 안전교육
② 전기설비의 안전관리를 위한 확인·점검 및 이에 대한 업무의 감독
③ 전기설비의 운전·조작 또는 이에 대한 업무의 감독
④ 산업 통상자원부령으로 정하는 바에 따라 전기설비의 안전관리에 관한 기록의 작성·보존 및 비치
⑤ 공사계획의 인가신청 또는 신고에 필요한 서류의 검토

해설 [전기사업법 시행규칙 제44조의 전기안전관리자의 직무범위]

⑥ 비상용 예비발전설비의 설치, 변경공사로서 총 공사비가 1억 원 미만인 공사, 전기수용설비의 증설 또는 변경공사로서 총 공사비가 5천만 원 미만인 공사의 감리업무
⑦ 전기설비의 일상점검, 정기점검, 정밀점검의 절차, 방법 및 기준에 대한 안전관리규정의 작성
⑧ 전기재해의 발생을 예방하거나 그 피해를 줄이기 위하여 필요한 응급조치

02 반감산기의 논리회로와 진리표에 대한 물음에 답하시오.(4점)

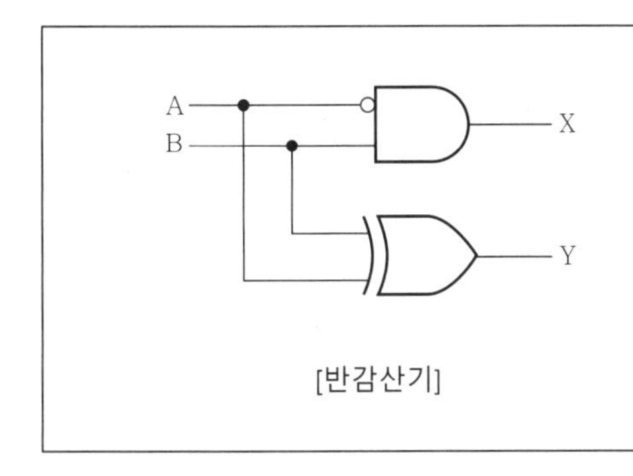

[반감산기]

입력		출력	
A	B	X(b)	Y(D)
0	0	0	0
0	1	1	1
1	0	0	1
1	1	0	0

① 출력(X,Y)의 논리식을 쓰시오.

② AND, OR, NOT의 이용한 논리회로를 작성하시오.

③ 유접점 회로도를 작성하시오.

정답

① $Y=\overline{A}B+A\overline{B}=A\oplus B,\ X=\overline{A}B$

② ③

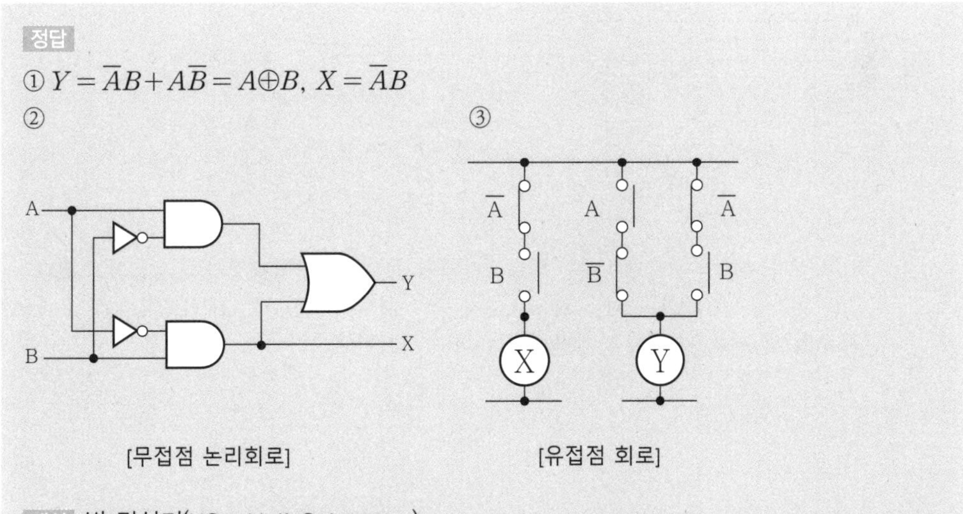

[무접점 논리회로] [유접점 회로]

해설 반 감산기(HS : Half-Subtracter)

① 1비트로 구성된 2개의 2진수를 뺄셈할 때 사용(2진수 1자리의 감산에만 사용)한다.

② 뺄셈할 때 하위자리에서 빌려준 자리빌림수를 포함하지 않아, 2개의 입력 변수를 갖는다.

③ 2개의 2진수 입력(A,B)과 2개의 2진수 출력(D,b) 뺄셈회로를 갖는다.

④ 출력 변수는 차(D-difference)와 자리빌림수(b-borrow)가 있다.

⑤ 논리식

- 차 : $D=\overline{A}B+A\overline{B}=A\oplus B$
- 자리빌림수 : $b=\overline{A}B$

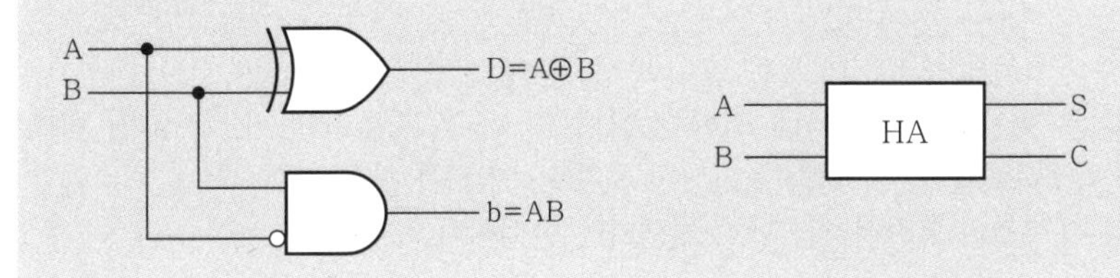

03 비접지 계통에서 사용하는 한류저항기(CLR)에 대한 물음에 답하시오.(5점)

① CLR의 설치 위치를 설명하시오.

② CLR의 시설 목적 및 역할 3가지를 설명하시오.

정답

① CLR 설치 위치 : GPT 2차, 3차 권선 중 개방 △권선에 병렬로 설치

② CLR 설치 목적 및 역할

- 영상전압 및 영상전류 검출하여 계전기에 유효 전압 전류 공급
- 지락전류를 제한
- 개방 △결선의 제3고조파 유출 방지
- 중성점 이상 전위 진동 및 중성점 불안정 현상 방지

해설

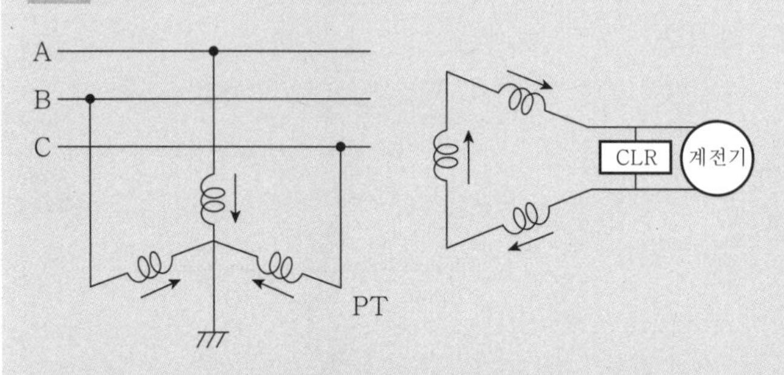

① 비접지 계통의 지락보호에는 방향지락계전기, 지락과전압계전기가 사용되고 있다.

② 한류저항기(CLR)은 GPT의 2차, 3차 측에 설치하여 SGR, OVGR의 동작에 필요한 영상전압 및 지락유효전류를 검출하기 위하여 사용된다.

04 전력케이블에서 발생하는 손실 3가지만 쓰시오.(5점)

정답

① 저항손

② 유전체손

③ 연피손

해설

① 저항손은 케이블의 도체 저항으로 인해 발생하는 손실로 $P_\ell = I^2R$이다.

② 유전체손은 케이블의 절연물에 의한 손실로 $P_c = wCV^2 tan\delta$이며, $tan\delta$에 비례하므로 $tan\delta$를 측정하여 손실 및 열화를 판단하고 세링브리지가 사용된다.

③ 연피손은 케이블의 도전성 외피에서 발생하는 손실이다.

05 접지공사시 접지극의 접지 저항값을 저감하는 방법 3가지만 쓰시오.

정답

① 접지저감제를 사용하여 토질의 성분을 개량한다.
② 접지극 다수를 병렬접속한다.
③ 메시공법이나 매설지선 공법에 의한 접지극의 형상을 변경한다.

해설

④ 접지봉의 길이, 접지 판 등의 크기를 크게하여 접지 접촉 면적을 크게한다.
⑤ 매설깊이를 깊게하거나 심타공법을 사용한다.

06 전기설비기술기준에서 전기설비의 접지계통과 건축물의 피뢰 및 통신설비의 접지극을 공용하는 접지방식을 무슨 방식이라 하는가?

정답

통합접지

해설 [한국전기설비규정 제141～142절]

① 공통접지 : 접지 센터에서 전기설비(저압,고압,특고압)의 접지를 등전위 본딩하는 것
② 통합접지 : 접지 센터에서 전기설비 접지와 기타 접지(통신, 피뢰침)를 등전위 본딩하는 것
③ 단독(독립)접지 : 기기별 접지를 별도로 분리, 독립하여 접지하는 것

07 다음은 금속덕트배선 공사에 대한 설명이다. (   )에 적당한 값을 쓰시오.(5점)

> 금속덕트에 넣는 전선의 단면적은 전선 절연물을 포함한 단면적이 금속덕트 내단면적의 (①)[%]이하가 되도록 하여야 한다.(단, 전광표시장치, 출퇴표시등 등 이와 유사한 장치 또는 제어회로 등의 배선에 사용하는 배선만을 금속덕트에 넣는 경우는 (②)[%] 이하로 할 수 있다.)

정답

① 20   ② 50

해설 [한국전기설비규정 제232.9]

08

13.2/22.9[kV], 수전용량 1,200[kW], 역률 90[%]일 때, 인입구 MOF의 적당한 변성비와 변류비를 산출하여 표준규격으로 표시하시오.

① 변성(PT)비 산출식과 선정값

② 변류(CT)비 산출식과 선정값

정답

① PT비 $\frac{22,900}{\sqrt{3}}/110=\frac{13,200}{110}=120$, 따라서 13,200/110으로 선정(배율 120)

② CT비 $\frac{1,200}{\sqrt{3}\times 22.9\times 0.9}=33.61$, 따라서 40/5로 선정(배율 8)

09

수용가에서 전력용 콘덴서 용량이 적정하면 전력요금 저감 및 선로손실 감소 및 전압강하 감소의 효과가 있다. 무부하시 역률이 과보상되는 문제점과 진상 및 지상시 나타나는 전압과 전류의 위상에 대해 쓰시오.

정답

① 무부하시 과보상의 문제점
- 모선의 전압이 과대 상승한다.
- 고조파에 의한 왜곡 현상이 발생하고, 전력손실이 증가한다.
- 보호계전기가 오동작하는 문제가 있다.

② 진상 및 지상시 위상
- 진상역률 : 용량성 리액턴스로 작용하여 전류가 전압보다 앞서게 될 때 전류의 위상각이 전압의 위상각보다 크다
- 지상역률 : 유도성 리액턴스로 작용하여 전류가 전압보다 위상이 뒤지게 되어 전류의 위상각이 전압의 위상각보다 작다.

해설

① 저 역률시 문제점
- 전기설비 용량(변압기 용량)이 작아진다.
- 전압강하가 생긴다.
- 변압기의 동손이 증가한다.
- 전력손실이 커진다.
- 전기요금이 증가 한다.

10

역률 100[%]인 수용가에 A상 200[A], B상 160[A], C상 180[A]의 전류가 흐를 때, 중성선에 흐르는 전류의 크기를 산출하시오.

정답

$$I_N = 200 + \left(-\frac{1}{2} - j\frac{\sqrt{3}}{2}\right) \times 160 + \left(-\frac{1}{2} + j\frac{\sqrt{3}}{2}\right) \times 180$$

$$= 30 + j10\sqrt{3} = \sqrt{30^2 + (10\sqrt{3})^2} = 34.64[\text{A}]$$

해설

① 중선선에 흐르는 전류 $I_N = \dot{I}_A + \dot{I}_B + \dot{I}_C = I_A + a^2 I_B + aI_C$

여기서, 백터연산자 $a = \left(-\frac{1}{2} + j\frac{\sqrt{3}}{2}\right)$, $a^2 = \left(-\frac{1}{2} - j\frac{\sqrt{3}}{2}\right)$이다.

② $I_N = 200 + \left(-\frac{1}{2} - j\frac{\sqrt{3}}{2}\right) \times 160 + \left(-\frac{1}{2} + j\frac{\sqrt{3}}{2}\right) \times 180$

$$= 30 + j10\sqrt{3} = \sqrt{30^2 + (10\sqrt{3})^2} = 34.64[\text{A}]$$

67회 2020년 전기기능장 실기 필답형

한국전기설비규정 제정 내용을 중심으로 과년도 기출문제 유형을 복원하여 수록하였음

01

다음 전로에서 ACB1, ACB2 차단기의 최소 차단용량은 얼마인지 계산하시오.(6점)

① ACB1의 차단용량을 구하시오.

② ACB2의 차단용량을 구하시오.

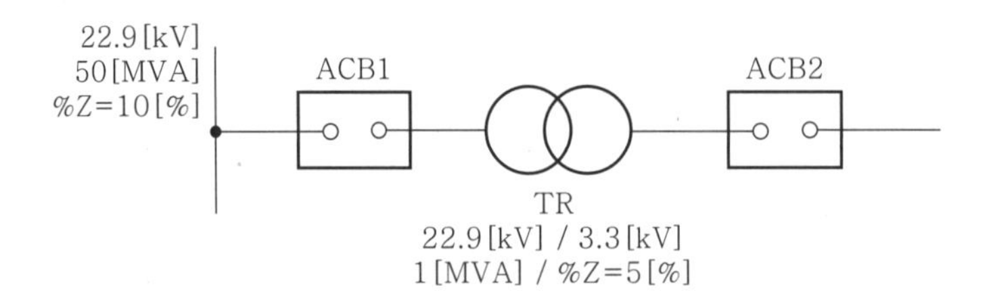

정답 및 해설

① ACB1의 차단용량

- $P_s = \frac{100}{\%Z} \times P_n = \frac{100}{10} \times 50 = 500[\text{MVA}]$

② ACB2의 차단용량

-먼저 1[MVA]를 기준으로 전원 측 %Z를 계산한다.

- $\%Z_{\text{전원측}} = \frac{1}{50} \times 10 = 0.2[\%]$, $\%Z_{\text{전원측+부하측}} = 0.2 + 5 = 5.2[\%]$

- $P_s = \frac{100}{\%Z_{\text{전원측+부하측}}} \times P_n = \frac{100}{5.2} \times 1 = 19.23[\text{MVA}]$

02 다음 무접점 논리회로를 보고 각 물음에 답하시오.(5점)

① 논리식을 간단하게 정리하시오.

② 논리식에 의한 무접점 논리회로를 그리시오

③ 무접점 논리회로에 의한 유접점회로를 그리시오.

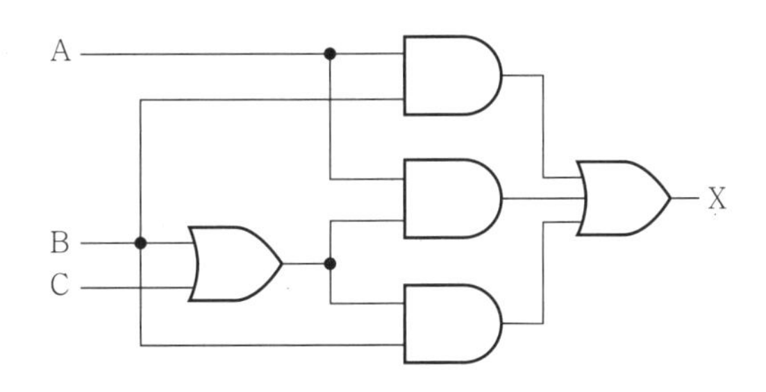

정답

① 논리식으로 변환

$$X = AB + A(B+C) + B(B+C)$$
$$= AB + AB + AC + BB + BC$$
$$= AB + BC + AC + B$$
$$= B(A + C + 1) + AC$$
$$= AC + B$$

②, ③ 무접점 및 유접점회로

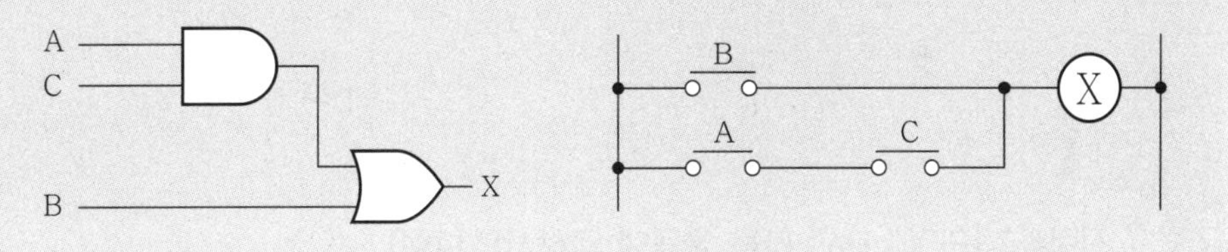

03

정상적인 상용전원 인입시 인버터 모듈 내의 IGBT 프리힐링 다이오드를 통한 풀브릿지 정류방식으로 충전 기능을 하고, 정상시는 인버터로 동작하며, 출력전원을 공급하는 방식으로 오프라인방식이지만 일정전압이 자동으로 조정되는 기능을 가진 UPS 동작방식을 무엇이라 하는가?(5점)

정답

라인 인터랙티브 방식(Line Interactive)

해설

① UPS 동작방식은 On-line, Off-line, Line interactive 방식이 있다.
② On-Line과 Off-Line방식의 단점을 보완한 것으로 정상시는 상용전원으로 공급하고 정전시는 축전지에서 출력전압을 제어를 하고, 동시에 정류기로 작동하여 밧데리를 충전하는 쌍방향 컨버터이고, 별도의 정류기가 없다.
③ 장점
- 정상시는 전력손실이 적다.
- 회로구성이 간단하다.
- 고조파 발생이 적다.
- On-Line에 비해 가격이 저렴하다.
④ 단점
- 내구성이 Off-Line보다 떨어진다.
- 입력 역률이 낮다.

04

전력퓨즈(PF)에 대한 다음 물음에 답하시오.(4점)

① 전력퓨즈의 소호방식에 따른 형식 2가지를 쓰시오.
② 전압 0점에서 차단하는 전력퓨즈의 명칭을 쓰시오.
③ 전류 0점에서 차단하는 전력퓨즈의 명칭을 쓰시오.
④ 전력퓨즈의 설치목적을 쓰시오.

정답

① 한류형, 비한류형
② 한류형
③ 비한류형
④ 부하전류를 안전하게 통전하고 단락전류를 차단하며, 보통 선로상의 후비보호용으로 차단기와 협조하여 동작하게 한다.

해설

① 차단기의 대용으로 사용하고 단락보호용으로 사용한다.
② 전력퓨즈는 차단기에 비하여 부피가 작고, 가볍고, 가격이 싸다.
③ 차단용량이 크고, 고속 차단할 수 있으며, 보수가 간단하나 재사용은 않된다.
④ 3상 회로에서 1선 용단시 결상 운전된다.
⑤ 한류형 퓨즈
  ㉠ 차단시간은 0.5[Hz]에 동작한다.
  ㉡ 높은 아크저항을 발생하여 사고전류를 강제적으로 억제시켜 차단한다.
  ㉢ 장점 : 소형이며, 차단 용량이 크다, 한류효과가 커서 후비보호용에 적합하다.
  ㉣ 단점 : 차단시 과전압이 발생되고 최소 차단전류가 존재한다.
⑥ 비한류형 퓨즈
  ㉠ 차단시간은 0.65[Hz]에 동작한다.
  ㉡ 아크열에 의하여 생성되는 소호성 가스가 분출구를 통하여 방출하여 전류의 영점에서 극간의 절연내력을 높여 차단한다.
  ㉢ 장점 : 차단시 과전압이 발생되지 않고, 용단하면서 확실히 차단(과부하 보호 기능)한다.
  ㉣ 단점 : 대형이면서 한류효과가 작다.

05 지락사고시 지락전류(영상전류)를 검출하는 방법 3가지를 쓰시오.(5점)

정답

① 영상변류기(ZCT) 방식
② Y결선 잔류회로 방식(CT 3대 사용)
③ 3차 권선부 CT를 이용한 방식(3차 영상분로의 영상전류 검출)

해설

④ 변압기 중성점 접지선 CT 방식

06

낙뢰 및 유도뢰의 유입으로 인한 전로를 보호하기 위한 SPD를 저압 분,배전반에 많이 설치한다. 그림과 같이 SPD를 설치한 경우 A+B의 최대 길이는 얼마인가?(5점)

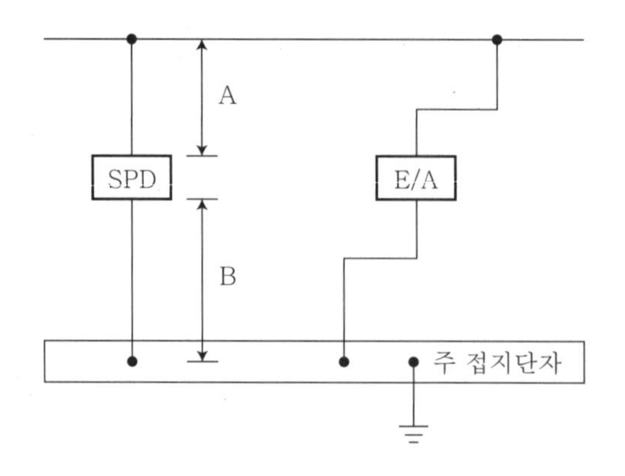

정답

50[cm] 이내

해설

① 설치위치
- SPD는 설비의 인입구 또는 건축물의 인입구에 근접한 장소에 시설할 것
- 설비의 인입구 또는 그 인근에서 SPD를 상도체와 주접지 단자 간 또는 보호도체 간에 시설

② 설치방법
- SPD의 모든 접속도체는 (최적의 과전압보호를 위해) 가능한 짧게 할 것
- SPD의 접속도체는 굵기는 피뢰설비가 있는 경우 동선 16[mm²] 이상(피뢰설비가 없는 때 동선 4[mm²] 이상)으로 한다.

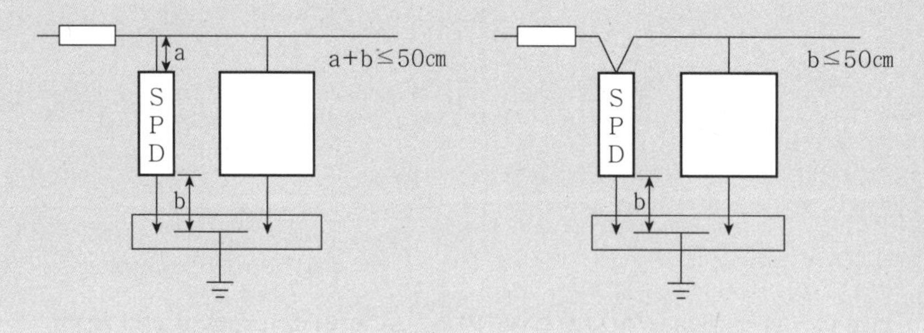

07 (　　)에 적당한 답을 쓰시오.(5점)

1. 옥외 배선에서 절연부분의 전선과 대지 간 및 전선의 심선 상호 간의 절연저항은 사용 전압에 대한 누설전류가 최대 공급전류의 (　　)을 초과하지 않도록 유지하여야 한다.
2. 단상 2선식인 경우 전선을 일괄한 것과 대지 사이의 절연저항은 사용 전압에 대한 누설전류가 최대 공급전류의 (　　)이하이어야 한다.
3. 저압전로 중 정전이 어려운 경우 등 절연저항 측정이 곤란한 경우에는 누설전류를 (　　)이하로 유지하여야 한다.

정답

① $\frac{1}{2,000}$　② $\frac{1}{1,000}$　③ 1[mA]

해설 [전기설비기술기준제52조, 내선규정제1440-2,3절]

08 (　　)에 적당한 답을 쓰시오.(5점)

1. 누전차단기는 동작형식에 따라 전류동작형, 전압동작형, 전압전류 동작형으로 구분하고, 정격감도전류에 따라 (①) (②) (③)으로 구분한다. 동작시간에 따라서 고속형과 시연형으로 구분한다.
2. 고감도형 고속형의 경우 정격감도전류에서 (④)초, 인체감전보호형은 (⑤)초 이내에 동작하는 누전차단기를 말한다. 시연형의 경우 (⑥)초를 초과하고 (⑦)초 이내에 동작하는 누전차단기를 말한다.

정답

① 고감도형　② 중감도형　③ 저감도형　④ 0.1　⑤ 0.03　⑥ 0.1　⑦ 2

해설

① 누전차단기 장소별 정격 감도전류
- 일반적인 장소는 고감도 고속형 30[mA], 0.03초 이내 동작형을 사용한다.
- 물기를 사용하는 장소는 고감도 고속형 15[mA], 0.03초 이내 동작형을 사용한다.

② 누전차단기의 형식

구분		정격감도전류 [mA]	동작시간
고감도형	고속형	5, 10, 15, 30	- 정격감도전류에서 0.1초 이내, 인체감전보호형은 0.03초이내
	시연형		- 정격감도전류에서 0.1초를 초과하고, 2초 이내
	반한시형		- 정격감도전류에서 0.2초를 초과하고, 1초 이내 - 정격감도전류 1.4배의 전류에서 0.1초를 초과하고, 0.5초이내 - 정격감도전류 4.4배의 전류에서 0.05초 이내
중감도형	고속형	50, 100, 200 500, 1,000	- 정격감도전류에서 0.1초 이내
	시연형		- 정격감도전류에서 0.1초를 초과하고, 2초 이내
저감도형	고속형	3,000, 5,000 10,000 20,000	- 정격감도전류에서 0.1초 이내
	시연형		- 정격감도전류에서 0.1초를 초과하고, 2초 이내

09 다음은 피뢰설비에 대한 내용이다. (   )에 맞는 답을 채우시오.

1. 낙뢰의 우려가 있는 건축물 또는 높이 (①)[m] 이상의 건축물에는 피뢰설비를 설치하여야 한다.
2. 피뢰설비는 한국산업규격이 정하는 보호등급의 피뢰설비일 것. 다만, 위험물 저장 및 처리시설에 설치하는 피뢰설비는 보호등급 (②)등급 이상이어야 한다.
3. 돌침은 건축물의 맨윗부분으로부터 (③)[cm] 이상 돌출시켜 설치하되, 건축물의 구조기준등의 규정에 의한 풍압하중에 견디는 구조일 것.
4. 피뢰설비의 재료는 최소 단면적이 피복이 없는 동선을 기준으로 수뢰부, 인하도선 및 접지극은 (④)[mm^2] 이상이거나 이와 동등 이상의 성능을 갖출 것.
5. 피뢰설비의 인하도선을 대신하여 철골조의 철골구조물과 철근콘크리트조의 철근구조체 등을 사용하는 경우에는 전기적 연속성이 보장될 것. 이 경우 전기적 연속성이 있다고 판단되기 위하여는 건축물 금속구조체의 상단부와 하단부 사이의 전기저항이 (⑤)[Ω] 이하이어야 한다.
6. 측면 낙뢰설비가 필요한 경우, 건축물의 높이가 (⑥)[m]를 초과하는 건축물 등에는 지면에서 건축물 높이의 5분의 4가 되는 지점부터 상단부분까지의 측면에는 수뢰부를 설치하여야 한다.

정답

① 20 ② Ⅱ ③ 25 ④ 50 ⑤ 0.2 ⑥ 60

해설 [한국전기설비규정 제151~152절]

10 반가산기의 논리회로와 진리표에 대한 물음에 답하시오.(4점)

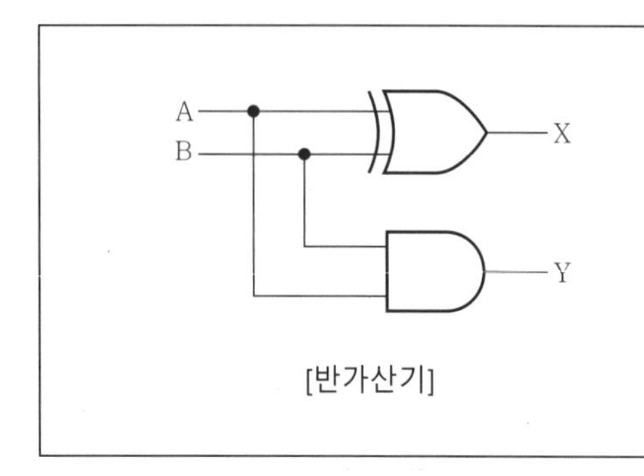

[반가산기]

입력		출력	
A	B	X(S)	Y(C)
0	0	0	0
0	1	1	0
1	0	1	0
1	1	0	1

① 출력(X, Y) 논리식을 쓰시오.

② AND, OR, NOT의 이용한 논리회로를 작성하시오.

③ 유접점 회로도를 작성하시오.

정답

① $X=\overline{A}B+A\overline{B}=A\oplus B,\ Y=AB$

② ③

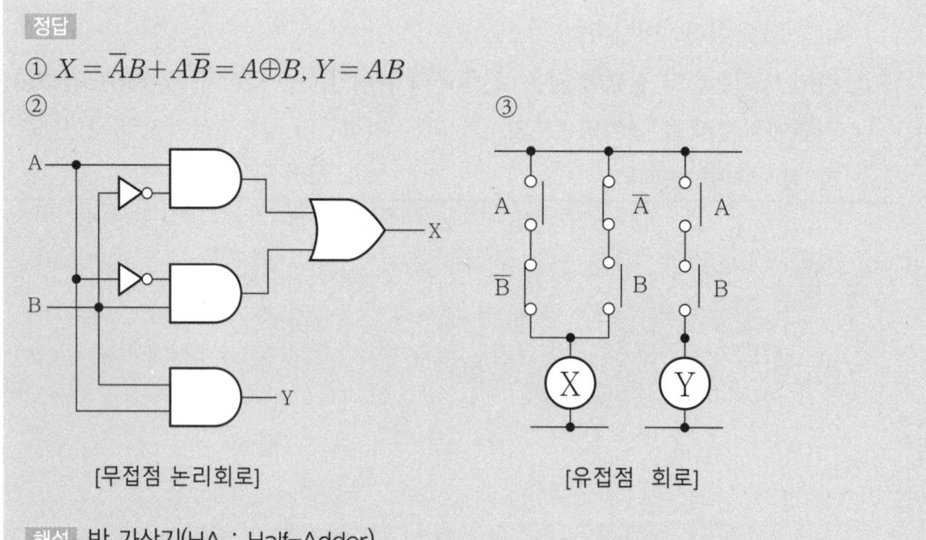

[무접점 논리회로] [유접점 회로]

해설 반 가산기(HA : Half-Adder)

① 1비트로 구성된 2개의 2진수를 덧셈할 때 사용한다.

② 하위자리에서 발생한 자리올림수를 포함하지 않고 덧셈을 수행한다.

③ 2개의 2진수 입력(A,B)과 2개의 2진수 출력(S,C)회로를 갖는다.

④ 출력 합(S-sum)은 2개의 입력중 하나만 1일 때 1이 된다.

⑤ 출력 자리올림수(C-carry)는 입력(A, B)이 모두 1인 경우에만 1이 된다.

⑥ 논리식

- 합 : $S=\overline{A}B+A\overline{B}=A\oplus B$
- 자리올림수 : $C=AB$

68회 2020년 전기기능장 실기 필답형

한국전기설비규정 제정 내용을 중심으로 과년도 기출문제 유형을 복원하여 수록하였음

01 전력설비의 증가로 변압기를 조합하여 병렬로 운전하고자 한다. 다음 물음에 답하시오.

① 변압기 병렬운전 조건 5가지를 쓰시오.

② 표와 같이 병렬운전 가능결선(4가지)와 불가능한 결선(2가지)을 구분하여 쓰시오.

병렬운전 가능	병렬운전 불가능
[예시] △-△와 △-△	

정답

① 변압기 병렬운전 조건
- 극성이 같을 것
- 각 변압기 권수비가 같고, 1, 2차 정격 전압이 같을 것
- 각 변압기의 내부저항과 리액턴스 비가 같을 것
- 각 변압기의 %임피던스 강하가 같을 것
- 각 변위와 상회전 방향이 같을 것

② 병렬운전 결선

병렬운전 가능	병렬운전 불가능
△-△와 △-△ △-Y와 Y-△ Y-△와 Y-△ △-△와 Y-Y	△-△와 △-Y Y-Y와 △-Y

해설

① 병렬운전 조건 및 문제점
- ㉠ 극성이 같을 것
  - 극성이 다르면 매우 큰 순환전류가 흘러 권선이 소손된다.
- ㉡ 각 변압기 권수비가 같고, 1, 2차 정격 전압이 같을 것
  - 권수비, 정격 전압이 다르면 순환전류가 흘러 권선이 과열, 소손된다.

ⓒ 각 변압기의 내부저항과 리액턴스 비가 같을 것
- 다르면 전류의 위상차로 변압기 동손이 증가한다.
ⓔ 각 변압기의 %임피던스 강하가 같을 것
- 다르면 부하의 분담이 부적당하게 되어 이용률이 저하된다.
ⓜ 각 변위와 상회전 방향이 같을 것

② 병렬운전 결선 조합

병렬운전 가능		병렬운전 불가능	
△-△와 △-△	△-Y와 Y-△	△-△와 △-Y	Y-Y와 △-Y
△-△와 Y-Y	Y-△와 Y-△	△-△와 Y-△	Y-Y와 Y-△
△-Y와 △-Y	Y-Y와 Y-Y		

02

접지는 매설하는 위치에 따라, 환경에 따라 저항값이 다를 수 있다. 대지저항률에 영향을 미치는 요소 5가지를 쓰시오.

정답

① 대지저항률에 영향을 미치는 요소
ⓐ 토양의 종류(토양의 입자 크기)
ⓑ 대지의 온도 및 기후
ⓒ 수분에 용해되어 있는 물질의 농도
ⓔ 토양의 입자 크기

해설

① 대지저항률에 영향을 미치는 요소
ⓜ 지질의 성분
ⓗ 대지 내의 수분의 함유량
ⓢ 수분의 화학적 성분(수분에 용해되어 있는 물질의 농도)
ⓞ 지역적 특성

② 토양별 고유저항

종류	고유저항[Ω·m]	비고
논,습지(점토질)	2~150	
밭(점토질)	10~200	
논, 밭	100~1,000	
산지(점토질)	200~2,000	
산지(암반지대)	2,000~5,000	
롬층(loam, 적토)	50~500	
하천변(사리, 옥석)	1,000~5,000	
해안 모래지대	50~100	

03

전력퓨즈(Power Fuze)는 고압, 특고압 기기의 단락전류를 차단을 목적으로 사용되며, 소호방식에 따라 한류형과 비한류형이 있다. 다른 개폐기와 비교한 퓨즈의 장점과 단점을 3가지씩만 쓰시오.

정답

① 장점
- 고속도 차단이 가능하다.
- 소형으로 큰 차단용량을 갖는다.
- 릴레이나 변성기가 불필요하다.

② 단점
- 동작후 재투입이 불가능하다.
- 차단전류-동작시간특성의 조정이 불가하다.
- 비보호영역이 존재한다.

해설

① 한류형 퓨즈
㉠ 차단시간은 0.5[Hz]에 동작한다.
㉡ 높은 아크저항을 발생하여 사고전류를 강제적으로 억제시켜 차단한다.
㉢ 장점 : 소형이며, 차단 용량이 크다, 한류효과가 커서 후비보호용에 적합하다.
㉣ 단점 : 차단시 과전압이 발생되고 최소 차단전류가 존재한다.

② 비한류형 퓨즈
㉠ 차단시간은 0.65[Hz]에 동작한다.
㉡ 아크열에 의하여 생성되는 소호성 가스가 분출구를 통하여 방출하여 전류의 영점에서 극간의 절연내력을 높여 차단한다.
㉢ 장점 : 차단시 과전압이 발생되지 않고, 용단하면서 확실히 차단(과부하 보호 기능)한다.
㉣ 단점 : 대형이면서 한류효과가 작다.

04

10[kVA]의 단상변압기 3대로 Δ결선으로 급전하고 있는 중 1대가 고장이 나서 나머지 2대로 V결선으로 급전하려 한다. 이 경우 부하가 25.8[kVA]이면 나머지 2대의 변압기는 몇 [%]의 과부하로 되었겠는가?

정답

① 과부하율 $= \frac{25.8}{10\sqrt{3}} \times 100 \fallingdotseq 149[\%]$

해설

① V 결선한 경우 출력
- 1대의 변압기 고장으로 V결선한 경우 정격출력 P_V를 구한다.
- $P_V = \sqrt{3}P = \sqrt{3} \times 10[\mathrm{kVA}] = 10\sqrt{3}[\mathrm{kVA}]$

② 과부하율

- 현재의 부하가 25.8[kVA]이므로, 과부하율 $= \frac{25.8}{10\sqrt{3}} \fallingdotseq 149[\%]$

05 수변전실 계획시 안전한 수변전실 설계를 위한 다음 물음에 답하시오.(5점)

① 수변전실 계획시 수변실실이 갖추어야할 구조 5가지를 쓰시오.

② 다음 표의 배전반등의 최소 유지거리에 관해 빈칸을 채우시오.

구분 (단위 : [m])	앞면 또는 조작·계측면	뒷면 또는 점검면
특고압 배전반	( )	( )
고압 배전반	( )	( )
저압 배전반	1.5	0.6
변압기 등	( )	0.6

정답

① 수변전실의 구조

㉠ 기초는 기기의 설치에 충분한 강도를 가질 것

㉡ 수전실은 불연재료로 만들어진 벽, 기둥, 바닥 및 천장으로 구획되고, 창 및 출입구는 방화문을 시설할 것

㉢ 조수류(鳥獸類) 등이 침입할 우려가 없도록 조치를 강구할 것

㉣ 환기가 가능한 구조일 것

㉤ 눈, 비의 침입을 방지하는 구조의 것

② 수변전실의 최소 유지거리

구분 (단위 : [m])	앞면 또는 조작·계측면	뒷면 또는 점검면	열상호 간 (점검하는 면)	기타의 면
특고압 배전반	(1.7)	(0.8)	1.4	-
고압 배전반	(1.5)	(0.6)	1.2	-
저압 배전반	1.5	0.6	1.2	-
변압기 등	(0.6)	0.6	1.2	0.3

해설

① 수변전실의 구조

㉥ 조명은 감시 조작을 안전하고 확실하게 하기 위하여 필요한 조명 설비를 시설하여야 하며, 정전시의 안전 조작을 위한 비상조명 설비를 설치하는 것이 바람직하다.

㉦ 자물쇠로 잠글 수 있는 구조일 것

㉧ 수전실 또는 큐비클 등에는 적당한 위험 표시를 설치하여야 한다.

06 비상콘센트에 관한 질문이다. 각 항에 맞게 답안을 작성하시오.

① 비상콘센트의 설치 높이와 수평면상 간격[m]

② 단상과 3상의 구성 용량[kVA]

③ 1개의 전용회로에 설치하는 비상콘센트의 최대 수량[개]

④ 비상콘센트가 1개, 2개, 3~10개인 경우 전선의 굵기를 산정하는 용량[kVA]

정답

① 바닥으로부터 높이 0.8~1.5[m] 이하, 비상콘센트 간 수평거리 25[m]

② 단상(220V) : 1.5[kVA], 3상(380V) : 3.0[kVA]

③ 10[개] 이하

④ 비상콘센트가 1개 : 1.5[kVA] 이상, 2개 : 3.0[kVA] 이상, 3~10개 : 4.5[kVA] 이상

해설

① 지하 상가 또는 지하층 바닥면적 3,000[m^2] 이상인 경우 수평거리 25[m] 마다, 그 외는 50[m]이다.

② 하나의 전용회로에 설치하는 비상콘센트 수는 10개 이하로 한다.

07 어느 수용가가 현재 역률 80%(지상)로 600[kW]의 부하를 사용하고 있다. 설비가 증가하여 추가로 역률 60%(지상)로 400[kW]의 부하를 증가해서 사용하게 되었다. 이를 합성역률 90%로 개선하려고 할 경우 콘덴서의 소요용량을 구하시오.

정답

① 콘덴서 용량 500[kVA]

해설

① 먼저 각각의 부하전력에 대한 무효전력을 구한 다음 합성부하에 대한 유효전력과 무효전력을 계산해서 역률 개선용 진상 무효전력을 산출한다.

② 600[kW]의 무효전력 $P_{r600} = 600 \times \frac{0.6}{0.8} = 450[\text{kVA}]$

400[kW]의 무효전력 $P_{r400} = 400 \times \frac{0.8}{0.6} = 533[\text{kVA}]$

③ 합성부하($P_o + jQ_o$)를 구하면

$P_o = 600 + 400 = 1{,}000[\text{kW}]$, $Q_o = 450 + 533 = 983[\text{kVA}]$

④ 합성역률 90%로 개선할 경우 합성 kW의 무효분 P_r는

$$P_r = \frac{P[\text{kW}]}{cos\theta} \times sin\theta[\text{kVA}]$$

$$= \frac{1{,}000}{0.9} \times \sqrt{1-0.9^2} = 484[\text{kVA}]$$

⑤ 콘덴서용량 $Q_c = 983 - 484 \fallingdotseq 500[\text{kVA}]$

08 다음은 논리회로의 진리표이다. 각 항마다 맞는 답을 기재하시오.

A	B	Y
0	0	1
0	1	0
1	0	0
1	1	0

① 진리표의 연산 명칭을 쓰시오.

② 진리표에 맞는 타임챠트 중 B값과 Y값을 완성하시오.

A 0 0 1 1

B

Y

정답

① NOR 연산

②

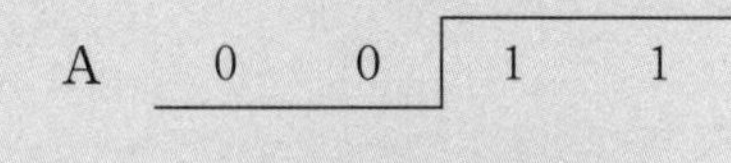

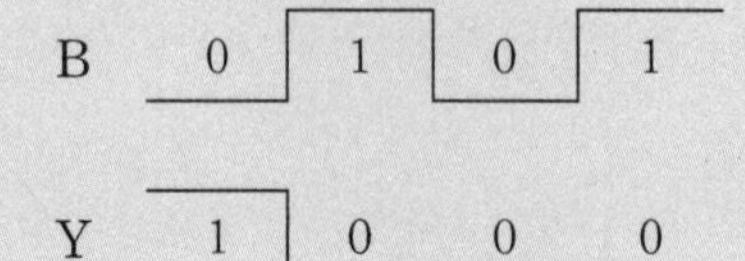

해설

① OR에 대한 부정(보수) 연산인 NOR 연산이다.

② 입력값이 어느 것 하나라도 1이면, 출력은 0이고, 모든 입력값이 0일 때 출력은 1이다.

09

22.9[kV−Y], 500[kVA]의 변압기 2차 측 모선에 연결되어 있는 MCCB의 차단전류를 구하시오. 단, 변압기의 %Z=8[%], 2차 전압은 380[V], 선로임피던스는 무시하며, 차단전류는 5[kA], 10[kA], 20[kA], 30[kA]중에서 고르시오.

정답

① $I_s = \frac{100}{8} \times \left(\frac{500 \times 10^3}{\sqrt{3} \times 380} \right) \times 10^{-3} = 9.49[\text{kA}]$

② 표준규격의 10[kA]를 선정

해설

① 차단전류 $I_s = \frac{100}{\%Z} \times I_n = \frac{100}{8} \times \left(\frac{500 \times 10^3}{\sqrt{3} \times 380} \right) \times 10^{-3} = 9.49[\text{kA}]$

② 표준규격에서 산출용량의 직상값인 10[kA]를 선정

10

다음 분산형 전원의 배전계통 연계 기술의 동기화 제한 범위에 대하여 빈칸을 채우시오.

분산형 용량합계[kVA]	주파수차(f[HZ])	전압차(V[%])	위상각(θ)
0 ~ 500	0.3	( )	( )
500 초과 ~ 1,500 미만	( )	5	( )
1,500 초과 ~ 10,000 미만	( )	( )	10

정답

분산형 용량합계[kVA]	주파수차(f[HZ])	전압차(V[%])	위상각(θ)
0 ~ 500	0.3	(10)	(20)
500 초과 ~ 1,500 미만	(0.2)	5	(15)
1,500 초과 ~ 10,000 미만	(0.1)	(5)	10

해설 [내선규정 제4315-2절]

① 분산원 전원설비 전기공급방식 등의 시설

- 분산형 전원의 전기공급방식은 배전계통과 연계되는 전기공급방식과 동일하여야 한다.
- 분산형 전원 사업자의 한 사업장의 설비 용량의 합계가 250[kVA]이상일 경우는 배전계통과 연계지점의 연결상태를 감시 또는 유효전력, 무효전력 및 전압을 측정할 수 있는 장치를 시설하여야 한다.
- 분산형 전원과 연계하는 배전계통의 동기화 조건은 표 값 이하이어야 한다.

69회 2021년 전기기능장 실기 필답형

한국전기설비규정 제정 내용을 중심으로 과년도 기출문제 유형을 복원하여 수록하였음

01

변압기 보호장치중 전기적 보호장치와 기계적보호장치를 구분하여 쓰시오.

정답

전기적 보호장치	기계적 보호장치
과전류계전기(OCR) 차동계전기(Df) 비율차동계전기(RDf)	유온계 부흐홀츠계전기(Buchholz Relay) 방압안전창지 충격압력계전기 충격가스압계전기

02

지표면상 20[m] 높은 곳에 수조가 있다. 이 수조에 12[m^3/min]을 양수하는데 필요한 펌프의 동력은 몇 [kW]인지 산출하시오.(펌프의 효율은 60[%], 전달계수는 1.25, 역률은 80[%] 이다.)

① 전동기의 용량[kW]을 산출하시오.

② 전동기에 전력을 공급하기 위한 변압기의 용량[kVA]을 산출하시오.

정답

① 전동기 용량 $P=\dfrac{9.8\times\dfrac{12}{60}\times 20}{0.6}\times 1.25=81.667[kW]$

답 81.67[kW]

② 변압기의 용량 $P=\dfrac{81.67}{0.8}=102.087[kVA]$

답 102.09[kVA]

해설

① 펌프의 동력 $P=\dfrac{9.8QH}{\eta}\times K$ 이다. 여기서 유량 Q의 단위는 [m^3/s]이다.

② 변압기의 용량은 $P_{kVA}=\dfrac{P}{cos\theta}$이다.

03 3상 동기발전기를 병렬운전하려고 하다. 병렬운전이 가능한 조건을 쓰시오.

정답

① 기전력의 크기가 같을 것
② 기전력의 위상이 같을 것
③ 기전력의 파형이 같을 것
④ 기전력의 주파수가 같을 것
⑤ 기전력의 상 회전 방향이 같을 것

해설 병렬운전 조건이 다를 경우 발생하는 문제점

① 기전력의 크기가 같을 것
  - 다르면 무효순환전류가 흘러 권선 가열
② 기전력의 위상이 같을 것
  - 다르면 유효순환전류(동기화)가 발생
③ 기전력의 파형이 같을 것
  - 다르면 고조파 무효순환전류 흐름
④ 기전력의 주파수가 같을 것
  - 다르면 출력이 요동(난조 발생)치고 권선 가열
⑤ 기전력의 상 회전 방향이 같을 것

04 서지보호장치(SPD)를 점검하고자 한다. SPD의 외관점검 항목을 쓰시오.

정답

① 외관상 이상 유무
② SPD 접지 단선 여부
③ 접지상태 적정 여부
④ 접속도체 적정 여부
⑤ 시설상태 적정 여부
⑥ 인증제품 사용 여부

해설 SPD 종류

① 전압스위칭형
  - 서지가 인가되지 않는 경우는 높은 임피던스 상태에 있으면서 전압서지에 응답하여 급격하게 낮은 임피던스 값으로 변화하는 기능을 갖는 방식
② 전압제한형
  - 서지가 인가되지 않는 경우는 높은 임피던스 상태에 있으면서 전압서지에 응답한 경우는 임피던스가 연속적으로 낮아지는 기능을 갖는 방식
③ 복합형
  - 전압스위칭형 소자 및 전압제한형 소자의 모든 기능을 갖는 방식

④ SPD 레벨 : Ⅰ, Ⅱ, Ⅲ 등급으로 구분한다.
⑤ SPD 설치위치
㉠ 설비의 인입구 또는 그 부근에서 중성선과 PE도체간 직접 연결
㉡ 중성선이 없는 경우는 각 상전선과 주접지단자 사이 또는 각 상전선과 주 보호선 사이 중 가장 짧은 경로

05

전기저장장치(ESS)의 이차전지를 자동으로 전로로부터 차단하는 보호장치를 시설하여야 하는 경우를 3가지만 쓰시오.

정답

① 과전압 또는 과전류가 발생한 경우
② 제어장치에 이상이 발생한 경우
③ 이차전지 모듈의 내부 온도가 급격히 상승할 경우

해설 [한국전기설비규정 제512절]

1. 제어 및 보호장치
① 전기저장장치가 비상용 예비전원 용도를 겸하는 경우에는 다음에 따라 시설하여야 한다.
가. 상용전원이 정전되었을 때 비상용 부하에 전기를 안정적으로 공급할 수 있는 시설을 갖출 것
나. 관련 법령에서 정하는 전원 유지 시간 동안 비상용 부하에 전기를 공급할 수 있는 충전 용량을 상시 보존하도록 시설할 것
② 전기저장장치의 접속점에는 쉽게 개폐할 수 있는 곳에 개방상태를 육안으로 확인할 수 있는 전용의 개폐기를 시설하여야 한다.
③ 전기저장장치의 이차전지는 다음에 따라 자동으로 전로로부터 차단하는 장치를 시설하여야 한다.
가. 과전압 또는 과전류가 발생한 경우
나. 제어장치에 이상이 발생한 경우
다. 이차전지 모듈의 내부 온도가 급격히 상승할 경우
④ 직류전로에 과전류차단기를 설치하는 경우 직류 단락전류를 차단하는 능력을 가지는 것이어야 하고 "직류용" 표시를 하여야 한다.
⑤ 직류전로에는 지락이 생겼을 때에 자동적으로 전로를 차단하는 장치를 시설하여야 한다.
⑥ 발전소 또는 변전소 혹은 이에 준하는 장소에 전기저장장치를 시설하는 경우 전로가 차단되었을 때에 경보하는 장치를 시설하여야 한다.

2. 계측장치
① 전기저장장치를 시설하는 곳에는 다음의 사항을 계측하는 장치를 시설하여야 한다.
가. 축전지 출력 단자의 전압, 전류, 전력 및 충방전 상태
나. 주요 변압기의 전압, 전류 및 전력

06 다음은 화재안전기준의 유도등 전원에 관한 설명이다. (   )에 적당한 답안을 쓰시오.

유도등의 비상전원은 (①)분 이상 유효하게 작동시킬 수 있는 용량으로 한다. 다만, 다음 각목의 특정소방대상물의 경우에는 그 부분에서 피난층에 이르는 부분의 유도등을 (②)분 이상 유효하게 작동 시킬 수 있는 용량으로 하여야 한다.

가. 지하층을 제외한 층수가 (③)층 이상의 층

나. 지하층 또는 (④)으로서 용도가 도매시장, 소매시장, 여객자동차터미널, 지하역사 또는 지하상가

정답

① 20　② 60　③ 11　④ 무창층

해설 [화재안전기준(NFSC303) 제9조(유도등의 전원)]

① 유도등의 전원은 축전지, 전기저장장치(외부 전기에너지를 저장해 두었다가 필요한 때 전기를 공급하는 장치) 또는 교류전압의 옥내간선으로 하고, 전원까지의 배선은 전용으로 하여야 한다.

07 다음은 계통접지에 관한 물음들이다. 각각에 맞는 답을 쓰시오.

① 변압기 2차의 계통을 보호도체(PE)와 중성선(N)을 분리 배선한 방식으로 EMI 측면에서 바람직한 접지방식을 쓰시오.

② 전기설비의 접지에 피뢰시스템, 통신시스템의 접지를 접속 사용하는 접지방식을 쓰시오.

③ 외부 낙뢰에서 유도되어 전력선, 통신선, 신호선 등으로 유입되는 내부 서어지로부터 보호하기 위하여 시설하는 보호장치의 명칭을 쓰시오.

정답

① TN-S 계통접지

② 통합접지방식

③ 서지보호장치(SPD)

해설 TN-S 계통접지방식

① 전원측의 한 점을 직접접지하고 설비의 노출도전부를 보호도체로 접속시키는 방식으로 중성선 및 보호도체(PE 도체)의 배치 및 접속방식에 따라 다음과 같이 분류한다.

② TN-S 계통은 계통 전체에 대해 별도의 중성선 또는 PE 도체를 사용한다. 배전계통에서 PE 도체를 추가로 접지할 수 있다.

㉠ 계통 내에서 별도의 중성선과 보호도체가 있는 TN-S 계통

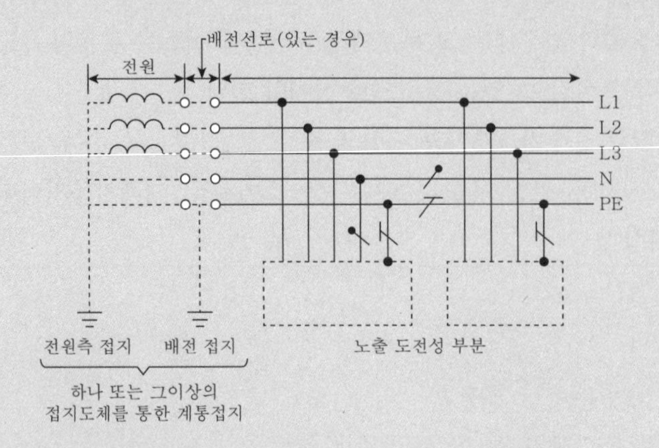

㉡ 계통 내에서 별도의 접지된 선도체와 보호도체가 있는 TN-S 계통

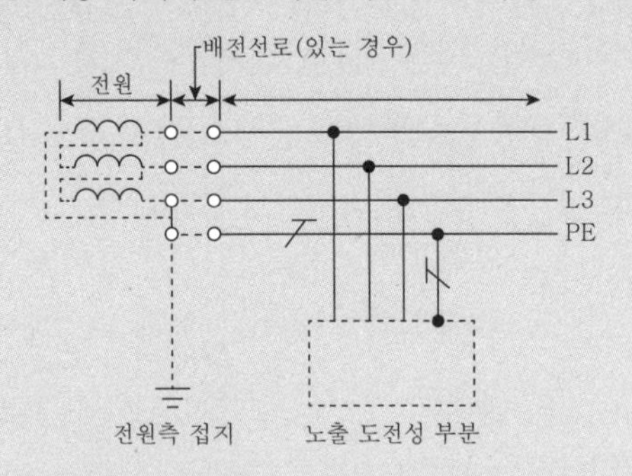

㉢ 계통 내에서 접지된 보호도체는 있으나 중성선의 배선이 없는 TN-S 계통

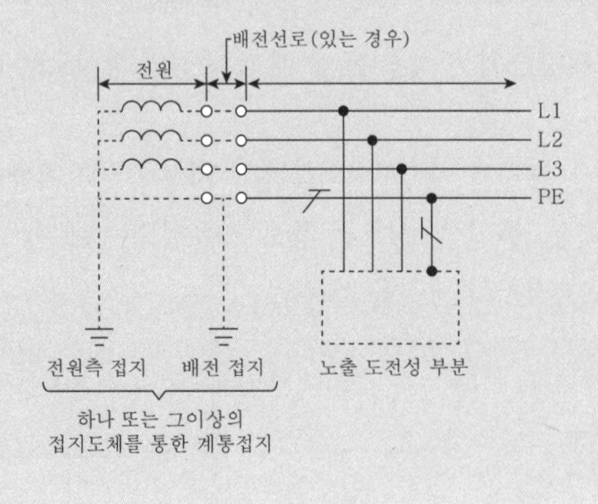

08 전기안전관리자는 전기설비의 유지, 운용업무를 위해 다음의 계측장비를 주기적으로 교정하고 또한 안전장구의 성능을 적정하게 유지할 수 있도록 시험하여야 한다. 권장 교정 및 시험주기(년)를 쓰시오.

① 특고압 COS 조작봉
② 저압검전기
③ 고압 및 특고압 검전기
④ 고압 절연장갑
⑤ 절연장화
⑥ 절연안전모

정답
①~⑥ : 1년

해설 [전기안전관리자의 직무에 관한고시 제9조(계측장비 교정 등)]

구분		권장 교정 및 시험주기(년)
안전 장구 시험	특고압 COS 조작봉	1
	저압검전기	1
	고압 및 특고압 검전기	1
	고무절연장갑	1
	절연장화	1
	절연안전모	1
계측 장비 교정	계전기 시험기	1
	절연내력 시험기	1
	절연유 내압 시험기	1
	적외선 열화상 카메라	1
	전원품질 분석기	1
	절연저항 측정기(1,000[V], 2,000[MΩ])	1
	절연저항 측정기(500[V], 100[MΩ])	1
	회로 시험기	1
	접지저항 측정기	1
	클램프 미터	1

09 22.9[kV−Y], 6,000[kVA]의 변압기 2차 측 모선에 연결되어 있는 CB1의 단락용량[MVA]를 산출하시오. 단, 변압기의 %Z=6[%], 1차 측 전로의 합성임피던스는 2[%](10,000[kVA]이다.)

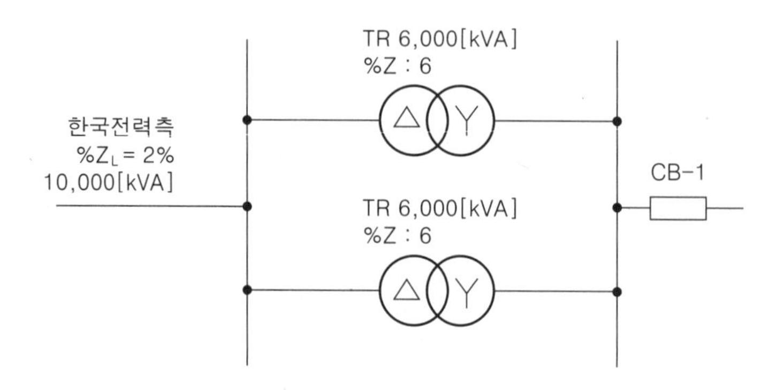

정답

① CB1 단락용량 $P_s = \frac{100}{\%Z} \cdot P_n = \frac{100}{7} \times 10 \fallingdotseq 143[MVA]$

해설

① %임피던스를 전원측(한전측) 10[MVA]기준으로 산출한다.

$\%Z_L = 2[\%]$

$\%Z_{TR1} = \%Z_{TR2} = \frac{10}{6} \times 6 = 10[\%]$

CB1 기준 합성임피던스 $\%CB1 = \%Z_L + \frac{\%Z_{TR1} \times \%Z_{TR2}}{\%Z_{TR1} + \%Z_{TR2}} = 2 + \frac{10 \times 10}{10 + 10} = 7[\%]$

CB1 단락용량 $P_s = \frac{100}{\%Z} \cdot P_n = \frac{100}{7} \times 10 \fallingdotseq 143[MVA]$

10 다음은 논리회로의 진리표이다. 각 항마다 맞는 답을 기재하시오.

X_1	X_2	X_3	RL	YL	GL
0	0	0	0	0	1
0	0	1	0	1	0
0	1	0	1	0	0
0	1	1	0	1	0
1	0	0	0	0	1
1	0	1	0	1	0
1	1	0	1	0	0
1	1	1	1	1	1

① 간소화한 논리식을 쓰시오.

㉠ $RL=$

㉡ $YL=$

㉢ $GL=$

② 논리회로에 대응하는 유접점 회로를 완성하시오.

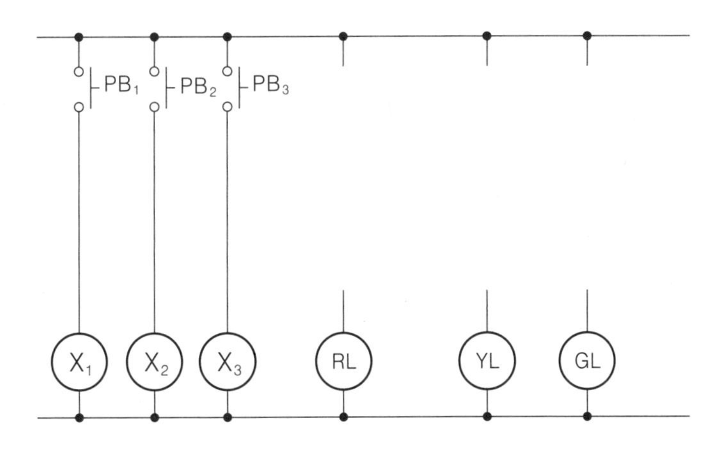

정답

① 논리식

㉠ $RL=\overline{X}_1X_2\overline{X}_3+X_1X_2\overline{X}_3+X_1X_2X_3=X_2(X_1+\overline{X}_3)$

X_3 \ X_1X_2	00	01	11	10	
0	0	1	1	0	*페어로 묶어서 간략화한다. $RL=X_2\overline{X}_3+X_1X_2$ $=X_2(X_1+\overline{X}_3)$
1	0	0	1	0	

㉡ $YL=\overline{X}_1\overline{X}_2X_3+\overline{X}_1X_2X_3+X_1\overline{X}_2X_3+X_1X_2X_3=X_3$

X_3 \ X_1X_2	00	01	11	10	
0	0	0	0	0	*페어로 묶어서 간략화한다. $YL=X_3$
1	1	1	1	1	

㉢ $GL=\overline{X}_1\overline{X}_2\overline{X}_3+X_1\overline{X}_2\overline{X}_3+X_1X_2X_3=\overline{X}_2\overline{X}_3+X_1X_2X_3$

X_3 \ X_1X_2	00	01	11	10	
0	1	0	0	1	*페어로 묶어서 간략화한다. $GL=\overline{X}_2\overline{X}_3+X_1X_2X_3$
1	0	0	1	0	

② 유접점 회로

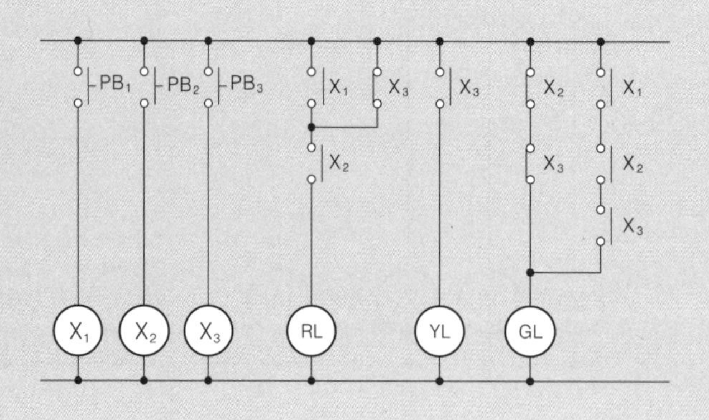

70회 2021년 전기기능장 실기 필답형

한국전기설비규정 제정 내용을 중심으로 과년도 기출문제 유형을 복원하여 수록하였음

01 부하설비의 선로 전압을 220[V]를 380[V]로 승압하였을 때 전력 증가율은 몇 배인지 산출하시오.

정답

2.98배

해설

① 전력(선로) 손실

- $P_l = P_S - P_r = 3I^2R = 3\times(\frac{P}{\sqrt{3}\times V cos\theta})^2R = \frac{P^2R}{V^2cos^2\theta}\times 10^3[kW]$

  여기서, P : 1선의 저항, R : 전력

- 전력손실은 전압의 제곱에 반비례한다.

② 송전선로 비례식

구분	관계식
송전전력(P)	V^2
전압강하(e)	$\frac{1}{V}$
전력손실(P_l), 전압강하율(ε), 전선 단면적(A)	$\frac{1}{V^2}$

③ 송전전력(P)는 V^2에 비례하므로, $(\frac{380}{220})^2 = 2.98$배로, 전력은 2.98배 증가한다.

02

수용가 인입구 전압이 22.9[kV], 주차단기 차단용량이 250[MVA]이다. 10[MVA], 22.9/3.3[kV] 변압기 임피던스가 5.5[%]일 때 변압기 2차측에 필요한 차단기 용량을 다음 표에서 선정하시오.(4점)

차단기 정격 용량[MVA]					
50	75	100	150	250	300

정답

150[MVA]

해설

① 10[MVA], 22.9/3.3[kV]를 기준 base로 전원 측 임피던스를 구한다.

$\%Z = \frac{100}{250} \times 10 = 4[\%]$

② 차단기 용량은 단락용량을 기준으로 정한다.

단락용량 $P_s = \frac{100}{\%Z} \times P_n = \frac{100}{4+5.5} \times 10 = 105.26[\text{MVA}]$

③ 차단용량은 단락용량보다 커야하므로 표준용량인 150[MVA]로 선정한다.

03

자가용 수용가에서 수용부하 1은 역률이 60[%], 유효전력은 180[kW], 부하 2는 역률이 80[%], 유효전력은 120[kW]인 수용부하 1, 2를 합하여, 합성역률을 90[%]로 개선할 때 다음 물음에 답하시오.

① 부하 1과 부하 2의 합성 용량[kVA]을 산출하시오.

② 합성 역률 90[%]로 개선하는데 필요한 전력콘덴서 용량[kVA]을 산출하시오.

정답

① 유효전력 $P = P_1 + P_2 = 180 + 120 = 300[\text{kW}]$

무효전력 $Q = Q_1 + Q_2 = \frac{P_1}{\cos\theta_1} \times \sin\theta_1 + \frac{P_2}{\cos\theta_2} \times \sin\theta_2 = \frac{180}{0.6} \times 0.8 + \frac{120}{0.8} \times 0.6 = 330[\text{kVar}]$

합성 용량 $P_T = \sqrt{P^2 + Q^2} = \sqrt{300^2 + 330^2} \fallingdotseq 446[\text{kVA}]$

② 합성역률 $cos\theta = \frac{300}{446} \fallingdotseq 0.67$

콘덴서 용량 $Q_T = P(\tan\theta_1 - \tan\theta_2) = (180 + 120) \times (\frac{\sqrt{1-0.67^2}}{0.67} - \frac{\sqrt{1-0.9^2}}{0.9}) = 187[\text{kVA}]$

04 아래 그림을 보고 접지계통 명칭을 표기하시오. 단, 기호 설명은 다음과 같다.

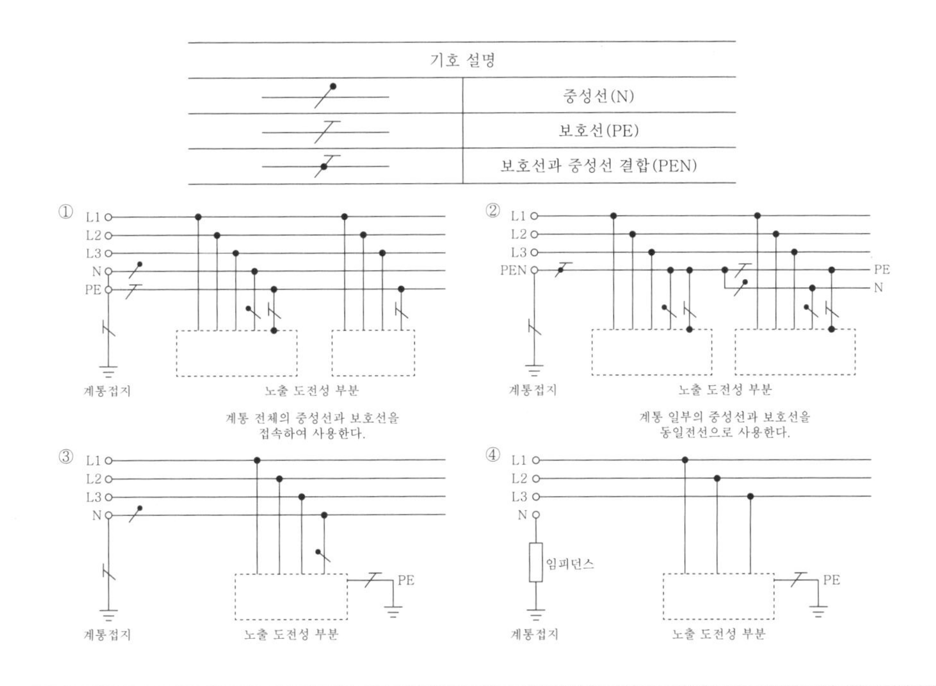

정답

① TN-S 계통　　② TN-C-S 계통　　③ TT 계통　　④ IT 계통

해설

① TN 계통
  ㉠ 전원 측의 한 점을 직접 접지하고 설비의 노출도전부를 보호도체로 접속시키는 방식으로 중성선 및 보호 도체(PE 도체)의 배치 및 접속방식에 따라 분류한다.
  ㉡ TN-S 계통은 계통 전체에 대해 별도의 중성선 또는 PE 도체를 사용한다. 배전계통에서 PE 도체를 추가로 접지할 수 있다.
  ㉢ TN-C 계통은 그 계통 전체에 대해 중성선과 보호 도체의 기능을 동일 도체로 겸용한 PEN 도체를 사용한다. 배전계통에서 PEN 도체를 추가로 접지할 수 있다.
  ㉣ TN-C-S 계통은 계통의 일부분에서 PEN 도체를 사용하거나, 중성선과 별도의 PE 도체를 사용하는 방식이 있다. 배전계통에서 PEN 도체와 PE 도체를 추가로 접지할 수 있다.

② TT 계통
  ㉠ 전원의 한 점을 직접 접지하고 설비의 노출도전부는 전원의 접지전극과 전기적으로 독립적인 접지극에 접속시킨다. 배전계통에서 PE 도체를 추가로 접지할 수 있다.

③ IT 계통
  ㉠ 충전부 전체를 대지로부터 절연시키거나, 한 점을 임피던스를 통해 대지에 접속시킨다. 전기설비의 노출도전부를 단독 또는 일괄적으로 계통의 PE 도체에 접속시킨다. 배전계통에서 추가 접지가 가능하다.
  ㉡ 계통은 충분히 높은 임피던스를 통하여 접지할 수 있다. 이 접속은 중성점, 인위적 중성점, 선도체 등에서 할 수 있다. 중성선은 배선할 수도 있고, 배선하지 않을 수도 있다.

05 그림은 22.9[kV−Y], 1,000[kVA], 이하를 시설하는 경우 간이 수전설비 결선도이다. 다음 물음에 답하시오.

① 그림 ① ASS의 명칭을 쓰시오.

② 그림 ② LA의 DS는 생략할 수 있다. 그림에서 W/DS 표기는 무슨 뜻인가?

③ 전력구, 공동구, 덕트, 건물구내 등 화재의 우려가 있는 장소에서 주로 사용하는 인입구 케이블 명칭은?

④ 인입선을 지중선으로 하는 경우 공동주택 등 고장시 정전피해가 큰 경우는 예비 지중선을 포함하여 몇 회선으로 시설하는 것이 바람직한지 쓰시오.

⑤ 300[kVA] 이하인 경우 PF대신 사용할 수 있는 과전류 차단기는?

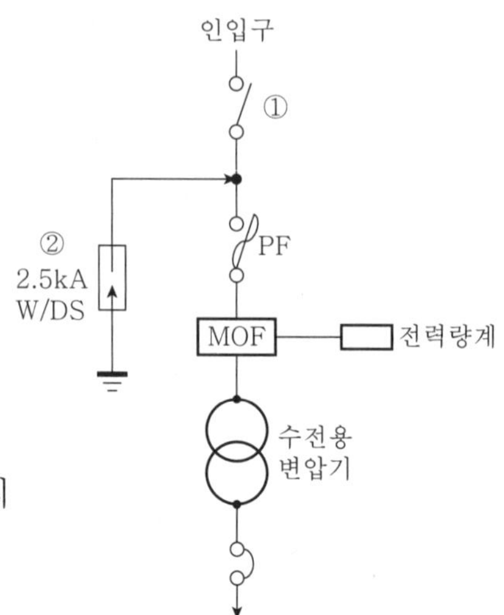

정답

① 자동고장 구분 개폐기
② Disconnector(또는 Isolator) 붙임형
③ FR-CNCO-W 케이블
④ 2회선
⑤ COS(비대칭 차단전류 10[kA] 이상의 것)

해설

① 지중인입선의 경우에 22.9[kV−Y]계통은 CNCV-W 케이블(수밀형) 또는 TR-CNCV-W 케이블(트리억제형)을 사용하여야 한다. 다만, 전력구, 공동구, 덕트, 건물구내 등 화재의 우려가 있는 장소에서는 FR-CNCO-W(난연) 케이블을 사용하는 것이 바람직하다.
② 특고압 간이수전설비는 PF의 용단 등의 결상사고에 대한 대책이 없으므로 변압기 2차측에 설치되는 주차단기에는 결상계전기 등을 설치하여 결상사고에 대한 보호능력이 있도록 함이 바람직하다.
③ 피뢰기
- 서지전압(전류) 발생시 수변전기기를 보호하기 위하여 피뢰기가 가장 먼저 동작되어야 한다.
- 절연레벨 : 선로애자 〉 결합콘덴서 〉 기기 붓싱 〉 변압기 〉 피뢰기

06 그림은 SPD의 접속방법이다. 연결도체의 길이 a+b는 몇 [cm] 이하로 제한하는가?

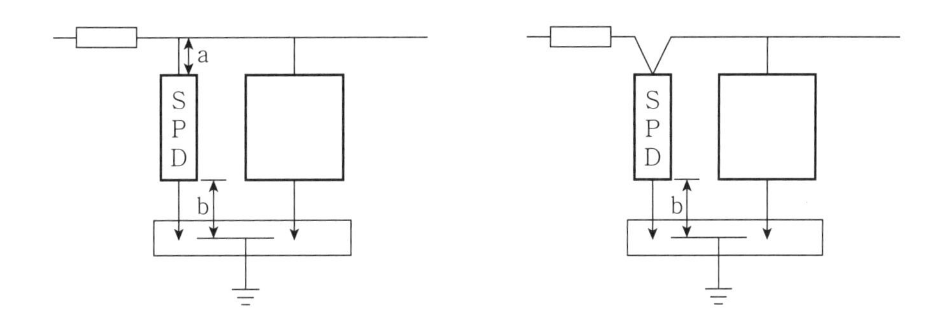

정답

50[cm]

해설 SPD 설치방법

① SPD의 모든 접속도체는 (최적의 과전압보호를 위해) 가능한 짧게 할 것

② SPD의 접속도체는 굵기는 피뢰설비가 있는 경우 동선 16[mm^2] 이상(피뢰설비가 없는 때 동선 4[mm^2] 이상)으로 한다.

07

수용가의 부하설비를 다음과 같이 구성하였을 경우 간선의 합성 최대전력과 종합 부하율을 산출하시오.

구분	A군	B군
설비용량 [kW]	60	120
수용률 [%]	60	40
부하율 [%]	40	50
부등률	1.2	1.2
전체 부등률	1.3	

정답

① 간선 합성 최대전력 : 53.85[kW]

A군 합성 최대전력 $= \dfrac{60 \times 0.6}{1.2} = 30[\text{kW}]$

B군 합성 최대전력 $= \dfrac{120 \times 0.4}{1.2} = 40[\text{kW}]$

합성 최대전력 $= \dfrac{30+40}{1.3} = 53.85[\text{kW}]$

② 종합 부하율 : 59.42[%]

A군 평균 수용전력 $= 30 \times 0.4 = 12[\text{kW}]$

B군 평균 수용전력 $= 40 \times 0.5 = 20[\text{kW}]$

종합 부하율 $= \dfrac{12+20}{53.85} \times 100 = 59.42[\%]$

해설

① 간선 합성 최대전력

A군 합성 최대전력 $= \dfrac{\text{설비용량} \times \text{수용률}}{\text{부등률}} = \dfrac{60 \times 0.6}{1.2} = 30[\text{kW}]$

B군 합성 최대전력 $= \dfrac{\text{설비용량} \times \text{수용률}}{\text{부등률}} = \dfrac{120 \times 0.4}{1.2} = 40[\text{kW}]$

합성최대전력 $= \dfrac{\text{A군 합성 최대전력} + \text{B군 합성 최대전력}}{\text{전체 부등률}} = \dfrac{30+40}{1.3} = 53.85[\text{kW}]$

② 종합 부하율

A군 평균수용전력 $=$ 합성 최대전력 $\times$ 부하율 $= 30 \times 0.4 = 12[\text{kW}]$

B군 평균수용전력 $=$ 합성 최대전력 $\times$ 부하율 $= 40 \times 0.5 = 20[\text{kW}]$

종합 부하율 $= \dfrac{\text{각각의 평균 수용전력의 합[kW]}}{\text{전체 합성 최대전력[kW]}} = \dfrac{12+20}{53.85} \times 100 = 59.42[\%]$

08 다음은 주택용차단기의 순시트립과 과전류 트립 동작시간 및 특성에 관한 값이다. 번호에 맞는 답을 쓰시오.

1. 순시트립에 따른 구분(주택용 배선용차단기)

형식	순시트립 범위
①	$3I_n$ 초과 ~ $5I_n$ 이하
②	$5I_n$ 초과 ~ $10I_n$ 이하
③	$10I_n$ 초과 ~ $20I_n$ 이하
비고 1. (형식) : 순시트립전류에 따른 차단기 분류 2. I_n : 차단기 정격전류	

2. 과전류트립 동작시간 및 특성(주택용 배선용차단기)

정격전류의 구분	시간	정격전류의 배수(모든 극에 통전)	
		부동작 전류	동작 전류
63 [A] 이하	60분	④	1.45배
63 [A] 초과	120분	1.13배	⑤

정답

① B ② C ③ D ④ 1.13배 ⑤ 1.45배

해설 [저압전로 중의 과전류차단기의 시설(KEC212.3.4)]

1. 퓨즈(gG)의 용단특성

정격전류[A]	시간	정격전류 배수	
		불용단 전류	용단전류
4[A] 이하	60분	1.5배	2.1배
4[A] 초과 16[A] 미만	60분	1.5배	1.9배
16[A] 초과 63[A] 미만	60분	1.25배	1.6배
63[A] 초과 160[A] 미만	120분	1.25배	1.6배
160[A] 초과 400[A] 미만	180분	1.25배	1.6배
400[A] 초과	240분	1.25배	1.6배

2. 산업용 및 주택용 배선차단기

① 과전류트립 동작시간 및 특성(산업용 배선용차단기)

정격전류의 구분	시간	정격전류의 배수(모든 극에 통전)	
		부동작 전류	동작 전류
63 [A] 이하	60분	1.05배	1.3배
63 [A] 초과	120분	1.05배	1.3배

② 순시트립에 따른 구분(주택용 배선용차단기)

형식	순시트립 범위
B	$3I_n$ 초과 ~ $5I_n$ 이하
C	$5I_n$ 초과 ~ $10I_n$ 이하
D	$10I_n$ 초과 ~ $20I_n$ 이하

비고 1. B, C, D : 순시트립전류에 따른 차단기 분류
2. I_n : 차단기 정격전류

③ 과전류트립 동작시간 및 특성(주택용 배선용차단기)

정격전류의 구분	시간	정격전류의 배수(모든 극에 통전)	
		부동작 전류	동작 전류
63 [A] 이하	60분	1.13배	1.45배
63 [A] 초과	120분	1.13배	1.45배

09 다음 그림을 보고 각 물음에 적당한 답을 쓰시오.

1. 단상 브릿지 전파정류회로를 완성하시오.
2. 교류 전압이 220[V]일 때 직류 출력전압을 산출하시오.

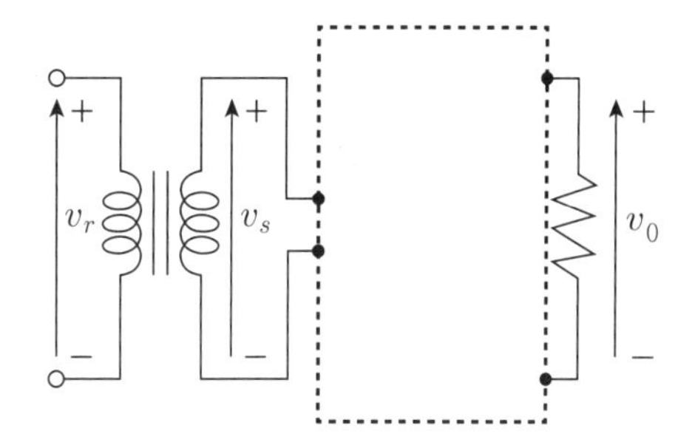

정답

1. 단상 브릿지 전파정류회로

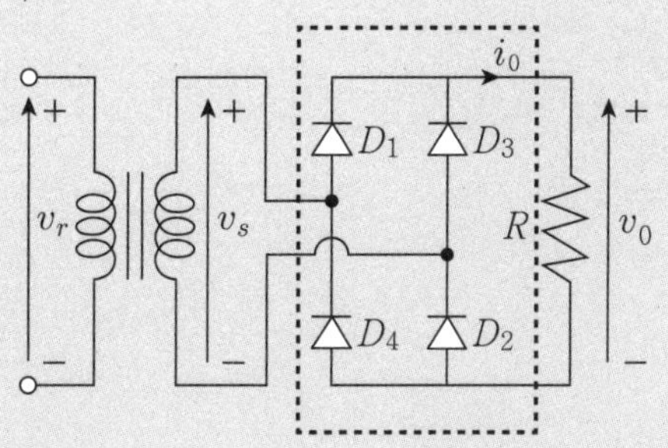

2. 직류전압(평균값) $V_{DC}=\frac{2\sqrt{2}}{\pi}V_{AC}=0.9V_{AC}=0.9\times220=198[V]$

해설 단상 브릿지 전파 정류회로

① 4개의 다이오드를 이용하여, 교류 성분의 양(+)과 음(-)의 전주기를 정류하는 전파정류 방식이다.

② 양(+) 주기는 D_1, D_4가, 음(-) 주기는 D_2, D_3가 도통되어 부하에는 전주기 동안 파형이 출력된다.

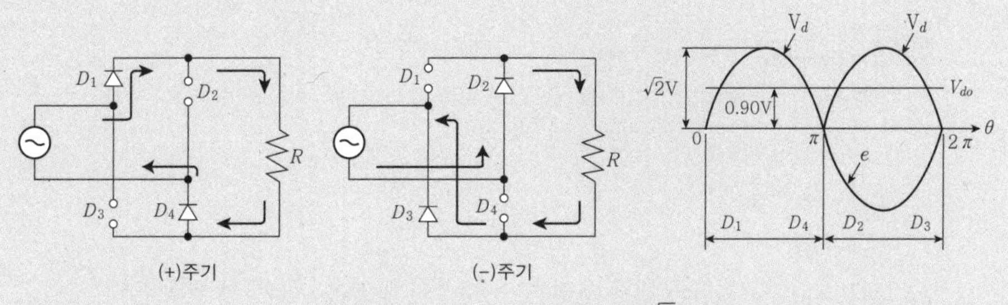

- 직류전압(평균값) $V_d=2\times\frac{1}{2\pi}\int_0^{\pi}\sqrt{2}V\sin\theta d(wt)=\frac{2\sqrt{2}}{\pi}V=0.9[V]$
- PIV(역전압 첨두값)$=\sqrt{2}V$
- 정류효율 81.2[%]

10 다음 그림을 보고 각 물음에 적당한 답을 쓰시오.

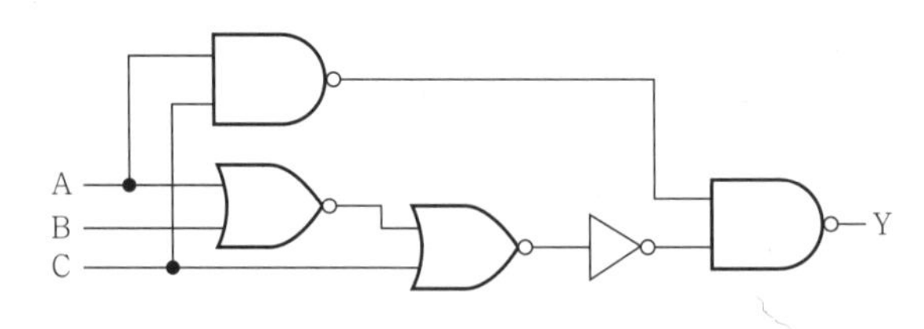

1. 간략화한 논리식으로 기술하시오.
2. 유접점회로를 그리시오.

정답

1. 논리식 간략화

$$Y=\overline{\overline{\overline{\overline{(A+B)}+C}}\cdot\overline{AC}}$$

$$=\overline{\overline{\overline{\overline{(A+B)}+C}}}+\overline{\overline{AC}}$$

$$=\overline{\overline{(A+B)}+C}+AC$$

$$=(A+B)\cdot\overline{C}+AC$$

$$=A\overline{C}+B\overline{C}+AC$$

$$=A(\overline{C}+C)+B\overline{C}$$

$$=A+B\overline{C}$$

2. 유접점회로

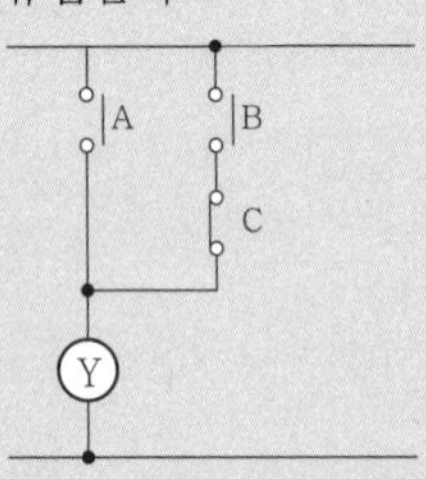

해설 드모르간 정리

① (제1정리) : 논리합의 전체 부정은 각 변수의 부정을 논리곱한 것과 같다.

- $\overline{(X_1+X_2+X_3+\cdots+X_n)}=\overline{X_1}\cdot\overline{X_2}\cdot\overline{X_3}\cdot\cdots\cdot\overline{X_n}$
- $\overline{A+B}=\overline{A}\cdot\overline{B}$
- $\overline{A+B}=Y$ - $\overline{A}\cdot\overline{B}=Y$

② (제2정리) : 논리곱의 전체 부정은 각 변수의 부정을 논리합한 것과 같다.

- $\overline{(X_1\cdot X_2\cdot X_3\cdot\cdots\cdot X_n)}=\overline{X_1}+\overline{X_2}+\overline{X_3}+\cdots+\overline{X_n}$
- $\overline{A\cdot B}=\overline{A}+\overline{B}$
- $\overline{A\cdot B}=Y$ - $\overline{A}+\overline{B}=Y$

71회 2022년 전기기능장 실기 필답형

한국전기설비규정 제정 내용을 중심으로 과년도 기출문제 유형을 복원하여 수록하였음

01 각 물음에 답하시오.

① 고압 및 특고압 등 전기기기의 절연내력 시험방법을 간단히 쓰시오.

② 최대 사용전압이 3,300[V]인 전동기의 절연내력 시험전압을 산출하시오.

정답

① 절연 내력 시험전압을 계속하여 10분간 견디어야 한다.

② 시험전압=3,450×1.5=5,175[V]

해설

① 한국전기설비규정 제132절(전로의 절연저항 및 절연내력)

전로의 종류		시험전압
① 최대사용전압 7[kV] 이하		최대사용전압의 1.5배
② 중성점 접지식 전로 (중성선 다중접지 하는 것)	7[kV] 초과 25[kV] 이하	최대사용전압의 0.92배
③ 중성점 접지식 전로(②란 제외)	7[kV] 초과 60[kV] 이하	최대사용전압의 1.25배
④ 비접지식	60[kV] 초과	최대사용전압의 1.25배
⑤ 중성점 접지식	60[kV] 초과	최대사용전압의 1.1배
⑥ 중성점 직접접지식	60[kV] 초과 170[kV] 이하	최대사용전압의 0.72배
⑦ 중성점 직접접지식	170[kV] 초과	최대사용전압의 0.64배

② 전기설비기술기준 제52조(전로의 절연저항)

전로의 사용전압[V]	DC 시험전압[V]	절연저항[MΩ]
SELV 및 PELV	250	0.5
FELV, 500[V]이하	500	1.0
500[V]초과	1,000	1.0

[주] 특별저압(extra low voltage : 2차 전압이 AC 50[V], DC 120[V] 이하)

- SELV(비접지회로 구성) 및 PELV(접지회로)은 1차와 2차가 전기적으로 절연(안전 절연 변압기)된 회로
- FELV는 1차와 2차가 전기적으로 절연(기본 절연변압기)되지 않은 회로

02

수용가 인입구 전압이 22.9[kV], 주차단기 차단용량이 250[MVA]이다. 10[MVA], 22.9/3.3[kV] 변압기 임피던스가 5[%]일 때 변압기 2차측에 필요한 차단기 용량을 다음 표에서 선정하시오.

차단기 정격 용량[MVA]					
50	75	100	150	250	300

정답

① $\%Z = \frac{100}{250} \times 10 = 4.0[\%]$

② $P_s = \frac{100}{4+5} \times 10 = 111.11[MVA]$

답 차단용량은 단락용량보다 커야하므로 표준용량 [표]에서 150[MVA]로 선정

해설

① 10[MVA], 22.9/3.3[kV]를 기준 base로 전원측 임피던스를 구하면

$\%Z_s = \frac{100}{P_s} \times P_n = \frac{100}{250} \times 10 = 4.0[\%]$

② 차단기 용량은 단락용량을 기준으로 정한다.

단락용량 $P_s = \frac{100}{\%Z_s} \times P_n = \frac{100}{4+5} \times 10 = 111.11[MVA]$

03

분당 5[m^3]의 물을 높이 20[m]인 탱크에 양수하는데 필요한 전력[kW]을 구하시오. 단, 펌프와 전동기 합성 효율은 65[%]이고, 전동기의 역률은 100[%]이며, 펌프 축동력은 15[%]의 여유를 주는 경우이다.

정답

① 전동기용량 $P = \frac{20 \times 5}{6.12 \times 0.65} \times 1.15 = 28.90[kW]$

답 28.90[kW]

해설

① 펌프용 전동기 용량(P)

- $P = \frac{9.8Q'H}{\eta}K[kW]$ 또는 $P = \frac{QH}{6.12\eta}K[kW]$로 산출한다.

여기서, Q' : 양수량[m^3/초], Q : 양수량[m^3/분], η : 효율

H : 양정[m] 후드 흡입구에서 토출구까지의 높이

K : 계수(1.1~1.5)를 여유도라 하며, 통상 주어진 값을 적용한다.

04 부하의 수용률이 그림과 같은 경우 이곳에 공급할 변압기 용량을 표준 용량으로 결정하시오. 단, 부등률은 1.2, 종합역률 80[%] 이하로 한다.

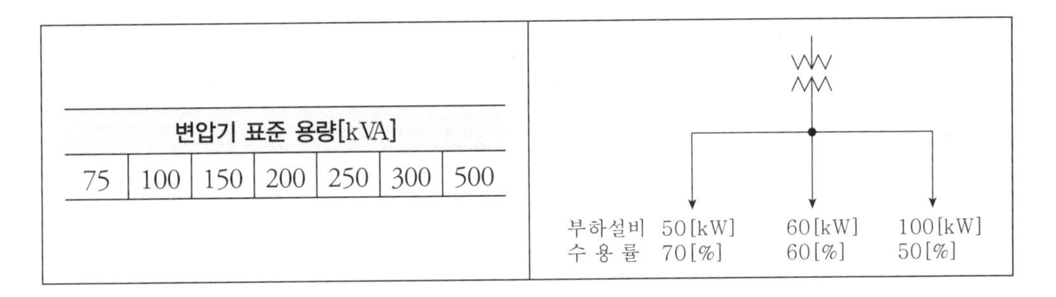

변압기 표준 용량[kVA]						
75	100	150	200	250	300	500

정답

① 변압기 용량 $= \dfrac{(50\times0.7+60\times0.6+100\times0.5)}{1.2\times0.8}\times1.1 = 138[\text{kVA}]$

답 표준용량 [표]에서 150[kVA]를 선정

해설

① 변압기 용량 선정 방법
- 각 부하별로 최대 수용전력을 산출하고 이에 부하역률과 부하 증가를 고려하여 변압기 총 용량을 결정한다.

  변압기 용량 $= \dfrac{\text{총 부하설비 용량}\times\text{수용률}}{\text{부등률}}\times\text{여유율}$
- 장래의 부하 증가에 대한 여유율을 일반적으로 10[%]정도 여유로 한다.

05 전기설비기술기준 및 한국전기설비규정에 의한 피뢰기를 설치장소를 나열한 것이다. 빈칸에 맞는 답을 채우시오.

- (①) 또는 이에 준하는 장소의 가공전선 인입구 및 인출구
- (②)에 접속하는 (③) 변압기의 고압측 및 특고압 측
- 고압 또는 특고압 가공전선로로부터 공급받는 (④)의 인입구
- (⑤)와 지중전선로가 접속되는 곳

정답

① 발전소, 변전소 ② 가공전선로 ③ 배전용 ④ 수용장소 ⑤ 가공전선로

해설 [전기설비기술기준제42조(피뢰기의 시설)]

① 정격전압

전력계통		정격전압[kV]	
공칭전압[kV]	중성점 접지방식	송전선로	배전선로
345	유효접지	288	
154	유효접지	144	
66	소호리액터 접지 또는 비접지	72	
22	소호리액터 접지 또는 비접지	24	
22.9	중성점 다중접지	21	18

② 정격전류

공칭방전 전류	설치장소	적용조건
10,000[A]	변전소	- 154[kV] 계통 이상 - 66[kV] 및 그 이하 계통에서 뱅크용량 3,000[kVA]를 초과하거나 특히 중요한 곳 - 장거리 송전선 케이블(전압 피더 인출용 단거리 케이블은 제외) 및 정전축전기 Bank를 개폐하는 곳 - 배전선로 인출측(배전간선 인출용 장거리 케이블은 제외)
5,000[A]	변전소	- 66[kV] 및 그 이하 계통에서 뱅크용량 3,000[kVA] 이하인 곳
2,500[A]	선로	- 배전선로

③ 피뢰기 구비조건
- 충격방전개시 전압이 낮을 것
- 제한전압이 낮을 것
- 뇌전류 방전 능력이 클 것
- 이상전압 처리 후 속류를 신속하게 차단하고 자동 회복하는 능력이 있을 것
- 반복동작에 견디고, 구조가 견고하며 특성변화가 없을 것

06 전기공사업법 시행령 제5조(경미한공사 등)에 관한 내용이다. 빈칸에 맞는 답을 채우시오.

- 꽂음접속기, 소켓, 로제트, 실링블록, 접속기, 전구류, 나이프스위치, 그 밖에 개폐기의 (①)에 관한 공사
- 벨, 인터폰, 장식전구, 그 밖에 이와 비슷한 시설에 사용되는 소형변압기(2차측 전압 (②)[V] 이하의 것으로 한정한다.)의 설치 및 그 2차측 공사
- 전압이 (③)[V] 이하이고, 전기시설 용량이 (④)[kW] 이하인 단독주택 전기시설의 개선 및 보수공사. 다만, 전기공사기술자가 하는 경우로 한정한다.
- (⑤) 또는 (⑥)를 부착하거나 떼어내는 공사

정답

① 보수 및 교환 ② 36 ③ 600 ④ 5 ⑤ 전력량계 ⑥ 퓨즈

해설 [전기공사업법시행령제5조(경미한 전기공사 등)]

① 법 제3조제1항 단서에서 "대통령령으로 정하는 경미한 전기공사"란 다음 각 호의 공사를 말한다.

1. 꽂음접속기, 소켓, 로제트, 실링블록, 접속기, 전구류, 나이프스위치, 그 밖에 개폐기의 보수 및 교환에 관한 공사
2. 벨, 인터폰, 장식전구, 그 밖에 이와 비슷한 시설에 사용되는 소형변압기(2차측 전압 36볼트 이하의 것으로 한정한다.)의 설치 및 그 2차측 공사
3. 전력량계 또는 퓨즈를 부착하거나 떼어내는 공사
4. 「전기용품 및 생활용품 안전관리법」에 따른 전기용품 중 꽂음접속기를 이용하여 사용하거나 전기기계·기구(배선기구는 제외한다.) 단자에 전선[코드, 캡타이어케이블(경질고무케이블) 및 케이블을 포함한다.]을 부착하는 공사
5. 전압이 600볼트 이하이고, 전기시설 용량이 5킬로와트 이하인 단독주택 전기시설의 개선 및 보수 공사. 다만, 전기공사기술자가 하는 경우로 한정한다.

② 법 제3조제2항에서 "대통령령으로 정하는 전기공사"란 다음 각 호의 공사를 말한다.

1. 전기설비가 멸실되거나 파손된 경우 또는 재해나 그 밖의 비상시에 부득이하게 하는 복구공사
2. 전기설비의 유지에 필요한 긴급보수공사

07 다음에 해당하는 한국전기설비규정 공통사항에서 정의하는 용어를 쓰시오.

① 전력계통에서 돌발적으로 발생하는 이상현상에 대비하여 대지와 계통을 연결하는 것으로, 중성점을 대지에 접속하는 것을 말한다.

② 충전부는 아니지만 고장 시에 충전될 위험이 있고, 사람이 쉽게 접촉할 수 있는 기기의 도전성 부분을 말한다.

③ 등전위를 형성하기 위해 도전부 상호간을 전기적으로 연결하는 것을 말한다.

④ 계통, 설비 또는 기기의 한점과 접지극 사이의 도전성 경로 또는 그 경로의 일부가 되는 도체를 말한다.

⑤ 교류회로에서 중성선 겸용 보호도체를 말한다.

정답

① 계통접지(System Earthing)
② 노출도전부(Exposed Conductive Part)
③ 등전위본딩(Equipotential Bonding)
④ 접지도체
⑤ PEN 도체[Combined Protective (Earthing) and Neutral(PEN) Conductor]

해설 [한국전기설비규정 112 용어 정의]

① "계통외도전부(Extraneous Conductive Part)"란 전기설비의 일부는 아니지만 지면에 전위 등을 전해줄 위험이 있는 도전성 부분을 말한다.
② "리플프리직류"란 교류를 직류로 변환할 때 리플성분의 실효값이 10[%] 이하로 포함된 직류를 말한다.
③ "보호접지(Protective Earthing)"란 고장 시 감전에 대한 보호를 목적으로 기기의 한 점 또는 여러 점을 접지하는 것을 말한다.
④ "스트레스전압(Stress Voltage)"이란 지락고장 중에 접지부분 또는 기기나 장치의 외함과 기기나 장치의 다른 부분 사이에 나타나는 전압을 말한다.
⑤ "접지시스템(Earthing System)"이란 기기나 계통을 개별적 또는 공통으로 접지하기 위하여 필요한 접속 및 장치로 구성된 설비를 말한다.
⑥ "지락고장전류(Earth Fault Current)"란 충전부에서 대지 또는 고장점(지락점)의 접지된 부분으로 흐르는 전류를 말하며, 지락에 의하여 전로의 외부로 유출되어 화재, 사람이나 동물의 감전 또는 전로나 기기의 손상 등 사고를 일으킬 우려가 있는 전류를 말한다.
⑦ "특별저압(ELV, Extra Low Voltage)"이란 인체에 위험을 초래하지 않을 정도의 저압을 말한다. 여기서 SELV(Safety Extra Low Voltage)는 비접지회로에 해당되며, PELV(Protective Extra Low Voltage)는 접지회로에 해당된다.

08

3상 전파 다이오드 정류회로에서 전압이 $v_1=220\sqrt{2}\sin 120\pi t$[V]일 때, 점선내의 정류회로를 완성하고 부하측의 평균전압을 산출하시오.

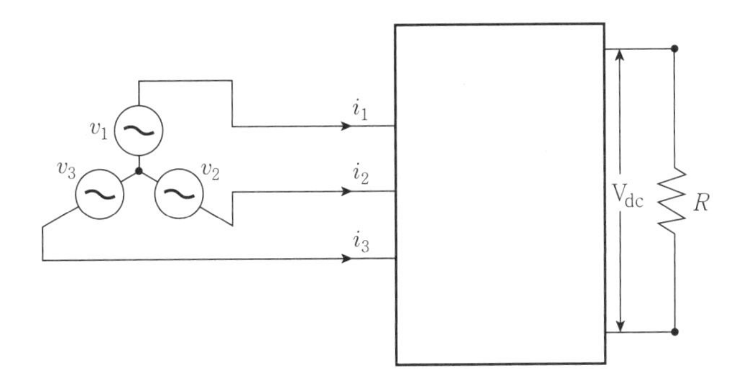

정답

① 3상 전파 정류회로

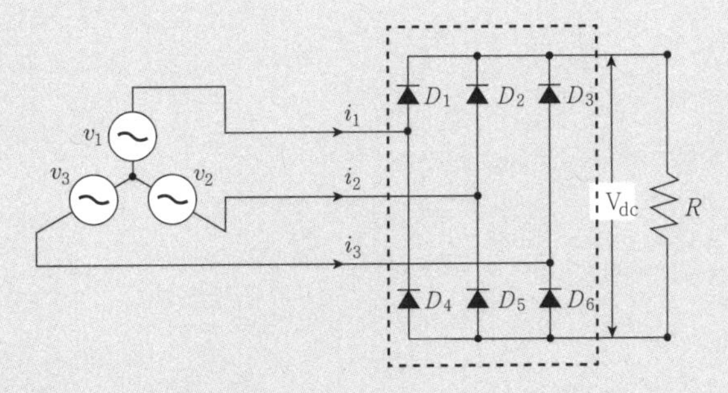

② 직류전압의 평균값
- 평균값 $V_d=1.35V=1.35V_l=1.35\times220\sqrt{3}=514.42$[V]

해설

① 전원의 한 주기당 펄스폭이 120°인 6개의 펄스형태의 선간전압으로 직류 출력전압이 얻어진다.
② 3상 전파 정류기를 6펄스 정류기라고도 한다.
③ 맥동률 4[%]로 맥동이 작은 평활한 직류를 얻는다.(정류효율 99.8[%])
④ 정류기는 실리콘 정류기, 사이리스터를 많이 사용된다.
⑤ 평균값 및 효율
- 직류전압(평균값) $V_d=1.35V$
- 직류전류(평균값) $I_d=1.35\dfrac{V}{R}$
- PIV(역전압 첨두값) $=\sqrt{2}V$
  여기서, V는 선간전압의 실효값($V_l=\sqrt{3}V_p$)이다.

09 아래의 그림의 논리회로에 대한 각 물음에 답하시오.

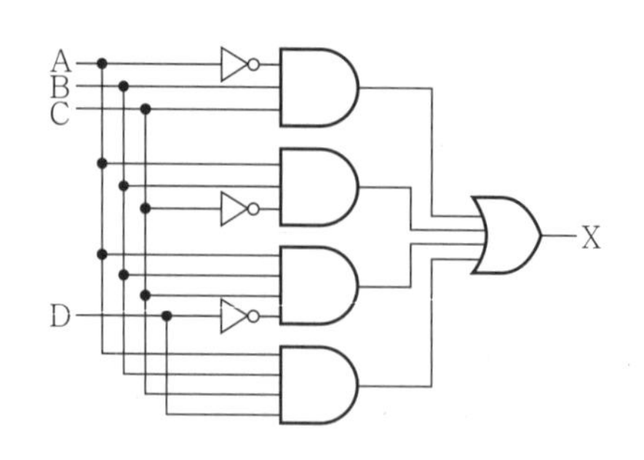

① 출력 X의 논리식을 쓰고 간략화하시오.

② 간략화한 논리식을 이용하여 무접점 논리회로를 그리시오.

③ 간략화한 논리식을 이용하여 유접점 시퀀스도를 그리시오.

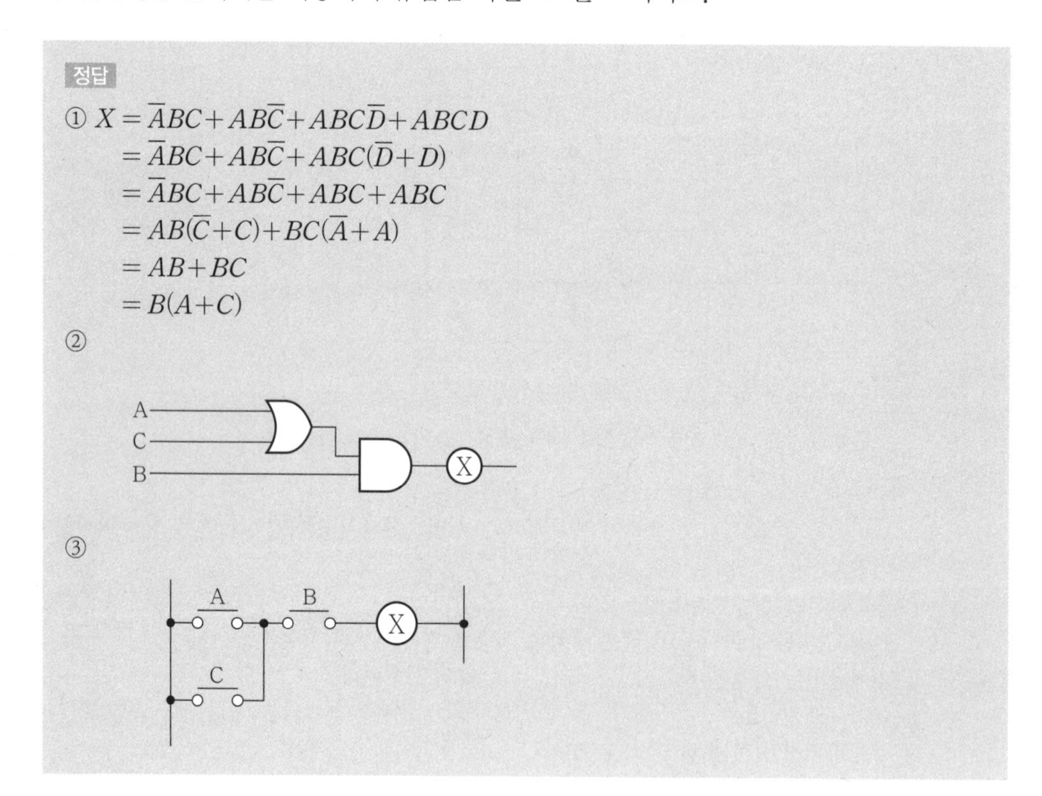

정답

① $X = \overline{A}BC + AB\overline{C} + ABC\overline{D} + ABCD$

$= \overline{A}BC + AB\overline{C} + ABC(\overline{D} + D)$

$= \overline{A}BC + AB\overline{C} + ABC + ABC$

$= AB(\overline{C} + C) + BC(\overline{A} + A)$

$= AB + BC$

$= B(A + C)$

②

③

10 비상콘센트설비의 화재안전기준 NFSC 504에 따른 비상콘센트의 설치높이와 설치장소를 쓰시오.

정답

① 설치높이 : 바닥으로부터 높이 0.8[m] 이상 1.5[m] 이하의 위치에 설치
② 설치장소

가. 바닥면적이 1,000[㎡] 미만인 층(아파트 포함) : 계단의 출입구로부터 5[m] 이내
나. 바닥면적이 1,000[㎡] 이상인 층(아파트 제외) : 각 계단의 출입구 또는 계단 부속실의 출입구로부터 5[m] 이내
다. 그 비상콘센트로부터 그 층의 각 부분까지의 거리가 다음 각 목의 기준을 초과하는 경우
(가) 지하상가 또는 지하층의 바닥면적의 합계가 3,000[㎡] 이상인 것은 수평거리 25[m]
(나) 목에 해당하지 아니하는 것은 수평거리 50[m]

해설 [비상콘센트설비의 화재안전기준 NFSC 504 제4조(전원 및 콘센트 등)]

① 비상콘센트는 다음 각 호의 기준에 따라 설치하여야 한다.

- 바닥으로부터 높이 0.8[m] 이상 1.5[m] 이하의 위치에 설치할 것
- 비상콘센트의 배치는 아파트 또는 바닥면적이 1,000[㎡] 미만인 층은 계단의 출입구(계단의 부속실을 포함하며 계단이 2 이상 있는 경우에는 그중 1개의 계단을 말한다.)로부터 5[m]이내에, 바닥면적 1,000[㎡] 이상인 층(아파트를 제외한다.)은 각 계단의 출입구 또는 계단부속실의 출입구(계단의 부속실을 포함하며 계단이 3 이상 있는 층의 경우에는 그중 2개의 계단을 말한다.)로부터 5[m]이내에 설치하되, 그 비상콘센트로부터 그 층의 각 부분까지의 거리가 다음 각 목의 기준을 초과하는 경우에는 그 기준 이하가 되도록 비상콘센트를 추가하여 설치할 것
  가. 지하상가 또는 지하층의 바닥면적의 합계가 3,000[㎡] 이상인 것은 수평거리 25[m]
  나. 가목에 해당하지 아니하는 것은 수평거리 50[m]

② 비상콘센트설비의 전원회로(비상콘센트에 전력을 공급하는 회로를 말한다.)는 다음 각 호의 기준에 따라 설치하여야 한다.

- 비상콘센트설비의 전원회로는 단상교류 220[V]인 것으로서, 그 공급용량은 1.5[kVA] 이상인 것으로 할 것
- 전원회로는 각층에 2 이상이 되도록 설치할 것. 다만, 설치하여야 할 층의 비상콘센트가 1개인 때에는 하나의 회로로 할 수 있다.
- 비상콘센트용의 풀박스 등은 방청도장을 한 것으로서, 두께 1.6[㎜] 이상의 철판으로 할 것
- 하나의 전용회로에 설치하는 비상콘센트는 10개 이하로 할 것. 이 경우 전선의 용량은 각 비상콘센트(비상콘센트가 3개 이상인 경우에는 3개)의 공급용량을 합한 용량 이상의 것으로 하여야 한다.

72회 2022년 전기기능장 실기 필답형

한국전기설비규정 제정 내용을 중심으로 과년도 기출문제 유형을 복원하여 수록하였음

01

접지시스템의 종류가 아래와 같다. 전력설비, 통신설비, 피뢰설비의 접지를 어떻게 구성하는지 간단히 쓰시오.

① 단독접지 ② 공통접지 ③ 통합접지

정답

① 단독접지 : 전력설비, 통신설비, 피뢰설비의 접지를 독립적으로 각각 시설하는 방식
② 공통접지 : 전력설비(고압 및 특고압과 저압 전기설비의 접지극이 서로 근접하여 시설되어 있는 변전소 또는 이와 유사한 곳에서 전기설비의 접지극)의 접지극을 접지센터에서 공통적으로 묶는 방식
③ 통합접지 : 전기설비의 접지계통과 건축물의 통신설비 및 피뢰설비 등의 접지극을 접지센터에서 공통적으로 묶는 방식

해설 [한국전기설비규정 제142-6절(공통접지 및 통합접지)]

① 공통접지
고압 및 특고압과 저압 전기설비의 접지극이 서로 근접하여 시설되어 있는 변전소 또는 이와 유사한 곳에서는 다음과 같이 공통접지시스템으로 할 수 있다.

가. 저압 전기설비의 접지극이 고압 및 특고압 접지극의 접지저항 형성영역에 완전히 포함되어 있다면 위험전압이 발생하지 않도록 이들 접지극을 상호 접속하여야 한다.
나. 접지시스템에서 고압 및 특고압 계통의 지락사고 시 저압계통에 가해지는 상용주파 과전압은 아래 표에서 정한 값을 초과해서는 안 된다.

② 저압설비 허용 상용주파 과전압

고압계통에서 지락고장시간(초)	저압설비의 허용 상용주파 과전압(V)	비 고
> 5	$U_o + 250$	중성선 도체가 없는 계통에서 U_o는 선간전압을 말한다.
≤ 5	$U_o + 1{,}200$	

[비고]
1. 순시 상용주파 과전압에 대한 저압기기의 절연 설계기준과 관련된다.
2. 중성선이 변전소 변압기의 접지계통에 접속된 계통에서, 건축물 외부에 설치한 외함이 접지되지 않은 기기의 절연에는 일시적 상용주파 과전압이 나타날 수 있다.

③ 통합접지
전기설비의 접지계통·건축물의 피뢰설비·전자통신설비 등의 접지극을 공용하는 통합접지시스템으로 하는 경우, 낙뢰에 의한 과전압 등으로부터 전기전자기기 등을 보호하기 위해 서지보호장치(SPD)를 설치하여야 한다.

02

분당 25[m³]의 물을 높이 20[m]인 탱크에 양수하는데 필요한 전력[kW]을 구하시오. 단, 펌프 효율은 86[%]이고, 전동기의 역률은 100[%]이며, 펌프 축동력은 10[%]의 여유를 주는 경우이다.

정답

① 전동기용량 $P = \frac{25 \times 20}{6.12 \times 0.86} \times 1.1 = 104.49[\mathrm{kW}]$

해설

① 펌프용 전동기 용량(P)

- $P = \frac{9.8Q'H}{\eta}K[\mathrm{kW}]$ 또는 $P = \frac{QH}{6.12\eta}K[\mathrm{kW}]$로 산출한다.

여기서, Q' : 양수량[m³/초], Q : 양수량[m³/분], η : 효율

H : 양정[m] 후드 흡입구에서 토출구까지의 높이

K : 계수(1.1~1.5)를 여유도라 하며, 통상 주어진 값을 적용한다.

03

고조파 장해 방지대책 5가지를 쓰시오.

정답

① Δ 결선의 변압 방식을 채택한다.
② 고조파 저감 필터를 채택한다.
③ 전력콘덴서는 리액터를 설치한다.
④ 전력변환기를 다펄스화한다.
⑤ PWM 방식의 인버터를 채택한다.

해설

구분	내용
수용가 측	- Δ 결선의 변압 방식을 채택한다. - 고조파 저감 필터를 채택한다. - 전력콘덴서는 리액터를 설치한다. - 전력변환기를 다펄스화한다. - PWM 방식의 인버터를 채택한다.
계통 측	- 계통을 분리한다. - 단락용량을 증대한다. - 고조파 필터를 설치한다. - 고조파 부하용 변압기 및 배전선을 분리하여 전용화한다.
발생기기 측	- 전력변환기를 다펄스화 한다. - 리액터를 설치한다. - 고조파 저감 필터를 설치한다.

04 건축물·구조물과 분리되지 않은 피뢰시스템인 경우, 피뢰시스템의 등급에 따른 인하도선의 간격을 쓰시오.

보호레벨	I	II	III	IV
평균간격[m]	①	②	③	④

정답

① 10　② 10　③ 15　④ 20

해설 [한국전기설비규정제152절(피뢰시스템)]

① 보호레벨 및 높이에 따른 수뢰부의 배치

보호레벨	회전 구체법 R[m]	보호각법 h[m]				메시법 L[m]
		20	30	45	60	
		α(°)	α(°)	α(°)	α(°)	
I	20	25	*	*	*	5×5
II	30	35	25	*	*	10×10
III	45	45	35	25	*	15×15
IV	60	55	45	35	25	20×20

② 인하도선시스템

- 건축물·구조물과 분리되지 않은 피뢰시스템인 경우
  - 벽이 불연성 재료로 된 경우에는 벽의 표면 또는 내부에 시설할 수 있다. 다만, 벽이 가연성 재료인 경우에는 0.1[m] 이상 이격하고, 이격이 불가능 한 경우에는 도체의 단면적을 100[mm^2] 이상으로 한다.
  - 인하도선의 수는 2조 이상으로 한다.
- 건축물의 최상층부와 최하단의 전기적 저항을 측정한 값이 0.2이하인 경우는 인하도선을 생략하고 자연적 구성부재를 사용할 수 있다.

05 수전 전압이 22.9/3.3[kV], 1,000[kVA] 변압기의 2차측에서 단락사고가 발생한 경우, 2차측의 단락전류[kA]를 산출하시오.(단, 변압기 %임피던스가 5[%]이고, 전원과 기타의 %임피던스는 무시한다.)

정답

① $I_s = \frac{100}{\%Z} \times I_n = \frac{100}{5} \times \frac{1,000}{\sqrt{3} \times 3.3} = 3,499.09 = 3,49[\text{kA}]$

해설

① 22.9/3.3[kV], 1,000[kVA]를 기준으로 단락전류를 산출한다.

정격전류 $I_n = \frac{1,000}{\sqrt{3} \times 3.3}[\text{A}]$

단락전류 $I_s = \frac{100}{\%Z} \times I_n = \frac{100}{5} \times \frac{1,000}{\sqrt{3} \times 3.3} = 3,499.09 = 3,49[\text{kA}]$

06 화재안전기준 NFSC 304 비상조명등의 설치기준에 대한 다음 물음에 답하시오.

① 조도는 비상조명등이 설치된 장소의 각 부분의 바닥에서 몇[lx] 이상이 되도록 하는가?

② 지하층을 제외한 층수가 11층 이상의 층과 지하층 또는 무창층으로서 용도가 도매시장·소매시장·여객자동차터미널·지하역사 또는 지하상가와 같은 특정소방대상물이 아닌 경우, 비상전원은 비상조명등을 몇 분 이상 유효하게 작동시킬 수 있는 용량으로 하는가?

③ 지하층을 제외한 층수가 11층 이상의 층과 지하층 또는 무창층으로서 용도가 도매시장·소매시장·여객자동차터미널·지하역사 또는 지하상가와 같은 특정소방대상물인 경우, 비상전원은 비상조명등을 몇 분 이상 유효하게 작동시킬 수 있는 용량으로 하는가?

정답

① 1[lx] 이상
② 20분 이상
③ 60분 이상

해설 [화재안전기준 NFSC 304 제4조(비상조명등의 설치기준)]

① 특정소방대상물의 각 거실과 그로부터 지상에 이르는 복도·계단 및 그 밖의 통로에 설치할 것
② 조도는 비상조명등이 설치된 장소의 각 부분의 바닥에서 1[lx] 이상이 되도록 할 것
③ 예비전원을 내장하는 비상조명등에는 평상시 점등 여부를 확인할 수 있는 점검스위치를 설치하고 해당 조명등을 유효하게 작동시킬 수 있는 용량의 축전지와 예비전원 충전장치를 내장할 것
④ 예비전원을 내장하지 아니하는 비상조명등의 비상전원은 자가발전설비, 축전지설비 또는 전기저장장치를 다음 각 목의 기준에 따라 설치하여야 한다.

> 가. 점검에 편리하고 화재 및 침수 등의 재해로 인한 피해를 받을 우려가 없는 곳에 설치할 것
> 나. 상용전원으로부터 전력의 공급이 중단된 때에는 자동으로 비상전원으로부터 전력을 공급받을 수 있도록 할 것
> 다. 비상전원의 설치장소는 다른 장소와 방화구획 할 것. 이 경우 그 장소에는 비상전원의 공급에 필요한 기구나 설비외의 것을 두어서는 아니 된다.
> 라. 비상전원을 실내에 설치하는 때에는 그 실내에 비상조명등을 설치할 것

⑤ 제3호와 제4호에 따른 비상전원은 비상조명등을 20분 이상 유효하게 작동시킬 수 있는 용량으로 할 것.
다만, 다음 각 목의 특정소방대상물의 경우에는 그 부분에서 피난층에 이르는 부분의 비상조명등을 60분 이상 유효하게 작동시킬 수 있는 용량으로 하여야 한다.

> 가. 지하층을 제외한 층수가 11층 이상의 층
> 나. 지하층 또는 무창층으로서 용도가 도매시장·소매시장·여객자동차터미널·지하역사 또는 지하상가

07 다음에 주어진 진리표에 대하여 RL, YL, GL의 간략화된 논리식을 쓰고, 미완성된 유접점 시퀀스를 완성하시오.

① RL, YL, GL의 간략화된 논리식을 쓰시오.

A	B	C	RL	YL	GL
0	0	0	0	0	0
0	0	1	0	1	0
0	1	0	1	1	0
0	1	1	1	1	0
1	0	0	0	0	1
1	0	1	0	1	1
1	1	0	1	1	0
1	1	1	0	1	1

② 다음의 미완성된 유접점 시퀀스 회로를 완성하시오.

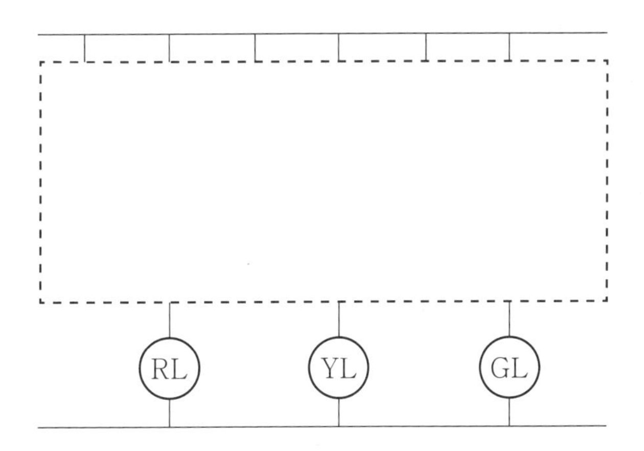

정답

① $RL = \bar{A}B\bar{C} + \bar{A}BC + AB\bar{C} = \bar{A}B + B\bar{C} = B(\bar{A}+\bar{C})$

$YL = \bar{A}\bar{B}C + \bar{A}B\bar{C} + \bar{A}BC + A\bar{B}C + AB\bar{C} + ABC = B+C$

$GL = A\bar{B}\bar{C} + A\bar{B}C + ABC = A\bar{B} + AC = A(\bar{B}+C)$

② 유접점 회로

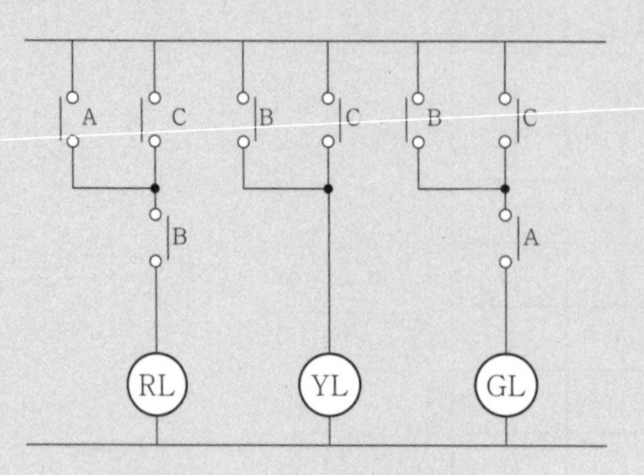

해설 카르도맵에 의거 간략화를 한다.

① $RL = \bar{A}B\bar{C} + \bar{A}BC + AB\bar{C} = \bar{A}B + B\bar{C} = B(\bar{A}+\bar{C})$

C / AB	$\bar{A}\,\bar{B}$	$\bar{A}\,B$	$A\,B$	$A\,\bar{B}$
$\bar{C}$		1	1 ①	
C		1 ②		

- ①의 공통변수 $B\bar{C}$
- ②의 공통변수 $\bar{A}B$
- $RL = \bar{A}B + B\bar{C} = B(\bar{A}+\bar{C})$

② $YL = \bar{A}\,\bar{B}C + \bar{A}B\bar{C} + \bar{A}BC + A\bar{B}C + AB\bar{C} + ABC = B+C$

C / AB	$\bar{A}\,\bar{B}$	$\bar{A}\,B$	$A\,B$	$A\,\bar{B}$
$\bar{C}$		1	1 ①	
C	② 1	1	1	1

- ①의 공통변수 B
- ②의 공통변수 C
- $YL = B+C$

③ $GL = A\bar{B}\,\bar{C} + A\bar{B}C + ABC = A\bar{B} + AC = A(\bar{B}+C)$

C / AB	$\bar{A}\,\bar{B}$	$\bar{A}\,B$	$A\,B$	$A\,\bar{B}$
$\bar{C}$				① 1
C			② 1	1

- ①의 공통변수 $A\bar{B}$
- ②의 공통변수 AC
- $GL = A\bar{B} + AC = A(\bar{B}+C)$

08 2개 이상의 병렬도체에 관한 다음 기준의 빈칸에 맞는 답을 채우시오.

- 병렬로 사용하는 각 전선의 굵기는 동선 (①)[mm^2] 이상 또는 알루미늄 (②)[mm^2] 이상으로 하고, 전선은 같은 도체, 같은 재료, 같은 길이, 같은 (③)의 것을 사용할 것
- 병렬로 사용하는 전선에는 각각에 (④)를 설치하지 말 것
- 교류회로에서 병렬로 사용하는 전선은 금속관안에 전자적 (⑤)이 생기지 않도록 시설할 것

정답

① 50　② 70　③ 굵기　④ 퓨즈　⑤ 불평형

해설 [한국전기설비규정(전선의 접속조건)]

① 전기적 저항이 증가하지 않아야 한다.
② 기계적 강도를 20[%] 이상 감소시키지 않아야 한다.
③ 접속부위 절연이 약화되지 않도록 테이핑 또는 와이어 커넥터로 절연한다.
④ 접속부분은 접속관 기타의 기구를 사용하거나 납땜을 하여야 한다.
⑤ 도체에 알루미늄 전선과 동 전선을 접속하는 등 전기 화학적 성질이 다른 도체를 접속하는 경우에는 전기적 부식이 생기지 않도록 할 것
⑥ 두 개 이상의 전선을 병렬 사용
- 병렬로 사용하는 전선의 굵기 : 동선 50[㎟] 이상, 알루미늄 70[㎟] 이상
- 전선은 같은 도체, 같은 재료, 같은 길이 및 같은 굵기의 것을 사용
- 같은 극의 각 전선은 동일한 터미널러그에 완전히 접속할 것
- 같은 극인 각 전선의 터미널러그는 동일한 도체에 2개 이상의 리벳, 2개 이상의 나사로 접속할 것
- 병렬로 사용하는 전선에는 각각에 퓨즈를 설치하지 말 것
- 교류회로에서 병렬로 사용하는 전선은 금속관 안에 전자적 불평형이 생기지 않도록 시설할 것

09

긍장 90[m], 부하전류 100[A]인 380/220[V]의 3상 4선식 선로의 전압강하가 5[V]라고 할 때, 이 선로의 전선 굵기[mm^2]를 아래의 [표]에서 선정하시오.

전선의 규격[mm^2]
1.5, 2.5, 4, 6, 10, 16, 25, 35, 50, 70, 95, 120, 150, 185, 240, 300, 400, 500

정답

$$A=\frac{17.8LI}{1,000e}=\frac{17.8\times90\times100}{1,000\times5}=32.04\,[mm^2]$$

답 전선의 규격표에서 공칭규격인 35[mm^2]를 선정

해설

① 전압강하 산출식

구분	산출식	전선의 길이
단상 2선식	$e=\frac{35.6LI}{1,000A}$[V]	$L=\frac{1,000Ae}{35.6I}$[m]
3상 3선식	$e=\frac{30.8LI}{1,000A}$[V]	$L=\frac{1,000Ae}{30.8I}$[m]
3상 4선식, 단상 3선식	$e=\frac{17.8LI}{1,000A}$[V]	$L=\frac{1,000Ae}{17.8I}$[m]
e : 허용전압강하(V), A : 도체의 단면적(mm^2), L : 부하 중심까지 선로의 길이(m)		

10

단상 전파 정류 회로에서 v_n=$220\sqrt{2}\sin(120\pi t)$[V], 부하 저항은 R=10[Ω], SCR 지연각은 30, 평활회로가 없는 순수 저항만의 회로이다. 다음 물음에 답하시오.

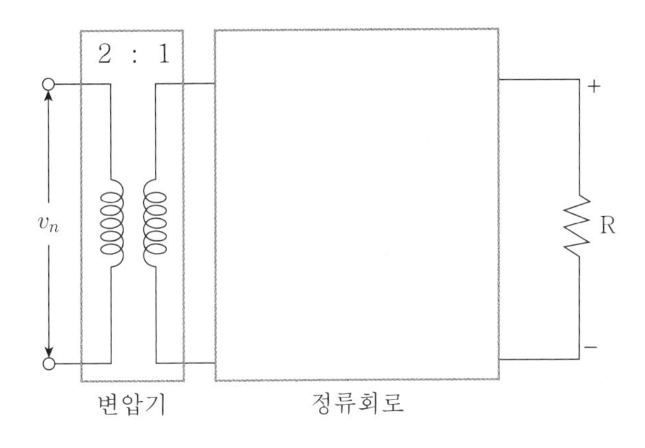

① 미완성 단상 정류회로를 완성하시오.

② 직류 평균 전압[V]를 계산하시오.

③ 직류 평균 전류[A]를 계산하시오.

정답

① 단상 정류회로도

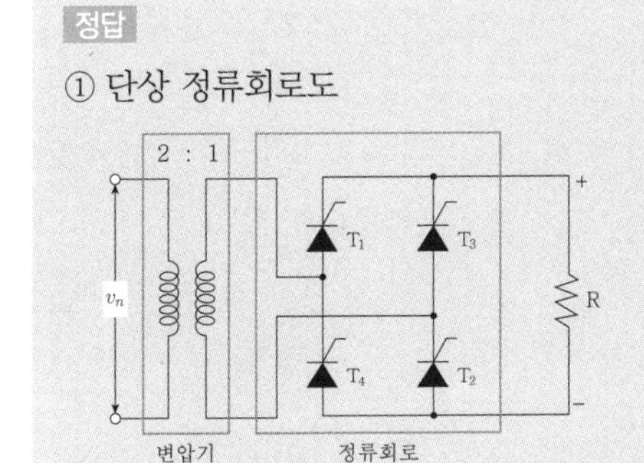

② 직류 평균 전압

$$V_{DC}=\frac{2\sqrt{2}}{\pi}V(\frac{1+cos\alpha}{2})=0.45V(1+cos\alpha)=0.45\times110\times(1+cos30)=92.36[V]$$

③ 직류 평균 전류

$$I_{DC}=\frac{V_{DC-SCR}}{R}=\frac{92.36}{10}=9.236[A]$$

해설

① 직류 평균 전압 공식

단상 반파	단상 전파	3상 반파	3상 전파
$E_d = 0.45 \times V$	$E_d = 0.9 \times V$	$E_d = 1.17 \times V$	$E_d = 1.35 \times V$

② 단상 교류전원의 전압 $v_n = 220\sqrt{2}sin(120\pi t)$[V]이므로,

$$\text{실효값} = \frac{\text{최대값}}{\sqrt{2}} \times \text{권수비}(a) E_d = \frac{220\sqrt{2}}{\sqrt{2}} \times \frac{1}{2} = 110[V]$$

$$\text{직류측 } V_{DC} = \frac{2\sqrt{2}}{\pi} V(\frac{1+cos\alpha}{2}) = \frac{\sqrt{2}}{\pi} V(1+cos\alpha) = 0.45V(1+cos\alpha) = 0.45 \times 110 \times (1+cos30)$$

$$= 92.36[V]$$

또는

$$\text{직류측 } V_{DC} = 0.9 \times V = 0.9 \times 220 \times \frac{1}{2} = 99[V]\text{이므로,}$$

$$\text{SCR 직류측 } V_{DC-SCR} = V_{DC} \times \frac{1+cos\alpha}{2} = 99 \times \frac{1+cos30}{2} = 92.36[V]$$

③ 부하 저항은 R=10[Ω], 평활회로가 없는 순수 저항만의 회로이므로,

$$I = \frac{V_{DC-SCR}}{R} = \frac{92.36}{10} = 9.236[A]$$

메모

메모

메모